"十二五"普通高等教育本科国家级规划教材

国家级一流本科课程建设成果教材

普通高等教育新工科人才培养系列教材

无机非金属材料实验

冯小平　谢峻林　伍洪标　主编

第3版
Third Edition

U0887953

本书配有数字资源与在线增值服务
微信扫描二维码获取

CHEMICAL INDUSTRY PRESS 化学工业出版社
A1813257
刮开涂层
扫码认证

化学工业出版社

·北京·

内容简介

《无机非金属材料实验》(第3版) 是结合无机非金属材料工程专业的发展以及学科、行业发展对人才的需求进行编写的。书中结合国家级一流本科课程“无机非金属材料实验”的数字资源建设与教学方法改革成果，在实验内容的设计方面更加注重培养学生的综合分析能力和知识应用能力，增加了部分综合性、设计性实验项目，以强化学生工程实践能力和科技创新能力的培养。

本书按照材料科学基础实验、材料工程基础实验、材料物理化学性能实验和材料设计与制备综合实验四个教学模块进行编写，所精选的实验项目，涵盖了在无机非金属材料科研与生产中涉及的大部分实验内容，并且为夯实基础，书中增加了工程流体力学、四种典型无机材料的设计与制备实验。每个教学模块设置了学习导论、课前在线测试、实验操作过程演示教学视频等内容，可通过扫描二维码观看，帮助学生课前自主学习。

本书可作为高等院校无机非金属材料工程及相关专业的本科、高职高专学生的教材，对从事无机非金属材料研究人员和工程技术人员也有一定的参考价值。

图书在版编目（CIP）数据

无机非金属材料实验 / 冯小平，谢峻林，伍洪标主编. -- 3版. -- 北京 : 化学工业出版社，2025. 9.
(“十二五”普通高等教育本科国家级规划教材)（普通高等教育“新工科”系列精品教材）. -- ISBN 978-7-122-49041-4

Ⅰ. TB321-33

中国国家版本馆 CIP 数据核字第 20251EN006 号

责任编辑：陶艳玲　晏鸿珏　　文字编辑：李　欣　师明远
责任校对：王　静　　装帧设计：刘丽华

出版发行：化学工业出版社
（北京市东城区青年湖南街 13 号　邮政编码 100011）
印　　装：河北延风印务有限公司
787mm×1092mm　1/16　印张 20¼　字数 502 千字
2025 年 12 月北京第 3 版第 1 次印刷

购书咨询：010-64518888　　售后服务：010-64518899
网　　址：http://www.cip.com.cn
凡购买本书，如有缺损质量问题，本社销售中心负责调换。

定　　价：59.00 元

版权所有　违者必究

前言

材料学科是武汉理工大学的优势和特色学科，特别是无机非金属材料工程专业具有鲜明的行业特色，为我国的建筑材料行业培养了大量的优秀人才，而“无机非金属材料实验”是本专业的基础和特色课程，包含了材料科学基础实验、材料工程基础实验、材料制备与性能实验3个独立开设的实验教学模块，这3个独立实验教学模块分别对应于材料科学与工程专业无机非金属材料方向、无机非金属材料工程专业的3门核心专业理论课程：材料科学基础、材料工程基础和无机非金属材料工学。本课程既是这3门课程的延续，也是对其所涉及的专业理论知识的应用与实践，这对于加深理解与掌握专业理论知识，应用专业理论知识分析问题和解决问题能力的培养起着重要的作用。本次修订优化实验教学体系，按照材料科学基础实验、材料工程基础实验、材料物理化学性能实验和材料设计与制备综合实验四个模块编写实验教学内容，便于实际使用。

本课程在建设过程中，结合无机非金属材料专业发展，以及企业对材料科技人才的要求，对实验教学内容不断更新迭代，统筹规划实验教学内容，增加综合性、设计性实验项目的比例，同时增加对材料生产过程中基本原理运用的实验项目，加强学生对材料设计、开发和制备过程中复杂工程问题的研究实践，为更好解决材料设计、开发、制备、服役全过程中的实际问题奠定坚实的基础。

无机非金属材料工程专业是武汉理工大学最早通过工程教育认证的专业之一，也是国家首批一流建设专业。本课程根据工程教育认证“以学生为中心、面向产出”的教学理念，修订了实验教学大纲，兼顾专业技能培养的技术能力要求和职业规范、团队合作等非技术能力的培养，改革教学组织和教学考核方式，通过对课程教学目标的达成分析评价，持续改进实验教学内容和教学方法，稳步提升实验教学质量。

在课程建设的过程中，积极探索实验教学的数字化转型，已为所有的实验教学项目配备了教学视频和实验操作指导视频。该课程于2014年在爱课程网上线运行，2016年获得“国家级精品资源共享课”的称号，并在中国大学MOOC平台开放运行，每年开设2期，累计学员已达1.6万人。该课程于2020年获得国家级一流本科课程（线上课程）认定。

课程自2014年开始进行基于优质网络资源的实验教学模式研究与实践，建立了混合教学模式：正式实验前统一授课，发布学习任务单，网络在线答疑讨论；课堂利用慕课堂等工具进行测试，进行重点讲解和讨论，分组完成实验；学生课后完成实验报告。同时建立了基于能力评价的课程考核体系，将职业素养等非技术能力纳入课程考核内容，按照工程教育认证的要求，课程结束后，对课程教学目标的达成情况进行分析，发现问题，并持续改进，稳步提升课程教学质量，稳步提升学生能力培养水平。

教学团队还根据书中实验项目实施需要，配套研制开发了固相反应实验仪、淬冷法相平衡实验仪、阻温特性测试仪等一系列实验教学设备，不仅满足本校的实验教学需要，还被全国多所高校选用。

《无机非金属材料实验》（第 2 版）自 2011 年 6 月出版以来，先后印刷了 7 次，面向全国发行，并入选第二批“十二五”普通高等教育本科国家级规划教材。

本次修订的主要内容如下。

1.本书编写突出了学生能力培养导向，严格遵循工程教育专业认证标准，系统规划实验教学环节与毕业能力指标要求的对应支撑关系，强化理论与实践衔接的递进式教学设计。

2.实验教学内容体现出先进性、综合性、设计性等高阶能力培养要求，按照材料研究领域最新的研究成果和测试标准，对实验教学内容进行优化完善。将多个相关的实验教学内容整合为综合实验教学项目，学生通过对多个数据进行综合分析，揭示出材料组成-结构-性能-工艺四要素之间的规律。在实验教学过程中，教学内容新增实验室安全知识、光学显微镜的结构与使用、单偏光显微镜下晶体光学性能的观察、正交偏光镜下晶体光学性质的观察、反光显微镜下矿物的观察、样品制备技术、水泥矿物相分析与鉴定、激光粒度分析法、流体力学实验项目，按照材料的品种，新增加了 7 项材料设计性综合实验项目。

3.增加了实验教学视频等拓展教学资源，可扫描二维码观看，方便学生了解和掌握实验的测试原理和设备的操作使用过程，便于学生自主学习。

武汉理工大学无机非金属材料工程专业负责人谢峻林和课程负责人冯小平两位老师负责对“无机非金属材料实验”课程进行建设和组织并承担本课程的实验教学工作。该课程在建设过程中，完成了实验教学资源的数字化转型，并对实验教学内容进行了较大的改动。

本书第 3 版主编由冯小平、谢峻林、伍洪标担任。由冯小平组织策划和统稿，谢峻林审稿。参编人员分工如下：谢峻林策划教材内容的增减和内容规划安排；拓展资源、绪论和实验 1-5、2-1、3-1、3-3、3-6 由冯小平修改与完善；实验 1-1、1-2、1-3、1-4 由顾少轩、曹茜修改完善；实验 1-6 由张乃枝重新编写；实验 2-2 由金明芳、赵青林修改完善；实验 2-3 由吉晓莉修改完善；实验 2-4 由谢峻林、杨虎修改完善；实验 2-5、2-6、2-7 由文进、金明芳修改完善；实验 3-2 由冯小平、何永佳修改完善；实验 3-4 由梅书霞修改完善；实验 3-5 由韩春华修改完善；实验 3-7 由陈潇编写；实验 4-1 由陈潇、赵青林编写；实验 4-2 由王桂明编写；实验 4-3 由何峰、杨虎编写；实验 4-4 由冯小平编写；实验 4-5 由田培静编写；实验 4-6 由何永佳编写。在修订的过程中，实验中心的韩娟、袁萍、李颖、周铖等老师也给予了很多帮助，在此表示感谢。

在这次修订中，我们尽量吸收本校教师和有关兄弟院校老师的有益建议，在此表示衷心感谢。我们希望本书更为完善，但是，由于编写者的水平有限，书中不妥之处仍然难免。真诚希望使用本书的教师、学生及有关读者进一步批评指正。

编者

2025 年 6 月　于武汉

目录

绪论

第 1 章 材料科学基础实验

第 2 章 材料工程基础实验

第 3 章 材料物理化学性能实验

第 4 章 材料设计与制备综合实验

附录

绪论

材料是人类生存和发展的物质基础，其使用与发展是人类不断进步和文明的标志。从科学技术发展史来看，每当发现一种新材料，都会带动科学的发展和技术的革命。材料是一切科学技术的物质基础，是当代科学研究的前沿，材料、能源和信息是现代文明的三大支柱。世界上现有的传统材料约有数十万种，新材料品种还在以每年约5%的速度不断增长。在21世纪，科学技术将有更大的发展，材料的研究与制造将显得十分重要，在材料科学与工程领域里奋斗的人们将有广阔的发展前景。未来的科学家与工程师们要努力学习，以便将来去迎接新挑战，开拓材料研究与制造的新天地，为人类进步与文明做出应有的贡献。

一、无机非金属材料实验的特点和任务

1．无机非金属材料的现状

从古至今，无机非金属材料在材料中都占有较大的比重。但在不同的历史阶段，无机非金属材料的定义有一定的差别。在20世纪40年代以前，无机非金属材料仅被认为是由自然产出的石头加工而成的制品，例如用天然黏土为主要原料制作而成的黏土制品，用多种非金属矿物原料生产出的水泥、玻璃、陶瓷、耐火材料等，用成分比较纯的非金属矿物原料生产出的人工晶体等。40年代以后，随着航空航天工业、电子信息工业、机械工业、生物材料工业的发展，人们开发出了一系列的新型材料，极大地增加了无机非金属材料的品种。现代无机非金属材料的定义已经扩展，品种包括除金属材料、有机高分子材料以外几乎所有的材料，其种类繁多，用途广泛。其中的结构材料、耐磨材料、电子材料、声光材料、敏感材料、生物材料等，是现代社会不可缺少的支柱材料，在21世纪将发挥重要的作用。

2．无机非金属材料实验的特点

（1）实验的概念

在现代汉语中，有“实验”“试验”“测试”“检验”等词。这些词的含义相似，容易混淆。

“实验”是指科学上为了阐明某一现象而创造条件，以便观察它的变化和结果的过程，或者为了检验某种科学理论或假设而进行的某种操作、所从事的某种活动。“实验”带有验证的意思。

“试验”是指为了察看某事的结果或某物的性能而从事的某种活动，侧重于表达研究的意思。

“测试”的含义偏重对某物性能的数值测量。因此在科学研究或生产中，当需要定量确定材料的某些（个）性能时，一般习惯于称作“测试”。

“检验”则是指用工具、仪器或其他（物理或化学的）分析方法检查事物是否符合规格

的过程。所以，在工厂对产品的质量进行鉴别和评定时，一般说进行产品“检验”；同样，在商品流通过程中对商品的质量进行鉴别和评定时，一般也是说进行商品“检验”。

由以上分析可见，“实验”一词的含义与“试验”“测试”“检验”等词的含义是不同的。为了论述方便，我们在此约定将“试验”“测试”“检验”等词的含义都合并到“实验”之中。在本书的其他叙述中，所说的“实验”属于这个扩充的含义，不再具体说明。

（2）无机非金属材料实验的特点

无机非金属材料实验是研究材料制备方法和材料性能测量方法的科学。在不同的历史阶段，无机非金属材料实验具有不同的研究内容和特点。在现代，无机非金属材料的定义已经扩展，品种包括除金属材料、有机高分子材料以外几乎所有的材料，所以其研究内容十分广泛，具有新的特点。

① 与科学研究和生产实践紧密结合。随着科学技术的不断发展，各行各业需要各种传统材料的同时，还需要性能特殊的新材料，这促进了无机非金属材料的研究、开发与生产。在材料的研究与开发中，人们对新材料进行设计，然后通过实验获得新材料，通过测试获得新材料的性能数据，并根据测量数据判断其是否满足应用的需要。如果没有满足需要，则继续进行设计与实验。有时，为了改进材料的种类或性能的测量方法，人们还要研究新的实验方法和测量手段。如果获得的材料已满足使用的要求，则组织规模化生产，向社会提供商品。所以，无机非金属材料实验与科学研究和生产实践紧密相连，互相促进，共同发展。

② 与物理、化学、物理化学等多学科相结合。在现代，随着人们生活水平的提高，人们对新材料品种和功能的要求越来越多，对传统材料的使用也提出了新的问题。例如，石材从古至今使用，没有注意有什么问题，可近年来，花岗岩、大理石的放射性就引起人们的警惕。一些用“三废”研制的（新）材料是否有放射性或毒性，目前也使人们不放心。此外，材料在自然或人工环境长期作用下的变质问题也越来越引起人们的重视。要解决这些问题，需要物理、化学、物理化学等多门学科的理论知识和实验方法。因此，无机非金属材料实验是综合多门学科的科学。

③ 传统实验方法与现代实验方法相结合。无机非金属材料的制备方法有多种。从温度范围来分，有高温和低温制备方法。从物质形态来分，有固相、液相和气相制备方法。其中，有的是传统方法，有的是现代方法。在无机非金属材料成分、结构、性能的测试方法中，有许多是传统的测试方法，也有不少是现代的测试方法。因此，无机非金属材料实验是传统实验方法与现代实验方法相结合的实验。

3．无机非金属材料实验的任务

无机非金属材料实验的任务，应从社会的发展和科学技术的发展对无机非金属材料的需要、材料的研究与生产的特点来考虑。

当前，社会还需要大量传统的无机非金属材料，这些材料的传统研究方法以经验、技艺为基础，依靠配方筛选和性能测试与分析的方式来进行。因此，通过对原料的特性、界面性质、工艺性能与材料（及其制品）性能之间规律性的研究，可以表征材料的本质，形成和完善材料生产、应用的质量控制体系，为无机非金属材料的发展提供理论和实践的依据。

随着社会和科学技术的发展，各行各业将需要大量的新型材料。然而，沿用传统的方法是不大可能研制出具有独特性能的新型材料的，因为传统的宏观现象的研究只能对材料的宏观性能提供某种定性的解释，而不能准确地预测材料的性能，不能准确地指明新材料开发的方向。从现有新材料的发展来看，几乎所有新型功能材料的研究中都体现出化学与物理相结合、微观与宏观研究相结合、理论与技术相结合的特点。因此，要通过综合各门学科的知识来研究传统材料的改进和新材料的设计，通过各种先进技术来探索新材料的生产方法。

要从事无机非金属材料的研究和生产就得有人才。因此，无机非金属材料实验还有一个任务，即通过科学实验和生产实验培养出能理论联系实际、有分析问题和解决问题的能力、有严谨态度和实事求是的工作作风的科学家和工程师。

二、实验课的目的和任务

1. 实验课的目的

开设无机非金属材料实验课程的宗旨是使学生受到科学家和工程师素质的基本训练。现在，传统无机非金属材料不少，新型无机非金属材料不断增多，这就确定了无机非金属材料实验课的两个特点：许多传统实验要继续开，学生对这些实验技能要掌握；新实验的原理、方法陆续出现，并处于不断完善和不断进步之中，学生对其中的一些新工艺、新方法和新技术需要了解与掌握。

长期以来，传统观点认为学生上实验室做实验是验证所学的书本知识，加深对知识的理解和记忆，“实验”这个词的验证含义已经深深地植入人们的大脑之中。当然，由于理论教学的需要，适当做些验证性的实验是必要的，但只做验证性的实验是不够的。社会的发展要求大学毕业生要具有更强的学习能力、分析问题和应用知识解决问题的能力。为了培养学生的这些能力，需要对实验教学内容进行优化，增加综合设计性实验的比例。

在实际工作中，无论是一个科研项目的探索性实验，还是一种材料的性能实验，一般都由一系列的单项实验组成，都得按计划一个一个地做，然后根据各项实验现象或数据分析判断，得出最终实验结果（结论）。无机非金属材料实验课也是这样，从实验类型来看，可以分为验证性实验、综合性实验或设计性实验等，可以按教学要求或实验室的条件选择一种类型进行实验教学。但无论选择做何种类型的实验，都是由一系列的单项实验组成的，每个单项实验都为实验设计的总目标服务，得按计划一个一个地做。为此，在做每个实验时要有整体实验的概念，要考虑每个实验之间的联系、每个实验可能对最终实验结果产生的影响。

现代无机非金属材料的种类很多，研究方法、生产方法和质量检验方法也有区别。由于教学时间和实验条件的限制，要全面涉足是不可能的。突出重点，兼顾其他是目前唯一的选择。另外，从思维方式和技术方法这两个角度来看，各种无机非金属材料的科研、生产和质量检验也有许多相同之处，因此在教学上以点带面是可能的。学生通过认真做一些经过精选、具有代表意义的实验，再经过举一反三、融会贯通，就会具备适应将来工作岗位的基础和能力。

2. 实验课的任务

无机非金属材料实验课的教学内容分为4个独立教学模块。

材料科学基础实验模块：巩固材料科学与工程基础理论知识，加强对材料研究方法的深入理解，进行材料研究基本能力的训练，培养学生独立分析问题能力、综合运用理论知识解决实际问题的能力。

材料工程基础实验模块：对材料生产过程中涉及的粉体工程、工程流体力学基础、传热学基础、燃料及其燃烧、工程研究方法等相关工程理论的基础知识有更深入的理解，加强工程研究与实验能力培养及综合现象分析能力训练。

材料物理化学性能实验模块：能独立制订实验方案并实施，熟练掌握产品质量和性能的基本检测手段，培养学生从事无机非金属材料的研究与产品质量控制的工作。

材料设计与制备综合实验模块：巩固材料科学与工程基础理论知识，掌握无机非金属材料制备与研究的基本方法。

实验教学的最终目的是培养合格的材料专业技术人才，除了具备扎实的专业知识外，还需要具备适应社会和科学技术发展的非技术能力，主要包括：

① 自主学习能力。无机非金属材料实验课程是材料科学基础、材料工程基础和无机非金属材料工学专业理论课程的后续课程，是对专业理论知识的巩固与延伸。学生已经掌握了基本理论知识，并通过实验的方法加以验证，因此实验教学应该着重于实验的动手能力和对实验数据的处理分析能力的培养。课前学生能够对实验教学内容自觉主动完成学习。特别是在慕课教学平台普及的今天，自主学习能力的培养对于学生获取知识和提升自我非常重要。

② 团队精神。团队合作无论是在科学研究还是材料生产领域，都是非常重要的。在实验教学环节中，有许多综合设计性实验是多人协助共同完成的，每位成员必须认真完成自己所负责的实验项目，每个人的实验数据准确性都会影响最终的分析结论。这类实验可以提高实验组成员间的凝聚力，使学生明确自己在团队中的作用和责任，增强责任感和事业心，培养团队协作精神和能力，为将来的工作打好基础。

③ 职业规范。实验室是一个公共场所。保持实验室的干净整洁是每位进入实验室师生的基本职责。在实验工作中，规范操作仪器设备，认真观察并记录实验过程中的实验现象；做完实验后，将实验设备和工具等物品整理还原，主动打扫实验室的卫生，始终保持实验室干净、整洁、卫生，也是作为工程技术人员所需具备的良好的职业规范和素养。

④ 人文素质。人文素质通常指人文科学知识和素养。材料类专业的学生在大学期间这方面的课程学得不多，因而有的学生人文素质和写作水平有待提高。在实验教学中要求学生通过写较高质量的实验预习报告、设计实验开题报告、实验课题总结报告等形式，提高学生的人文科学知识和素养。

在实验教学的过程中，教师要对学生进行引导，使学生克服不良的习惯，提高道德素质，为提高大学生的综合素质作贡献。

三、学习方法

传统的实验教学方法是灌输式，学生围着老师转，有许多缺点。可是，传统教育也培养出许多优秀的学生，他们会思考，动手能力强，在工作中做出了不少成绩，或为人类作出了较大的贡献。在相同的条件下培养出了不同质量的学生，答案只有一个，那就是学生个体的特性在起作用，而学习方法不同无疑是主要的影响因素之一。当然，实验教学改革的目的和重点是要让学生从被动转为主动，但对学生来说，无论教师采取什么方式教学，只要自己发挥主观能动性，把被动转为主动，就能把学习搞好，就能成为具有真才实学的人。

为了达到期望的实验教学效果，本书提出以下建议供读者参考。

1. 重视实验

随着改革开放的不断深入及社会市场经济体制的建立和运行，社会需要的是综合性复合型的人才。专业人士不能只树一帜，必须博学多才，身怀多种绝技。为了将来能适应改革开放的环境，在校大学生不能满足课堂上所学的理论知识，而是要千方百计地拓宽知识面、扩大视野以增强自己的竞争实力，尤其是实验方面的实力。

华裔科学家丁肇中是个对实验非常看重的人，他说："研究成功原子弹，实验方面起的作用非常重要，因为真正困难的是独立解决实验技术问题。"丁肇中的成功也是得益于实验。

实验室是人才的诞生地，英国剑桥大学是"科学家的摇篮"，其中的卡文迪什实验室就获得了25人次的诺贝尔奖。实验是一种实践活动，是基本技能训练、动手能力培养的重要环节。现代的理工科大学生要成才，就要足够重视实验，在实验室里努力学习，经受训练。在大学学习期间全身心地投入实验将会受益终身。

2. 预习

为了使实验有良好的效果，实验前必须进行预习。看实验教科书应达到什么程度呢？我国南宋哲学家、教育家朱熹的说法可供参考，他说："大抵观书须先熟读，使其言皆若出于吾之口；继以精思，使其意皆若出于吾之心，然后可以有得尔。"要达到这种程度当然不容易，对即将要做的实验心中有数则是应该做到的。通常，预习应达到下列要求。

① 浏览实验教科书，知道计划要做的实验项目的总体框架。

② 了解实验目的、实验原理、实验重点和关键之处。

③ 了解仪器设备的工作原理、性能、正确操作步骤。

④ 定量实验必须记录测量数据，因此在预习实验项目时，应画好记录数据的表格。设计表格是一项重要的基本功，应当尽力把表格设计好。

⑤ 实验教科书中的思考题或作业题，是加深对实验内容或对关键问题的理解、开发学生视野的一些问题；在实验前应把这些问题看一遍或进行一番琢磨，可提高实验的质量。

⑥ 对不理解的问题，及时查阅有关教科书，或列出清单请老师解答。

3. 实验

做实验有时是枯燥无味和艰苦的，但"先苦后甜"。纵观已作出较大贡献的科学家，几乎都是在实验室里刻苦工作干出来的。例如，赫兹成功地证实了麦克斯韦的理论，发现了电磁波，给人类文明作出了伟大的贡献，这是他几乎整日整夜沉浸在实验室中的结果。他在一封信中写道："无论从时间上还是从性质上，我都像一个工人在工厂里那样工作，我上千次地重复每一个单调的动作，一个挨一个地钻孔、弯铁片，接下来还要把它们涂上漆……"为了今后能胜任无机非金属材料的研究或生产的工作，为祖国和人民作出贡献，我们要学习这种精神，现在就要在实验室里进行磨炼，认真把实验做好。

一般地说，在大学学习期间要做的实验与有成就的科学家们所做的实验是有区别的。这些科学家们所做的实验尽管有的现在看起来比较简单，但这些实验是为了达到某种科研目的而自行设计的。而学生在实验室所做的课程实验，一般是根据实验教科书上所规定的实验方法、步骤来进行操作的，因此，要达到教学的要求得注意以下几点。

① 认真操作、细心观察，并把观察到的现象，如实详细地记录在实验报告中；

② 如果发现实验现象与实验理论不符合，或者测试结果出现异常，就应该认真检查原因，并细心重做实验；

③ 实验中遇到疑难问题而自己难以解释时，应及时提请教师解答；

④ 在实验过程中应保持安静，严格遵守实验室工作规则，防止出现各种意外事故；

⑤ 要在实验教学安排的有限时间里，保质保量地完成实验。

4. 编写实验报告

实验成功只是实验教学要求的一部分。学生做完实验之后，必须写实验报告，这是实践训练的重要环节之一。

实验报告是学生动手能力、写作能力的一种体现，是实验水平的一种证明。如果实验很成功，但实验报告却写得一塌糊涂，就不能反映真正的实验水平。因此，做完实验之后要尽心尽力地把实验报告写好，要写出深度，写出水平。

实验报告是实验总结的一种方式，对于验证型的实验，应解释实验的每个现象，并作出结论；对于测试型的实验，应根据测得的数据进行计算，求出最终结果，并分析测试结果的可信程度；对于综合型或设计型的实验，还要写出总体实验研究报告。

要按时完成实验报告，并交指导教师评阅。评阅实验报告是教师检查学生学习情况和教学效果的一种重要方法，实验报告的优劣是教师给予实验成绩的根据之一。当然，实验分数的高低不应是我们所关心的主题，重要的是要看教师批阅后发还的实验报告，要明白哪些做对了、哪些做错了。

四、实验室安全

高校实验室在科学研究和人才培养的过程中起着重要的作用，在实验过程中，会用到各类化学试剂，有的还会涉及易燃易爆等危险化学品；有些实验需要在高温、高压、低温、真空等条件下进行；在试样加工过程中，会用到高速运动切割机等设备。如果操作不当，都有可能造成安全事故。对实验室工作的人员和到实验室进行实验的广大学生来讲，掌握实验室基本的安全知识、了解实验室安全事故发生的基本规律和防范措施是非常有必要的，不仅可以保障实验的顺利进行，也能保障人身安全不受伤害、国家财产不受损失。

材料专业实验室安全主要涉及水、电、气的安全使用，仪器设备的正确操作，化学试剂的安全使用和管理，实验中产生的废弃物的处理等问题。实验室的安全问题关系到学生及实验人员人身安全及校园环境保护等诸多方面，日益得到重视。实验室的安全事故类型归纳起来主要有以下几类。

① 火灾事故。火灾是高校实验室最常见的安全事故之一，实验室引发的火灾事故主要包括电气火灾和化学药品火灾。电气火灾是由于电气设备使用不当引发的火灾。如设备老化造成的线路短路、线路超负荷供电、使用劣质插座、保险丝选用不当等。化学药品火灾是由化学药品使用不当引起的火灾。如氢气、液化气、乙炔、乙醇、活泼金属钾钠等容易引发火灾。

② 爆炸事故。爆炸性事故多发生在具有易燃易爆物品和压力容器的实验室。比如违反操作规程，引燃易燃物品，或者易燃气体泄漏，达到一定浓度时遇明火发生爆炸进而引发爆炸事故；活泼金属引起的爆炸；高压气瓶或者高压反应釜等控制不当，也容易引发爆炸事故等。

③ 中毒事故。材料合成过程中往往需要使用各种各样的化学试剂，有些化学试剂是有毒有害的，有些甚至是剧毒。实验人员在做实验时如不了解化学药品的性质，错误操作，容易导致事故发生；化学药品配制、使用不当引起爆炸或者液体飞溅而伤害人体；有些化学药品易燃易爆，或有腐蚀性，或有毒害性，或者是致癌物质，事故轻者损伤皮肤，重者烧毁皮肤，损伤眼睛和呼吸道，甚至损伤人的内脏和神经等。中毒事故多发生在具有化学药品和剧毒品的实验室。

④ 触电事故。电流通过人体后，对人体的头部、脊髓、中枢神经、心脏等人体组织和器官

造成伤害，严重时会导致死亡。人体接触带电的导线、漏电设备的外壳或者其他带电体所导致的电击，主要包括直接接触触电、间接接触触电、跨步电压触电、感应电压触电和静电触电等。

除以上四种典型常见的安全事故外，还有机械伤人、辐射、粉尘、噪声、环境污染、漏水等安全问题。

为了减少实验室安全事故的发生，可以从以下几个方面进行预防。

① 从思想上重视，安全无小事。

② 学习和掌握基本的实验室安全知识以及相关的法律法规和相关规章制度。

③ 严格遵守实验室的各项规章制度，并严格执行。

④ 实验室要规范管理，比如实验室的设备及用品应当摆放整齐，每件物品应该放在固定的位置，使用完后及时放回原位。实验用过的废弃物应该按照要求及时回收处理，如废弃的液体不能直接倒入下水道；废弃的药品需要专门回收，不能与生活垃圾混放。不能在实验室吃东西。

⑤ 实验过程中应该穿戴一定的防护用品，比如戴护目镜、穿工作服等。

⑥ 实验做完后，及时整理仪器设备，放回原位，并打扫实验室卫生，离开时实验室做到关电、关水、关气、关门窗。

思考题

1．如何学好一门实验课？

2．验证性实验、测试性实验、设计性实验、综合性实验的特点分别是什么？

3．你认为本书所列的实验项目中，哪些实验是验证性，哪些实验是测试性，有没有设计性？

4．你认为本书所列的实验项目中，哪些实验是原料（燃料）性质的测试研究，哪些实验是材料形成规律的实验研究，哪些实验是材料性质的测定分析？

5．你认为在做实验的整个过程中，误差分析和数据处理的基础知识有没有用？为什么？

6．你是否喜欢到实验室做实验？为什么？

7．实验室常见的安全事故有哪些？如何预防？

拓展资源 01　实验误差与数据处理

拓展资源 02　实验报告编写方法

主要参考文献

[1] 林宗寿．无机非金属材料工学[M]．5 版．武汉：武汉理工大学出版社，2019.

[2] 戴金辉，葛兆明．无机非金属材料概论[M]．哈尔滨：哈尔滨工业大学出版社，2018.

[3] 杨虎，谢峻林，何峰，等．基于 MOOC 教学平台的无机非金属材料实验课设计及探索[J]．教育教学论坛，2018（11）：271-273.

[4] 敬晓丹，李久会，袁泉．大学物理实验报告改革探索[J]．黑龙江教育，2018（1）：51-52.

[5] 王爱萍．“以学生为中心”综合能力培养的专业实验教学模式探索与实践[J]．黑龙江教育，2019（6）：84-86.

[6] 朱归胜，陈彩明，陈国华，等．材料科学与工程专业学生工程素养与创新能力培养实践研究[J]．科技视界，2019（5）：199-201.

[7] 吴玉敏，黄定国，廖建国．21 世纪日本无机非金属材料科技发展战略[J]．材料导报，2014，28（9）：30-35.

[8] 陈金忠，等．浅议面向 21 世纪实验教学改革的形势与任务[J]．实验技术与管理，2000，1：102，101-104.

[9] 朱莉娜，孙晓志，等．高校实验室安全基础[M]．天津：天津大学出版社，2014.

第 1 章

材料科学基础实验

学习导论

“材料科学基础”课程是本科材料类专业最重要的学科基础课程，是连接基础课与专业课的桥梁，是专业必修课程。

“材料科学基础实验”是“材料科学基础”课程的配套实验课程，是在学习完成相应的材料科学基础理论知识后开设的，理论课程和实验课程交叉融合开设，即在巩固学生所学的理论知识的同时，又能在学完理论知识后马上进行实验验证，加深学生对理论知识的理解，使学生最大限度地熟悉和掌握所学材料科学基础理论和共性规律，培养学生将所学理论知识应用于解决复杂工程问题的能力。

“材料科学基础实验”以无机非金属材料为基础，兼顾了金属材料、高分子材料科学原理，从一级学科层面阐述材料的组成与结构、制备与加工、性质、使用性能等材料科学与工程各要素之间的相互关系及其制约规律。本章开设了 6 个实验项目，实验项目对应的“材料科学基础”课程内容见表 1。课程教学目标及能力达成途径与措施见表 2。

表 1 “材料科学基础实验”开设的实验项目及对应的“材料科学基础”课程内容

实验项目名称	对应的“材料科学基础”课程内容
黏土-水系统 Zeta 电位的测定	表面结构与性质
扩散与固态反应	材料制备中的固态反应
淬冷法研究相平衡	相平衡及其研究方法 非晶态结构与性质
差热分析	相平衡及其研究方法 晶体结构 非晶态结构与性质
线膨胀系数与玻璃转变温度的测定	非晶态结构与性质
材料显微结构观察	晶体结构 晶体结构缺陷

表 2 课程教学目标及能力达成途径

课程教学目标	能力达成途径与措施	
	共性达成途径与措施	各实验项目的能力达成途径与措施
1. 基于材料科学与工程的基本原理，通过文献研究，调研和分析影响材料组成-结构-性能相关性的关键因素，掌握材料显微结构的实验观察方法和研究相平衡的科学原理，提出研究材料组成-结构-性能的实验方案	实验开始之前，需完成预习与实验设计（包括实验方案与技术路线、主要仪器设备及耗材、注意事项等，并应考虑社会、环境、安全、健康、成本等内容），并结合中国大学 MOOC 进行相关实验项目的学习	掌握光学显微镜的结构原理、显微镜的调节与校正方法、试样在偏光显微镜下的光学性质，设计利用偏光显微镜研究材料组成-结晶状态-多形性和解理性的实验方案 基于淬冷法研究相平衡的科学原理，针对 Na_2O-SiO_2 系统相图，设计研究组成-实验条件-结构关系的实验方案，为绘制（验证）相图提供实验数据支撑

续表

<table>
<tr><th rowspan="2">课程教学目标</th><th colspan="2">能力达成途径与措施</th></tr>
<tr><th>共性达成途径与措施</th><th>各实验项目的能力达成途径与措施</th></tr>
<tr><td>2.基于材料的表面结构对材料性能的影响、材料制备加工过程中的动力学规律，设计实验方案，构建实验系统，安全地开展实验，正确地采集实验数据</td><td rowspan="2">教学方式上采用团队形式：8～10 人一批，两人一组，两个老师指导。批次成员分工合作、讨论实验方案、共享实验信息、交流影响因素，提高学生的表达能力、交流沟通能力、安全意识、团队意识和合作精神
时间安排上是在学习完成相应的材料科学基础理论知识后开设相应的实验课程，理论课程和实验课程交叉融合开设，即巩固学生所学的理论知识的同时又能在学完理论知识后马上进行实验验证，加深学生对理论知识的理解，使学生最大限度地熟悉和掌握所学材料科学基础理论和共性规律，培养学生将所学理论知识应用于解决复杂工程问题的能力</td><td>基于固体颗粒表面带电原因，设计测量黏土颗粒荷电性、电泳速率的实验方案，构建实验系统，正确地采集温度、pH 值、电解质种类及含量、Zeta 电位等实验数据
基于固态反应的扩散动力学杨德方程，设计 Na_2CO-SiO_2 为反应体系并使之处于扩散动力学范畴，采用热重分析法构建实验系统，正确地采集原始重量、温度和失重量等实验数据</td></tr>
<tr><td>3.运用材料科学与工程的专业知识和技术，对矿物差热曲线、玻璃热膨胀曲线进行分析和解释，通过文献分析和小组讨论，得到矿物名称、热效应、相变（特征）温度、线膨胀系数等合理有效的实验结论</td><td>根据实验结果，绘制未知矿物的差热曲线，通过文献调研鉴定矿物，分析并讨论热效应（相变温度）产生的原因
根据实验结果，绘制玻璃热膨胀曲线，通过文献调研确定玻璃转变温度、软化温度和线膨胀系数，讨论结晶状态对热膨胀曲线的影响规律</td></tr>
</table>

实验 1-1　黏土-水系统 Zeta 电位的测定

课前测试

一、教学目标

① 了解胶体表面带电原因，理解表面电位大小与颗粒分散特性、胶体物系稳定性之间的关系。

② 设计测量黏土颗粒荷电性、电泳速率的实验方案，构建实验系统，了解黏土颗粒的荷电性，观察黏土颗粒的电泳现象。

③ 能够独立地开展实验，正确地采集温度、pH 值、电解质种类及含量、Zeta 电位等实验数据，设计并比较不同条件下黏土-水系统的 Zeta 电位，分析影响黏土-水系统 Zeta 电位的因素。

二、基本原理

在硅酸盐工业中经常遇到泥浆、泥料系统。泥浆与泥料均属于黏土-水系统。它是一种多相分散物系，其中黏土为分散相，水为分散介质。由于黏土颗粒表面带有电荷，在适当的条件下，泥浆具有胶体溶液的稳定特性。但因黏土颗粒粒度分布范围很宽，就构成了黏土-水系统胶体化学性质的复杂性。

1．黏土颗粒的表面电性

黏土是由一种或多种含水铝硅酸盐矿物组成的混合物，由铝硅酸盐矿物在地表经风化或成盐作用形成。按照成因黏土可分为原生黏土和次生黏土（又称一次黏土和二次黏土）。原生黏土由母岩风化残留后在原地形成，质地较纯，颗粒较粗，可塑性较差。二次黏土是由风化形成的黏土受风力、雨水等作用迁移到其他地方沉积形成，常混有杂质，但颗粒细腻，可塑性较好。黏土是一类层状结构硅酸盐矿物，层片由$[SiO_4]$四面体层及$[AlO_6]$八面体层构成，按照$[SiO_4]$四面体层中活性氧的空间取向不同可分为单网层和复网层结构，层间依靠氢键或范德瓦耳斯力相连接。按照黏土的结构，即$[SiO_4]$四面体和$[AlO_6]$八面体的比例，黏土矿物可分为高岭石族（1∶1 型）、蒙脱石族（2∶1 型）、伊利石族（2∶1 型）等。常见的黏土类矿物包括高岭石、蒙脱石、伊利石、白云母等。高岭石、蒙脱石的结构如图 1-1-1 所示。

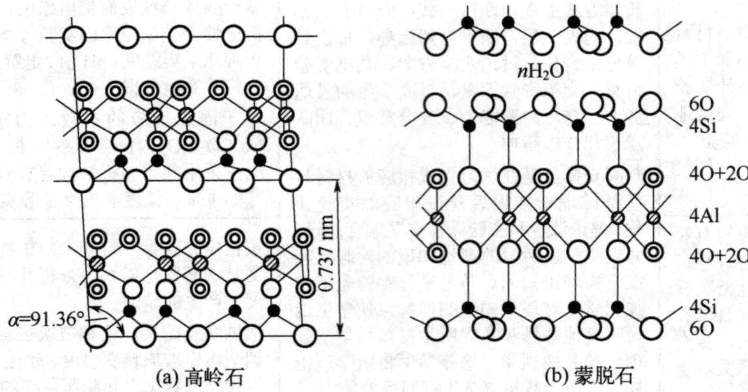

图 1-1-1　黏土矿物的结构

● Si^{4+}；⊘ Al^{3+}；○ O^{2-}；◎ OH^-

黏土颗粒表面由于摩擦、吸附、电离、同晶取代、表面断键、表面质点位移等原因而带电。带电量的多少与黏土种类、发生在黏土颗粒和周围介质接触界面上的界面行为、颗粒的分散与团聚等性质密切相关。在研究黏土颗粒的表面电性时，可将其表面的所带电荷分为永久电荷与可变电荷。

（1）永久电荷

黏土表面的永久电荷主要由黏土晶格中离子的不等价同晶取代造成的。在$[SiO_4]$四面体中，Si^{4+}可以被低价的 Al^{3+}取代，在 Al^{3+}的配位八面体中，Al^{3+}可以被 Mg^{2+}、Fe^{2+}等取代，从而使黏土带电。同晶取代对于不同种类的黏土差别很大，蒙脱石、伊利石、白云母等矿物的同晶取代较为常见。如蒙脱石中，$[AlO_4(OH)_2]$八面体中的 Al^{3+}可被 Mg^{2+}、Fe^{2+}、Ca^{2+}、Li^+等离子完全取代；白云母中，$[SiO_4]$四面体的 1/4 的 Si^{4+}可被 Al^{3+}取代，吸附在层状硅酸盐表面上的 K^+也可被不同程度置换；对于高岭石而言，其层间由氢键连接，结构较为稳定，同晶取代较少，但仍存在少量 Si^{4+}被 Al^{3+}取代的情况。

（2）可变电荷

可变电荷是指黏土表面随介质 pH 值的改变而变化的电荷。高岭石的边面断键是其带有可变电荷的主要原因，所带的电荷电性会随着介质 pH 值的改变而发生变化。在酸性介质中，与 Al^{3+}连接的 O^{2-}带有一个负电荷，为了维持电中性，会接受一个质子使边面带正电；而在强碱介质中，边面的 OH^-解离使边面带负电。

（3）净电荷

净电荷指的是黏土所带的正负电荷的代数和，由于黏土所带的负电荷远大于正电荷，所以黏土带有净负电荷。

2．黏土的吸附与交换

黏土表面带有电荷可吸附异号离子，而这些离子又可以被介质中浓度较大、化合价较高的电性相同的离子所取代而发生离子交换。这种交换虽不影响黏土自身的结构，但影响黏土系统的 Zeta 电位。同晶取代越多的黏土，其交换量也越大。对比不同种类的黏土，离子交换量差距较大，表 1-1-1 给出了不同黏土的离子交换量。蒙脱石由于其同晶取代较多，结构较为松散，因此离子交换量较大；而高岭石同晶取代较少，结构较为稳定，离子交换量较小。对于不同的离子，其参与离子交换的能力也不同。以阳离子为例，阳离子的交换能力与其价数和水化半径有关，常见的阳离子交换顺序可排列为：

$$H^+ > Al^{3+} > Ca^{2+} > Mg^{2+} > NH_4^+ > K^+ > Na^+ > Li^+$$

表 1-1-1 不同黏土的离子交换量

矿物	高岭石	蒙脱石	伊利石类黏土	高岭土类黏土	叙永土
阳离子交换量/（mmol/100g）	3～9	40～150	10～40	9～20	15～40

3. 黏土颗粒表面双电层与黏土-水系统的 Zeta 电位

带电的黏土颗粒分散于液相介质中时，在固液界面上会出现扩散双电层，有可能形成胶体物系。根据胶体溶液的扩散双电层理论，胶团结构由中心的黏土颗粒与外围的吸附层和扩散层构成。黏土颗粒表面与分散介质之间的电位差为热力学电位即 E 电位，吸附层表面与分散介质之间的电位差为电动电位即 Zeta 电位，见图 1-1-2。Zeta 电位的大小与胶体物系的诸多性质密切相关。固体颗粒表面的带电机理、表面电位的形成机理及控制等已成为现代材料科学关注的焦点之一。

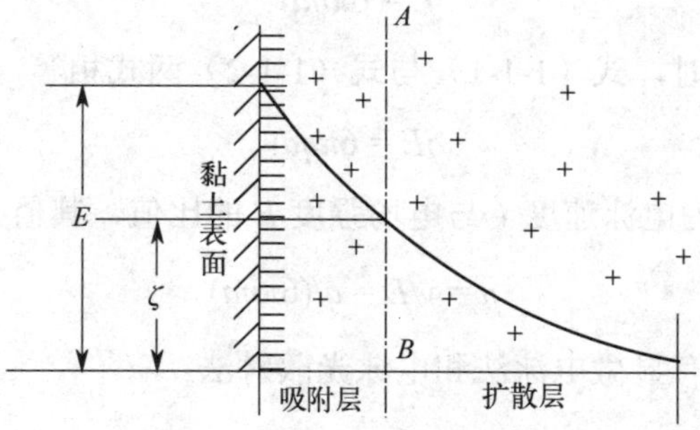

图 1-1-2 胶体粒子扩散双电层结构

AB—滑动面或剪切面；*ζ*—Zeta 电位

影响 Zeta 电位的因素包括介质的 pH 值、添加剂浓度、离子强度等。

（1）pH 值

pH 值是影响胶体 Zeta 电位的关键因素。通过调节 pH 值，可改变黏土-水系统的 Zeta 电位值的大小，甚至可使 Zeta 电位值为 0（等电点）或符号反转。

（2）添加剂浓度

带电大分子或表面活性离子会吸附在颗粒表面而改变颗粒表面带电性质，其影响随添加剂的种类和添加剂浓度的不同而变化。

（3）离子强度

分散介质中的离子会压缩胶体颗粒的双电层。在经典双电层理论中，随着离子强度的增大，双电层变薄，而 Zeta 电位的绝对值会减小。但当离子强度达到一定程度后，就会导致胶体颗粒间发生团聚，从而造成胶体体系的不稳定。

4. Zeta 电位与泥浆性能的关系

Zeta 电位绝对值的大小是胶体体系稳定性的直接反映，对泥浆的陶瓷工艺性质有着重要意义。Zeta 电位越高，泥浆越不易聚沉，稳定性、流动性、成型性越好。在碱性条件下，增大泥浆的 Zeta 电位，黏土片层可由边-面结合转变为面-面结合，使泥浆发生胶溶，稳定性、流动性提高，改善泥浆的触变性。

5. Zeta 电位的测试方法与原理

Zeta 电位的测量方法包括电泳法、电渗法、流动电位法和电声法（超声波法）等，其中以电泳法应用最为普遍。带电胶粒在直流电场中会发生定向移动，这种现象称为电泳。根据胶粒移动的方向可以判断胶粒带电的正负，根据电泳速率的快慢可以计算胶体物系的 Zeta 电位的大小。进而通过调整电解质的种类及含量，就可以改变 Zeta 电位的大小，从而达到控制工艺过程的目的。

（1）基本原理

设胶体颗粒带电荷 q，在电场强度为 E 的电场中（若两电极间的距离为 L、电位差为 ΔV，则 $E=\Delta V/L$，即单位距离上的电位差），作用在胶体颗粒上的静电力 f 为：

$$f=qE \tag{1-1-1}$$

若球形胶体颗粒的半径为 a，η 为液体介质的动力黏度，电泳速度为 v，根据 Stokes 定律，其运动阻力 f'为：

$$f'=6\pi\eta av \tag{1-1-2}$$

当胶体颗粒匀速泳动时，式（1-1-1）与式（1-1-2）两式相等，得到：

$$qE=6\pi\eta av \tag{1-1-3}$$

则电泳速率 μ，定义为电泳速度 v 与电场强度 E 的比值，其值为：

$$\mu=v/E=q/(6\pi\eta a) \tag{1-1-4}$$

电泳速率的测量方法有显微电泳法和电泳光散射法。

（2）显微电泳法

显微电泳法是通过光源照亮在外加电场作用下发生泳动的胶体颗粒，被照亮的颗粒能够产生散射光，从而可以被观察。显微电泳法是半自动方法，适合检测电泳速率均匀的胶体颗粒体系。颗粒的运动可通过对显微镜进行手动调节而跟踪，如改变照明光的扫描速度或移动可反射胶体颗粒图像的棱镜。现代 CCD（charge-coupled device,电荷耦合器件）和计算机可实现胶体颗粒电泳图像的连续捕捉、转化和传输，通过精密分析带有时间标记的视频帧，可记录胶体颗粒在外加电场作用下的移动轨迹，并测得电泳速率。显微电泳法能够在非常短的时间内施加电场，从而解决了热扩散和电化学污染的问题。应用显微电泳法测量胶体颗粒电泳迁移率的仪器设备的典型光路是 90° 激光散射装置，如图 1-1-3 所示。

（3）电泳光散射法

电泳光散射（ELS）法是一种集成方法，通过测量胶体颗粒散射光的多普勒频移来间接测量电泳速率。在 ELS 实验中，入射光可照亮在外加电场作用下运动的胶体颗粒，根据所带净电荷符号的不同，带电颗粒向电极的阳极或阴极移动，而颗粒的移动会使其散射光频率由于多普勒效应而发生位移，从频移分布可确定颗粒的电泳迁移率分布。ELS 能够快速、准确、自动且重复性高地测定分散在水或非水介质中的复杂颗粒体系的电泳图谱。样品池是 ELS 测量的关键因素，至少应具有三个功能：装载样品、提供外加电场、入射光和散射光出入口。

小角光散射的典型光路如图 1-1-4 所示。

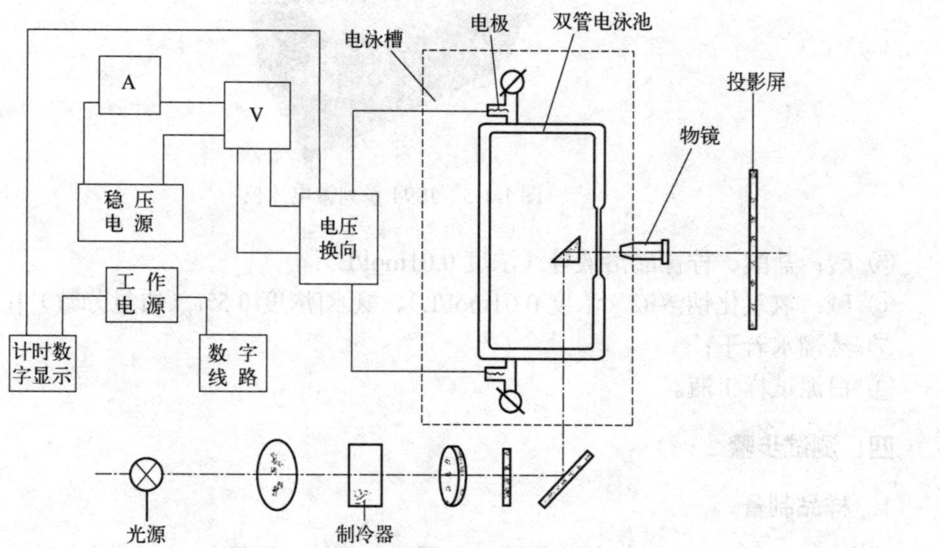

图 1-1-3　显微电泳法测试装置

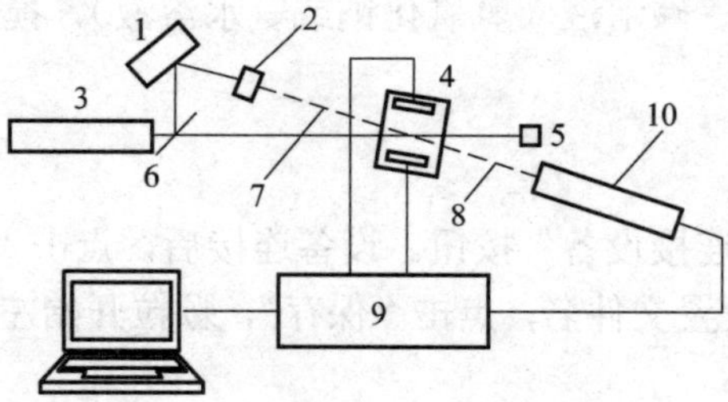

图 1-1-4　电泳光散射法测试装置

1—光调制器；2—衰减器；3—激光光源；4—带电极样品池；5—光截止器；6—分束器；7—参考光束；8—散射或参考光束；9—处理器；10—光电探测器

散射光的多普勒频移和颗粒的电泳速率之间的关系取决于测量设备的光学装置。对于小角光散射测定装置，电泳速率的计算式为：

$$\mu = \frac{\Delta\omega\lambda_0}{4\pi nE\sin(\theta/2)\sin[(\theta/2)+\varphi]} \tag{1-1-5}$$

式中，$\Delta\omega$ 为多普勒频移；λ_0 为激光在真空中的波长；n 为介质的折射率；E 为电场强度；θ 为入射光和散射光之间的夹角；φ 为散射光和电场方向之间的夹角。

本实验采用显微电泳法对样品的 Zeta 电位进行测试。

三、实验器材

① 微电泳仪（图 1-1-5）；

② 电子天平；

③ 玻璃烧杯、玻璃研钵、pH 计或 pH 试纸等；

④ 电解质溶液：氯化钠溶液、碳酸钠溶液等（浓度 0.01mol/L）；

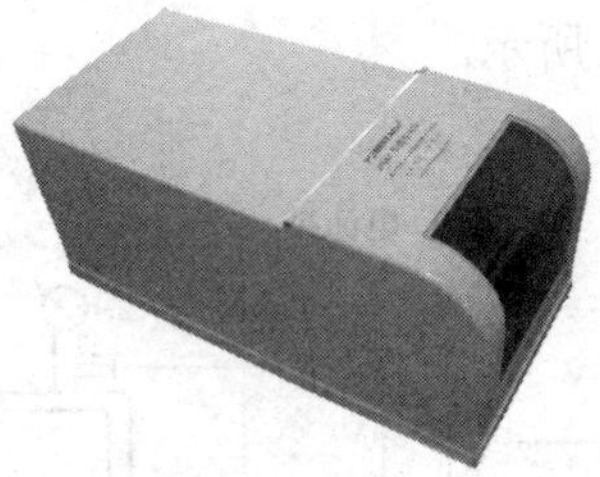

图 1-1-5　JS94 系列微电泳仪

⑤ 酸：盐酸、柠檬酸溶液等（浓度 0.01mol/L）；

⑥ 碱：氢氧化钠溶液（浓度 0.01mol/L）、氨水[浓度 0.5%（质量分数）]；

⑦ 蒸馏水若干；

⑧ 白泥试样 1 瓶。

四、测试步骤

1．样品制备

用电子天平称取 0.04g 白泥试样，置于玻璃研钵内研磨 5min 后放入玻璃烧杯内，加入 50mL 蒸馏水或 0.01mol/L 的电解质溶液（氯化钠溶液或碳酸钠溶液），搅拌 5min，再加入一定量的酸（盐酸或柠檬酸）、碱溶液（氢氧化钠或氨水溶液），搅拌 5min。用 pH 试纸或 pH 计测试分散液 pH 值。

2．操作步骤

① 点击微电泳仪的“连接设备”按钮。设备连接后，点击“live 及启动”按钮，出现另存窗口，选择保存路径并设置文件名，点击“保存”，颗粒开始左右均匀移动（如不均匀说明有气泡，稍等或排出）。

② 当界面中颗粒清晰、数量满足要求时，点击“连存”，系统自动拍四张图片。

③ 点击“分析”打开测试文件后，界面将显示上下两张时序连续的图片。在上图中选取一个特征清晰的颗粒，并先后用鼠标点击其在上图与下图中的中心位置，以完成一组颗粒位移的标记；随后更换颗粒，重复此操作五至十次。最后，通过对比颗粒运动方向与程序右侧所示的电场方向进行颗粒电性判断。

④ 点击“下一组”按钮，遵循以上③程序。

⑤ 点击“计算”，颗粒电位即可显示。

拓展资源 03　实验 1-1 操作教学视频

五、数据处理记录

通过 JS94 系列微电泳仪获得实验数据，记录在表 1-1-2 中。

表 1-1-2　实验数据表

项目	第 1 组				第 2 组				…
右侧电场方向	+		−		+		−		…
胶粒编号	初始坐标	结束坐标	初始坐标	结束坐标	初始坐标	结束坐标	初始坐标	结束坐标	…
1									
2									
3									

续表

项目	第 1 组				第 2 组				…
右侧电场方向	+		−		+		−		…
胶粒编号	初始坐标	结束坐标	初始坐标	结束坐标	初始坐标	结束坐标	初始坐标	结束坐标	…
4									
5									
6									
7									
8									
9									
10									
平均位移									…
位移偏差									…
Zeta 电位									…

六、实验结果的处理与分析讨论

根据胶粒的电泳方向、Zeta 电位的正负，确定黏土颗粒是否带电以及电荷类型。

设计不同的溶液 pH 值、电解质种类及含量，测定黏土-水系统 Zeta 电位并用 Origin 或 Excel 绘制曲线（每个因素至少设置 3 个变化点），分析 pH 值、电解质种类及含量对黏土-水系统 Zeta 电位的影响。

讨论影响黏土-水系统 Zeta 电位测试结果的因素，包括主观因素及客观因素。

七、实验过程中的注意事项

1. 实验过程中需使用腐蚀性药品，注意穿戴防护用具。
2. 废液需倒入对应废液桶。

思考题

1. 测试泥浆的 Zeta 电位对陶瓷的工艺性能有何意义？
2. 影响电泳速率的因素有哪些？
3. 影响 Zeta 电位的因素有哪些？
4. 黏土带什么电荷？它会带相反的电荷吗？为什么？

主要参考文献

[1] 黄学辉，宋晓岚．材料科学基础[M]．3 版．武汉：武汉理工大学出版社，2022.

[2] 曹文聪，杨树森．普通硅酸盐工艺学[M]．武汉：武汉理工大学出版社，1996.

[3] 天津大学物理化学教研室．物理化学[M]．北京：高等教育出版社，2001.

[4] GB/T 32668—2016．胶体颗粒 zeta 电位分析 电泳法通则.

[5] GB/T 32671.1—2016/ISO 13099-1:2012IDT．胶体体系 zeta 电位测量方法 第 1 部分：电声和电动现象.

[6] GB/T 32671.2—2019/ISO 13099-2:2012．胶体体系 zeta 电位测量方法 第 2 部分：光学法.

实验 1-2　扩散与固态反应

课前测试

一、教学目标

① 熟悉热重法（TG）的原理，掌握采用 TG 法研究固态反应的方法。

② 通过 Na_2CO_3-SiO_2 体系的固态反应，掌握构建实验系统、设计实验方案、验证固态反应的动力学规律——杨德方程的方法。

③ 通过分析实验数据，得到固态反应速度常数和反应的表观活化能，能够分析并理解影响固态反应的因素。

二、基本原理

固态反应是材料制备中一个重要的高温动力学过程，固体之间能否进行反应、反应完成的程度、反应过程的控制等直接影响材料的显微结构，并最终决定材料的性质，因此，研究固体之间反应的机理及动力学规律，对材料的生产和新材料的研发有重要意义。

固体材料在高温下加热时，因其中的某些组分分解逸出或固体与周围介质中的某些物质发生作用，固体物系的质量发生变化，如盐类的分解、含水矿物的脱水、有机质的燃烧等会使物系质量减轻，高温氧化、反应烧结等则会使物系质量增加。热重法（thermogravimetry，TG）及微商热重法（derivative thermogravimetry，DTG）是在程序控制温度下测量物质的重量（质量）与温度关系的分析技术。热重法所得到的曲线称为 TG 曲线（即热重曲线），TG 曲线以质量为纵坐标，以温度或时间为横坐标。微商热重法所记录的是 TG 曲线对温度或时间的一阶导数，所得的曲线称为 DTG 曲线。现在的热重分析仪常与微分装置联用，可同时得到 TG-DTG 曲线。通过测量物系质量随温度或时间的变化来揭示或间接揭示固体物系反应的机理和/或反应的动力学规律。

固体物质中的质点，在高于绝对零度的温度下总是在其平衡位置附近作热振动。温度升高时，振幅增大。当温度足够高时，晶格中的质点就会脱离晶格平衡位置，与周围其他质点产生换位作用，在单元系统中表现为烧结，在二元或多元系统则可能有新的化合物出现。这种没有液相或气相参与，由固体物质之间直接作用所发生的反应称为纯固态反应。实际生产过程中所发生的固态反应，往往有液相和/或气相参与，这就是所谓的广义固态反应，即由固体反应物出发，在高温下经过一系列物理化学变化而生成固体产物的过程。

固态反应属于非均相反应，描述其动力学规律的方程通常采用转化率 G（已消耗掉的反应物量与反应物原始质量的比值）与反应时间 t 之间的积分或微分关系来表示。

测量固态反应速率，可以通过 TG 法（适用于反应中有质量变化的系统）、量气法（适用于有气体产物逸出的系统）等方法来实现。本实验通过失重法来考察 Na_2CO_3 - SiO_2 系统的固态反应，并对其动力学规律进行验证。

Na_2CO_3 - SiO_2 系统固态反应按下式进行：

$$Na_2CO_3 + SiO_2 \longrightarrow Na_2SiO_3 + CO_2\uparrow \tag{1-2-1}$$

恒温下通过测量不同时间 t 时失去的 CO_2 的重量，可计算出 Na_2CO_3 的反应量，进而计算出其对应的转化率 G，来验证杨德方程的正确性。杨德方程如下：

$$[1-(1-G)^{1/3}]^2 = Kt \qquad (1\text{-}2\text{-}2)$$

式中，$K = A\exp(-Q / RT)$为杨德方程的速度常数，A 为指前因子；Q 为反应的表观活化能；T 为反应温度。改变反应温度，则可通过杨德方程计算出不同温度下的 K 和 Q。

三、实验器材

① TG-100 型固相（态）反应实验仪见图 1-2-1，按功能可划分为加热、电路控制及称量三个部分。电路控制区显示屏（操作界面）见图 1-2-2。仪器主体结构如图 1-2-3 所示。

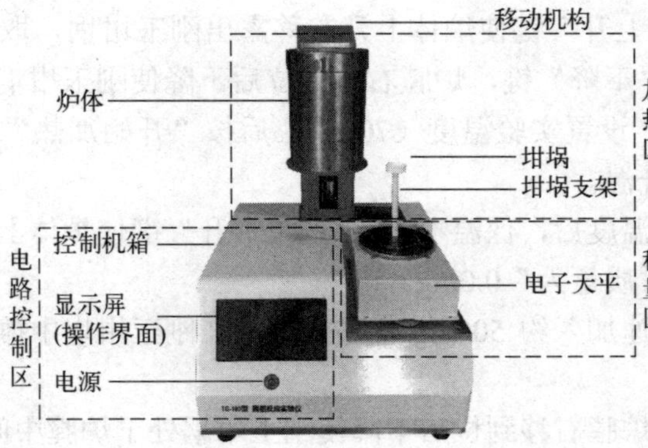

图 1-2-1　TG-100 型固相（态）反应实验仪实物

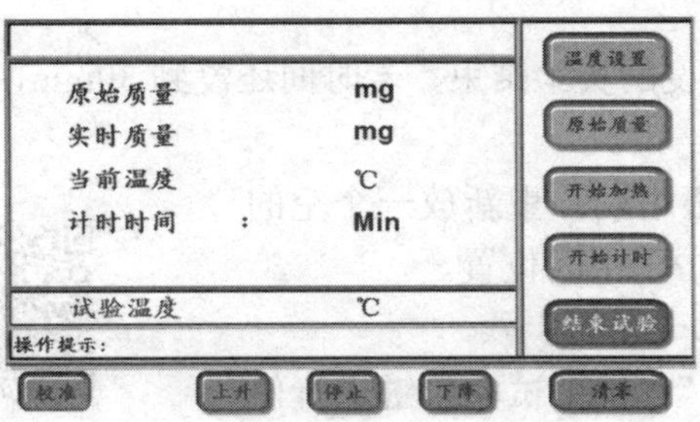

图 1-2-2　显示屏（操作界面）

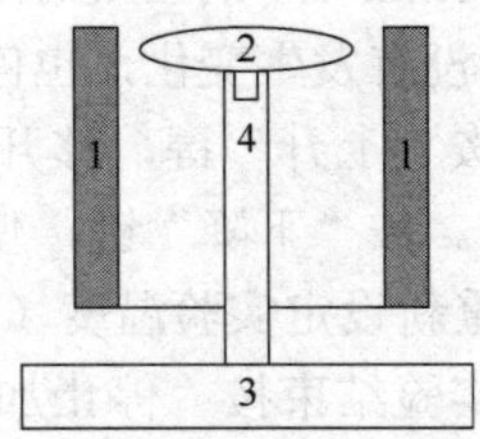

图 1-2-3　TG-100 型固相（态）反应实验仪结构

1—加热装置；2—刚玉坩埚；3—电子天平；4—支撑杆

② 刚玉坩埚 2 只，实验原料为 Na_2CO_3（化学纯）和 SiO_2（含量 99.9%），陶瓷研钵 3 个，电子天平 1 台。

四、测试步骤

1．样品制备

① 将 Na_2CO_3（化学纯）和 SiO_2（含量 99.9%）分别在陶瓷研钵中研细，过 250 目筛。

② SiO_2 的筛下料在空气中加热至 800℃，保温 5h，Na_2CO_3 筛下料在 200℃烘箱中保温 4h。

③ 把上述处理好的原料按 Na_2CO_3∶SiO_2 = 1∶1（摩尔比）配料，混合均匀，烘干，放入干燥器内备用。

2．仪器准备

① 仪器需安放在周围无气流影响、牢固平稳的台面上，避免振动及有易燃易爆气体。

② 在通电之前应对仪器进行检查，确保电子天平处于水平状态。点击“校准”，输入密

码“1111”后，根据系统中文提示进行操作。

③ 在电子天平上放上样品杆及刚玉坩埚。

④ 打开仪器电源，5s 后仪器初始化成功，在操作界面按“下降”键，炉膛向右移动到位后下降，观察刚玉坩埚是否正好放入炉膛中央部位。

⑤ 在操作界面点击“温度设置”，在弹出的小键盘上输入试样要测试的最终温度，输入后点击“确定”即可。

3．操作步骤

① 接通电源，按“上升”键使炉体上升左移露出刚玉坩埚，取下刚玉坩埚，清扫干净后，放到样品杆上。按“下降”键，炉膛右移到位后下降使刚玉坩埚处于炉膛中间位置。

② 按“温度设置”，设置实验温度（700℃）后按“开始加热”键，仪器开始按照提前设置好的升温速率进行升温。

③ 当温度达到设定温度后，保温 2min，按“上升”键使炉体上升左移露出刚玉坩埚，按“清零”键，使“实时质量为”0.0mg。

④ 向刚玉坩埚里迅速加入约 500mg 样品，样品在刚玉坩埚中摊平。按“原始质量”按钮，保存该数值。

⑤ 按“下降”键，炉膛右移到位后下降使刚玉坩埚处于炉膛中间位置。

⑥ 稳定约 1～2min 后，按下“清零”键和“开始计时”按键。

⑦ 每隔 1min，记录一次质量。

⑧ 30min 后，停止记录数据，第一个温度的实验结束。若时间还没到 30min，但连续三次的质量没有发生变化，也停止记录。实验结束。

⑨ 按“上升”键，移开炉体，取下刚玉坩埚，重新放一个空的刚玉坩埚。按“下降”键，使刚玉坩埚处于炉子中间位置。

⑩ 重新设定实验温度（750℃），重复②～⑧的步骤。

⑪ 实验结束按“停止加热”“停止计时”“结束试验”键进行停止，然后关闭电源。

拓展资源 04　实验 1-2 操作教学视频

五、数据处理记录

记录配料计算、制样过程。

以表 1-2-1 方式记录实验数据。

表 1-2-1　实验数据记录

试样的初始质量：　mg　　　反应温度：　℃

反应时间 t/min	样品质量 W_1/mg

六、实验结果的处理与分析讨论

根据表 1-2-1 记录的实验数据，计算 CO_2 累计失重量 W_2，再根据［式（1-2-1)］，计算得到反应物的转化率 G，将转化率 G 代入$[1-(1-G)^{1/3}]^2$，上述数据处理结果记入表 1-2-2 中。

绘制 700℃和 750℃下的$[1-(1-G)^{1/3}]^2$-t 关系曲线（做在一个图上），拟合成直线，通过直线斜率求出反应的速度常数 K（700℃和 750℃的速度常数）。

根据$[1-(1-G)^{1/3}]^2$-t 之间的线性关系，讨论 Na_2CO_3-SiO_2 系统的固态反应的动力学规律是否符合杨德方程，进行杨德方程的验证，分析影响线性规律的因素。

表 1-2-2　实验数据处理

试样的初始质量 W/mg	反应温度 T /℃	反应时间 t/min	样品质量 W_1/mg	CO_2 累计失重量 W_2/mg	（$Na_2CO_3 + SiO_2$）转化率 G	$[1-(1-G)^{1/3}]^2$
	700					
	750					

对比 700℃和 750℃的速度常数，讨论反应温度对固态反应速率的影响。

将温度 T 和反应速度常数 K 代入 $K = A\exp(-Q/RT)$，求出 Na_2CO_3-SiO_2 固态反应的表观活化能 Q。

总结验证杨德方程时，构建实验系统、设计实验方案的思路。

七、实验过程中的注意事项

1．向高温炉中的支撑杆上取放坩埚、向坩埚中添加试样时，需要戴防护手套，防止烫伤意外发生。

2．装置的支撑杆不能触碰到炉体或者天平保护罩，否则电子天平零点难以稳定，无法去皮。

3．在装入试样将炉体降下前，要将电炉的加热电流降低为 0，否则温度失控。在将试样放置在炉体中央并稳定 1min 后，再恢复炉体电流。

4．研磨和过筛原料时，需要佩戴口罩。

思考题

1．温度对固态反应速率有何影响？其他影响因素有哪些？

2．本实验中失重规律怎样？请给予解释。

3．影响本实验准确性的因素有哪些？

4．本实验对于我们提出其他的规律性方程的实验验证的解决方案有何启示？

主要参考文献

[1] 黄学辉，宋晓岚，顾少轩．材料科学基础[M]．3 版．武汉：武汉理工大学出版社，2022.

实验 1-3　淬冷法研究相平衡

课前测试

一、教学目标

① 从热力学角度建立系统状态（物系中相的数目、相的组成及相的含量）与热力学条件（温度、压力等）及动力学条件（冷却速率、保温时间等）之间的关系。

② 掌握淬冷法研究相平衡的实验方法及其优缺点，掌握浸油试片的制作方法及偏光显微镜的使用。

③ 能够为绘制（验证）Na_2O-SiO_2 系统相图设计实验方案，明确需观察的实验现象以及预期获得的实验结果。

④ 掌握分析实验现象的方法，能够通过信息综合得出合理有效的实验结论，绘制（验证）Na_2O-SiO_2 系统相图。

二、基本原理

相平衡主要研究多组分（或单组分）多相系统中相的平衡问题，相图是相平衡的直观表达。在实际生产过程中，材料的烧成温度范围、升降温制度、材料热处理等工艺参数的确定经常要用到专业相图。相图是在实验结果的基础上制作的，相图的制作是一项十分严谨且非常耗时的工作，测量方法、测试的精度都直接影响相图的准确性和可靠性。淬冷法是静态条件下研究系统状态图（相图）最常用且最准确的方法之一，掌握该方法对材料工艺过程的管理及新材料的开发具有重要意义。淬冷法的基本出发点是在室温下研究高温相平衡状态，对相变速度很慢或有相变滞后的系统，可以更为准确地确定相变时的温度。

从热力学角度来看，任何物系都有其稳定存在的热力学条件，当外界条件发生变化时，物系的状态也随之发生变化。这种变化能否发生以及能否达到对应条件下的平衡结构状态，取决于物系的结构调整速率、加热或冷却速率以及保温时间的长短。

淬冷法的主要原理是将选定的不同组成的试样长时间地在一系列预定的高温下保温，使它们达到该预定温度下的平衡结构状态，然后迅速冷却试样。由于相变来不及进行，冷却后的试样保持了高温下的平衡结构状态。用显微镜或 X 射线衍射分析，就可以确定物系中相的种类、组成及含量随温度而改变的关系。将测试结果记入相图中相应的位置，就可绘制出相图。

由于绝大多数硅酸盐熔融物黏度高、结晶慢，系统很难达到平衡。采用动态方法绘制相图误差较大，因此，常采用淬冷法来研究高黏度系统的相平衡。

淬冷法是用同一组成的试样在不同温度下进行实验，样品的均匀性对实验结果的准确性影响较大。将试样装入合金料斗中，置于高温炉内在恒定的温度保持足够的时间，达到平衡后把试样以尽可能快的速度投入低温液体中（水浴、油浴或汞浴），以保持高温时的平衡结构状态，然后在室温下用显微镜观察淬冷样品的结构、形貌。若在温度 T_1 时，淬冷样品中全为各向同性的玻璃相，则可以断定物系所处的 T_1 温度在液相线以上；若在温度 T_2 时，淬冷样品中既有玻璃相又有晶相，则可以断定物系所处的 T_2 温度在液相线以下，液相线温度则处于 T_1 和 T_2 之间；若在温度 T_3 时，淬冷样品全为晶相，则可以断定物系所处的 T_3 温度在固相线以下。改变温度与组成，就可以准确地做出相图。

淬冷法测定相变温度的准确度相当高，但必须经过一系列的实验。实际操作过程中可先采用较宽的温度间隔范围，然后逐渐缩小温度间隔，从而得到精确的结果。除了同一组成的物质在不同温度下的实验外，还要以不同组成的物质在不同温度下反复进行实验，因此，工作量相当大。

淬冷法对试样要求很严格。原料纯度直接影响实验的准确性，因此原料越纯越好；试样的均匀性也直接影响实验的准确性，为了保证试样的均匀性，制样时按设计配方要求准确配料，混合均匀后熔化，然后快速冷却再敲碎来制备混合料。实验时取少量制备好的混合料约0.1～0.01g，试样少，易淬冷，试样易达到平衡结构状态。

硅酸盐材料因黏度大，到达平衡是很困难的，有时要持续保温相当长的时间才能达到平衡。在预定温度下保温时，如何判断试样是否已达平衡，或者如何确定保温时间是决定实验结果准确性的重要因素。一般采用相对平衡来缩短研究周期，具体办法是将第一次相分析的试样敲碎再进行第二次相同条件的实验，只要延长保温时间即可。若延长保温时间的第二次实验，其相态没有发生进一步变化，就认为第一次实验条件下的试样已达平衡状态；若第二次实验结果，相态发生变化，则需进一步延长保温时间重复实验直到相邻两次实验的相态不发生变化为止。

三、实验器材

① 淬冷法研究相平衡实验仪装置示意图见图 1-3-1，包括高温炉、温度控制器和熔断装置等，设备图见图 1-3-2。熔断装置是个短路系统，把合金料斗挂在细金属丝上，金属丝与电源相连，欲淬冷时，按下“淬冷”按钮，使金属丝短路熔断，合金料斗掉入水浴中淬冷。

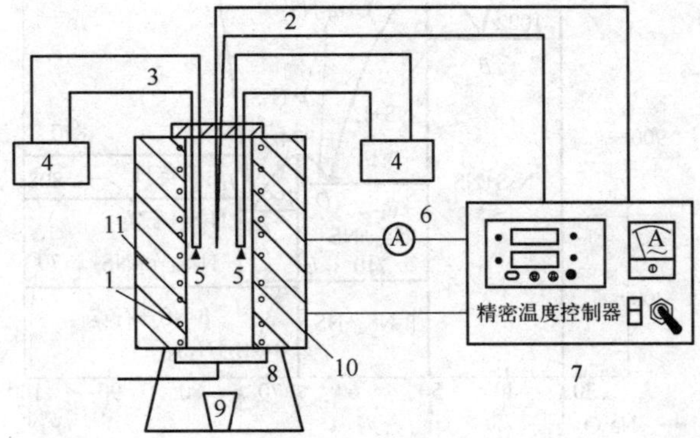

图 1-3-1　淬冷法研究相平衡实验仪

1—高温炉电炉丝；2—热电偶；3—熔断装置；4—电插销；5—合金料斗挂钩；6—电流表；7—温度控制器；8—电炉底盖；9—水浴杯；10—高温炉；11—高温炉保温层

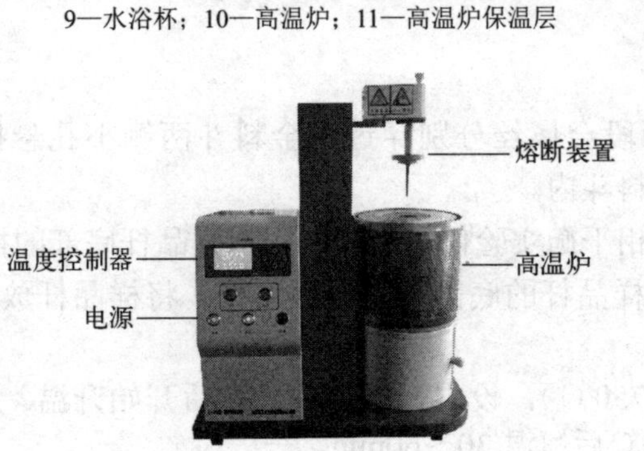

图 1-3-2　仪器装置实物

② 合金料斗、捣碎器、载玻片和盖玻片若干、浸油[液体石蜡和 α-溴代萘（$C_{10}H_7Br$）体积比 16∶1]、CX40P 型偏光显微镜一套、金属丝、水浴杯。

四、测试步骤

1．试样制备

按 Na_2O∶$2SiO_2$ 摩尔组成计算 Na_2O 和 SiO_2 的质量分数，以 Na_2CO_3 和 SiO_2 为原料进行配料，混合均匀，高温熔融淬冷制成玻璃，即可得到组成均匀的样品。配料点见图 1-3-3 的 Na_2O-SiO_2 系统相图。

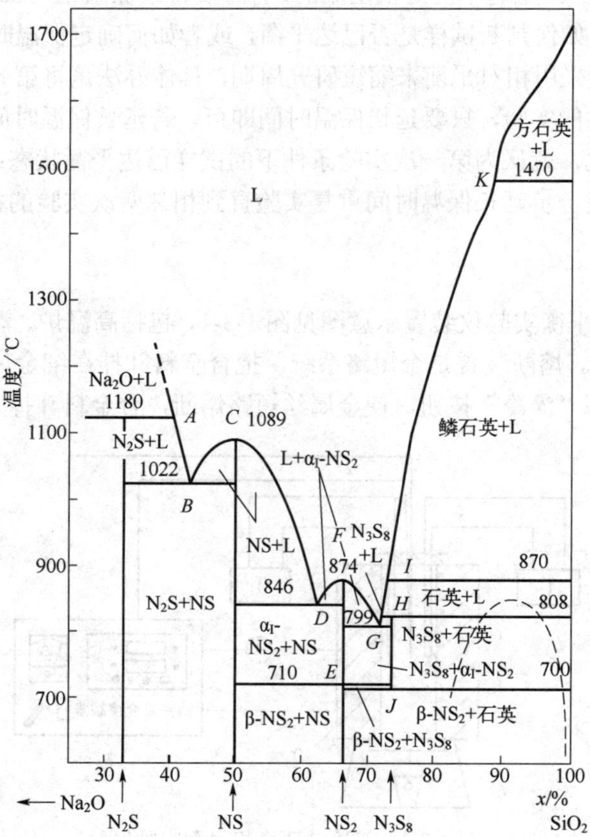

图 1-3-3　Na_2O-SiO_2 系统相图

2．操作步骤

① 将预先剪好的两段金属丝分别穿过合金料斗两侧小孔悬挂在挂钩上，取少量试样（0.01～0.02g）装入合金料斗内。

② 上升淬冷法研究相平衡实验仪样品杆，露出样品杆底部的挂钩。

③ 将合金料斗挂在样品杆的底部，下降样品杆，将样品杆放入炉膛中，使料斗位于炉膛中部。

④ 设定实验温度（750℃），设定升温速率，然后开始升温。升温过程中可根据情况调整升温速率，升温至 750℃后恒温 30～60min。

⑤ 将水浴杯装至少半杯水放至炉底，按下“淬冷”按钮，使试样自然掉入水中淬冷。

⑥ 取出合金料斗，放在高温炉的盖上，利用炉体温度烘干样品，观察合金料斗中试样的形貌和状态。

⑦ 取下试样，用捣碎器将试样捣碎成粉末（注意不能研磨），载玻片上铺薄薄一层，盖上盖玻片，在盖玻片四周滴浸油，使油慢慢浸入到样品中，做成浸油试片。

拓展资源05 实验1-3操作教学视频

⑧ 在偏光显微镜下观察试样的结晶状态、颜色、形貌等，并与相图（图1-3-3）相比较，记录观察结果。

⑨ 重新设定实验温度（900℃），重复②～⑧步骤进行实验。

⑩ 实验完成后，使仪器自然降温至室温后关闭电源。清洁捣碎器、整理实验台。

五、数据处理记录

本实验只是观察实验现象，没有具体的实验数值，因此，观察哪些实验现象，如何准确记录和描述实验现象，是获得合理有效结论的前提。

可以基于实验原理，设计需要观察的实验现象。本实验需要确定固定组成的试样，在不同温度下的结晶状态和结构特征，以及相图上液相线和固相线的大致温度范围，那么，试样淬冷后的形貌以及在偏光显微镜下观察到的现象，都是需要观察和记录的。表1-3-1的实验现象记录表，供大家参考使用。

表1-3-1　实验现象记录表

实验条件	试样的形貌	淬冷后试样的形貌	单偏光显微镜下试样的现象	正交偏光显微镜下试样的现象

六、实验结果的处理与分析讨论

综合分析淬冷后试样的颜色、透光性、表面状态、颗粒断缘形貌，单偏光显微镜下试样的颜色、颗粒形貌、颗粒断缘形貌、表面状态等，正交偏光显微镜下试样的消光现象，通过信息综合得出试样在不同温度下的结晶状态和结构信息，绘制（验证）组成为 Na_2O∶$2SiO_2$ 时的相图。

与图1-3-3的 Na_2O-SiO_2 系统相图进行对比，总结产生差异的原因。

七、实验过程中的注意事项

1．试样保温时要将试样放置在炉膛中央，盖好炉子上盖，同时炉子下端用泡沫砖封堵，确保温度稳定准确。放置样品操作过程中要戴好隔热手套，防止烫伤。

2．保温时间要足够，确保试样充分达到相平衡状态。

3．熔断金属丝需要和两挂钩充分接触，以免接触不良导致金属丝不能正常熔断。

4．捣碎器制备粉末试样时，粉末颗粒要均匀细小，盖上盖玻片时不能翘起，否则不便于制备浸油制片。

思考题

1．淬冷法研究相平衡有什么优缺点？

2．如何采用淬冷法确定相图中的液相线和固相线的位置？

3．用捣碎器制备粉末样品时，为什么要采用砸的方式而不能进行研磨？

4．淬冷法对试样有严格要求，制样时如何做到试样的重复性？

5．淬冷法研究相平衡时，需在预定温度下保温。如何判断试样是否已达平衡结构状态，或者如何确定保温时间？

主要参考文献

[1] 黄学辉，宋晓岚，顾少轩．材料科学基础[M]．3 版．武汉：武汉理工大学出版社，2022.

实验 1-4　差热分析

课前测试

一、教学目标

① 了解动态法研究相平衡的基本原理，掌握差热分析的基本原理和实验方法，熟悉相应的仪器装置。

② 掌握差热曲线的分析方法，能够根据差热曲线分析材料的结构特点、鉴定未知矿物，具备开发新材料新工艺的初步能力。

二、基本原理

1．差热分析的实验原理

差热分析（differential thermal analysis，DTA）是研究相平衡与相变的动态方法中的一种，主要是观察系统中的物质在加热和冷却过程中所发生的热效应，若系统中发生了相变，则必然伴随吸热或放热的能量效应。利用差热分析的实验结果，工艺上可以确定材料的烧成制度及玻璃的转变与受控结晶等工艺参数，还可以对矿物进行定性、定量分析。

差热分析的基本原理是：在程序控制温度下，将试样与参比物在相同条件下加热或冷却，测量试样与参比物之间的温差与温度的关系，从而给出材料结构变化的相关信息。

物质在加热（或冷却）过程中，由于脱水、分解或相变等物理化学变化，经常会产生吸热或放热效应。差热分析就是通过精确测定物质加热（或冷却）过程中，伴随物理化学变化的同时产生热效应的大小以及产生热效应时所对应的温度，来达到对物质进行定性和/或定量分析的目的。

差热分析是把试样与参比物（参比物在整个实验温度范围内不应该有任何热效应，其热导率、比热等物理参数尽可能与试样相同，亦称惰性物质、标准物质或中性物质）置于差热电偶的热端所对应的两个样品座内，在同一温度场中加热。当试样加热过程中产生吸热或放热效应时，试样的温度就会低于或高于参比物的温度，差热电偶的冷端就会输出相应的差热电势。如果试样加热过程中无热效应产生，则差热电势为零。根据差热电势的正负，可推知是吸热还是放热效应。在与参比物对应的热电偶的冷端连接上温度指示装置，就可检测出物质发生物理化学变化时所对应的温度。

差热分析研究相平衡与相变的优点是灵敏度较高，能把系统中热效应甚小、用普通热电偶难以察觉的物理化学变化感觉出来。其缺点一是对黏度大的材料因很难达到平衡状态，会存在较大误差；二是这个方法只能确定相变温度，不能确定相变物质的种类和数量。因此在实际工作中往往配合其他研究方法来测绘相图而不是单独使用。

不同的物质，产生热效应的温度范围不同，差热曲线的形状亦不相同（见图 1-4-1）。把试样的差热曲线与相同实验条件下已知物质的差热曲线作比较，就可以定性地确定试样的矿物组成。差热曲线峰（谷）面积数值与热效应的大小相对应，可对试样发生变化时的吸热量（或放热量）作定量估计。晶态材料和玻璃态材料的差热曲线特征不同，可以初步判断材料的结晶状态，从玻璃态材料的差热曲线上可以获得玻璃转变温度、玻璃析晶温度等特征温度，为研制新材料提供工艺上的指导。

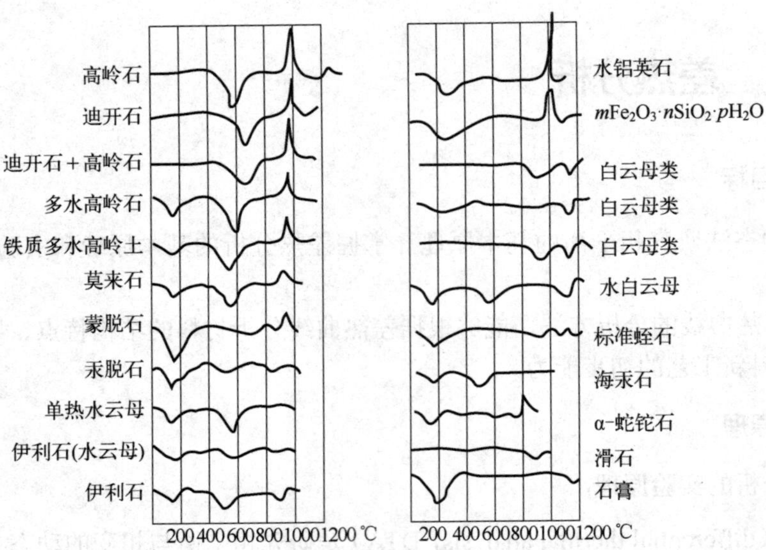

图 1-4-1　硅酸盐矿物的差热曲线

2. 差热分析的影响因素

（1）加热速率

加热速率会显著影响热效应在差热曲线上的位置，如图 1-4-2 所示。不同的加热速率，其差热曲线的形态、特征及热效应出现的温度范围有明显的不同。一般加热速度较标准升温速率快，峰（谷）变得尖而窄，峰的形态细长，出峰温度滞后。加热速率较标准升温速率慢时，峰（谷）变得宽而矮，峰的形态扁平，出峰温度超前。

（2）热传导

物质的热传导系数对差热曲线的形状和峰（谷）的面积有很大影响，因此，要求样品与参比物质的热传导系数相近。如果两者热传导系数和热容相差较大，即使样品没有产生热效应，由于导热性不同而产生温度差，差热曲线的基线不呈现水平状态。所以，硅酸盐物质选用煅烧过的氧化铝或刚玉粉作为参比物质；对于碳酸盐，则选用灼烧过的氧化镁。

（3）样品的物理状态

① 颗粒度。粉末试样颗粒度的大小，对峰(谷)出现的温度范围和曲线形状有直接影响。一般来说，颗粒度愈大，峰（谷）出现的温度愈高，温度范围愈宽，峰形趋于扁而宽。反之，峰(谷)出现的温度偏低，峰形尖而窄。一般情况下，试样细度一般过 4900 孔/cm^2 筛较好。

② 试样的重量。一般用少量试样即可得到较明显的峰（谷）。试样太多，容易导致因热传导迟缓，从而使峰（谷）重叠在一起不易区分。具体使用量根据设备的不同而不同，本实验选用的设备通常采用 0.2g 左右，就可以得到较高灵敏度。

③ 试样的形状和堆积。试样堆积最理想的方式是将粉状试样堆积成球形，从热交换观点看，球形试样可以减少特殊损失的产生。为方便起见，可取试样直径与高度相等的圆柱体代替球形试样。试样的堆积密度应与参比物质一致，否则，在加热过程中，因导热不同可能会导致差热曲线的基线产生偏移。

④ 热电偶的热端位置。热电偶热端在试样中的位置不同，会使峰(谷)出现的温度和峰(谷)的面积有所改变。这是因为物料本身有一定的厚度，表层的物质物理化学过程完成得相对较早，中心部分有一定延迟，使试样出现温度梯度，所以不同的测量位置可能导致在差热曲线

上产生偏差。

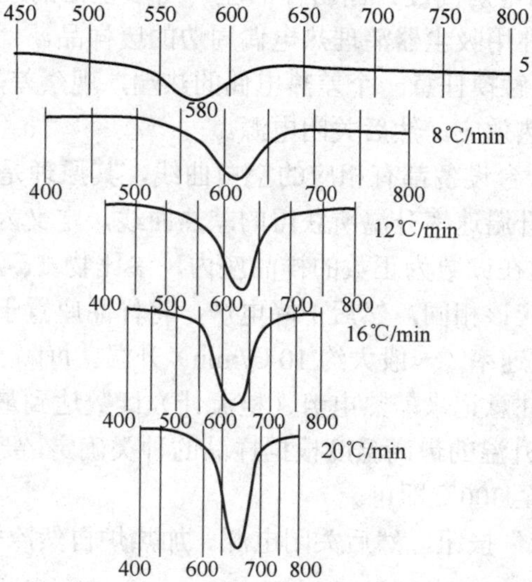

图 1-4-2　加热速度对高岭石脱水的影响（单位：℃）

三、实验器材

① 差热分析装置示意图如图 1-4-3 所示，它由仪器主体、温度控制器和差热电势测量部件组成。

加热炉依据测量的温度范围不同有低温型（800～1000℃以下）、中温型（1200℃以下）、高温型（1400～1600℃以下）。差热电偶是把材质相同的两个热电偶的相同极连接在一起，另外两个极作为差热电偶的输出极输出差热电势的。

差热分析仪依据组合方式不同，有 DTA-TG 型、DTA-DSC 型，有的综合热分析还可以同时测定加热过程中材料的热膨胀、收缩、比热等。本实验中使用 DTA-100 型差热分析仪，如图 1-4-4 所示。

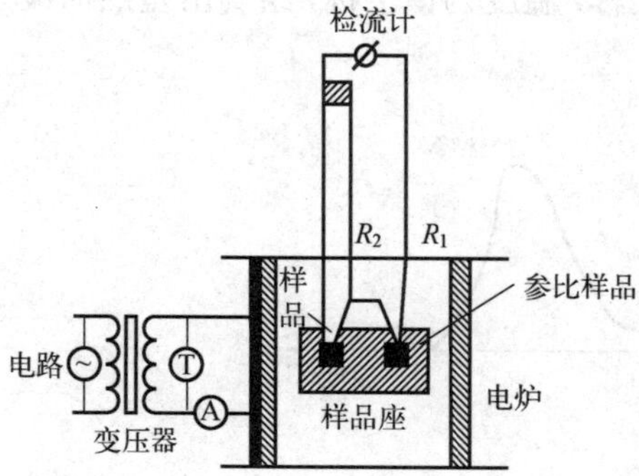

图 1-4-3　差热分析装置

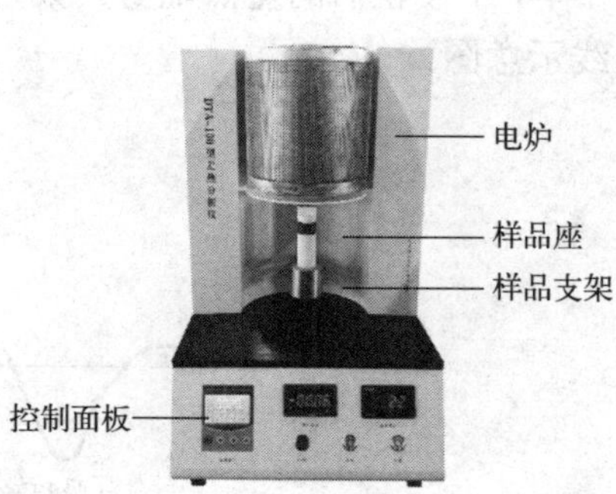

图 1-4-4　DTA-100 型差热分析仪

② α-Al_2O_3（化学纯），待测试样 A、B、C（实验时选用任意一个试样做 1 次实验），药勺，吸尘器。样品需烘干备用。

四、测试步骤

① 调节差热分析装置的电炉高度，露出样品座，用吸尘器清理样品座，取下样品座露出热电偶（即热电偶热端）并用吸尘器清理热电偶周边的废样品。

② 打开电源，用手轻轻触摸任意一个差热电偶的热端，观察差热电势（检流计）读数，正数为放热效应，负数为吸热效应。然后关闭电源。

③ 测定空白曲线。每一台设备都有相应的空白曲线，其原理是当两个样品座内都放置相同的参比物时，按一定的升温速率升温所获得的差热曲线，定义为该设备的系统误差值。

④ 用药勺将待测试样放在读数为正数的样品座内，参比物（α-Al_2O_3）放在另一个样品座内，样品装填密度与状态应该相同，然后下降电炉，将样品座置于加热炉的炉膛中心。

⑤ 根据空白曲线的升温速率（一般大约 10℃/min）升温。每隔 5℃记录温度和对应差热电势（检流计）读数，其间注意记录差热电势（检流计）读数达到最大时对应的温度（差热曲线峰顶或谷底温度）。试样升温的最高温度根据样品的种类确定，要确保放热峰（或吸热峰）峰形完整，如石膏试样升温至 300℃即可。

⑥ 实验完毕，按“停止”按钮，然后关闭电源。加热炉自然冷却，试样无需取出。

拓展资源 06 实验 1-4 操作教学视频

五、数据处理记录

记录待测试样和参比物，记录升温速率。

以表 1-4-1 形式记录原始数据，以原始数据减去空白实验数据得出校正后的差热电势读数。

表 1-4-1 实验数据记录表

温度/℃	差热电势读数/mV	空白差热电势读数/mV	校正后差热电势读数/mV

六、实验结果的处理与分析讨论

以表 1-4-1 中校正后的差热电势读数为纵坐标，温度为横坐标，绘制出差热曲线（图 1-4-5 是差热曲线示意图）。

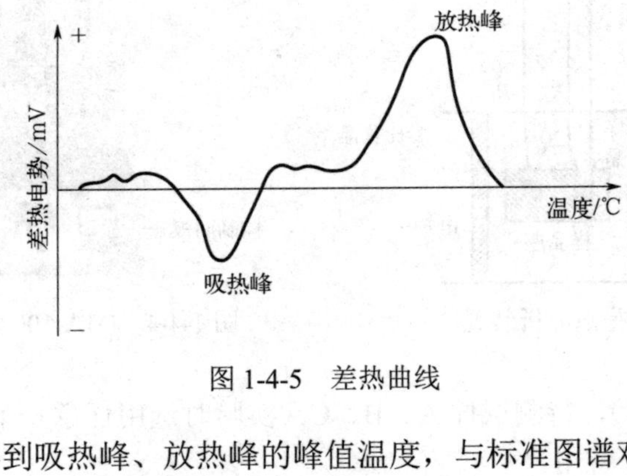

图 1-4-5 差热曲线

分析差热曲线，得到吸热峰、放热峰的峰值温度，与标准图谱对比，鉴定矿物。

基于矿物的标准图谱，分析差热曲线吸热峰、放热峰产生的原因，分析与标准图谱产生差异的原因。

常见黏土类硅酸盐矿物的差热曲线见图 1-4-5，7 个矿物的标准差热曲线见附录。

七、实验过程中的注意事项

1．将样品座置于底座上方时，注意热电偶的两个极不要与样品室壁相接触。

2．将试样和参比物放入样品座时，应尽量保持两种物质的装填方式一致，防止两种物质相互接触。

3．试样的升温速率一定要与相应的空白曲线的升温速率保持一致。

4．实验完成后，加热炉自然冷却。

思考题

1．和静态方法相比较，差热分析这种动态方法有什么优缺点?

2．如何保证差热分析数据的准确性?

3．对于热效应很小的体系，采用哪种相平衡研究方法更合适？为什么？

主要参考文献

[1] 黄学辉，宋晓岚，顾少轩．材料科学基础[M]．3 版．武汉：武汉理工大学出版社，2022.

[2] 黄伯龄．矿物差热分析鉴定手册[M]．北京：科学出版社，1987.

实验 1-5　线膨胀系数与玻璃转变温度的测定

一、教学目标

物体的体积或长度随温度的升高而增大的现象称为热膨胀。热膨胀系数是材料的主要物理性质之一，它是衡量材料热稳定性好坏的一个重要指标。

在实际应用中，当两种不同的材料彼此焊接或熔接时，选择材料的热膨胀系数显得尤为重要，如玻璃仪器、陶瓷制品的焊接加工，都要求两种材料具备相近的热膨胀系数。在电真空工业和仪器制造工业中广泛地将非金属材料（玻璃、陶瓷）与各种金属焊接，也要求两者有相适应的热膨胀系数；如果选择材料的热膨胀系数相差比较大，焊接时由于膨胀的速度不同，在焊接处产生应力，降低了材料的机械强度和气密性，严重时会发生焊接处脱落、炸裂、漏气或漏油。如果层状物由两种材料叠置连接而成，则温度变化时，由于两种材料膨胀值不同，若仍连接在一起，体系中要采用一中间膨胀值，从而使一种材料中产生压应力而另一种材料中产生大小相等的张应力。恰当地利用这个特性，可以增加制品的强度。因此，测定材料的热膨胀系数具有重要的意义。

目前，测定材料线膨胀系数的方法很多，有示差法（或称“石英膨胀计法”）、双线法、光干涉法等，其中示差法具有广泛的实用意义，本实验采用示差法。

本实验的教学目标：

① 了解材料的热膨胀性能对生产的指导意义。

② 掌握示差法测定线膨胀系数的原理和方法、测试要点。

③ 通过对玻璃热膨胀数据进行曲线拟合处理，确定玻璃的特征温度（T_g、T_f）。

二、基本原理

一般的普通材料，通常所说的膨胀系数是指线膨胀系数，其意义是温度升高 1℃时单位长度上所增加的长度，单位为 K^{-1}。

假设物体原来的长度为 L_0，温度升高 ΔT 后长度的增加量为 ΔL，实验指出它们之间存在如下关系：

$$\Delta L/L_0 = \alpha\Delta T \qquad (1\text{-}5\text{-}1)$$

式中，α 为线膨胀系数，也就是温度每升高 1℃时，物体的相对伸长长度。

当物体的温度从 T_1 上升到 T_2 时，其体积也从 V_1 变化为 V_2，则该物体在 T_1～T_2 的温度范围内，温度每上升一个单位，单位体积物体的平均增长量为：

$$\beta = (V_2-V_1) / V_1(T_2-T_1) \qquad (1\text{-}5\text{-}2)$$

式中，β 为平均体膨胀系数。

从测试技术来说，测体膨胀系数较为复杂。因此，在讨论材料的热膨胀系数时，常常采用线膨胀系数：

$$\alpha = (L_2-L_1) / L_1(T_2-T_1) \qquad (1\text{-}5\text{-}3)$$

式中　α——玻璃的平均线膨胀系数，K^{-1}；

L_1——温度为 T_1 时试样的长度，m；

L_2——温度为 T_2 时试样的长度，m。

β 与 α 的关系是：

$$\beta = 3\alpha + 3\alpha^2(\Delta T)^2 + \alpha^3(\Delta T)^3 \tag{1-5-4}$$

式中的第二项和第三项非常小，在实际中一般略去不计，而取 $\beta \approx 3\alpha$。

必须指出，由于热膨胀系数实际上并不是一个恒定的值，而是随温度变化的，所以上述热膨胀系数都是具有在一定温度范围 ΔT 内的平均值的概念，因此使用时要注意它适用的温度范围。一些材料的线膨胀系数如表 1-5-1 所示。

表 1-5-1　一些材料的线膨胀系数

材料名称	线膨胀系数 (0～1000℃)/10^6K^{-1}	材料名称	线膨胀系数 (0～1000℃)/10^6K^{-1}	材料名称	线膨胀系数 (0～1000℃)/10^6K^{-1}
Al_2O_3	8.8	ZrO_2(稳定化)	10.0	硼硅玻璃	3.0
BeO	9.0	TiC	7.4	黏土耐火材	5.5
MgO	13.5	B_4C	4.5	刚玉瓷	5.0～5.5
莫来石	5.3	SiC	4.7	硬质瓷	6.0
尖晶石	7.6	石英玻璃	0.5	滑石瓷	7.0～9.0
氧化锆	4.2	钠钙硅玻璃	9.0	钛酸钡瓷	10.0

示差法是基于采用热稳定性良好的材料石英玻璃（棒和管）在较高温度下，其线膨胀系数随温度而改变的性质很小，当温度升高时，石英玻璃管、待测试样与石英玻璃棒都会发生膨胀，但是待测试样的膨胀比石英玻璃管上同样长度部分的膨胀要大。因而使得与待测试样相接触的石英玻璃棒发生移动，这个移动是石英玻璃管、石英玻璃棒和待测试样三者的同时伸长和部分抵消后在千分表上所显示的 ΔL 值，它包括试样与石英玻璃管和石英玻璃棒的线膨胀差值。测定出这个系统的伸长量差值及加热前后温度的差数，并根据已知石英玻璃的线膨胀系数，便可算出待测试样的线膨胀系数。

图 1-5-1 是石英膨胀仪的工作原理分析图，从图中可见，膨胀仪上千分表上的读数为：

$$\Delta L = \Delta L_1 - \Delta L_2$$

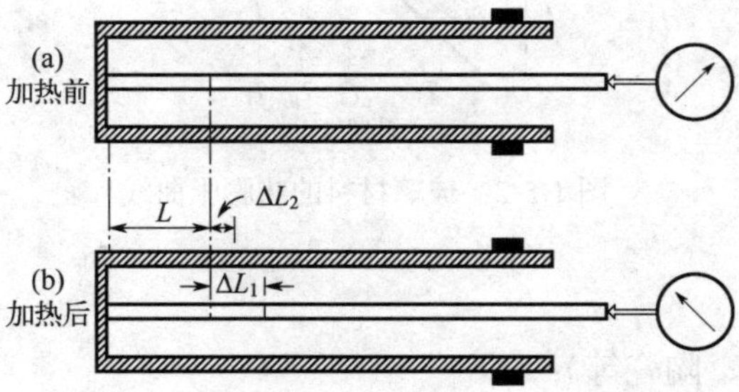

图 1-5-1　石英膨胀仪内部结构热膨胀分析

由此得：

$$\Delta L_1 = \Delta L + \Delta L_2$$

根据定义，待测试样的线膨胀系数

$$\alpha = (\Delta L + \Delta L_2)/(L\Delta T) = [\Delta L/(L\Delta T)] + [\Delta L_2/(L\Delta T)]$$

其中

$$\Delta L_2/(L\Delta T) = \alpha_{石}$$

所以

$$\alpha = \alpha_{石} + [\Delta L/(L\Delta T)]$$

若温度差为 T_2-T_1，则待测试样的平均线膨胀系数 α 可按下式计算：

$$\alpha = \alpha_{石} + \Delta L/[L(T_2-T_1)] \tag{1-5-5}$$

式中 $\alpha_{石}$——石英玻璃的平均线膨胀系数（按下列温度范围取值）；

$5.7\times10^{-7}K^{-1}$ (0～300℃)

$5.9\times10^{-7}K^{-1}$ (0～400℃)

$5.8\times10^{-7}K^{-1}$ (0～1000℃)

$5.97\times10^{-7}K^{-1}$ (200～700℃)

T_1——开始测定时的温度，℃；

T_2——测定结束时的温度，℃（一般定为 300℃，若需要，也可定为其他温度）；

ΔL——试样的伸长值，即对应于温度 T_2 与 T_1 时千分表读数之差值，mm；

L——试样的原始长度，mm。

这样，将实验数据在直角坐标系上作出热膨胀曲线（如图 1-5-2 所示）。就可确定试样的线膨胀系数，对于玻璃材料还可以得出其特征温度 T_g（玻璃转变温度）与 T_f（膨胀软化温度）。

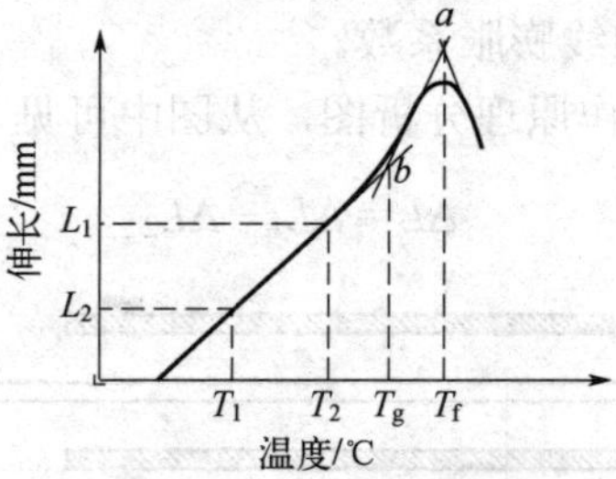

图 1-5-2　玻璃材料的热膨胀曲线

三、实验器材

① 待测试样（玻璃、陶瓷等）；

② 小砂轮片（磨平试样端面用）；

③ 千分卡尺（量试样长度用）；

④ 秒表（记时用）；

⑤ 石英膨胀仪（见图 1-5-3，包括卧式电炉、特制石英玻璃管、石英玻璃棒、千分表、热电偶、温度控制器等）。

图 1-5-3 TEM-100 型石英膨胀仪

四、测试步骤

1．试样制备

① 必须先取无缺陷（对于玻璃，应当无砂子、波筋、条纹、气泡）材料，作为测定线膨胀系数的试样。

② 试样尺寸依不同仪器的要求而定。例如，一般石英膨胀仪要求试样直径为 5～6mm，长为(60±0.1)mm 的待测棒。

③ 用小砂轮片把试棒两端磨平，用千分卡尺精确量出长度。

2．操作步骤

① 先接好路线，再检查一遍接好的电路。

② 把石英玻璃管夹在支架上。

③ 先把准备好的待测试样小心地装入石英玻璃管内，然后装进石英玻璃棒，使石英玻璃棒紧贴试样，在支架的另一端装上千分表，使千分表的顶杆轻轻顶压在石英玻璃棒的末端，把千分表转到零位。

④ 将卧式电炉沿滑轨移动，将卧式电炉的炉芯套上石英玻璃管，使试样位于电炉中心位置（即热电偶端位置）。

⑤ 接通电源，以 3℃/min 的速度升温，秒表记时，每隔 2min 记一次千分表的读数和温度的读数，直到千分表上的读数向后退为止。将所测数据记入表 1-5-2。

拓展资源 07 实验 1-5 操作教学视频

表 1-5-2 测试结果记录表

试样原始长度 L/mm		
时间 t/min	试样温度 T/℃	千分表读数/mm

五、数据处理记录

① 利用 Excel 等数学工具，分别计算出试样不同温度下的伸长量。

② 绘制试样伸长量-温度曲线。

③ 计算室温−300℃玻璃的平均线膨胀系数。

④ 从玻璃热膨胀曲线，确定玻璃的特征温度 T_g、T_f。

六、实验过程中的注意事项

1．被测试样和石英玻璃棒、千分表顶杆三者应先在炉外调整成平直相接，并保持在石英玻璃管的中心轴区，以消除摩擦与偏斜影响造成的误差。

2．试样与石英玻璃棒要紧紧接触使试样的膨胀增量及时传递给千分表，在加热测定前要使千分表顶杆紧至指针转动 2～3 圈，确定一个初读数。

3．升温速度不宜过快，以 2～3℃/min 为宜，并维持整个测试过程的均匀升温。

4．热电偶的热端尽量靠近试样中部、但不应与试样接触。测试过程中不要触动仪器，也不要振动实验台桌。

思考题

① 测定材料的线膨胀系数有何意义？

② 石英膨胀仪测定材料线膨胀系数的原理是什么？

③ 影响测定线膨胀系数的因素是什么？如何防止？

主要参考文献

[1] 王振林．玻璃分析测试技术[M]．北京：化学工业出版社，2021.

[2] 赵彦钊．玻璃工艺学[M]．北京：化学工业出版社，2006.

[3] GB/T 16920—2015．玻璃 平均线热膨胀系数的测定.

[4] GB/T 16535—2008．精细陶瓷线热膨胀系数试验方法 顶杆法.

实验 1-6　材料显微结构观察

一、教学目标

材料的光学显微分析用光学显微镜观察矿物的各种光学性质、鉴定矿物成分，通过进一步识别矿物之间的相互关系、结晶程度、结晶顺序等，将材料的“组成-工艺过程-结构-性能”等因素有机地联系起来，可以达到改进生产工艺、提高产品质量和研制新产品的目的。

材料的光学显微观察包括在偏光和反光显微镜下的两种材料观察分析模式。本实验的教学目标如下。

① 偏光显微镜下晶体光学现象的观察：a．熟悉偏光显微镜的结构、光学成像原理，以及使用、调节和校正方法；b．学会在单偏光显微镜下观察晶体的光学性质；c．学会在正交偏光显微镜下观察晶体的光学性质。

② 熟悉反光显微镜的结构、光学成像原理及使用，学会硅酸盐水泥熟料矿物相的观察。

③ 熟悉光学显微镜样品的制备。

二、教学内容

实验内容 1：偏光显微镜下晶体光学现象的观察

（一）基本原理

1．偏光显微镜的结构与使用

偏光显微镜是研究材料晶体光学性质和鉴定薄片矿物的有效工具之一。熟悉了解偏光显微镜的结构、光学成像原理，掌握正确的使用方法，是材料科学研究人员应具备的基本能力。

基本要求：

- 熟悉偏光显微镜的结构、光学成像原理；
- 学会偏光显微镜的使用、调节和校正方法。

（1）偏光显微镜的结构

偏光显微镜（见图 1-6-1）是由机械系统组件和光学系统组件构成。

图 1-6-1　BH200 型偏光显微镜结构

① 机械系统组件包括：镜座、镜臂、载物台、镜筒。

② 光学系统组件包括：

a．内置式电光源。

b．下偏光镜：又称起偏器，用偏光片制成，位于反光镜之上、载物台下面。照明光通过下偏光镜后，即成为振动方向固定的偏光。下偏光镜可以转动，以调节其振动方向。

c．锁光圈：又称光阑，位于下偏光镜上部，可自由开合，以控制光线的强度。缩小光圈光度即减弱，使视域中某些浅色矿物轮廓更清楚。

d．聚光镜：由一组透镜组成，位于锁光圈上部。它可以把从下偏光镜投射的平行光束聚敛成锥形偏光，不用时可以推向侧边。

e．物镜：位于镜筒的下端，由一组透镜组成，主要起放大作用。每台偏光显微镜配有数个放大倍数不同的物镜。

f. 上偏光镜：又称分析镜或检偏器，由偏光片制成，装在物镜的镜筒里。其振动方向（以 *AA* 表示)与下偏光镜振动方向 *PP* 垂直。上偏光镜可自由推入或拉出。

g．目镜：位于镜筒最上端，目镜中附有十字丝及分度尺。

h．勃氏镜：位于目镜和上偏光镜之间，是一个凸透镜，起放大作用，可自由地推入或拉出。

（2）偏光显微镜的调节使用（以 BH200 系列偏光显微镜结构为例）

① 照明调节（对光） 打开电源开关，调节亮度旋钮（拔出上偏光镜和转出勃氏镜），直到获得所需亮度。视域亮度调节主要有两个部件：亮度调节钮进行光的强度控制；锁光圈控制进光量。

② 焦距调节（准焦） 观察试样时，一般先用低倍物镜观察，先调节粗动调焦旋钮使载物台上升让试样接近物镜，然后边观察边使试样下降直到观察到图像，最后用微调手轮精细调焦至物像清晰为止。此时转换至其他倍率物镜，只需用微调聚焦手轮调至图像清晰。

③ 校正中心 偏光显微镜镜筒的轴应与载物台的旋转轴相一致，这样，视域中心的被测矿物才不至于在旋转载物台后离开原来位置，甚至跑出视域之外，给鉴定工作带来不便。因此，偏光显微镜在使用前应进行物镜中心校正，使镜筒轴与载物台转轴相重合。校正中心的具体步骤如下。

a. 样品聚焦后，在薄片中任选一小黑点 *a* 置于视域中心（十字丝交点处）如图 1-6-2（a)。

b．旋转载物台 360°，若在旋转载物台过程中小黑点在十字丝交点始终不动，则表明镜筒轴与载物台转轴重合，中心已校正好。若在载物台旋转过程中小黑点离开十字丝交点或跑出视域之外，则表明中心不正。这时小黑点会围绕偏心 *o* 做圆周运动，如图 1-6-2（b)。

c．转动载物台 180°，使质点 *a* 移至 *a′*处，如图 1-6-2（c)。

d. 转动物镜中心校正螺丝（两个）(如箭头所指位置)，将视域内的质点 *a′*沿图 1-6-2（d）中的 *a a′*连线方向位移至偏心圆点 *o* 处，如图 1-6-2（e)。

e．转动载物台 360°，使质点 *a* 始终在 *o* 处即调整完成如图 1-6-2（f)。

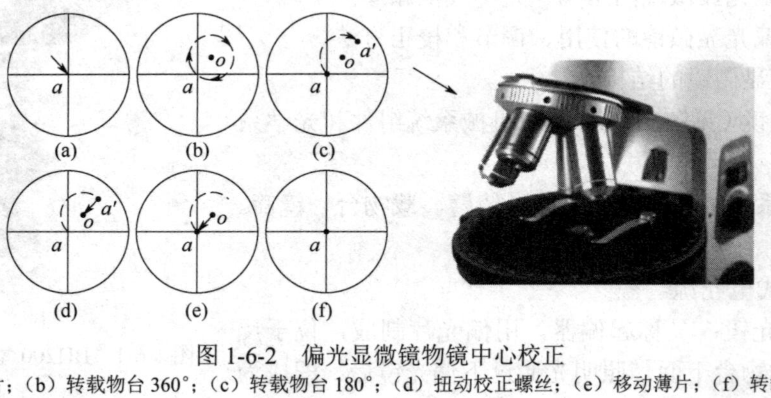

图 1-6-2 偏光显微镜物镜中心校正

（a）移动薄片；（b）转载物台 360°；（c）转载物台 180°；（d）扭动校正螺丝；（e）移动薄片；（f）转载物台 360°

（3）偏光镜校正

① 下偏光镜振动方向的确定及校正 下偏光镜的振动方向通常用黑云母来检验，具体校正方法如下。

a. 将含黑云母的花岗岩薄片置于载物台上聚焦，将具有一组平行解理的黑云母移至十字线中心，如图 1-6-3（a)。

b．转动载物台使黑云母的颜色变得最深时，黑云母解理缝的方向即为下偏光镜的振动方向，如图 1-6-3（b）。

② 检查上下偏光镜振动方向是否正交。

a．在确定好上偏光振动方向后，使用中倍物镜，调节亮度钮使视域最亮。

b．推入上偏光镜，如果视域黑暗，证明上、下偏光镜的振动方向相互垂直（正交）；若视域不黑暗，说明上、下偏光镜的振动方向不相互垂直（正交），则要校正上偏光镜。具体操作：松开上偏光镜固定螺丝，转动如图 1-6-4 箭头所指上偏光盘，使视域至黑暗为止。

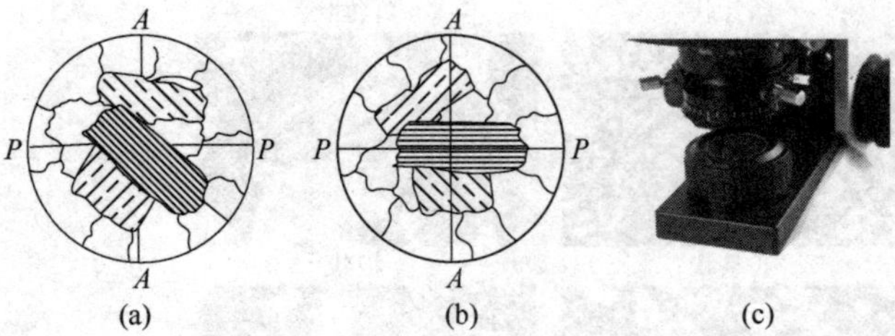

图 1-6-3　下偏光镜的振动方向校正

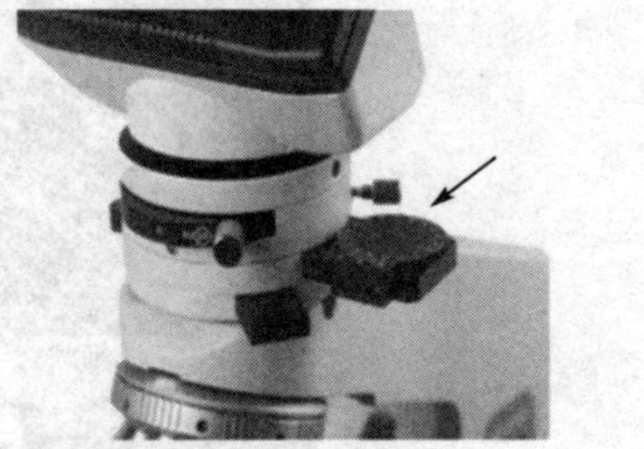

图 1-6-4　上下偏光镜振动方向正交校正

（4）光学显微镜使用注意事项及保养

① 偏光显微镜是一种精密而贵重的光学仪器，使用时务必爱护，谨慎小心，严防损坏；

② 使用前应进行检查，仪器各部件有无损坏，附件是否齐全，如有问题应及时作好记录并告知相关老师进行处理；

③ 实验观察时必须严格按照操作规程和方法进行使用。在使用过程中如果发生故障应及时作好记录，并报告老师，严禁擅自进行拆卸；

④ 镜头等关键部件如有污染，必须用专用的擦镜纸小心擦拭，以免损伤镜头；

⑤ 使用完毕后，关掉电源，还原至开机状态，盖上镜罩。

2．单偏光显微镜下晶体光学性质观察

单偏光显微镜下透明材料的研究，是指只用下偏光镜进行材料的显微镜观察。它主要研究材料的晶体生长特征（形态、大小、内含物等）、对光波选择性吸收及强弱特性、折射率相对大小等有关的光学性质，以达到分析和鉴定材料的目的。

基本要求：

- 认识晶体的形态及晶体发育完整程度；
- 认识矿物的解理及解理等级判别，学会解理角的测定；
- 学习矿物的颜色、多色性产生的机理，观察多色性现象；
- 学习观察矿物晶体的轮廓、贝克线、糙面、突起，并学会判断矿物突起类型和比较折射率的大小。

（1）晶体形态

每一种晶体往往具有一定的结晶习性，构成固有形态。晶体在生成和生长过程中，由于化学组分、生成条件（温度、压力、气氛等）的不同，晶体的发育程度、晶体大小、结构、析晶顺序等都有很大的差别。研究晶体的形态，不仅可以帮助我们鉴定晶体，还可以用来推测其形成条件。

常见矿物的集合体形态（见图 1-6-5）有粒状、柱状、板状、纤维状、放射状、鳞片状、束状。

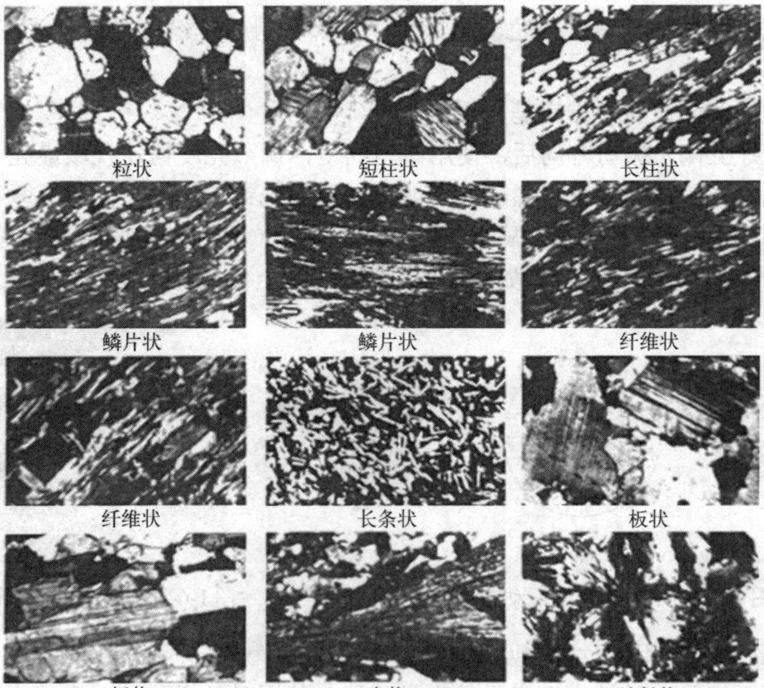

图 1-6-5　矿物集合体的形态

在光学显微镜中观察矿物薄片的晶体形态，仅仅是晶体某一切面的轮廓，切片方向不同，其外形轮廓可以完全不同。图 1-6-6 立方晶体所示为不同切面的形态。

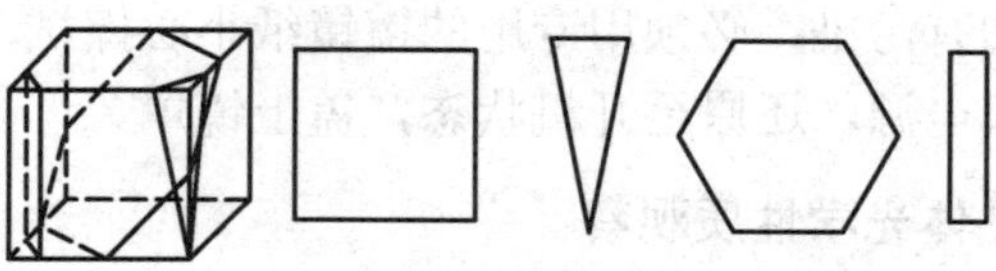
图 1-6-6　晶体形态与切片方向的关系

单个晶体发育完整程度，可分为下列三种。

① 自形晶：晶体各个晶面发育完全，切面边棱平直，所有的切面形态均为多边形。通常结晶能力强、析晶早、物理化学环境适宜于晶体生长时，便形成自形晶。如图 1-6-7（a）自形磷灰石。

② 半自形晶：晶体仅有一部分晶面发育完好，观察有部分平直的边棱，部分边棱不规则。半自形往往是析晶较晚的晶体。如图 1-6-7（b）半自形角闪石。

③ 他形晶：晶体的晶面全部不规整，边棱形状完全不规则。他形晶体是析晶最晚或温度下降较快时析出的晶体。如图 1-6-7（c）他形石英。

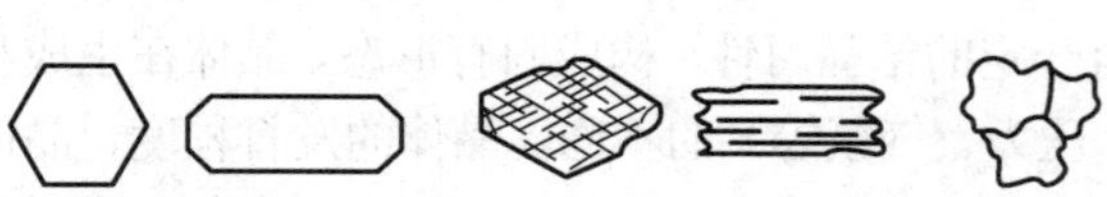

图 1-6-7　矿物的自形程度
（a）磷灰石自形晶；（b）角闪石半自形晶；（c）石英他形晶

图 1-6-8 为角闪石不同晶体形态。此外，在镜下常能见到一个大晶体包裹着一些小晶体或其他物质，称为包裹体（图 1-6-9）。包裹体可以是气体、液体、其他晶体或同种晶体。从包裹体的成分和形态可以分析出晶体生长时的物理化学环境，从而成为物相分析的一个重要依据。

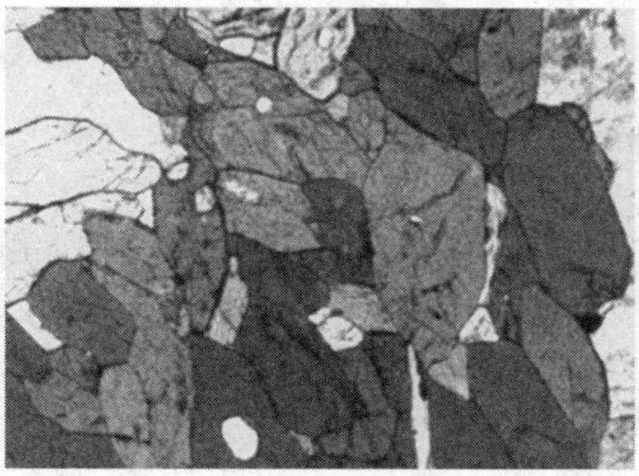

图 1-6-8　角闪石不同晶体形态

图 1-6-9　水泥熟料 C_3S、C_2S 形态及包裹体

（2）晶体的解理及解理角

① 解理概念　晶体在外力作用下，沿着一定方向裂开成光滑平面的性质称为解理。裂开的面称为解理面。解理具有方向性，它与晶面或晶轴有一定关系，解理时断裂的是最弱的化学键或结合力。如果晶体中，一个方向上的键与其他方向相比特别弱，则有层状解理（一向解理），如云母（如图 1-6-10）。如果两个方向上的键与其他方向相比特别弱，则有块状解理，如角闪石（二向解理）（如图 1-6-11）。如果各个方向上结合得都比较牢固，且差异不大，就没有解理，如石英。所以解理是鉴定晶体的一个重要依据。

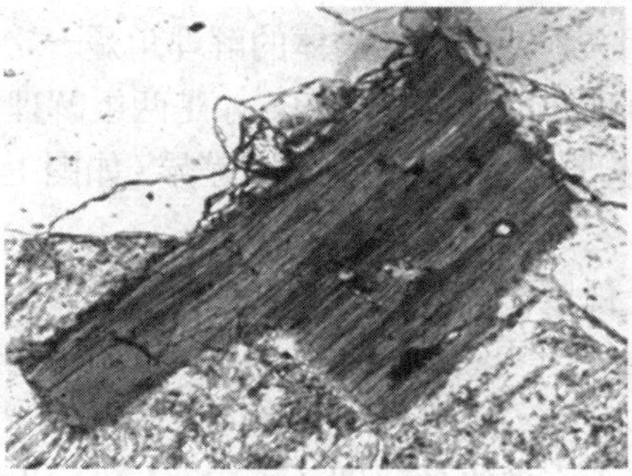

图 1-6-10　黑云母极完全解理（一向）

图 1-6-11　角闪石完全和不完全解理（二向）

② 解理的等级　晶体的解理在光片中是一些平行或交叉的细缝（解理面与切面的交线），称为解理缝。根据解理发育的完善程度，可以划分为以下三个等级。

a．极完全解理　解理缝呈细密而连贯的直线（如图 1-6-12，A）。

b．完全解理　解理缝清晰、稀疏、不连贯（如图 1-6-12，B）。

c．不完全解理　解理缝不连贯且不规则（如图 1-6-12，C）。

③ 影响矿物解理的可见性因素　薄片中矿物解理的可见性受下列两个因素的影响。

a．切片方向：如图 1-6-13（a）（b）所示　同一矿物不同方向的切片，所显示的解理的组数、宽窄、清晰程度和完善程度都不相同。只有当切片与解理面垂直时，解理缝最窄，代表真实宽度。

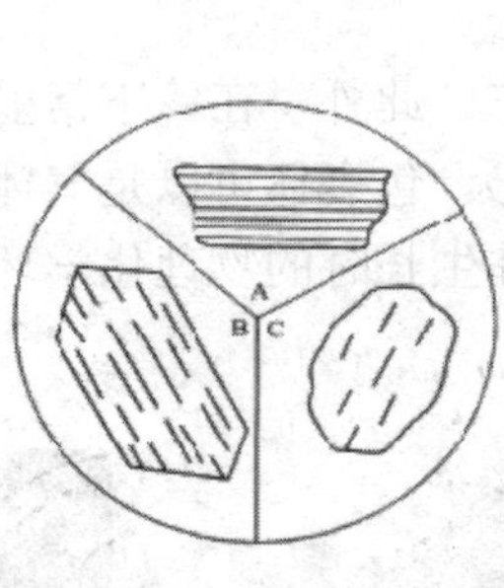

图 1-6-12 晶体解理等级

b．矿物折射率与树脂折射率的差值：矿物的折射率与树脂的折射率差值越大，解理的可见临界角越大，解理缝就越易观察到。

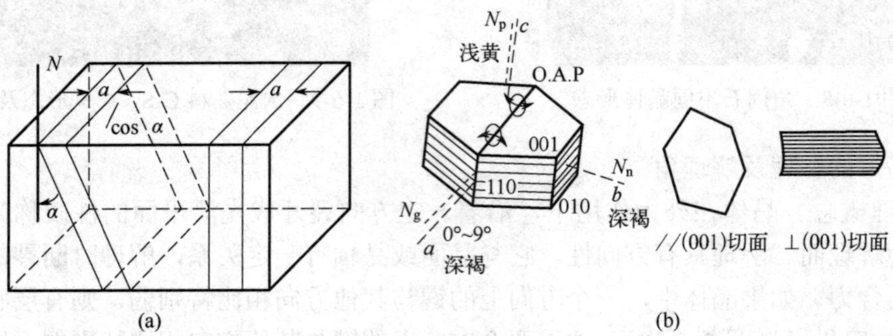

图 1-6-13 解理缝宽度与切片方向的关系（a）与黑云母解理缝可见性与切片方向的关系（b）

N_p、N_g、N_n—光率体主轴方向；O.A.P—解理面

④ 解理角的测定 当矿物具有两组及以上解理时，则需要测定两组解理之间的夹角，称为解理角。解理角与晶体的物质组成区空间格子相关，一种矿物晶体的解理角是一定的，解理角也是鉴定矿物的重要依据。只有同时垂直两组解理面的切面上的角，才是两组解理面真正的夹角，否则，会由于切面方向的不同，镜下看见的解理缝之间夹角大小有差异（如图 1-6-14）。

解理夹角的测定方法如下。

a．选择同时垂直两组解理面的切面，将其置于视域中心。

b．转动载物台，使一组解理缝平行目镜十字丝纵丝［图 1-6-15（a）］，读取载物台刻度盘上读数 a。

c．继续转动载物台，使另一组解理缝平行日镜十字丝纵丝［图 1-6-15（b）］，此时物合上读数为 b。两次读数 a 与 b 之差，即为所测的解理缝夹角。

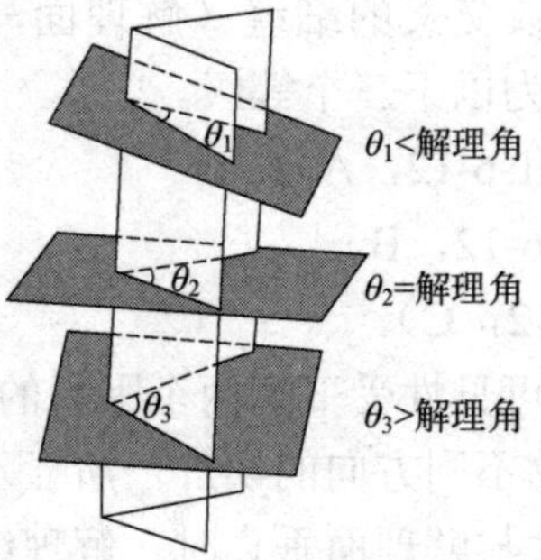

图 1-6-14 解理角的大小与切面方向的关系

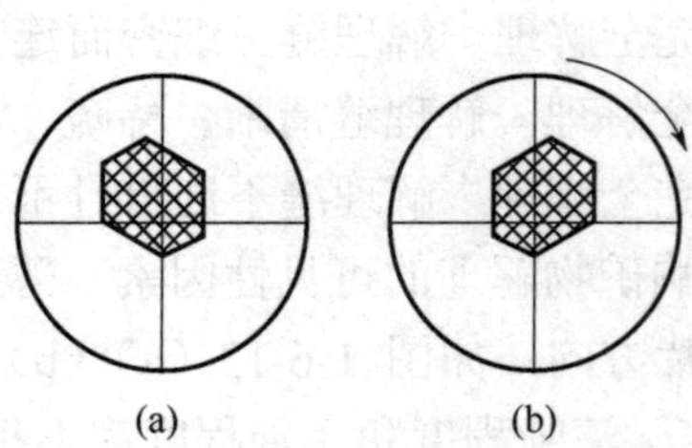

图 1-6-15 矿物解理夹角的测定

（3）颜色、多色性和吸收性

① 颜色　矿物在单偏光显微镜下产生颜色是矿物对白光中七色光波选择性吸收的结果。如果晶体对白光中七色光波同等程度的吸收，透过晶体后仍为白光，只是强度有所减弱，此时晶体不具颜色，为无色晶体。如果晶体对白光中的各色光吸收程度不同，则透出晶体的各种色光强度比例将发生改变，晶体呈现特定的颜色。主要影响薄片矿物的颜色因素有：矿物化学成分和结构、切面方位及矿片厚度。

② 多色性和吸收性　光波在晶体中的振动方向不同，而使矿片颜色发生变化的现象，称为多色性，它系由不同方向对不同波长光的选择性吸收所决定。而颜色深浅发生改变的现象，称为吸收性，它系由不同方向对光的吸收强度上的差异而产生。

均质体矿物是光学各向同性体，其光学性质各方向一致，故对不同振动方向的光波选择性吸收也相同，所以均质体晶体的颜色和浓度不因光波的振动方向而发生变化。

非均质体矿物是光学各向异性体，矿物的颜色随光波在晶体中传播时光波和晶体中的振动方向不同而不同，选择性吸收和吸收总强度是随方向而异的。因此，在单偏光镜下旋转载物台时，矿物颜色发生变化。非均质矿物的多色性和吸收性与其主折射率相关，一般是折射率较大的振动方向所表现的多色性、吸收性要比折射率小的振动方向明显。

一轴晶晶体有两个主要的颜色变化的方位，分别与 N_e（非常光折射率）、N_o（常光折射率）相当（图 1-6-16）。

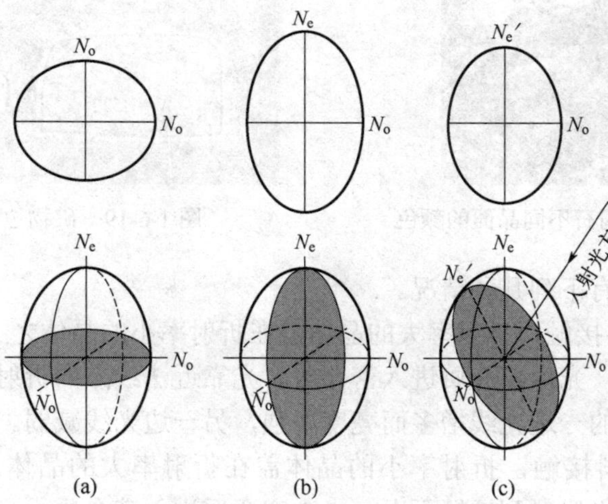

图 1-6-16　一轴晶正光性光率体的主要切面

（a）垂直光轴切面；（b）平行光轴切面；（c）斜交光轴切面

二轴晶有三个主要的颜色变化的方位，分别与光率体三主轴 N_g（最大折射率）、N_m（中间折射率）、N_p（最小折射率）相当（图 1-6-17）。平行光轴的切面显示 N_g、N_p 的颜色，其多色性明显；垂直光轴的切面，只显示 N_m 的颜色，不具多色性；N_g、N_p 之间的其他切面多色性程度介于两者之间，是过渡色。

晶体的多色性或吸收性可用多色性公式或吸收性公式来表示，如普通角闪石的多色性公式为 N_g = 深绿色，N_m = 绿色，N_p = 浅黄绿色（见图 1-6-18）。

在确定矿物多色性的时候，必须知道通过下偏光显微镜的光波振动方向和矿物中光率体的主轴名称和方位，并须使下偏光显微镜的振动方向与光率体的长轴或短轴相一致，否则看到的不是某一方向的颜色，而是一种过渡色。

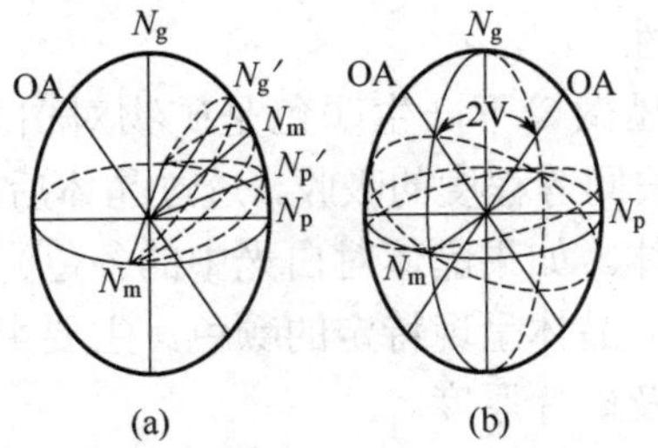

图 1-6-17　二轴晶光率体上的圆切面和光轴（OA 为光轴 2V 表示锐角）

（4）矿物晶体的边缘（轮廓）、贝克线、糙面、突起

边缘、糙面、突起、贝克线都是与晶体折射率有关的现象。

① 矿物晶体的边缘（轮廓）、贝克线　光片中在相邻晶体的界面上，会因折射率不同而发生由折射、反射所引起的一些光学现象。在两物质接触处，可以看到比较黑暗的边缘，称为晶体的轮廓。在边缘（轮廓）附近可以看到一条比较明亮的细线，这条较亮的细线称为贝克线（图 1-6-19）。根据贝克线的移动规律，可以确定相邻两矿物的折射率的大小。当升降镜筒时，贝克线总是向折射率大的矿物方向移动。

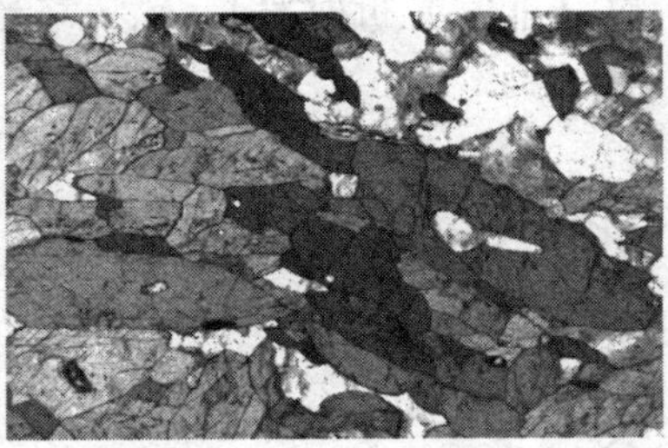

图 1-6-18　单偏光镜下角闪石不同晶面的颜色

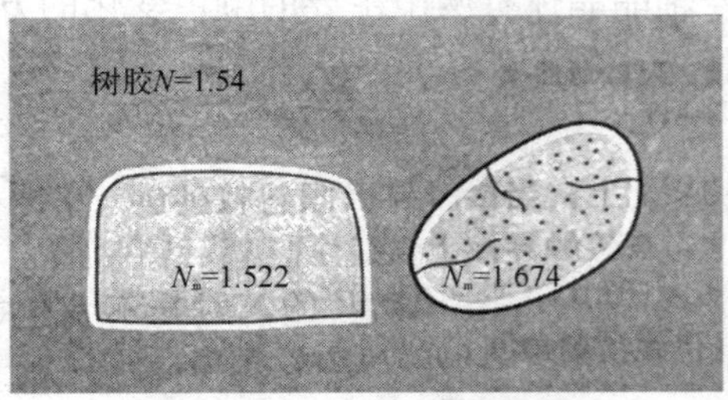

图 1-6-19　矿物边缘与贝克线

按两物质接触关系有下列几种情况。

a．相邻两晶体倾斜接触，折射率大的晶体盖在折射率小的晶体之上［图 1-6-20（a）]，平行光线射到接触面上，光由疏介质进入密介质，光靠近法线方向折射，光线均向折射率高的一边折射，致使晶体的一边光线增多而亮度增强，另一边光线减弱。

b．相邻两晶体倾斜接触，折射率小的晶体盖在折射率大的晶体之上，若接触面较缓［图 1-6-20（b）]，平行光线射到接触面上，光由密介质进入疏介质，光远离法线方向折射，光线均向折射率高的一边折射。

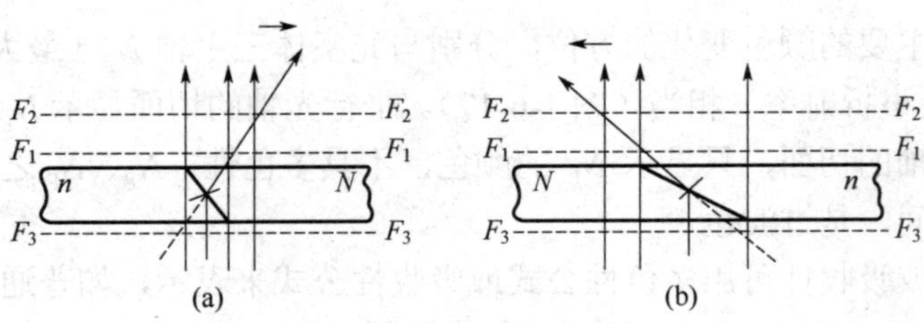

图 1-6-20　晶体轮廓、贝克线的成因及移动规律

不管二介质如何接触；贝克线移动的规律总是：提升镜筒，贝克线向折射率大的介质移动。根据贝克线移动规律，可以比较相邻二晶体折射率的相对大小。在观察贝克线时，适当

缩小光圈，降低视域的亮度，使贝克线能清楚地看到。

② 糙面　在单偏光镜下观察薄片中的矿物时，发现某些晶体表面较为光滑，某些晶体表面显得粗糙呈麻点状，好像粗糙皮革一样，这种现象称为糙面。

糙面产生的原因（图 1-6-21）是晶体光片在磨制过程中表面具有一些显微状的凹凸不平，覆盖在晶体之上的树胶，其折射率又与晶体折射率不同，光线通过二者的接触面时，发生折射甚至全反射作用，致使光片中晶体表面的光线集散不一，而显得明暗程度不相同，给人以粗糙的感觉，如图 1-6-22 所示。

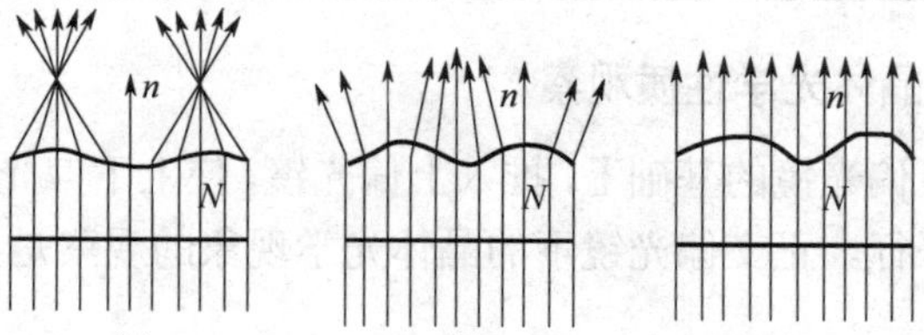

图 1-6-21　糙面的形成原因

（a）$N_{矿} > n_{胶}$；（b）$N_{矿} < n_{胶}$；（c）$N_{矿} = n_{胶}$

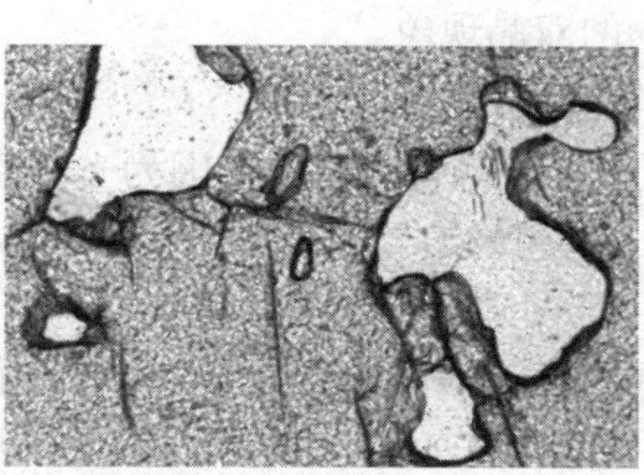

图 1-6-22　单偏光显微镜下石榴石和石英边界轮廓和糙面

③ 突起（成因及突起等级分类）　在晶体形貌观察时还会感觉到不同晶体表面好像高低不平。某些晶体显得高一些，某些晶体显得低平一些，这种现象称为突起。突起仅仅是人们视力的一种感觉，因为在同一光片中，各个晶体表面实际上在同一水平面上，这种视觉上的突起主要是由于晶体折射率与周围树胶折射率不同而引起的。晶体折射率与树胶折射率相差愈大，则晶体的突起愈明显。

在晶体光片制备时使用的树胶折射率等于 1.54，折射率大于树胶的晶体属正突起；折射率小于树胶的晶体属负突起，在晶体光学鉴定时可利用贝克线区分晶体的正负突起。根据光片中突起的高低、轮廓、糙面的明显程度，一般把突起划分为六个等级，如图 1-6-23 和表 1-6-1 所示。

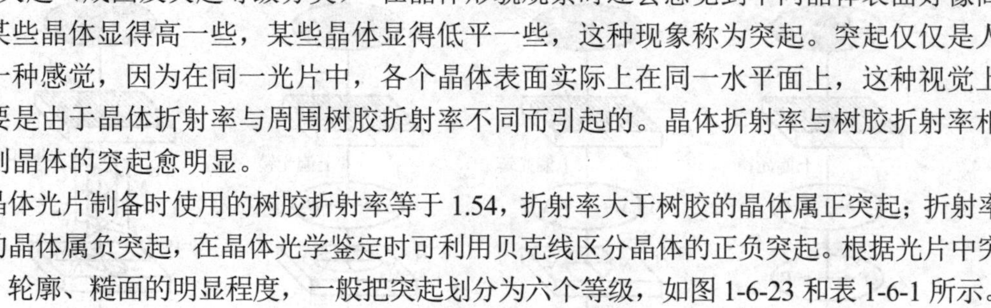

图 1-6-23　突起等级

表 1-6-1　突起等级及特征

突起等级	折射率	边缘、糙面、贝克线移动规律	典型矿物
负高突起	>1.48	糙面及边缘显著，提升镜筒，贝克线向树胶移动	萤石
负低突起	1.48～1.54	表面光滑，边缘不明显，提升镜筒，贝克线向树胶移动	正长石
正低突起	1.54～1.60	表面光滑，边缘不清楚，提升镜筒，贝克线向晶体移动	石英
正中突起	1.60～1.66	表面略显粗糙，边缘清晰，提升镜筒，贝克线向晶体移动	磷灰石
正高突起	1.66～1.78	表面粗糙，边缘清晰而较宽，提升镜筒，贝克线向晶体移动	石榴石
正极高突起	>1.78	表面粗糙显著，边缘很宽，提升镜筒，贝克线向晶体移动	锆石

3．正交偏光镜下的晶体光学性质观察

正交偏光镜就是在下偏光镜的基础上，推入上偏光镜，使上下偏光镜的振动方向互相垂直，并分别与目镜的十字丝平行。正交偏光镜下的晶体光学现象的观察是鉴定矿相的重要方法。

基本要求：

- 学会检查和校正正交偏光镜装置；
- 认识正交偏光镜下矿物的消光及干涉现象；
- 认识正交偏光镜下矿物的双晶现象。

（1）正交偏光镜下晶体光学特点

① 载物台上不放置任何矿片，视域是黑暗的。因为光波通过下偏光镜后，即成为 *PP* 方向振动的偏光，这个方向恰与上偏光镜的振动方向 *AA* 垂直，光波不能通过上偏光镜，所以视域黑暗［图 1-6-24（a）］。

② 载物台上放置均质体任意切面或者非均质体垂直光轴切面（圆切面），光波进入到这种切面不会发生双折射，亦不改变原有的振动方向，透出矿片的偏光振动方向仍然平行 *PP*，与 *AA* 垂直，不能透过上偏光镜，视域黑暗，故产生消光现象［图 1-6-24（b）］。转动载物台 360° 全消光。

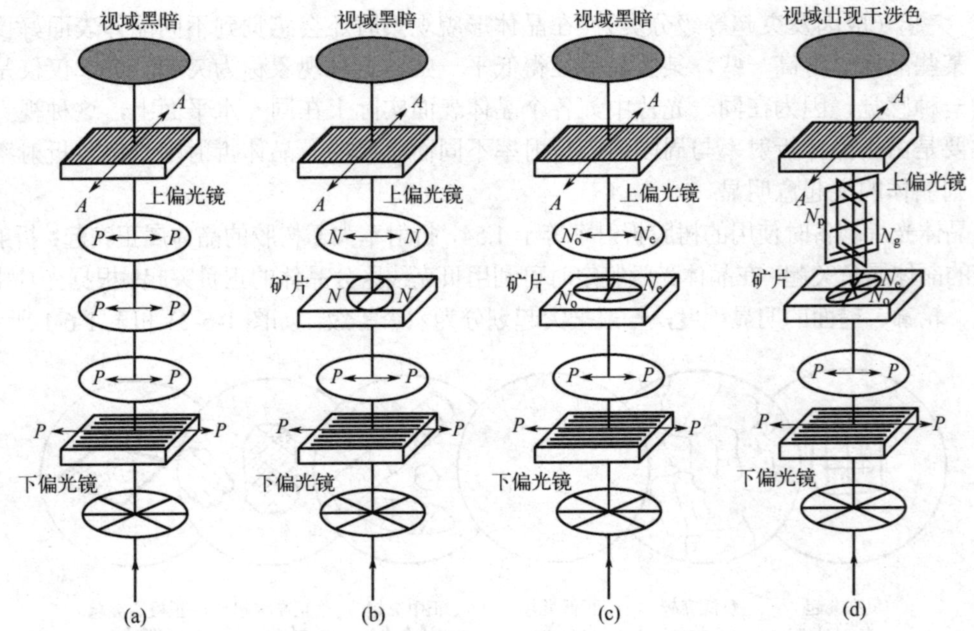

图 1-6-24　正交偏光镜的装置及光学特点

③ 载物台上放置非均质体斜交光轴切面，但光率体椭圆半径之一平行 *PP*，与 *AA* 垂直，光波射入这种切面不透过上偏光镜，则视域黑暗，产生消光现象［图 1-6-24（c）］。转动载物台 360° 四次消光。

④ 载物台上放置非均质体斜交光轴切面，光率体椭圆半径与上下偏光镜 *PP*、*AA* 斜交，当光波射入切面时，产生双折射，按平行四边形法则分解为振动方向相互垂直的两种偏光，可以透过上偏光镜，使视域明亮。这两束光折射率不等、传播速度不同而产生光程差，从而产出干涉色［图 1-6-24（d）］。

（2）正交偏光装置的检查和调节

正交偏光装置及光学特点如图 1-6-24（a）。正交的检查与校正［参见“实验内容 1：偏光显微镜下晶体光学现象的观察”的操作］

（3）消光和消光现象

矿片在正交偏光镜下变黑暗的现象，称为消光。矿片处于消光时的位置称为消光位。矿物主要有两种消光现象：全消光、四次消光（图 1-6-25）。

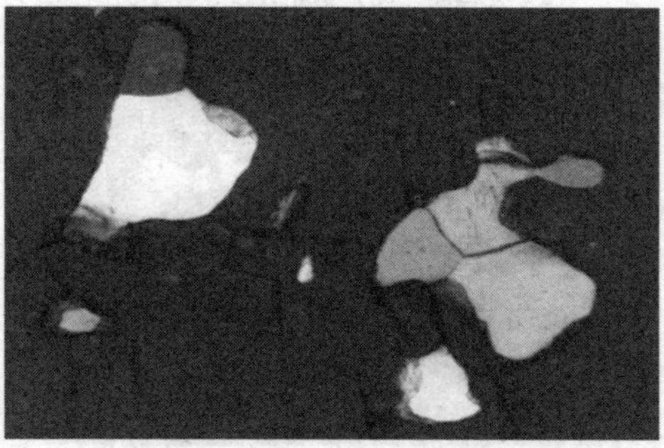

图 1-6-25　正交镜下石榴石和石英消光现象

全消光：均质体任意切面或者非均质体垂直光轴切面，在正交镜下的光学特点如图 1-6-24（b）所示，转动载物台 360°，视域始终保持黑暗，表现全消光现象。

四次消光：非均质体斜交光轴切面，在正交镜下的光学特点如图 1-6-24（c）所示，转动载物台 360° 四次消光（每旋转 90° 消光一次）。

（4）干涉现象

当载物台上放置非均质体斜交光轴切面，在正交镜下的光学特点如图 1-6-26 所示。当光波射入切面时，产生双折射，按平行四边形法可分解为振动方向相互垂直的两种偏光，可以透过上偏光镜，使视域明亮。这两束光折射率不等、传播速度不同而产生光程差，从而产出干涉色（图 1-6-27）。

（5）双晶

矿物的双晶是指两个或两个以上的单体，按一定的对称关系相互有规律地连生在一起的现象。在正交偏光镜下，表现为相邻的两个单体消光位不同，呈现一明一暗的现象（图 1-6-28、图 1-6-29）。

根据矿物双晶单体的数目，可把双晶划分为两种类型：简单双晶和复式双晶。

① 简单双晶：由两个单体组成。在正交偏光镜下，一个单体消光呈黑暗，另一个单体不消光呈明亮。旋转物台时，两单体明暗交替。花岗岩片中斜长石的简单双晶如图 1-6-30（a）所示。

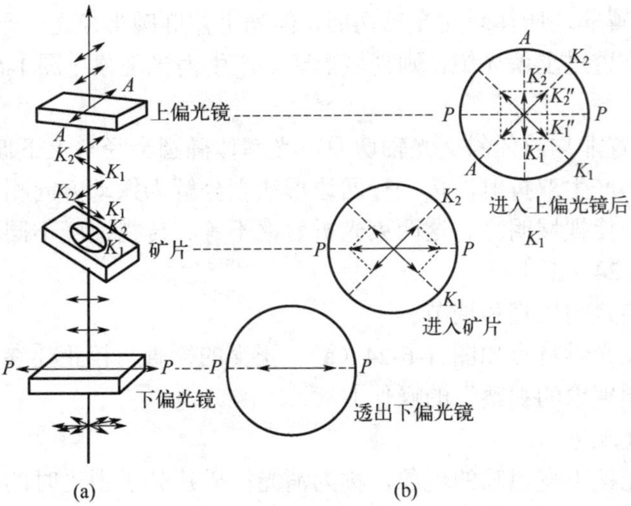

图 1-6-26　偏光通过矿片及到达上偏光镜的分解情况（矿片上光率体椭圆半径与 AA、PP 斜交）

（a）立体图；（b）偏光天量分解半面图

图 1-6-27　正交镜下角闪石干涉色

图 1-6-28　正交镜下长石的聚片双晶消光现象

图 1-6-29　正交镜下微斜长石的格子双晶消光现象

② 复式双晶：由两个以上单体组成，依据结合面的相互关系又可分为：

a．聚片双晶：由两个以上单体组成。在正交偏光镜下，双晶结合面相互平行，呈聚片状。旋转载物台时，两组单体轮流消光。斜长石的聚片双晶如图 1-6-30（b）（f）所示。

b．轮式（环状）双晶：双晶结合面不平行，按单晶数又分为三连晶、四连晶、六连晶等［图 1-6-30（c）（d）（e）］。

c．格子双晶：由两组聚片双晶相交(近于 90°)而成的复合双晶。在正交偏光镜下，旋转载物台，几组单体交替消光。微斜长石的格子双晶如图 1-6-30（g）所示。

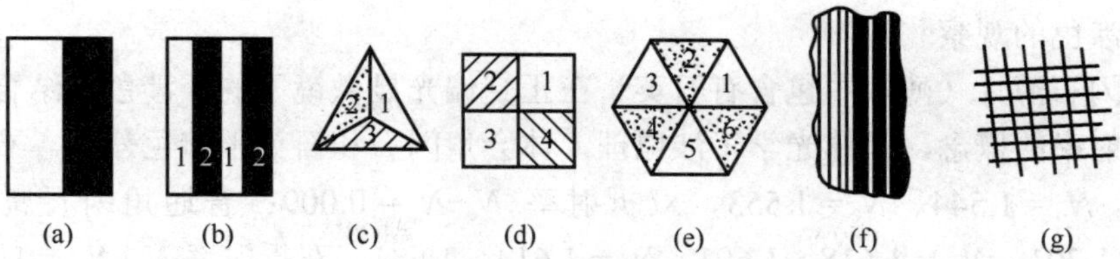

图 1-6-30 常见的双晶类型

（a）简单双晶；（b）聚片双晶；（c）三连晶；（d）四连晶；（e）六连晶；（f）卡钠复合双晶；（g）格子双晶

（二）实验器材

① XP-202 型透射偏光显微镜；

② 岩矿薄片样品：角闪石、石榴石、石英（含黑云母、长石、石英等）；

③ 擦镜纸。

（三）测试步骤

将显微镜调整到最佳单偏光镜工作状态。

（1）晶体形态观察

① 将角闪石薄片放置在载物台上进行聚焦。

② 选择具有代表性的区域对角闪石晶体的形态进行描述（自形、半自形、他形）和数量统计。

（2）晶体的解理观察及解理角的测定

① 将角闪石（或含有黑云母薄片）放置在载物台上进行聚焦。

② 选择具有代表性的区域，镜下观察角闪石（或黑云母）不同切面上解理特征并进行描述。描述内容包括：晶体属几向解理、解理完善程度（极完全、完全和不完全），并统计不同解理的数量。

③ 测定角闪石解理角。

（3）晶体的多色性观察

① 将角闪石薄片（或含有黑云母的薄片）放置在载物台上聚焦。

② 在 360° 范围内转动载物台，观察角闪石（或黑云母）不同切面上的多色性，注意切面上最深和最浅时的颜色变换，并记录下多色性变换特征，写出相应的多色性公式。

（4）矿物的轮廓（边缘）、糙面、突起、贝克线的观察

① 将含有石榴石、石英 或角闪石（含长石、石英）薄片，放置在载物台上进行聚焦。

② 根据这些材料的折射率大小， 观察石榴石、石英 或角闪石（含长石、石英）薄片，分别描述它们的边缘、糙面、突起和贝克线移动特征。

（5）正交偏光装置的检查和调节

具体操作参见“1. 偏光显微镜的结构与使用”中的“（3）偏光镜校正”部分，正交偏光镜的校正。

（6）矿物的消光现象观察

① 观察全消光现象 将均质体矿物（石榴石）薄片或非均质体矿物垂直光轴的切面，放置到载物台中心，在正交镜下，转动载物台 360°，观察矿物消光现象。

② 观察四次消光现象 将非均质体矿物（石英）非垂直光轴的切面，放置到载物台中心，在正交镜下，转动载物台 360°，观察矿物消光现象。

（7）干涉色的观察

观察角闪石薄片（薄片中包含有石英）在正交偏光显微镜下的干涉色。结合它们的晶体结构、双折射率的概念、晶体光学干涉原理，体会角闪石和石英干涉色差别。石英属三方晶系，折射率 $N_o = 1.544$、$N_e = 1.553$，双折射率 $N_e - N_o = 0.009$；普通角闪石属单斜晶系，$N_g = 1.633$～1.701，$N_m = 1.618$～1.691，$N_p = 1.614$～1.681，双折射率 $N_g - N_p = 0.019$～0.026。

（四）数据处理记录

将实验观察记录在表 1-6-2～表 1-6-4 中。

表 1-6-2　矿物晶体形态、多色性、解理、解理角观察记录表

矿物名称	晶体形态描述和统计	多色性及其公式	解理		解理角测定
			组数	解理程度	

表 1-6-3　矿物边缘、糙面、突起、贝克线观察记录表

矿物名称	折射率	边缘轮廓	糙面特征	突起及等级	提升镜头贝克线移动方向

表 1-6-4　矿物全消光、四次消光、干涉现象、双晶现象观察记录表

矿物名称	消光现象	晶体结构	干涉色	双折射率	双晶现象

实验内容 2：反光显微镜下典型矿物的观察——水泥熟料矿物的观察

用反光显微镜研究水泥熟料的矿物组成和显微结构特征，了解熟料形成机理，控制产品质量，对生产工艺过程中可能出现的问题提出有效改进措施。

（一）基本原理

1. 反光显微镜结构及使用

反光显微镜是利用安置在物镜和目镜之间的垂直照明器，把来自光源的入射光通过物镜垂直投射到被观察样品的表面，再把从样品的表面反射回来的光投射到目镜焦平面内。它主要用于对不透明矿物材料进行观察和研究。

反光显微镜也是由机械系统与光学系统构成，机械系统的构造、功能、调节方式与偏光显微镜大体相同，不同的是反光显微镜中装有反射器及垂直照明系统。反光显微镜的结构如图 1-6-31 所示。

2. 硅酸盐水泥熟料的显微结构特征

（1）A 矿

A 矿（C_3S）又名阿里特（Alite），是含有少量 MgO、Al_2O_3 和 Fe_2O_3 的硅酸三钙（$3CaO \cdot SiO_2$）

固溶体，是硅酸盐水泥熟料中的主要矿物，它使水泥水化后获得较高的机械强度，特别是对早期强度起着重要作用。

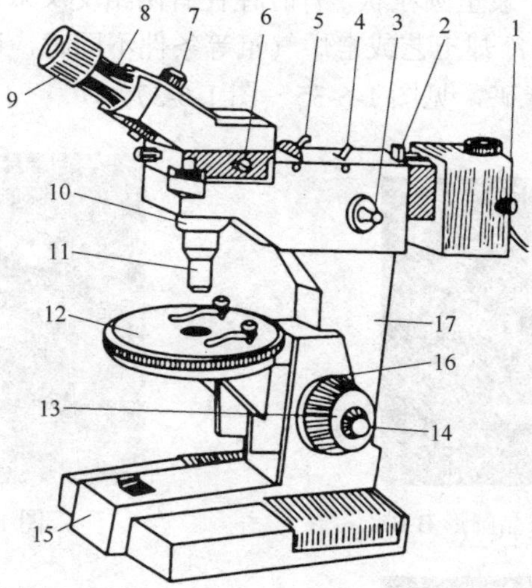

图 1-6-31　反光显微镜结构

1—毛玻璃；2—起偏镜；3—滤色片；4—孔径光圈；5—起偏镜手柄；6—检偏镜手柄；7—勃氏镜手轮；8—目镜筒；9—目镜；10—切镜座；11—物镜；12—载物台；13—粗动手轮；14—微动手轮；15—镜座；16—调节手轮；17—镜臂

根据研究，硅酸三钙及其固溶体的多晶转变如下式：

$$\text{三斜'Ⅰ型} \xrightarrow{600^\circ C} \text{三斜Ⅱ型} \xrightarrow{920^\circ C} \text{三斜Ⅱ'Ⅰ型} \xrightarrow{980^\circ C}$$

$$\text{单斜Ⅰ型} \xrightarrow{990^\circ C} \text{单斜Ⅱ型} \xrightarrow{1050^\circ C} \text{斜方}$$

硅酸盐水泥熟料中的 A 矿晶体，最常见的是单斜晶系。经浸蚀后的样品光片在反光显微镜下观察到的 A 矿晶体多为板状、片状或短柱状（图 1-6-32）。当工艺条件不正常时，还可见其他形状 A 矿及 A 矿中具包裹物的现象（图 1-6-33）。

在反光显微镜下，用 1%的 NH_4Cl 溶液浸蚀光片后，A 矿呈蓝色；用 1%硝酸酒精浸蚀光片后，A 矿呈棕色。

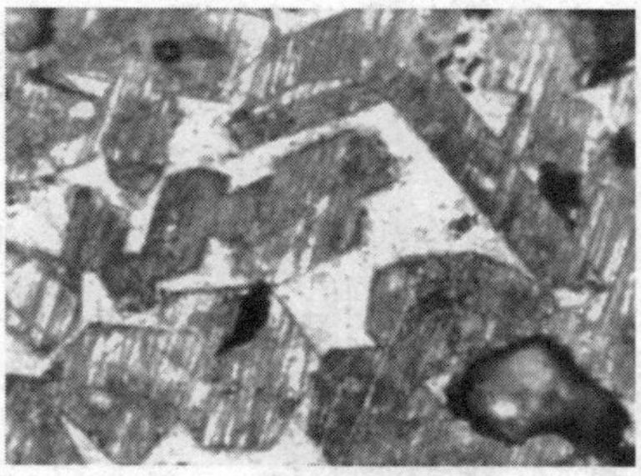

图 1-6-32　六角形板状、长短柱状 A 矿

图 1-6-33　A 矿中 B 矿和 f-CaO 包裹体

（2）B 矿

B 矿（C_2S）又名贝里特（Belite），是含有 Al、Fe、K、Na、Ti、Ba、V 和 Co 等离子的硅酸二钙固溶体，是硅酸盐水泥中仅次于 A 矿的重要矿物相。它水化时能使水泥石的后期机械强度缓慢增大，并有抗硫酸盐侵蚀和水化热的特点。

纯的硅酸二钙有四个晶型：即 α 型（三方晶系）、α 型（斜方晶系）、β 型（单斜晶系）

和γ型（斜方晶系），其多晶转变比 C_3S 要敏感。

工厂水泥熟料中的 B 矿大部分为 β 型 C_2S,属于单斜晶系。经浸蚀后的样品光片在反光显微镜下观察到的 B 矿晶体一般呈圆粒状，有时往往有两组交叉双晶纹或一组平行聚片双晶纹（图 1-6-34）。当煅烧温度、冷却工艺或窑炉气氛等条件不同时，还可见其他形状的 B 矿（如手指状、脑状、花蕾状等 B 矿，见图 1-6-35～图 1-6-37）。

图 1-6-34　具有交叉双晶圆形 B 矿

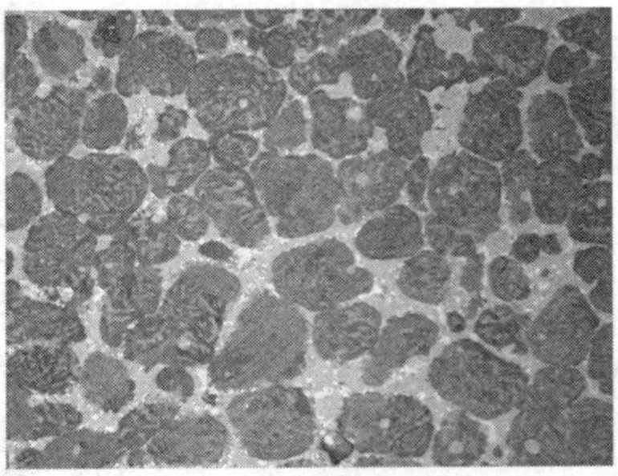

图 1-6-35　脑状 B 矿

图 1-6-36　手指状、树叶状 B 矿

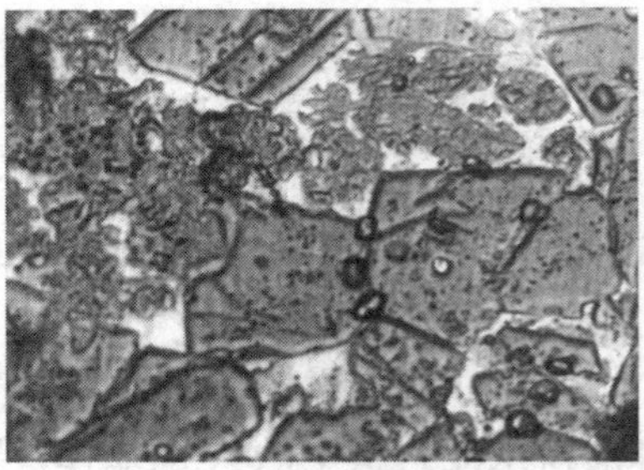

图 1-6-37　手指状、花蕾状 B 矿

（3）中间相

中间相是熟料中介于 A 矿和 B 矿之间的矿物总称，其中有结晶相和玻璃相，多数是熟料冷却后期从溶体中析晶出来的物质。中间相按反射率的大小分为黑色中间相和白色中间相两大类。

① 黑色中间相　黑色中间相通常是铝酸盐类，主要成分是铝酸三钙（C_3A)，化学式 $3CaO\cdot Al_2O_3$。纯的铝酸三钙属等轴晶系，没有多晶变体，但固溶其他氧化物亦会引起晶型的转变。

黑色中间相是反射率较弱的矿物，呈灰黑色。当铝氧率或冷却速率发生变化时，C_3A 晶体可呈四方片状、针状、条状，纤维状，有时呈点滴状或点线状等形状，如图 1-6-38（a）所示。

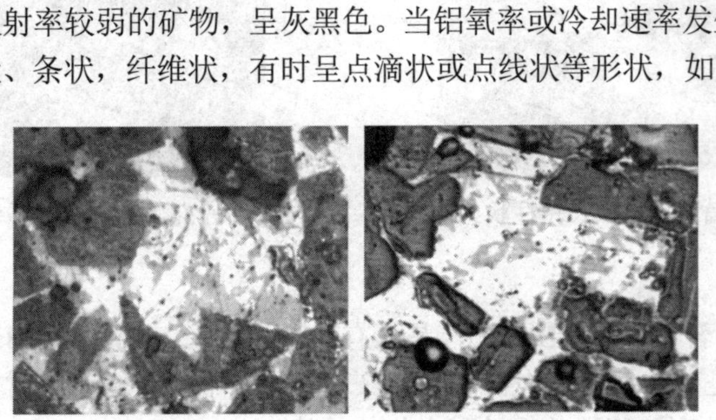

(a)　(b)

图 1-6-38　黑色中间相（a）和白色中间相（b）

② 白色中间相　白色中间相通常是一些铁铝酸盐矿物，主要是铁铝酸四钙（C_4AF),属斜方晶系。白色中间相由于反射率高、光泽较强，在反光显微镜表现为颜色最浅的矿物相，大多是呈白色，以他形晶或玻璃相充填于A矿和B矿之间，如图1-6-38（b）所示。

（4）游离氧化钙

游离氧化钙（f-CaO）是水泥产品安定性不良的主要因素。水泥熟料中的游离氧化钙，按成因可分为两大类：

① 一次游离氧化钙，是生料中残留下来的水泥生产中当石灰饱和系数过高、硅酸率过低、生料过粗、混合不均或煅烧温度不够时，都容易使熟料产生较多的游离氧化钙；

② 二次游离氧化钙，又称次生游离氧化钙，它是A矿中分解出来的CaO。产生的原因有两个：熟料在高温下慢冷和发生阳离子交换，从而生成B矿和游离氧化钙。

游离氧化钙属等轴晶系，折射率 $N=1.837$，反射率较强，未经腐蚀呈现为圆形较白的颗粒，将抛光好的光片在蒸馏水中浸蚀一定时间（20℃，8s），吸干吹干后置于反光显微镜下观察，游离氧化钙（f-CaO）呈彩虹色，晶体为圆粒或卵形，分散于硅酸盐矿物之间或被包裹于A矿（C_3S）之中，有时成堆聚集成游离氧化钙（f-CaO）矿巢（图1-6-39）。

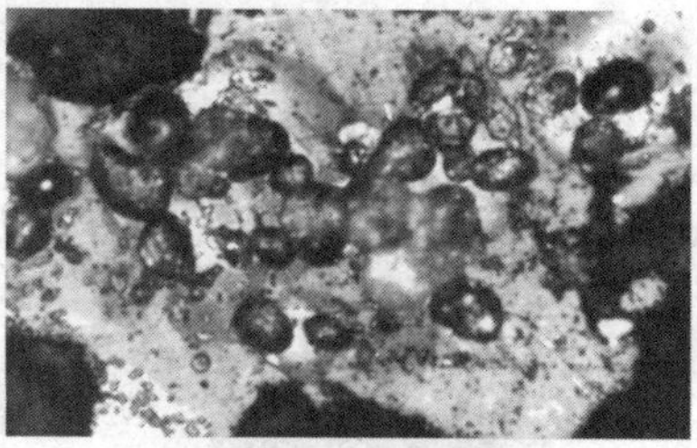

图1-6-39　游离氧化钙矿巢

水泥熟料中各矿相的形态特征研究，应与工艺等条件有机地结合起来，同一矿物在不同工艺条件（指物理化学作用）下，可形成多种不同形态。水泥熟料中主要矿物常见的形态特征及原因分析参见邵国有主编的《硅酸盐岩相学》第七章。

（二）实验观察及结果分析

对制备好的熟料光片样品进行观察：观察矿相组成、各相结构特征。结合原材料配比和烧成制度，对微观结构组织进行综合描述。

实验内容3：光学显微镜样品的制备

光学显微镜样品的制备是十分重要的环节，直接影响材料微观结构组织的观察和分析。根据所要分析的材料和研究内容，样品制备分为两大类：薄片样品（用于透射偏光显微观察）；光片样品（用反射光显微结构观察）。

（一）实验器材

① 真空冷镶机（图1-6-40）、热镶机（图1-6-41）、精密切割机（图1-6-42）、研磨抛光机（图1-6-43）、磨片机。

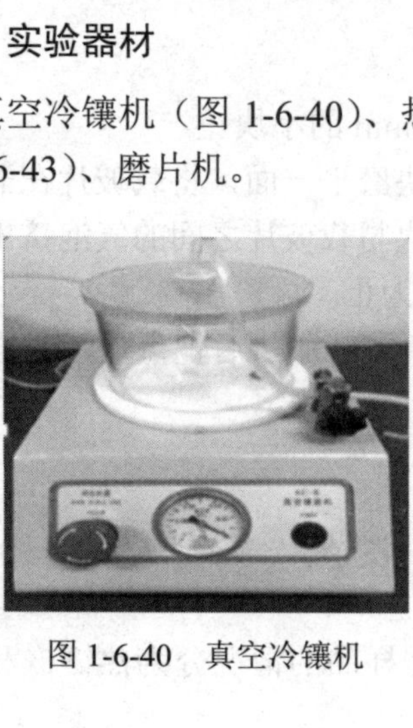

图1-6-40　真空冷镶机

图1-6-41　热镶机

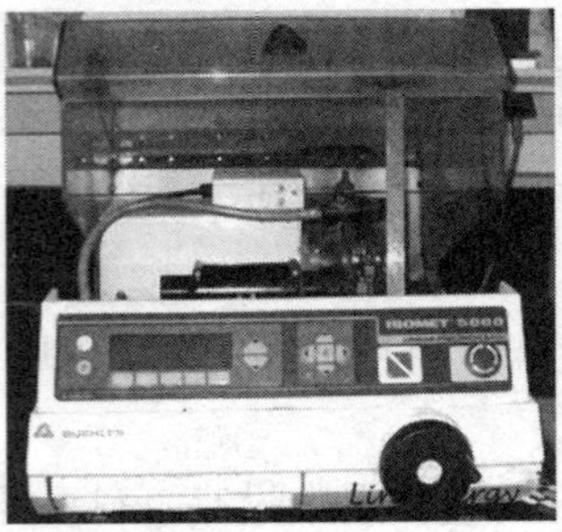

图 1-6-42 精密切割机

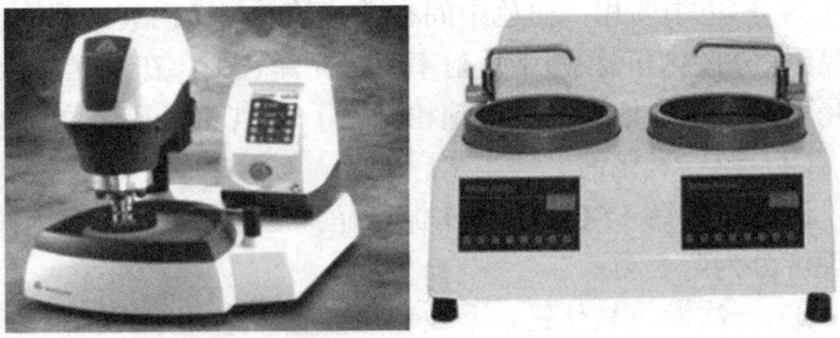

图 1-6-43 研磨抛光机

② SiC 砂纸、金刚石抛光粉（液）、光学树胶、载玻片、盖玻片。

（二）测试步骤

1. 薄片样品的制备

制备过程：切→磨→粘→切→磨→粘→盖。制备过程如图 1-6-44 所示，薄片样品实物图如图 1-6-45 所示。

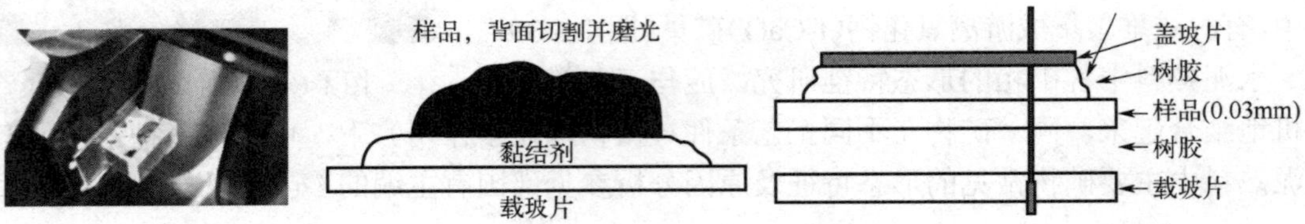

图 1-6-44 薄片样品制备过程

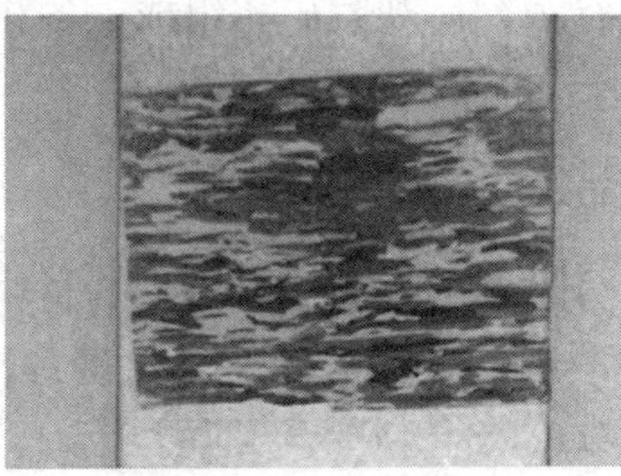

图 1-6-45 薄片样品实物

① 用精密切割机切下一块大小约为 20mm×30mm×2mm 的小块。

② 依次用 180#、500#、1200#SiC 砂纸将切下的样块磨平一面，将载玻片在酒精灯上加热涂上光学树胶后，把已磨平的一面放上再加热，将岩块与载玻片之间的气泡挤出压平。

③ 用上述三种 SIC 砂依次将另一面磨至 0.03mm 厚为止。

④ 用光学树胶涂在岩石表面上，盖上盖玻片，用酒精灯加热后把盖玻片与岩石之间的气泡挤出，铲掉周围的废胶，用酒精洗净即可。

2. 光片样品的制备

制备过程：取样→镶嵌→粗磨→精磨→粗、精抛光→浸蚀。

① 取样：选取所要分析区域的样品。

② 镶嵌：将取好的样品用镶嵌设备压制成型（根据样品的情况分为热镶嵌和冷镶嵌，

镶嵌料分别为冷镶液、酚醛树脂，分别使用热镶机和真空冷镶机）。大块试样可直接切片，粉末或结构疏松的试样应先煮胶才能成型制片。

③ 粗磨：镶嵌成型后磨制，选用粒度为20～40μm 的 SiC 砂纸分级在磨片机上进行研磨，每级研磨换 90° 方向，每一级将上一级划痕去除完毕后再进行下一级研磨。

④ 精磨：选用粒度为 7～14μm 的 SiC 砂纸分级在磨片机上进行研磨，方法同粗磨。

⑤ 抛光：使用精密抛光织物，用调制好的金刚石抛光液喷到抛光织物上，分级从粗抛到精抛在研磨抛光机上进行样品的抛光。

⑥ 浸蚀：根据所分析的材料选择合适的浸蚀剂将抛光好的光片进行浸蚀。[抛光好的光片其矿物表面仍覆盖着一层约千分之几毫米厚的非晶质薄膜，使晶体的轮廓界限及显微结构分辨不清，需用适当的浸蚀剂（水泥熟料样品常用的浸蚀剂为 1%NH_4Cl 或 1% 硝酸酒精液，水泥熟料样品的制备过程中不能使用含水的抛光剂和冷却液）作用于光片的表面，先使非晶质薄膜溶解，显现出矿物的清晰轮廓及显微结构特征。]

光片样品应达到的要求：平、光（表面达镜面或无划痕）。光片样品实物图如图 1-6-46 所示。

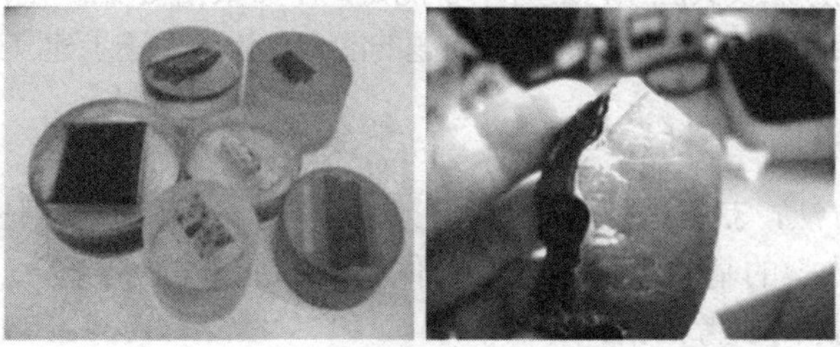

图 1-6-46　光片样品实物

拓展资源 08　实验 1-6 操作教学视频

思考题

1．光学显微镜主要有哪几大类型及各类型的用途有哪些？

2．单偏光镜下能够观察矿物的哪些光学特征？

3．矿物突起的正负是以什么为标准？分几个等级？各级相应的折射率范围是多少？

4．已知角闪石两组解理的夹角为 56° 和 124°，为什么在薄片中测出的解理角可大于或小于上述角度？应选择什么方向的切面，才能测得真实的解理夹角？

5．在正交偏光镜下旋转载物台一圈，如果矿物出现全消光现象，就能判断该矿物一定是均质体吗?

6．简述光学显微镜的几种主要制样方法。

主要参考文献

[1] 林培英．晶体光学与造岩矿物[M]．北京：地质出版社，2005.

[2] 邵国有．硅酸盐岩相学[M]．武汉：武汉工业大学出版社，1991.

[3] 方婷婷．硅酸盐岩相学实验[M]．武汉：武汉工业大学出版社，1995.

第 2 章

材料工程基础实验

学习导论

材料工程基础实验为无机非金属材料工程专业的必修实验课程模块，其主要内容对应材料工程基础课程内容，包括无机非金属材料生产过程中所涉及的粉体性能、传热规律、流体流动规律、燃料与燃烧过程以及数值模拟等实验研究手段和方法。

通过该模块的学习，能够加强学生对材料研究方法和材料工程基础理论知识的理解，掌握材料研究的基本方法和基本工程研究方法及其应用；提升动手能力，学习数据处理的基本方法，培养独立分析问题的能力，以及综合运用理论知识解决实际问题的能力，让学生逐步建立工程意识。

本章的教学目标

1．掌握煤燃烧特性的分析方法，获得燃烧特性结果，为工程方案的设计提供参考数据。

2．掌握工程流体力学、传热学的基本规律，以及粉体基本性能分析等方法，为材料生产的热工设备和工艺参数的计算提供参考依据。

3．自觉遵守工程职业道德和规范，保证实验数据的真实性。

4．遵守实验室规章制度，能安全、规范操作实验仪器设备。

5．通过分组方式完成实验，建立团队合作精神，小组成员明确各自分工，能够独立完成各自分工任务。

达成教学目标的途径

1．该课程为实验课程，要求学生实验前通过该课程的教学网站进行实验预习，掌握相关的实验原理、测试方法等内容，网络学习的过程中有讨论、答疑和单元测试等教学内容。学生完成网络学习写完预习报告后进入实验室进行实验操作，获得实验数据，课后对实验数据进行分析计算，并对其可靠性进行分析，得到实验结果。

2．实验采用分组的方式进行，并对学生的团队合作精神，以及学生遵守实验室的规章制度等非专业能力进行考核和评价。

实验 2-1　物料易磨性指数（Bond 球磨功指数）测定

一、教学目标

物料粉碎在无机非金属材料研究与生产中是十分重要的。Bond 球磨功指数值反映出物料粉碎时功耗的大小，即粉碎的难易程度。根据测试方法的不同，

课前测试

Bond 球磨功指数分为：破碎功指数、棒磨功指数、球磨功指数和自磨功指数。Bond 球磨功指数可用于五个方面：①作为物料的可磨度标准之一；②选择和计算粉碎设备的规格、台数和功率；③判断生产中磨矿设备的工作效率；④估算金属磨损耗；⑤选择和计算磨介尺寸。

本实验的教学目标：

① 了解 Bond 球磨功指数的定义。

② 掌握 Bond 球磨功指数的测定方法。

二、基本原理

Bond 球磨功指数是在专门制造的规格为 ϕ305mm×305mm 间歇式球磨机内（筒体光滑无衬板），按标准程序，在循环负荷率为 250%的闭路粉磨过程中测定的。其实质是用 Bond 功指数磨以特定的实验操作步骤与测定方法得到的 Bond 球磨功指数来代替溢流型球磨机闭路湿法粉磨作业中，对某一物料在指定给料粒度条件下，将其粉磨至某一要求粒度所消耗的功。

用 Bond 功指数磨所得的 ϕ2.4m 溢流型球磨机功指数的算式为：

$$W_{\mathrm{i}}=\frac{176.2}{P_1^{0.23}G_{\mathrm{bp}}^{\ 0.82}\left(10/\sqrt{P_{80}}-10/\sqrt{F_{80}}\right)} \tag{2-1-1}$$

式中 W_{i}——球磨功指数，MJ/t;

P_1——粉碎实验用筛网孔径，μm;

P_{80}——粉碎产物 80%通过的筛网孔径，μm;

F_{80}——进料 80%通过的筛网孔径，μm;

G_{bp}——实验用球磨机每转的 P_1 筛下生成量，g/r。

三、实验器材

① Bond 球磨功指数磨：典型的 Bond 功指数磨如图 2-1-1 所示。

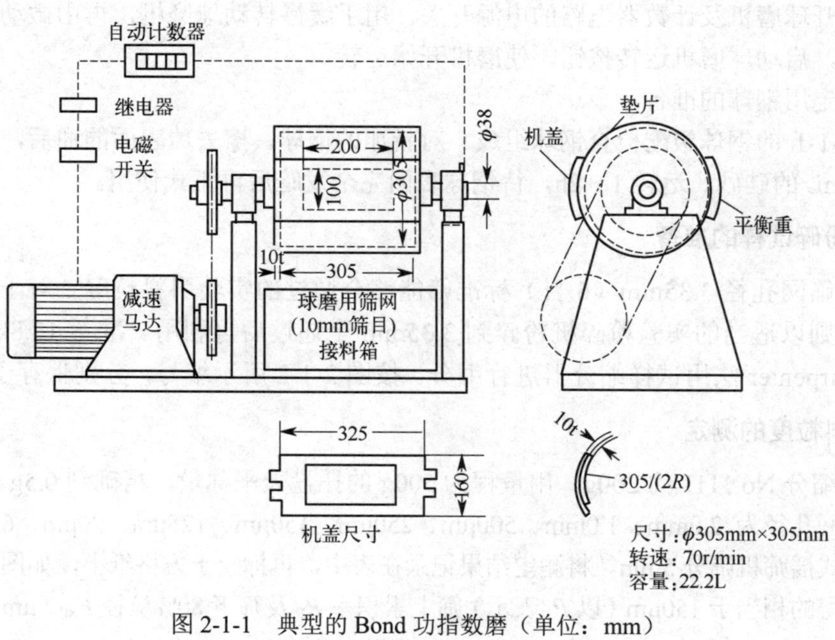

图 2-1-1 典型的 Bond 功指数磨（单位：mm）

② 测定用钢球：采用普通级滚珠轴承用钢珠，其组配如表 2-1-1 所示。

表 2-1-1 研磨体的级配

球径/mm	个数
37.5	43
30.2	67
26.4	10
19.1	71
16.9	94
合计	285

③ 旋敲式摇筛机。

④ 标准筛（框内径为 ϕ200mm。孔径分别为 2.0mm/1.0mm/500μm/250μm/150μm/125μm/90μm/63μm）。

⑤ 试样缩分器。

⑥ 托盘天平：量程 500g、感量 0.5g 的 1 台；量程 100g、感量 0.1g 的 1 台。

⑦ 1000mL 量筒（塑）。

⑧ 清扫筛网用的毛刷及清扫球磨机内表面的带柄毛刷，保存试样用的塑料（聚乙烯）袋，实验粉碎机，间歇式实验用小型球磨机。

⑨ 硅砂、铝片。

四、测试步骤

1. 测试准备

（1）实验用球磨机的准备

卸下机盖，用毛刷或布拭净磨机内表面上的黏附粉尘，锁紧机盖，确保垫片完整，无粉尘泄漏。打开球磨机及计数器电路的电源开关，用手缓慢转动球磨机，再由微动开关启动计数器，然后，启动球磨机运转按钮，使磨机开始运转。

（2）测定用钢球的准备

按表 2-1-1 的钢球级配检查钢球组成。对新加的钢球，擦去球表面的油后，装入磨内，再加约 700mL 的硅砂，运转 1～2h，待钢球表面完全发暗后再正式使用。

2. 待粉碎试样的准备

配制对筛网孔径 3.35mm（6 目）标准筛能够全通过的实验用料粒度。对于 3.35mm 筛上的粗粒，则以适当的实验粉碎机粉碎到 3.35mm 全通过后再利用。准备 12.8kg 以上的试样，并以 Carpenter 法用试样缩分器进行缩分。按图 2-1-2 所示编号，分别保存于塑料袋中。

3. 进料粒度的测定

取上述缩分 No.1111 约 200g，用量程为 500g 的托盘天平称量，精确到 0.5g。

采用筛网孔径为 2.0mm、1.0mm、500μm、250μm、150μm、125μm、90μm、63μm 的标准筛，以旋敲式摇筛机筛分 5min。将测定结果记录在表中，再标绘于方格纸上，如图 2-1-3 所示，并将内插求得的相当于 150μm（以 P_1 表示）筛上累积率 R_F 及筛下 80%粒径 F_{80}（μm）记入表中。

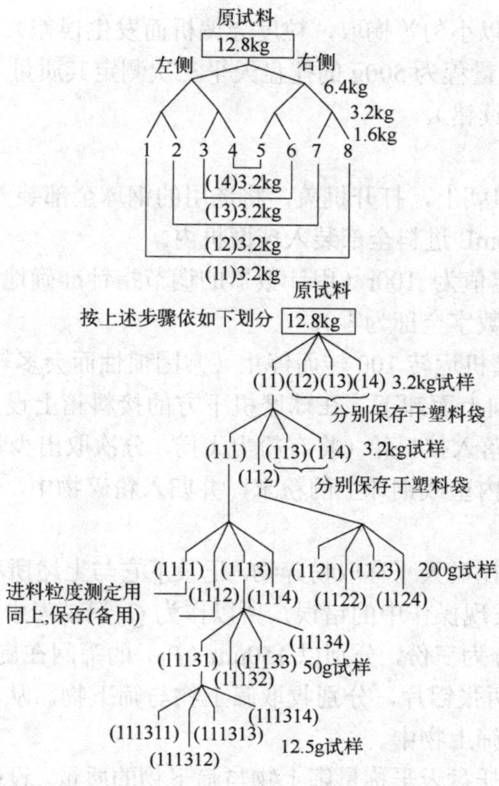

图 2-1-2 试样缩分步骤（Carpenter 法）

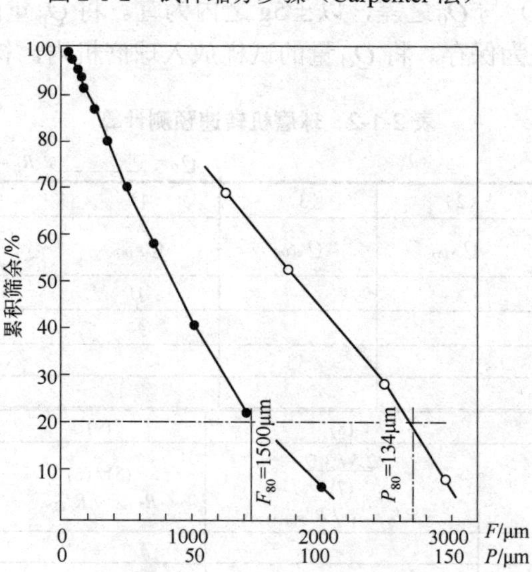

图 2-1-3 F_{80} 与 P_{80} 的图解

4．操作步骤

（1）700mL 进料的采取

按上述缩分取得的 800g、200g、50g、12.5g 各缩分试料，经适当组合成 700mL 左右，并装入 1000mL 的量筒内。当接近 700mL 时，在桌上轻轻敲击，使之充分填充。再加上 50g、12.5g 的试料填充，直至料层表面不再下沉时，以 12.5g 试料来对齐最后的刻度。刻度对齐的精度为 10mL（因待粉碎试样属粒度分布范围较广的试料，故需采用预先经过缩分的试料来取其所需要的试料量，若以小勺等掏取，粒度会偏析而发生误差）。

采取 700mL 之后，以量程为 500g 的托盘天平三次测定其质量 Q_0，记入表中（Q_0 值在下面的计算中很重要，切勿读错）。

（2）第一次粉碎

① 使球磨机的装料口朝上，打开机盖，将选用的钢球全部装入。

② 将上述取得的 700mL 进料全部装入球磨机内。

③ 调节计数器的设定值为 100r（用计数器的调节指针准确地调节到设定值后，再转动计数器的调节旋钮，使其数字全部为零）。

④ 按启动钮，使球磨机运转 100 转而停止（常因惯性而会多转 2～3r，无妨碍）。

⑤ 停止后，将机盖向上而卸下，在球磨机下方的接料箱上设置选球用筛网，用手慢转球磨机，使钢球与粉碎物落入接料箱（将有粉尘飞扬，分次取出少量，切勿遗失钢球）。以毛刷仔细拭落黏附于球磨机内壁或钢球上的粉末，并归入粉碎物中。钢球仍送回球磨机内。

（3）第一次筛分

① 用量程为 500g 的托盘天平称取粉碎物，记录下它与上述所称得的 Q_0 值之差（计算时采用 Q_0 值，但为了便于发现操作中的错误，所以作为 Q_0' 记录表中）。

② 将粉碎物大致等分为三份，分别以 150μm（P_1）的筛网在旋敲式摇筛机上筛分 5min。

③ 筛分结束后，用两张铝片，分别收取筛上物与筛下物。从筛网内侧以所选用的毛刷拂落堵塞的颗粒，并归入筛上物中。

④ 用量程为 500g 的托盘天平称量筛上物与筛下物的质量。设筛上物质量为 Q_{cl}、筛下物质量为 Q_p，而（$Q_{cl}+Q_p$）与 Q_0 之差，以±5g 之内为宜。将 Q_p 量的试样放在塑料袋中，并注以日期与试样编号，妥为保存。将 Q_{cl} 量的试样放入球磨机内，待下一次粉碎时用。

表 2-1-2　球磨机转速预测计算

$Q_0=$ ________，$R_F=$

粉碎次数	(1)	(2)	(3)	(4)	(5)	(6)
	N	$Q_{p(n)}$	$Q_{cl(n)}$	$Q_{F(n)}$	$(3)/Q_0$ $R_{N(n)}$	$R'_{F(n)}$
1				①		②
2	⑤			④		③
3						
4						

粉碎次数	(7)	(8)	(9)	(10)
	$\frac{(4)_{n+1}\times R_F+(3)}{Q_0}$ $R'_{F(n+1)}$	$\frac{2.5/3.5}{(7)}$ $R'_{N(n+1)}/R'_{F(n+1)}$	$(5)/(6)$ $R_{N(n)}/R'_{F(n)}$	$(1)\times(\ln 8/\ln 9)^{1/1.2}$ $N_{(n+1)}$
1				
2				
3				
4				

① 第 1 次是 Q_0。

② 第 1 次为（4）$\times R_F/Q_0$。

③ 第 2 次以后，将第（n+1）次的（7）值转记至第（n）次。

④ Q_0-（3）$_{(n-1)}$值（第 n 次的进料添加量）。

⑤ 预测转速 $N_{(n+1)}=385$，但因球磨机的惯性等而稍有偏离设定值，表中所记为实测值。

⑥ $R'_{N(n)}$和 $R'_{F(n)}$分别为当球磨机转速为 $N_{(n)}$和 $F_{(n)}$时，粉磨前的粉料对应筛孔为 P_1，筛上的累计率；$R_{N(n)}$为当球磨机转速为 $N_{(n)}$时，粉磨后的粉料对应筛孔为 P_1 筛上累计率。

（4）第二次粉碎

① 用下述方法按表 2-1-2 进行一次球磨机转速的预测计算。

② 求 $Q_{F(n)}=Q_0-Q_{cl(n-1)}$之值，称取符合此量的新试样。需从已准备好的划分试样中无偏析地采取。关键在于要能迅速达到稳定值。

③ 将新添加试料加进球磨机，按照第一次粉碎操作，计数器对准预测转数。

④ 按第一次筛分操作，取得 Q_p 与 Q_{cl}。

下一次的球磨机转速的预测计算：

Bond 功指数的 G_{bp} 是在循环负荷（circulating load）$cl=Q_{cl}/Q_F=2.5$ 的间歇式实验用小型球磨机闭路粉碎过程中进行测定的。闭路粉碎过程如图 2-1-4 所示。对 G_{bp} 测定的第 n 及 $n+1$ 次标绘成图 2-1-5。Q 为物料的质量（g），R 为以筛孔径 P_1 的筛网进行筛分时筛上物的百分数。

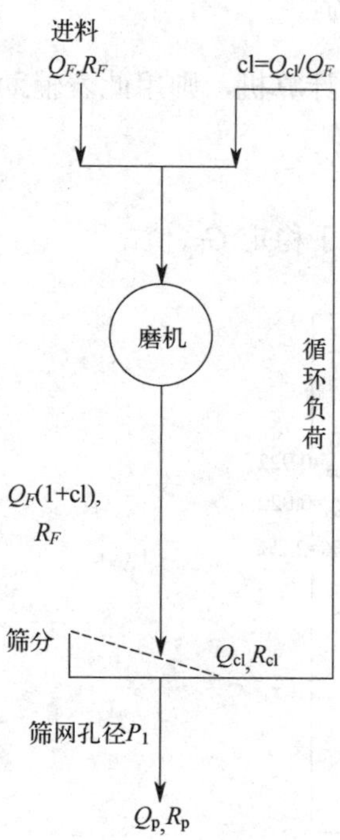

图 2-1-4　闭路粉碎过程

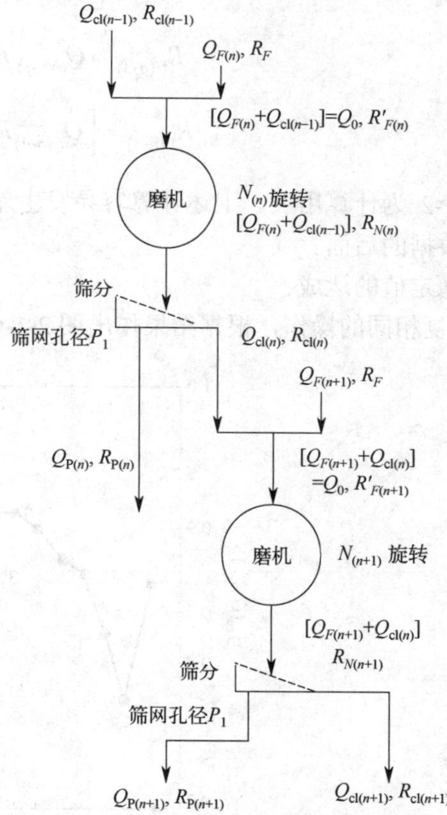

图 2-1-5　G_{bp} 测定法的闭路粉碎过程

该 АНДPeeB 的粉碎速度式成立，则可得下式：

$$R_{N(n)}=R'_{F(n)}\exp\left[-kN_{(n)}^{m}\right] \tag{2-1-2}$$

设 $m=1$，第 n 与 $n+1$ 次之比为

$$\frac{\ln\left[\dfrac{R_{N(n)}}{R'_{F(n)}}\right]}{\ln\left[\dfrac{R_{N(n+1)}}{R'_{F(n+1)}}\right]}=\frac{N_{(n)}}{N_{(n+1)}} \tag{2-1-3}$$

$$N_{(n+1)} = N_{(n)} \times \frac{\ln\left[\frac{R_{N(n+1)}}{R'_{F(n+1)}}\right]}{\ln\left[\frac{R_{N(n)}}{R'_{F(n)}}\right]} \tag{2-1-4}$$

由第 n 次的粉碎结果，预测计算第 $n+1$ 次 cl = 2.5 的球磨机转速 $N_{(n+1)}$ 时，可将下列各 R 值代入上式得：

$$R_{N(n)} = Q_{\mathrm{cl}(n)} / Q_0 \tag{2-1-5}$$

$$R'_{F(n)} = \left[Q_{F(n)} R_F + Q_{\mathrm{cl}(n-1)}\right] / Q_0 \tag{2-1-6}$$

$$R_{N(n+1)} = Q_{\mathrm{cl}(n+1)} / Q_0 = 2.5 / 3.5 \tag{2-1-7}$$

$$R'_{F(n+1)} = \left[Q_{F(n+1)} R_F + Q_{\mathrm{cl}(n)}\right] / Q_0 \tag{2-1-8}$$

表 2-1-2 为计算用表。上述计算容易发生差错，若不用计算机，则用此表辅助。该表应附在实验数据的后面。

（5）稳定值的达成

① 重复相同的操作，根据结果作出图 2-1-6，得出渐近于稳定 G_{bp} 值。

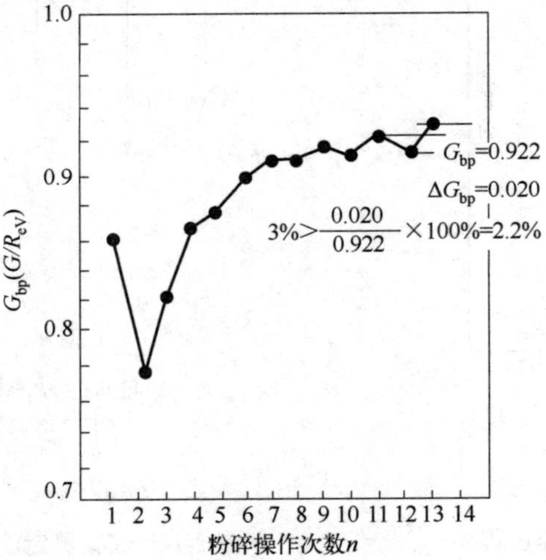

图 2-1-6 G_{bp} 达到稳定值的过程

② 在连续三个 G_{bp} 值中，最大值与最小值之差不超过这三个 G_{bp} 平均值的 3%时，则可以认为 G_{bp} 已达到稳定值。

③ 通常约需 10 次即能稳定。若要反复达成稳定值，最好的办法是中途不休息，当天完成实验。若中断一天以上，重续实验时，则常会有异常值出现，这是粉碎物的状态因湿度或温度而有了变化所致。为此，进料（特别是 Q_{cl}）不可装存于球磨机，而应密封在塑料袋中。恢复实验时，先用准备的新进料运转片刻，清扫干净后，再进行正式的粉碎实验。

人造矿物中常夹杂有异常坚硬的部分，经粉碎后，则留在 Q_{cl} 料之中，使实验达不到稳定值，G_{bp}逐渐降低，此时，应以显微镜仔细观察Q_{cl}料，并作出适当的判断。

（6）P_{80}的确定

① 将最后三次的Q_P料进行混合，用双缩分器缩分，称取约100g，再用量程100g的托盘天平作精确称量（精确度在0.1g以内），最后由标准筛和旋敲式摇筛机测定粒度。筛分时间为5min。

② 如图2-1-3所示，求出P_{80}。

（7）工作指数W_i的计算

由上述数据，用2-1-1式求出W_i，即可。

拓展资源09 实验2-1实验操作教学视频

五、数据处理记录

将测试数据及有关的计算结果填入表2-1-3和表2-1-4之中。

表2-1-3 筛分结果

标准筛筛网孔径/μm	粒度测定			
	进料		P_1筛下	
	各筛上残留量/g	筛上累积/%	各筛上残留量/g	筛上累积/%
2000				
1000				
500				
250				
150				
125				
90				
63				
0（筛底）				

P_1 = ________μm，　R_F = ________，　$1-R_F$ =

F_{80} = ________μm，　P_{80} = ________μm

表2-1-4 G_{bp}的求解和转速预测过程

Q_0 = ________ g，P_1 = ________ μm，R_F =

粉碎次数 n	(1) 球磨机转速 N	(2) P_1筛下生成量 Q_P/g	(3) P_1筛上生成量 Q_{cl}/g	(4) 进料添加量 Q_F/g	(5) 粉碎前P_1筛下量 $Q_F(1-R_F)$/g	(6) 粉碎后P_1筛下增加量（2）-（5）/g	(7) G_{bp}（6）/（1）	(8) 下次预测转速 $N_{(n+1)}$
1				①				
2				②				
3								
4								
5								
6								
7								
8								
9								
10								

续表

粉碎次数 n	(1) 球磨机转速 N	(2) P_1筛下生成量 Q_P/g	(3) P_1筛上生成量 Q_{cl}/g	(4) 进料添加量 Q_F/g	(5) 粉碎前 P_1筛下量 $Q_F(1-R_F)$/g	(6) 粉碎后 P_1筛下增加量 (2)－(5) /g	(7) G_{bp} (6) / (1)	(8) 下次预测转速 $N_{(n+1)}$
11								
12								
13								

达到平衡后，最后 3 次的平均 G_{bp} =

① 第一次为 Q_0 值。

② 第二次以后，由前次数据计算 $Q_0-Q_{cl(n-1)}$。

$$W_i=\frac{176.2}{P_1^{0.23}G_{bp}^{\ 0.82}\left(10/\sqrt{P_{80}}-10/\sqrt{F_{80}}\right)}= \quad (MJ/t)$$

六、实验结果的处理与分析讨论

粉碎装置的基本设计，必须已知原料的性质与粉碎量（生产能力 t/月，t/d），并设定对粉碎产物的粒度分布或颗粒形状等的要求，还要考虑必要的粉碎过程。进料粒度较大时，粉碎不能一气呵成，而要分成多段来完成。先确定各段的粒度分布与处理能力之后，再确定粉碎机的功率及其台数。

若已有实际生产的粉碎数据，则可据此而得以确定。如果没有的话，则以实验室的粉碎结果来推断确定所需的动力。Bond 在美国的 Allis-Chalmers 公司曾从事此项工作，他根据多年积累的实际生产资料和实验数据整理得出的有关 W_i 的概念，虽不是理论性的，在实用上却很有指导意义。但是，必须充分了解它的前提条件和这种方法的适用范围。

一般，只以岩石与人造矿物之类作为粉碎对象，不适用于软质或韧性大的物料。

关于测定进料，原则上为采用 3.35mm 筛网的闭路粉碎物，因而，不适用于非常细的物料。对于经过粒度齐整化了的进料，Bond 提供有校正的方法，须予注意。

根据 W_i 而确定的功率，仍以内径 8ft(1ft = 304.8mm)湿法闭路溢流式球磨机在平均效率下的电机输出功率为其基准。对于干法，将 W_i 乘以 4/3；对球磨机直径为 Dft，将 W_i 乘以 $(8/D)^{0.20}$；对 $P_{80}<70\mu m$，将 W_i 乘以 $(P_{80}+10.3)/(1.149\ P_{80})$。因而，不适用于球磨机以外而粉碎机理完全不同的其他粉碎机。但是，可供反击式粉碎机与振动磨等参考使用。

从实际作业中求得的 W_i　若已有粉碎机的实际作业资料时，可以倒算出 W_{i0} 对于从 F_{80} 至 P_{80} 的粉碎，W（k W·h/t）则为：

$$W=10\ W_{i0}(1/\sqrt{F_{80}}-1/\sqrt{P_{80}}) \tag{2-1-9}$$

按此求得的 W_{i0}，称为作业工作指数（operating work index），它有助于对实际作业数据的整理与研究。

思考题

1．为什么用 Bond 功指数磨能测定物料粉碎的难易程度？

2．为什么待测定的料要预先粉碎成一定的粒度？

3．为什么用 Bond 功指数磨不能测定软质或韧性大的物料？

4．为什么由实验室小规模球磨机实验结果，可以对高达几千千瓦功率的粉碎机进行按比例放大的计算？

拓展资源 10 实验 2-1 筛子的规格

拓展资源 11 实验 2-1 煤的可磨性指数测定（哈德格罗夫法）

主要参考文献

[1] 三轮茂雄，日高重助．粉体工程实验手册[M]．杨伦，谢淑娴，译．北京：中国建筑工业出版社，1987.

[2] 陈炳辰．磨矿原理[M]．北京：冶金工业出版社，1989.

[3] 鲁法增．水泥生产过程中的质量检验[M]．北京：中国建材工业出版社，1996.

[4] GB /T 26567—2011．水泥原料易磨性试验方法（邦德法）.

实验 2-2 粉体比表面积测定

每单位质量的粉体所具有的表面积总和称为比表面积（m^2/kg）。比表面积是粉体的基本物性之一。

在工业中，钢铁冶炼及粉末冶金、电子材料、水泥、玻璃陶瓷、耐火材料、燃料、磨料、化工、药品、石油化工中固体催化剂等很多行业的原料及有些中间产品或最终产品是粉末状的。在生产中，一些化学反应需要有较大的表面积以提高化学反应速度，要有适当的比表面积来控制生产过程，许多产品要求有一定的粒度分布才能保证质量或者是满足某些特定的要求。

粉体有非孔结构和多孔结构两种特征，因此粉体的表面积有外表面积和内表面积两种。粉体比表面积的测定方法有勃氏透气法、低压透气法、动态吸附法三种。理想的非孔结构物料只有外表面积，一般用透气法测定。对于多孔性结构的粉料，除有外表面积外还有内表面积，一般多用气体吸附法测定。

Ⅰ. 勃氏法

一、教学目标

勃莱恩（Blaine）透气法（勃氏透气法）是许多国家用于测定粉体试样比表面积的一种方法。

在无机非金属材料中，水泥产品是粉体。水泥细度是水泥的分散度（水泥颗粒的粗细程度），是水泥厂用来控制水泥产量与质量的重要参数。测水泥的比表面积可以检验水泥细度以保证水泥的强度。水泥细度的检验方法有筛析法、比表面积测定法、颗粒平均直径与颗粒分布的测定等几种。其中，勃氏透气法仪器构造简单、操作容易、测定方便、节省时间、完全不损坏试样、复演性好，国家标准规定在测试结果有争议时以该法为准，国际标准化组织也推荐这种方法作为测定水泥比表面积的方法。

本实验采用勃氏透气法测定粉体的比表面积。本实验的教学目标：

① 了解透气法测定粉体比表面积的原理。

② 掌握勃氏法测粉体比表面积的方法。

③ 利用实验结果正确计算试样的比表面积。

二、基本原理

1. 达西法则

当流体（气体或液体）在 t 秒内透过含有一定孔隙率的，断面积为 A，长度为 L 的粉体层时，其流量 Q 与压力降 ΔP 成正比，即达西法则：

$$\frac{Q}{At}=B\frac{\Delta P}{\eta L} \tag{2-2-1}$$

式中，η 是流体的黏度系数；B 是与构成粉体层的颗粒大小、形状、充填层的空隙率等有关的常数，称为比透过度或透过度。

柯增尼（Kozeny）把粉体层当作毛细管的集合体来考虑，用泊萧（Poiseuille）法则将黏性流动的透过度导入规定的理论公式。卡曼（Carman）研究了 Kozeny 公式，发现关于各种粒状物质充填层的透过性的实验与理论很一致，并导出了粉体的比表面积与透过度 B 的关系式：

$$B=\frac{g}{KS_V^2}\times\frac{\varepsilon^3}{(1-\varepsilon)^2} \tag{2-2-2}$$

式中　g——重力加速度；

ε——粉体层的孔隙率；

S_V——单位容积粉体的表面积，cm^2/cm^3；

K——柯增尼常数，与粉体层中流体通路的"扭曲"有关，一般定为5。

从式（2-2-1）及式（2-2-2）式得出下式：

$$S_V=\rho S_w=\frac{\sqrt{\varepsilon^3}}{1-\varepsilon}\sqrt{\frac{g}{5}\times\frac{\Delta PAt}{\eta LQ}}$$

$$S_w=\frac{\sqrt{\varepsilon^3}}{\rho(1-\varepsilon)}\sqrt{\frac{g}{5}\times\frac{\Delta PAt}{\eta LQ}}$$

$$=\frac{\sqrt{\varepsilon^3}}{\rho(1-\varepsilon)}\times\frac{\sqrt{t}}{\sqrt{\eta}}\times\sqrt{\frac{g}{5}\times\frac{A\Delta P}{LQ}} \tag{2-2-3}$$

其中，$\varepsilon=1-\frac{W}{\rho AL}$；对于一定的比表面积透气仪，仪器常数 $K=\sqrt{\frac{g}{5}\times\frac{A\Delta P}{LQ}}$。

上式称为柯增尼-卡曼公式，它是透过法的基本公式。式中，S_w是粉体的质量比表面积；ρ是粉体的密度；W是粉体试样的质量。由于η、L、A、ρ、W是与试样及测定装置有关的常数，所以，只要测定Q、ΔP及时间t就能求出粉体试样的比表面积。

2．测试方法概述

根据透过介质的不同，透过法分为液体透过法和气体透过法，而目前测定粉体比表面积使用最多的是气体（空气）透过法。该方法的种类很多，勃氏透气仪在国际中较为通用，在国际交往中，水泥比表面积一般都采用勃莱恩（Blaine）数值。

3．仪器工作原理

图2-2-1为Blaine透气仪示意图，图2-2-2为Blaine透气仪结构及主要尺寸。

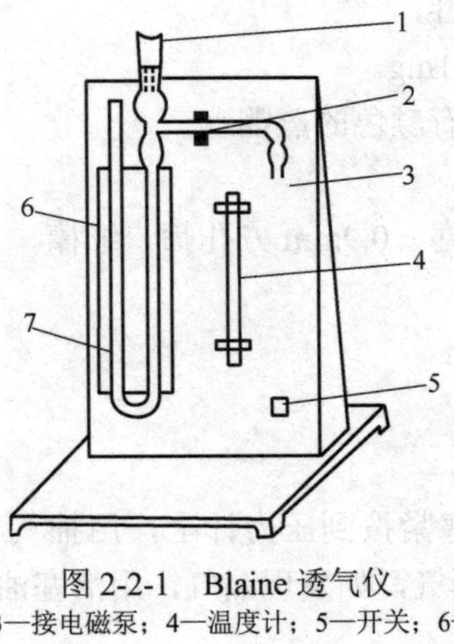

图2-2-1　Blaine透气仪

1—透气圆筒；2—活塞；3—接电磁泵；4—温度计；5—开关；6—平面镜；7—U型压力计

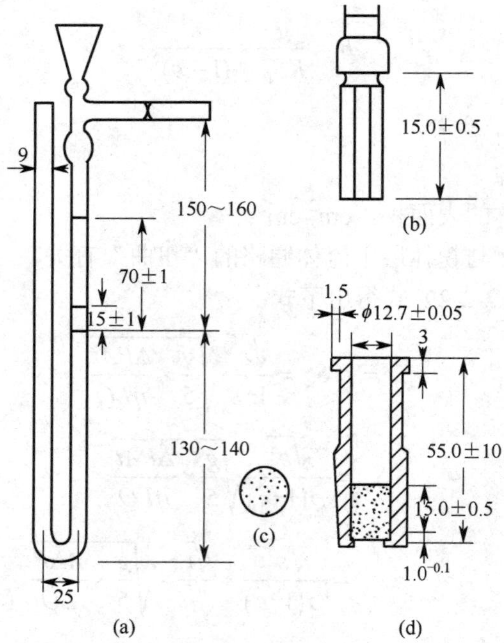

图 2-2-2　Blaine 透气仪结构及主要尺寸（单位：mm）
（a）U 型压力计；（b）捣器；（c）穿孔板；（d）透气圆筒

测试时先使试样粉体形成空隙率一定的粉体层，然后抽真空，使 U 型管压力计右边的液柱上升到一定的高度。关闭活塞后，外部空气通过粉体层使 U 型管压力计右边的液柱下降，测出液柱下降一定高度（即透过的空气容积一定）所需的时间，即可求出粉体试样的比表面积。

三、实验器材

① Blaine 透气仪一台，它由透气圆筒、穿孔板、捣器、U 型管压力计、抽气装置（小型电磁泵或抽气球）组成。图 2-2-2 给出了各部件的尺寸及其允许偏差。

② 计时秒表——精确到 0.05s。

③ 滤纸——采用符合国标的中速定量滤纸。

④ 烘干箱——用于烘干试样。

⑤ 分析天平——分度值为 1mg。

⑥ 压力计液体——采用带有颜色的蒸馏水。

⑦ 基准材料——标准试样。

⑧ 活塞油脂、水银、橡皮塞、0.9mm 方孔筛、细棒。

四、测试步骤

1. 仪器准备(仪器校准)

（1）漏气检查

将透气圆筒上口用橡皮塞塞紧按到压力计上，用抽气装置从压力计一臂中抽出部分气体，然后关闭阀门，观察是否漏气，如发现漏气，用活塞油脂加以密封。

（2）试料层体积的测定

用水银排代法。将两片滤纸沿圆筒壁放入透气圆筒内，用一直径比透气圆筒略小的细长棒往下按，直到滤纸平整地放在金属穿孔板上，然后装满水银，用一小块薄玻璃板轻压水银表面，使水银面与圆筒口平齐，并须保证在玻璃板和水银表面之间没有气泡或空洞存在。从圆筒中倒出水银用分析天平称量，精确至0.05g，重复几次，至数值基本不变为至。然后取出一片滤纸，在圆筒中加入适量的试样。再把取出的一片滤纸盖至上面，用捣器压实试料层，压到规定的厚度，即捣器的支持环与圆筒边接触。再把水银倒入压平，同样倒出水银称量，重复几次至水银质量不变为止，圆筒内试料层体积可按下式计算：

$$V = \left(P_1 - P_2\right) / \rho_{水银} \tag{2-2-4}$$

式中　V——试料层体积，cm^3；

P_1——未装试样时的水银质量，g；

P_2——装试样后的水银质量，g；

$\rho_{水银}$——实验温度下水银的密度，g/cm^3。

试料层体积的测定，至少应进行两次，每次应单独压实，取两次数值相差不超过0.005cm^3的平均值。

2．试样层制备

先将试样通过0.9mm方孔筛在（110±5）℃下用烘干箱烘干后冷至室温。

按下式称取试样：

$$W = \rho V\left(1-\varepsilon\right) \tag{2-2-5}$$

式中　W——需要的试样量，g；

ρ——试样真密度，g/cm^3；

V——试料层体积，cm^3；

ε——试料层孔隙率。

将穿孔板放入透气圆筒的边缘上，用一根直径比圆筒略小的细棒把一片滤纸送至穿孔板上，边缘压紧，将称取的试样（精确至0.001g）倒入圆筒。轻敲圆筒边，使试样层表面平坦，再放入一片滤纸，用捣器均匀捣实试料，直至捣器支持环紧紧接触圆筒顶边并旋转两周，慢慢取出捣器。（注：穿孔板上的滤纸、应是与圆筒内径相同、边缘光滑的圆片。穿孔板上滤片如比圆筒小时，会有部分试样粘于圆筒内壁高出圆板上部；当滤纸直径大于圆筒内径时会使结果不准。每次测定需用新的滤纸。）

3．操作步骤

① 把装有试料层的透气圆筒连接到压力计上，为保证紧密连接不漏气，可先在圆筒下锥面涂一薄层活塞油脂，然后把它插入压力计顶部锥形磨口处，旋转两周。并注意不振动所制备的试料层。

② 打开微型电磁泵慢慢从压力计一臂中抽出空气，或人工抽吸，直到压力计内液面上升到扩大部下端时关闭阀门。当压力计内液体的凹面下降第一个刻线时开始计时，当液面凹面下降到第二条刻线时停止计时，记录液面从第一条刻线到第二条刻线所需的时间。以秒表记录，并记下实验时的温度。

拓展资源12　实验2-2操作教学视频

五、数据处理记录

比表面积按下式计算

$$S=\frac{S_s\sqrt{T}\left(1-\varepsilon_s\right)\sqrt{\varepsilon^3}\,\rho_s}{\sqrt{T_s}\left(1-\varepsilon\right)\sqrt{\varepsilon_s^3}\,\rho}\times\frac{\sqrt{\eta_s}}{\sqrt{\eta}}$$

若测定标准试样和被测试样的实验温度在 3℃以内，则：

表 2-2-1　不同温度下的空气黏度和水银密度值

温度/℃	空气黏度 η/Pa·s	$\sqrt{\frac{1}{\eta}}$	水银密度/(g/cm³)
8	0.000001749	75 64	13.58
10	0.000001759	75.41	13.57
12	0.000001768	75.21	13.57
14	0.000001778	75.00	13.56
16	0.000001788	74.79	13.56
18	0.000001798	74.58	13.55
20	0.000001808	74.37	13.55
22	0.000001818	74.16	13.54
24	0.000001828	73.96	13.54
26	0.000001837	73.78	13.53
28	0.000001847	73.58	13.53
30	0.000001857	73.38	13.52
32	0.000001867	73.19	13.52
34	0.000001876	73.10	13.51

表 2-2-2　不同 ε(空隙率)所对应的 $\sqrt{\frac{\varepsilon^3}{(1-\varepsilon)^2}}$ 值

ε	$\sqrt{\frac{\varepsilon^3}{(1-\varepsilon)^2}}$	ε	$\sqrt{\frac{\varepsilon^3}{(1-\varepsilon)^2}}$	ε	$\sqrt{\frac{\varepsilon^3}{(1-\varepsilon)^2}}$	ε	$\sqrt{\frac{\varepsilon^3}{(1-\varepsilon)^2}}$
0.450	0.549	0.474	0.620	0.498	0.700	0.522	0.789
0.451	0.552	0.475	0.624	0.499	0.704	0.523	0.793
0.452	0.554	0.476	0.627	0.500	0.707	0.524	0.797
0.453	0.557	0.477	0.630	0.501	0.711	0.525	0.801
0.454	0.560	0.478	0.633	0.502	0.714	0.526	0.805
0.455	0.563	0.479	0.636	0.503	0.718	0.527	0.809
0.456	0.566	0.480	0.639	0.504	0.721	0.528	0.813
0.457	0.569	0.481	0.643	0.505	0.725	0.529	0.817
0.458	0.572	0.482	0.646	0.506	0.729	0.530	0.821
0.459	0.575	0.483	0.649	0.507	0.733	0.531	0.825
0.460	0.578	0.484	0.652	0.508	0.736	0.532	0.829
0.461	0.581	0.485	0.656	0.509	0.739	0.533	0.833
0.462	0.584	0.486	0.659	0.510	0.743	0.534	0.837
0.463	0.587	0.487	0.662	0.511	0.747	0.535	0.842
0.464	0.590	0.488	0.666	0.512	0.751	0.536	0.845
0.465	0.593	0.489	0.669	0.513	0.755	0.537	0.850
0.466	0.596	0.490	0.672	0.514	0.758	0.538	0.854
0.467	0.599	0.491	0.676	0.515	0.762	0.539	0.858
0.468	0.602	0.492	0.679	0.516	0.766	0.540	0.863
0.469	0.605	0.493	0.683	0.517	0.770	0.541	0.867
0.470	0.608	0.494	0.687	0.518	0.774	0.542	0.871
0.471	0.611	0.495	0.690	0.519	0.777	0.543	0.875
0.472	0.614	0.496	0.693	0.520	0.781	0.544	0.880
0.473	0.617	0.497	0.697	0.521	0.785	0.545	0.884

$$S=\frac{S_s\sqrt{T}\left(1-\varepsilon_s\right)\sqrt{\varepsilon^3}\ \rho_s}{\sqrt{T_s}\left(1-\varepsilon\right)\sqrt{\varepsilon_s^3}\ \rho} \tag{2-2-6}$$

式中 S——被测试样的比表面积，cm^2/g；

S_s——标准试样的比表面积，cm^2/g；

T——被测试样实验时，压力计中液面降落测得的时间，s；

T_s——标准试样实验时，压力计中液面降落测得的时间，s；

ε——被测试样试料层中的空隙率；

ε_s——标准试样试料层中的空隙率；

ρ——被测试样的密度，g/cm^3；

ρ_s——标准试样的密度，g/cm^3；

η——被测试样实验温度下的空气黏度，μPa·s；

η_s——标准试样实验温度下的空气黏度，μPa·s。

说明：试样比表面积应由两次透气实验结果的平均值确定。如果两次实验结果相差 2%以上，应重新进行实验。计算应精确至 $10cm^2/g$，$10cm^2/g$ 以下的数值按四舍五入计。

以 cm^2/g 为单位算得的比表面积换算为 m^2/kg 单位时需乘以 0.1。

表 2-2-1 为不同温度下的空气黏度和水银密度值，表 2-2-2 为不同ε（空隙率）所对应的 $\sqrt{\frac{\varepsilon^3}{(1-\varepsilon)^2}}$ 值。

六、实验结果的处理与分析讨论

用透气法测定比表面积的主要缺点，是在计算公式推导中引用了一些实验常数和假设。空气通过粉末层对粉末颗粒作相对运动，粉末的表面形状、颗粒的排列、空气分子在颗粒孔壁之间的滑动等都会影响比表面积测定结果，但这些因素在计算公式中均没有考虑。对于低分散度的试料层，气体通道孔隙较大，上述因素影响较小，测定结果比较准确；但对于高分散度的物料，空气通道孔径较小，上述因素影响增大，用透气法测得的结果偏低。物料越细，偏低越多。因此，测定高分散度物料的比表面积，特别是多孔性物料的比表面积，可以用低压透气法和吸附法。

Ⅱ. BET 吸附法

一、教学目标

① 学习 BET 吸附理论及其公式的应用。

② 掌握 Tristar3020 比表面积分析仪工作原理及测试方法。

③ 正确分析实验结果。

二、基本原理

在生产中，一些化学反应需要有较大的表面积以提高化学反应速度，要有适当的比表面积来控制生产过程，许多产品要求有一定的粒度分布才能保证质量或者是满足某些特定的要求。比表面积是衡量物质特性的重要参量，其大小与颗粒的粒径、形状、表面缺陷及孔结构密切相关。同时，比表面积大小对物质其他的许多物理及化学性能会产生很大影响，特别是随着颗粒粒径的变小，比表面积成了衡量物质性能的一项非常重要的参量，如目前广泛应用的纳米材料。因此，测定材料的比表面积对传统和新型材料的生产与应用有重要的意义。

比表面积分析测试方法有多种，其中气体吸附法因其测试原理的科学性、测试过程的可靠性、测试结果的一致性，在国内外各行各业中被广泛采用，并逐渐取代了其他比表面积测试方法，成为公认最权威的比表面积测试方法。许多国际标准化组织都已将气体吸附法列为比表面积测试标准，如 ASTM（美国材料与试验协会）的 D3037，国际 ISO 标准组织的 ISO-9277(Determination of the specific surface area of solids by gas adsorption-BET method)。我国比表面积测试有许多行业标准，其中最具代表性的是国标 GB/T 19587—2017《气体吸附BET 法测定固体物质比表面积》。

1．BET 吸附理论

固体与气体接触时，气体分子碰撞固体并可在固体表面停留一定的时间，这种现象称为吸附。吸附过程按作用力的性质可分为物理吸附和化学吸附。化学吸附时吸附剂（固体）与吸附质（气体）之间发生电子转移，而物理吸附时不发生这种电子转移。

BET(Brunauer-Emmett-Teller)吸附法的理论基础是多分子层的吸附理论。其基本假设是：在物理吸附中，吸附质与吸附剂之间的作用力是范德瓦耳斯力，而吸附质分子之间的作用力也是范德瓦耳斯力。所以，当气相中的吸附质分子被吸附在多孔固体表面之后，它们还可能从气相中吸附其他同类分子，所以吸附是多层的；吸附平衡是动平衡；第二层及以后各层分子的吸附热等于气体的液化热。根据此假设推导的 BET 方程式如下：

$$\frac{P}{V\left(P_0-P\right)}=\frac{1}{V_{\mathrm{m}}C}+\frac{C-1}{V_{\mathrm{m}}C}\times\frac{P}{P_0} \tag{2-2-7}$$

式中 P——吸附平衡时吸附质气体的压力，Pa；

P_0——吸附平衡温度下吸附质的饱和蒸气压，Pa；

V——平衡时固体样品的吸附量（标准状态下），cm^3；

V_{m}——以单分子层覆盖固体表面所需的气体量（标准状态下），cm^3；

C——与温度、吸附热和催化热有关的常数。

由式（2-2-7）可以看出，BET 方程建立了单层饱和吸附量 V_{m} 与多层吸附量 V 之间的数量关系，为比表面积测定提供了很好的理论基础。由于 BET 方程是建立在多层吸附的理论基础之上，与许多物质的实际吸附过程更接近，因此测试结果可靠性更高。实际测试过程中，通常实测 3～5 组被测样品在不同气体分压下多层吸附量 V，以 P/P_0 为 X 轴，$P/[V(P_0-P)]$ 为 Y 轴，由 BET 方程作图进行线性拟合，得到直线的斜率和截距，从而求得 V_{m} 值计算出被测样品比表面积。理论和实践表明，当 P/P_0 取点在 0.05～0.35 范围内时，BET 方程与实际吸附过程相吻合，图形线性也很好，因此实际测试过程中选点需在此范围内。由于选取了 3～5 组 P/P_0 进行测定，通常称之为多点 BET。当被测样品的吸附能力很强，即 C 值很大时，直线的截距接近于零，可近似认为直线通过原点，此时可只测定一组 P/P_0 数据与原点相连求出比表面积，称为单点 BET。与多点 BET 相比，单点 BET 结果误差会大一些。

氮气因易获得性和良好的可逆吸附特性，成为最常用的吸附质。通过这种方法测定的比表面积称为“等效”比表面积，“等效”是指：样品的比表面积是通过其表面密排包覆（吸附）的氮气分子数量和分子最大横截面积来表征。实际测定出氮气分子在样品表面平衡饱和吸附量（V），通过不同理论模型计算出单层饱和吸附量（V_m），进而得出分子个数，采用表面密排六方模型计算出氮气分子等效最大横截面积（A_m），即可求出被测样品的比表面积。吸附剂的比表面积 S 可用下式计算。

$$S = n_\lambda \delta = \frac{V_m N_A \delta}{22400W} \tag{2-2-8}$$

式中 n_λ——以单分子层覆盖 1g 固体表面所需吸附质的分子数；

δ——1 个吸附质分子的截面积，$Å^2$（$1Å^2 = 10^{-2}nm^2$）；

N_A——阿伏伽德罗常数，6.022×10^{23}；

W——固体吸附剂的质量，g。

以 N_2 作吸附质，在液氮温度时，1 个分子在吸附剂表面所占有的面积为 $16.2Å^2$，则固体吸附剂的比表面积为：

$$S = 4.36 \times \frac{V_m}{W} \tag{2-2-9}$$

这样，只要测出固体吸附剂质量 W 和单层饱和吸附量 V_m，就可计算试样的比表面积 S（m^2/g）。

2．气体吸附法测定孔径（孔隙度）分布

气体吸附法孔径（孔隙度）分布测定利用的是毛细凝聚现象和体积等效代换的原理，即以被测孔中充满的液氮量等效为孔的体积。吸附理论假设孔的形状为圆柱形管状，从而建立毛细凝聚模型。由毛细凝聚理论可知，在不同的 P/P_0 下，能够发生毛细凝聚的孔径范围是不一样的，随着 P/P_0 值增大，能够发生凝聚的孔半径也随之增大。对应于一定的 P/P_0 值，存在一临界孔半径 R_K，半径小于 R_K 的所有孔皆发生毛细凝聚，液氮在其中填充；大于 R_K 的孔皆不会发生毛细凝聚，液氮不会在其中填充。临界半径由 Kelvin（开尔文）方程给出了：

$$R_K = 0.414 / \ln\left(P / P_0\right) \tag{2-2-10}$$

R_K 称为 Kelvin 半径，它完全取决于相对压力 P/P_0。Kelvin 公式也可以理解为对于已发生凝聚的孔，当压力低于一定的 P/P_0 时，半径大于 R_K 的孔中凝聚液将气化并脱附出来。理论和实践表明，当 P/P_0 大于 0.4 时，毛细凝聚现象才会发生，通过测定出样品在不同 P/P_0 下凝聚氮气量，可绘制出其等温吸脱附曲线，通过不同的理论方法可得出其孔容积和孔径分布曲线。最常用的计算方法是利用 BJH(Barrett、Joyner、Halenda 三位科学家的首字母)理论，通常称之为 BJH 孔容积和孔径分布。

三、实验器材

① 美国美克公司 Tristar3020 三站式比表面积分析仪（图 2-2-3）。

② 脱气站（图 2-2-4）。

③ 电子天平。

④ 烘箱或真空烘箱。

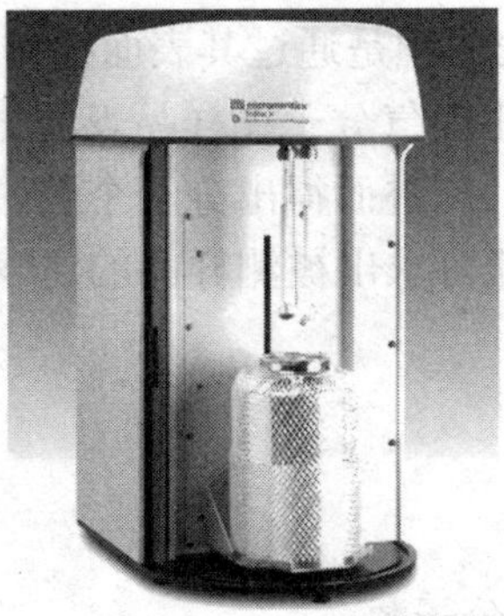

图 2-2-3　Tristar3020 比表面积分析仪

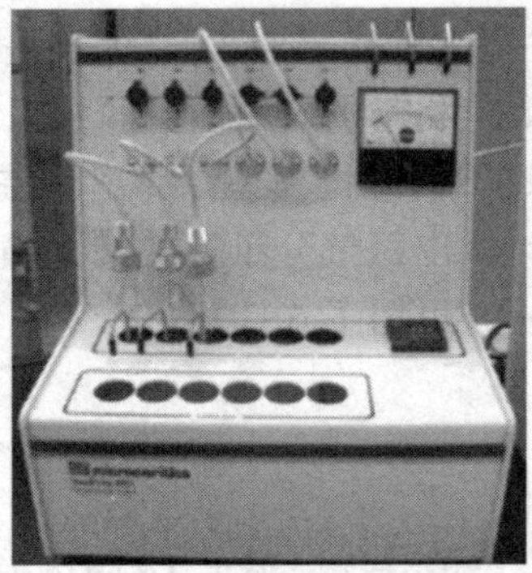

图 2-2-4　脱气站

⑤ 超声波清洗机。

⑥ 杜瓦瓶、样品管、长颈漏斗、等温夹套、螺母、O 圈、填充棒、干燥器皿、十字架等。

⑦ 酒精或丙酮清洗剂。

⑧ 蒸馏水若干。

⑨ 乳胶手套。

⑩ 测试样品若干。

⑪ 表面活性剂、去离子水、绸布、液氮。

四、测试步骤

1．测试前准备

（1）清洗和标识样品管

样品管、填充棒使用前都应洗净并烘干。在超声波清洗机水槽中加入适量蒸馏水和表面活性剂，将样品管和填充棒放入后超声清洗约 15min 取出。戴上橡胶手套把样品管取出，用专用毛刷清洗样品管内部。用酒精或丙酮清洗样品管。用蒸馏水或去离子水清洗样品管。把样品管和填充棒放到架子上，用烘箱或真空烘箱，设定 110℃烘干 2h。待烘箱降温至室温后，取出样品管和填充棒。将塞子用干净的绸布擦净，安装在样品管上。如果是同时进行两个或三个样品的测试，应在称量前将样品、样品管和橡皮塞进行标识，并尽量按标识的序号用电子天平进行称量，称量后放在试管架上也按照顺序摆放。

（2）样品预处理

样品须为粉末或者小颗粒状。由于样品分析前状态无法控制，样品内部可能含有很多水分、有机质或腐蚀性物质。在分析前为了保证分析样品中的杂质不污染仪器，不损坏或腐蚀仪器管线，在上机分析前通常进行预处理。样品应放置在高温烘箱中，在 110℃烘干 2h，若能放置在真空烘箱中烘干效果更好，样品自然冷却至室温，并在干燥器皿中保存。密度小的粉末样品，尽量在 20kgf（1kgf = 9.8N）下压片。

2．称量样品和样品管的重量

样品分析用量的确定。通常待分析样品应能提供 15～150m^2 表面积，适合氮吸附分析。少于这一范围会带来分析结果的不稳定，多于这一范围会延长分析时间。对于大比表面积的样品，样品量要少。对于少量的样品，脱气后的称量变得很重要，量很少的称量误差会在总重量中占很大比重。因此，样品量以大于 0.1g 且不超过样品管底部的球形容积为宜。

将样品管组件（样品管、塞子）连同泡沫托放在电子天平上称重，并记录样品管的空管重量；借助长颈漏斗，将样品装入样品管底部，称量含样品的样品管组件，并记录脱气前样品管总重量。

3. 样品脱气处理

绝大部分样品表面在室温环境下吸附了大量的污染物和杂质，在分析前要去除掉这些杂质，对样品表面进行清洁。样品在真空下加热，从而去除样品表面的杂质，称为样品脱气。用螺母将已称重且加了样品的样品管安装到脱气站脱气口上，安装时样品管竖立，且在接口处放入 O 圈保证气密性。接好后，将样品管套上保护套放入加热口。关闭针阀，将面板上开关扳至真空（Vacuum），慢慢拧大针阀流量，用真空泵抽样品。按温度设定键“set”，设定加热温度。并进行计时。加热温度的设置应根据所测材料的热学性质确定。脱气结束后将样品管转移至冷却口，让样品管冷却至室温（约 15min），同时继续抽真空。将面板上开关扳至 GAS 回填气体，从脱气口上取下样品管，立即用橡皮塞塞上。称量并记录脱气后含样品的样品管组件的总重量。

4. 测试准备操作

① 开电脑和 Tristar3020 电源开关，仪器预热稳定 30min；双击 Tristar3020 软件图标，打开软件。

② 打开真空泵开关和氮气、氦气气瓶，设定气瓶压力为 0.1MPa。

③ 在软件中针对不同的试样编辑分析文件并保存。在文件 File 菜单下点击“New sample”进入测试文件的编辑。可独立建立新的测试文件，也可点击“Replace all”选择现有测试文件，在此基础上进行相应的编辑与修改。在“New sample”窗口页面对测试文件中的相关参数进行设置，包括文件名、样品质量、脱气条件、分析条件、报告文件等。测试文件编辑完成后，点击下面的“Save”键完成测试文件的保存。

④ 将待测样品管安装到分析站上。取下样品管口的橡皮塞，放入填充棒，将等温夹套套装在样品管上，使其向下紧挨样品管底部“球泡”。将 P_0 管套装到杜瓦瓶的盖子中心，盖子大口向上，小口向下。将样品管自下而上穿过盖子的孔，然后依次将螺母、O 圈套入样品管，再对接到分析站口上，拧紧螺母。样品管接入分析口后，顺着样品管向上滑动杜瓦瓶盖子，置于最上端。

⑤ 往杜瓦瓶中加入液氮，液面距离瓶口约 5cm，并用十字架检查液氮液面位置。液面应接触十字架，但不超过标志孔。然后，将加了液氮的杜瓦瓶移放到分析站的电梯上。

⑥ 合上安全门，待分析。

5. 样品分析

① 在 Unit 菜单中选择“Sample Analysis”，将出现对话窗口。

② 点击“Browse”选择要分析的测试文件，点击“OK”。

③ 确认安装到分析口上样品的标识、样品重量等分析参数。

④ 点击“Start”进行分析，自动完成分析。

6. 结果分析

产生结果报告并输出分析结果。由分析结果得到试样的等温吸脱附曲线、比表面积、孔容、孔径、孔分布等参数，由吸脱附等温线的类型判断有关的吸附剂孔结构、吸附热以及其他物理化学特征信息。

五、数据处理记录

利用电脑上的联机软件进行原始数据的采集和记录。

六、实验结果的处理与分析讨论

1．通过测试数据计算材料 BET 比表面积。

2．作出材料的吸脱附等温线，并在此基础上进行孔结构分析。

3．作出孔径分布曲线。

七、实验过程中的注意事项

1．不要用手指触摸样品以免将油脂粘在样品表面上。在操作时应戴上手套，不要直接用手触碰样品管和填充棒。

2．如果样品管不能立刻安装在分析口上，那么可以让它继续留在脱气口上，或者取下后用胶塞子堵上并塞紧，放在试管架上。

3．安装填充棒时，将样品管和填充棒水平状态下放入，垂直向下安装填充棒会打碎样品管。

4．在处理杜瓦瓶时一定要小心谨慎。穿戴保护用品，戴上防护镜，穿上保温手套；往杜瓦瓶里加液氮时要缓慢加入以减少杜瓦瓶的热冲击，同时防止液氮飞溅，还应注意小心操作和移动一些坚硬的零件，防止击碎杜瓦瓶。平时不要移开杜瓦瓶的保护盖以免坚硬物体飞落入杜瓦瓶中，击碎它。

5．不正常的液氮液面会导致测量误差，在分析前应当检查液氮液面。把检查液氮液面的十字架放到杜瓦瓶中，不要超过标志孔。

6．套入 O 圈时要防止螺母和卡套从样品管上滑落到样品管底部，把样品管打碎。

思考题

1．透气法测定粉体比表面积的原理是什么?

2．测试前为什么要进行漏气检查?如有漏气应如何处理?

3．试料层如何正确制备?

4．如何根据测试结果计算被测试样的比表面积?

5．透气法测试粉体表面积的局限性?

6．影响测试结果的因素有哪些?

7．吸附法与透过法测定的粉体比表面积有何不同?

8．影响测试结果的因素有哪些?

9．除了 BET 吸附法，还有哪些测试材料比表面积的方法？这些方法分别有什么特点？

10．物理吸附与化学吸附最本质的区别是什么？

11．在一定的温度、压力下，为什么物理吸附都是放热过程？

12．什么是吸附等温线？吸附等温线有哪些类型？

主要参考文献

[1] 丁志华．水泥物理性能检验仪器及设备[M]．北京：中国建筑工业出版社，1996.

[2] 建筑材料科学研究院．水泥物理检验[M]．3 版．北京：中国建筑工业出版社，1985.

[3] 杨东胜．水泥工艺实验[M]．北京：中国建筑工业出版社，1986.

[4] 张佑林．粉体的流体分级技术与设备[M]．武汉：武汉工业大学出版社，1997.

[5] 三轮茂雄，日高重助．粉体工程实验手册[M]杨伦，谢淑娴，译．北京：中国建筑工业出版社，1987.

[6] 郑水林．超细粉碎[M]．北京：中国建材工业出版社，1999.

[7] 陆厚根．粉体技术导论[M]．2 版．上海：同济大学出版社，1998.

[8] 艾伦．颗粒大小测定[M]．北京：中国建筑工业出版社，1984.

[9] GB 8074—2008 水泥比表面积测定方法　勃氏法.

[10] GB/T 19587—2017．气体吸附 BET 法测定固态物质比表面积.

[11] S J 格雷格，K S W 辛．吸附、比表面与孔隙率[M]．高敬琮，译．北京：化学工业出版社，1989.

实验 2-3　粉体综合流动性实验

课前测试

一、教学目标

粉体是由不连续的微粒构成，是固体的特殊形态。现代材料的生产过程都涉及粉体，粉体流动性又是粉体技术中重要的影响因素，在粉体的许多单元操作过程中都涉及粉体的流动性能，例如粉体的生产工艺、传输、储存、装填等单元操作，特别是水泥生产中，水泥流动性能的优劣已经成为评价水泥质量的重要指标，所以测定粉体的流动性对粉体材料的生产具有重要的意义。

本实验的教学目标：

① 熟悉粉体流动性测试的原理，掌握粉体流动性测定方法。

② 分析实验数据，计算所测粉体的 Carr 流动性指数和 Carr 喷流性指数。

③ 分析粉体流动性的影响因素，判断所测粉体的流动性能。

二、基本原理

目前工业生产对粉体流动性评价中最常用的综合评价方法是 Carr 流动性指数法。Carr 流动性指数法是指综合考虑影响粉体流动性的诸因素，用以判断粉体流动性的参数。该方法通过对粉体的休止角、压缩率、平板角、凝集率（对于细粉料）或均齐度（对于粗粉料）等 4 项指标进行测定，将测定结果换算成表示其高低程度的点数（每项以 25 点为满值），然后采用“点加法”得出总点数作为流动性指数（最高值规定为 100），并以此流动性指数来评估粉体的流动性。

测试的各参数如下。

休止角：粉体堆积层的自由表面在静平衡状态下与水平面形成的最大角度。它是通过特定方式使粉体自然下落到特定平台上形成的。休止角对粉体的流动性影响最大，休止角越小，粉体的流动性越好。休止角的理想状态与实际状态示意如图 2-3-1。

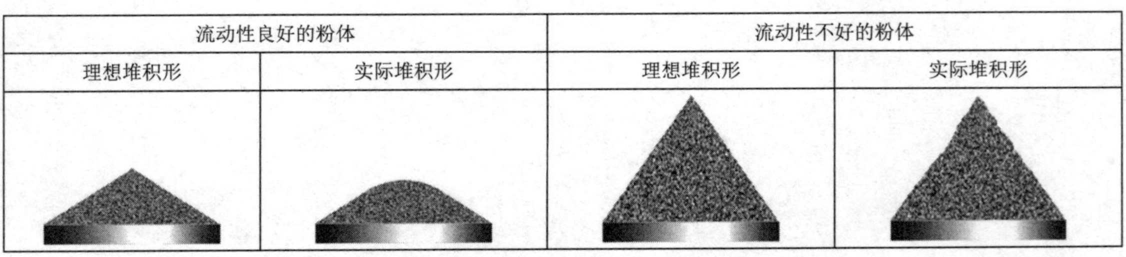

图 2-3-1　休止角的理想状态与实际状态

崩溃角：给测量休止角的堆积粉体以一定的冲击，使其表面崩溃后所形成的崩溃面的倾角称为崩溃角。崩溃角越小，粉体越容易发生自然流动。

差角：休止角与崩溃角之差称为差角。差角越大则粉体越容易发生喷流（飞扬）现象。

平板角：将埋在粉体中的平板向上垂直提起，粉体附在垂直平板上的自由表面（斜面）和平板之间的夹角与其受到震动后的夹角的平均值。平板角反映颗粒之间的相对摩擦，其值受颗粒大小和形状、颗粒之间的附着及空隙率的影响。平板角愈小，则其流动性愈强。

分散度：粉体在空气中分散的难易程度称为分散度。它是从一定高度投下一定量的粉体后，称取下方的接料盘上残留的样品量。分散度用以评价样品的分散性、飞扬性等特性。

松装密度：粉体的质量与所占体积之比，是单位体积的粉体质量。采用注入法，通过特定的振动方式使夹杂空气的粉体自然下落到专用容器中形成自然堆积后的密度称为松装密度。

振实密度：给松装密度的粉体以一定的上下敲击即振实作用，使粉粒体处于紧密填充状态后的密度。

压缩度：同一个试样的振实密度、松装密度之差与振实密度之比为压缩度。压缩度越小，粉体的流动性越好。

均齐度：用粒度分析仪测定或筛分等方法测得的筛下累积质量分数为60%粒径与筛下累积质量分数为10%粒径之比称为均齐度。它用来表示粒径分布的范围。

凝聚度：颗粒在振动筛上受到震动后被分散的程度。凝集度反映了颗粒之间的团聚程度，凝聚度越大，粉体的流动性越差。

三、实验器材

① BT-1000 型粉体综合特性测试仪（如图 2-3-2 所示）。

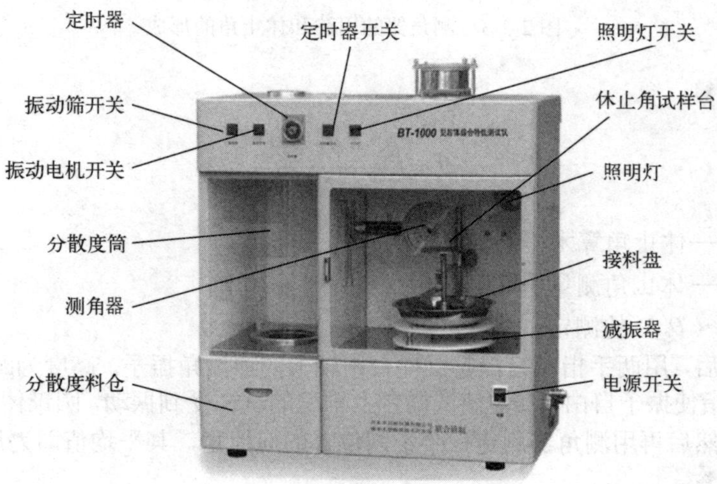

图 2-3-2　BT-1000 型粉体综合特性测试仪

② Bettersize2000LD 激光粒度分析仪。

③ 试验筛：筛孔尺寸分别为 355μm、250μm、150μm 一套筛子；250μm、150μm、75μm 一套筛子；150μm、75μm、45μm 一套筛子。

④ 电子天平：精度大于 0.01g。

⑤ 干燥箱。

⑥ 漏斗、密度容器、毛刷、料铲、刮刀等。

⑦ 根据测试要求，准备平均粒径为 5μm～5mm 的粉体若干，粉料可以是无机粉料、金属粉料、医药粉料、煤粉、聚合物粉料等，测试前粉体须经干燥箱烘干处理。

四、测试步骤

1．休止角（θ_r）、崩溃角（θ_f）的测定和差角（θ_d）的计算

（1）休止角（θ_r）的测定

① 按要求准备一定质量的试样。

② 将减振器放到仪器中央的定位孔中，再放上接料盘和休止角试样台。

③ 加料：关上仪器前门，将定时器调到3min左右，打开仪器的电源开关和振动筛开关，用小勺在加料口徐徐加料，物料通过筛网、出料口洒落到试样台上，形成锥体。

④ 休止角的测定：当试样落满试样台并呈对称的圆锥体后，停止加料，关闭振动筛电源，将测角器置于试样托盘左侧并靠近料堆，与圆锥形料堆的斜面平齐，测定休止角。测量休止角时应从三个不同位置测定休止角，然后取平均值（θ_r）。量角器的正确用法和休止角的三种形态测量如图2-3-3所示。

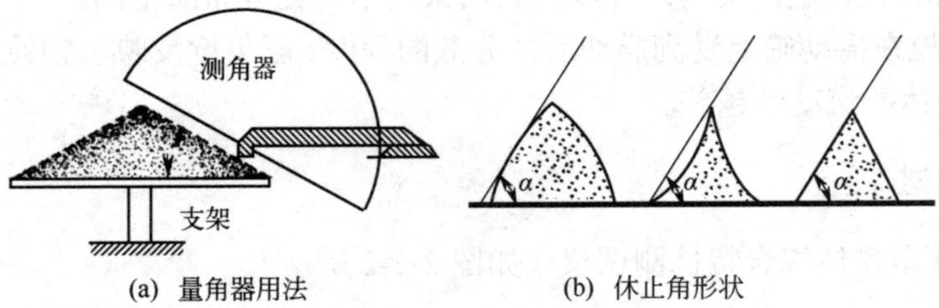

图2-3-3 测角器的用法和休止角的形成

休止角的计算：

$$\theta_r = \frac{\theta_{r1} + \theta_{r2} + \theta_{r3}}{3} \tag{2-3-1}$$

式中 θ_r——休止角算术平均值，(°)；

θ_{r1}、θ_{r2}、θ_{r3}——休止角测量值，(°)。

（2）崩溃角（θ_f）的测定

测完休止角后，用两手指轻轻提起试样台中轴上的崩溃角振子，高度为距离顶部10mm左右，然后张开手指使振子自由落下，使试样台上堆积的试样受到振动，圆锥体的边缘崩塌落下。如此振动三次，然后再用测角器测定三个不同位置的崩溃角，其平均值即为崩溃角（θ_f）。

崩溃角的计算：

$$\theta_f = \frac{\theta_{f1} + \theta_{f2} + \theta_{f3}}{3} \tag{2-3-2}$$

式中 θ_f——崩溃角算术平均值，(°)；

θ_{f1}、θ_{f2}、θ_{f3}——崩溃角测量值，(°)。

（3）差角（θ_d）的计算

差角即休止角算术平均值与崩溃角算术平均值之差，差角的计算：

$$\theta_d = \theta_r - \theta_f \tag{2-3-3}$$

式中 θ_d——差角，(°)；

θ_r——休止角算术平均值，(°)；

θ_f——崩溃角算术平均值，(°)。

2. 平板角（θ_s）的测定

① 在升降台上放好托盘，平板伸入托盘中，将待测样品徐徐撒落在托盘中，直到埋没

平板为止。加料时也可以先将样品加到1mm的筛子上，然后将样品筛到试样盘中。

② 加完料以后，轻轻扭动升降台旋钮使升降台的高度缓缓降低，平板与试样盘完全分离，这时用测角器测定三处留在平板上粉体所形成的角度，取平均值θ_{s1}。

③ 用锤下落一次，冲击平板，再用测角器测定三处留在平板上粉体所形成的角度，取平均值θ_{s2}，则平板角θ_s的计算：

$$\theta_s = \frac{\theta_{s1} + \theta_{s2}}{2} \tag{2-3-4}$$

式中 θ_s——平板角算术平均值，(°)；

θ_{s1}、θ_{s2}——平板角测量值，(°)。

3．分散度（D_s）的测定

① 将分散度卸料控制器拉到右端并卡住，关闭料斗。

② 用电子天平称取试样10g，通过漏斗把试样均匀加到仪器顶部的分散度入料斗中。

③ 将小接料盘（ϕ100mm）置于分散度测定筒正下方的分散度测定室内的定位圈中，关上抽屉。然后瞬间开启卸料阀，使试样通过分散度筒自由落下。

如此实验三次，取出接料盘，称量残留于接料盘的粉末，取其平均值m，再用下式求分散度D_s。

$$D_s = \frac{10 - m}{10} \times 100\% \tag{2-3-5}$$

式中 D_s——分散度，%；

m——落在接料盘中粉体的平均质量，g。

4．松装密度(ρ_a)的测定

① 用电子天平称取密度容器的质量为G_1。

② 按实验要求将各部件组装好。

③ 打开振动筛开关，在振动筛上加料，使粉体样品通过筛网、出料口撒落到密度容器中，当充满密度容器后停止加料，关闭振动筛。

④ 取出密度容器，用刮板将多余的料刮出，并用毛刷将外面的粉扫除干净，用电子天平称量容器与粉体的总质量。

⑤ 连续实验3次，设3次的平均总质量为G，密度容器的质量为G_1，则松装密度ρ_a：

$$\rho_a = (G - G_1)/100 \tag{2-3-6}$$

式中 ρ_a——粉体的松装密度，g/cm^3；

G——3次测试粉体的平均总质量，g；

G_1——密度容器的质量，g。

5．振实密度（ρ_t）测定

① 按实验要求将各部件组装好。

② 打开振动筛开关，在振动筛上加料，使样品通过筛网、出料口、透明套筒充满密度容器，如果试样过筛困难，可用料铲直接装入。

③ 当试样高度达到透明套筒中央时即可停止加料，关闭振动筛，将定时器调整到 6min 位置，打开振动电机开关，连续振动，待振动自动停止后再重新启动振动电机。在振动过程中观察透明套筒中的粉体表面，如果粉体表面还在下降，就要继续振动下去，直到粉体表面不再下降后停止振动，取出透明套筒，用刮刀刮平，并用毛刷将容器外面的粉轻轻扫除干净，用电子天平称量容器与粉体的总质量。

对于同一个样品，每次的振动时间或振动次数要相同。即记录好第一次测试时的振动时间或振动次数，以后测试时就不必观察粉体表面的下降情况了。

④ 连续测试 3 次。设 3 次的平均总质量为 G，密度容器的质量为 G_1，则振实密度 ρ_t 为：

$$\rho_t = \left(G - G_1\right)/100 \tag{2-3-7}$$

式中 ρ_t ——粉体的振实密度，g/cm^3；

G ——3 次测试粉体的平均总质量，g；

G_1 ——密度容器的质量，g。

6．压缩度（C_p）的计算

测定松装密度 ρ_a 和振实密度 ρ_t 后，按下式计算压缩度 C_p：

压缩度的计算：

$$C_p = \frac{\rho_t - \rho_a}{\rho_t} \tag{2-3-8}$$

式中 C_p ——压缩度，%；

ρ_a ——粉体的松装密度，g/cm^3；

ρ_t ——粉体的振实密度，g/cm^3。

7．均齐度（U_f）的测定与计算

使用激光粒度分析仪或筛分等方法测试粉体样品的粒度大小，分别得到筛下累积质量分数为 60%和 10%的粒径 D_{60} 和 D_{10}，用下式计算均齐度：

$$U_f = \frac{D_{60}}{D_{10}} \tag{2-3-9}$$

式中 U_f ——均齐度；

D_{60} ——筛下累积质量分数为 60%粒径值，μm；

D_{10} ——筛下累积质量分数为 10%粒径值，μm。

8．凝集度 C_h 的测定

① 试验筛的选取。平均堆积密度 ρ 的计算：

$$\rho = \frac{\rho_a + \rho_t}{2}$$

式中 ρ ——平均堆积密度，g/cm^3；

ρ_a ——松装密度，g/cm^3；

ρ_t ——振实密度，g/cm^3。

按照计算平均堆积密度选取试验筛（见表 2-3-1），分别称量试验筛的质量 m_{S0}、m_{Z0}、m_{X0}。

表 2-3-1 试验筛的选取

$\frac{\rho_a+\rho_t}{2}/(g/cm^3)$	筛孔尺寸/μm		
	上部试验筛	中部试验筛	下部试验筛
＜0.4	355	250	150
0.4～0.9	250	150	75
＞0.9	150	75	45

② 计算试样动态堆积密度 ρ_w。动态堆积密度的计算：

$$\rho_w=\frac{(\rho_t-\rho_a)^2}{\rho_t}+\rho_a \tag{2-3-10}$$

式中 ρ_w——动态堆积密度，g/cm^3；

ρ_a——松装密度，g/cm^3；

ρ_t——振实密度，g/cm^3。

③ 计算试样筛子振动时间(T)。当动态堆积密度 $\rho_w\geqslant 1.6$ 时，振动时间 $T=20s$；当 $\rho_w<1.6$ 时，按照式（2-3-11）确定振动时间 T：

$$T=120-62.5\times\rho_w \tag{2-3-11}$$

式中 T——振动时间，s；

ρ_w——动态堆积密度，g/cm^3。

④ 精确称取 2g 试样，应在 2g±0.1g 范围内。

⑤ 按照计算平均堆积密度选取选定合适的上部试验筛（S）、中部试验筛(Z)和下部试验筛(X)，然后将其依层放置振动台上，将 2g 的试样置于最上层的筛子中，开启振动 T 秒筛分，直至振动时间结束。

⑥ 分别称量各层含有残留试样的试验筛质量 m_{S1}、m_{Z1}、m_{X1}。

⑦ 计算各层试验筛残留试样质量 m_i（i 取值为“S”“Z”和“X”，分别代表上部、中部和下部试验筛。）各层试验筛残留试样质量为：

$$m_i=m_{i1}-m_{i0} \tag{2-3-12}$$

式中 m_i——残留试样质量，g;

m_{i1}——含残留试样的试验筛质量，g;

m_{i0}——试验筛质量，g。

⑧ 计算凝集度 C_h。凝集度计算式为：

$$C_h=\frac{5m_S+3m_Z+m_X}{5m}\times 100\% \tag{2-3-13}$$

式中 C_h——凝集度，%;

m_S——上部筛残留试样质量，g;

m_Z——中部筛残留试样质量，g;

m_X——下部筛残留试样质量，g;

m——粉料总质量。

拓展资源 13 实验 2-3 操作教学视频

五、数据处理记录

将实验的有关数据依次记入表 2-3-2～表 2-3-6 中。

1．粉料的休止角、崩溃角和差角

表 2-3-2　粉料的休止角、崩溃角和差角记录与计算表

项目	第一次测	第二次测	第三次测	平均值	指数值
休止角 θ_r /（°）					
崩溃角 θ_f /（°）					
差角 θ_d /（°）					

2．平板角

表 2-3-3　平板角记录与计算表

项目	平板角 θ_s /（°）			
重锤滑落前				平均值 θ_{s1} =
重锤滑落后				平均值 θ_{s2} =
平板角平均值				
平板角指数值				

3．分散度

表 2-3-4　分散度记录与计算表

粉末质量/g			
接料盘质量/g			
（接料盘+粉末）质量/g	第一次称量	第二次称量	第三次称量
接料盘上粉末平均值 m/g			
分散度 $D_s = \dfrac{10-m}{100} \times 100\%$			
分散度指数值			

4．粉料的松装密度、振实密度和压缩度

表 2-3-5　粉料的松装密度、振实密度和压缩度记录与计算表

项目		松装密度/ρ_a	振实密度/ρ_t
空杯容积/cm^3			
空杯质量/g			
杯加粉末质量/g	第一次称量		
	第二次称量		
	第三次称量		
	平均值		
粉末质量/g			
密度/（g/cm^3）			
压缩度 $C_p = (\rho_t - \rho_a) / \rho_t$			
压缩度指数值			

5. 均齐度及凝集度

表 2-3-6　均齐度及凝集度记录与计算表

均齐度 D_{60}/D_{10}			
均齐度指数			
试样总质量/g			
平均堆积密度			
动态堆积密度 $\rho_w=\left[(\rho_t-\rho_a)^2/\rho_t\right]+\rho_a$			
筛子振动时间 $T=120-62.5\times\rho_w$			
所用筛子网孔尺寸/μm	上部试验筛 S	中部试验筛 Z	下部试验筛 X
试验筛质量/g			
含残留试样的试验筛质量/g			
残留试样质量/g			
凝集度 $C_h=\left[(5m_S+3m_Z+m_X)/5m\right]\times100\%$			
凝集度指数			

六、实验结果的处理与分析讨论

1. 流动性指数计算

Carr 流动性指数 = 休止角指数+压缩度指数+平板角指数+均齐度指数（或凝集度指数）

注：凝集性强的粉体，采用凝集度指数计算；一般的粉体采用均齐度指数计算。

2. 喷流性指数计算

Carr 喷流性指数 = 流动性指数+ 崩溃角指数 + 差角指数 + 分散度指数

注：喷流性指数计算中的流动性指数是指将前述流动性指数计算值在粉体的喷流性指数表中查得的流动性指数值，不能将前述的计算值直接带入计算。

七、实验过程中的注意事项

1. 实验前预习，熟悉实验操作步骤，实验中必须严格按照操作规程进行测试与称量。

2. 实验中粉体的舀取与称量的动作要轻，实验中必须关闭仪器门，避免粉体中的粉尘溢出，减少粉尘对周围环境产生的影响。

3. 实验过程中应仔细观察实验现象，分析影响因素，及时作好实验记录，原始记录要完整、真实、准确、清楚。

八、Carr 流动性指数与喷流性指数表

Carr 粉体流动性指数表见表 2-3-7，Carr 粉体喷流性指数表见表 2-3-8。

表 2-3-7　Carr 粉体流动性指数表

流动性评价	流动性指数	起拱防止措施	休止角		压缩度		平板角		均齐度		凝集度	
			测量值/(°)	指数	测量值/%	指数	测量值/(°)	指数	测量值	指数	测量值/%	指数
最好	90～100	不需要	≤25	25	≤5	25	≤25	25	1	25	—	—
			26～29	24	6～9	23	26～30	24	2～4	23	—	—
			30	22.5	10	22.5	31	22.5	5	22.5	—	—

续表

流动性评价	流动性指数	起拱防止措施	休止角		压缩度		平板角		均齐度		凝集度	
			测量值/(°)	指数	测量值/%	指数	测量值/(°)	指数	测量值	指数	测量值/%	指数
良好	80～89	不需要	31	22	11	22	32	22	6	22	—	—
			32～34	21	12～14	21	33～37	21	7	21	—	—
			35	20	15	20	38	20	8	20	—	—
较好	70～79	需要振动器	36	19.5	16	19.5	39	19.5	9	19	—	—
			37～39	18	17～19	18	40～44	18	10～11	18	—	—
			40	17.5	20	17.5	45	17.5	12	17.5	—	—
中	60～69	起拱的临界点	41	17	21	17	46	17	13	17	—	—
			42～44	16	22～24	16	47～56	16	14～16	16	—	—
			45	15	25	15	60	15	17	15	＜6	15
较差	40～59	需要	46	14.5	26	14.5	61	14.5	18	14.5	7～9	14.5
			47～54	12	27～30	12	62～74	12	19～21	12	10～29	12
			55	10	31	10	75	10	22	10	30	10
差	20～39	需要有力措施	56	9	32	9.5	76	9.5	23	9.5	31	9.5
			57～64	7	33～36	7	77～89	7	24～26	7	32～54	7
			65	5	37	5	90	5	27	5	55	5
最差	0～19	需特殊装置和措施	66	4.5	38	4.5	91	4.5	28	4.5	56	4.5
			67～89	2	39～45	2	92～99	2	29～35	2	57～79	2
			90	0	＞45	0	＞99	0	＞35	0	＞79	0

表 2-3-8　Carr 粉体喷流性指数表

喷流性评价	喷流性指数	防止喷流的措施	流动性		崩溃角		差角		分散度	
			指数(表 2-3-7)	指数	测量值/(°)	指数	测量值/(°)	指数	测量值/%	指数
强	80～100	必须采取旋转密封	≥60	25	10	25	≥30	25	≥50	25
			59～56	24	11～19	24	29～28	24	49～44	24
			55	22.5	20	22.5	27	22.5	43	22.5
			54	22	21	22	26	22	42	22
			53～50	21	22～24	21	25	21	41～36	21
			49	20	25	20	24	20	35	20
较强	60～79	需要采取旋转密封	48	19.5	26	19.5	23	19.5	34	19.5
			47～45	18	27～29	18	22～20	18	33～29	18
			44	17.5	30	17.5	19	17.5	28	17.5
			43	17	31	17	18	17	27	17
			42～40	16	32～39	16	17～16	16	26～21	16
			39	15	40	15	15	15	20	15
略强	40～59	有时需要旋转密封	38	14.5	41	14.5	14	14.5	19	14.5
			37～34	12	42～49	12	13～11	12	18～11	12
			33	10	50	10	10	10	10	10
较弱	25～39	由给料状态或流动速度决定是否需要密封	32	9.5	51	9.5	9	9.5	9	9.5
			31～29	8	52～56	8	8	8	8	8
			28	6.25	57	6.25	7	6.25	7	6.25
弱	0～24	不需要	27	6	58	6	6	6	6	6
			26～23	3	59～64	3	5～1	3	5～1	3
			≤22	0	＞64	0	0	0	0	0

思考题

1. 影响流动性的主要因素有哪些？
2. 分别说明粉体粒子的大小和形状对流动性的影响。
3. 影响本实验准确性的因素有哪些？

主要参考文献

[1] GB/T 31057.3—2018. 颗粒材料 物理性能测试 第 3 部分：流动性指数的测量.

实验 2-4　煤的燃烧特性综合实验

课前测试

一、教学目标

大多无机非金属材料需要在高温下烧成，因此生产过程中会消耗大量的热量。目前工业窑炉的热源一般是由燃料燃烧产生。就玻璃、陶瓷、水泥的生产成本而言，燃料费用所占比例达到 30%以上。就产品的产量与质量而言，燃料燃烧状况会对材料的生产过程产生重要影响。因此了解燃料的燃烧特性、燃烧过程，对合理选用燃料燃烧设备及组织燃烧过程，实现材料生产的优质、高效、低耗，至关重要。

煤炭是我国工业窑炉使用最为广泛的固体燃料，是古代植物埋藏在地下经历了复杂的生物化学和物理化学变化而逐渐形成的，组成非常复杂，既有可燃成分也有不可燃成分。这些组分含量直接影响到煤的发热量和燃烧特性，因此煤中有关组分含量、发热量是评价煤质的重要依据。

测定煤中组分的方法有元素分析法和工业分析法。元素分析法是借助化学分析方法直接测定煤中的碳（C）、氢（H）、氧（O）、氮（N）、硫（S）五种元素，因此煤的元素分析组成包括上述五元素、水分和一些矿物杂质（通常统称灰分）。但因元素分析法较为复杂，在研究及生产中使用不多。煤的工业分析，又叫煤的技术分析或实用分析，它是用加热的方法将煤中极为复杂的成分加以分解和转化，得到水分（M）、挥发分（V）、灰分（A）、固定碳（FC）等规范化组成，目前在工业生产中被普遍使用。

单位质量的煤完全燃烧时所产生的热量叫作煤的发热量。煤种类不同，其成分组成不同，发热量也不相同。在许多行业，比如发电行业，发热量是影响电厂技术经济指标的主要因素，因此测量煤的发热量是燃料使用时必不可少的测试项目。

了解煤的工业分析值和煤的发热量值，可以粗略判断煤的品质，满足工厂对煤质的基本判断，但对合理科学地选用煤燃烧设备及组织燃烧过程还远远不够。比如煤粉的着火特性和燃尽特性是水泥分解炉生产中人们所关注的。热重分析方法、差热分析方法为获取更多煤的燃烧信息、研究煤的热解特性提供了可能。

煤的燃烧特性综合实验与工业生产、最新研究进展紧密结合，通过煤的工业分析、发热量的测定等传统分析方法和热失重分析、差热分析等现代研究手段学生能够较全面地了解反映燃料品质、描述燃料燃烧特性的基本方法，通过不同的实验分析方法从不同角度揭示煤的燃烧信息，从而实现对煤燃烧特性的综合评价。

本综合实验的教学目标：

① 掌握煤的工业分析方法。

② 掌握煤的发热量测定方法。

③ 通过煤的热重分析和差热分析曲线确定煤的燃烧动力学参数。

二、基本原理

燃烧通常是指燃料中的可燃物与空气产生剧烈的氧化反应，产生大量的热量并伴随有强烈的发光现象。对煤和油而言，燃烧过程又是一个质量损失的过程，因此煤燃烧发光、放热、失重等现象是研究其燃烧过程的重要依据。煤的工业分析及微分热重分析正是基于燃烧过程是一个质量损失过程这一原理而进行的；煤的发热量测定和差热分析则是基于燃烧过程的放热现象而进行的。当然也有研究者借助发光现象测定煤的着火点。本实验选择煤的工业分析、微分热重分析、煤的发热量测定和差热分析等四个实验方法来进行煤的燃烧特性综合评判。下面分别叙述各实验方法及测试原理。

实验内容 1：煤的工业分析

煤被加热后会热解失重。根据煤样中各组分的不同物理化学性质，控制不同的温度和时间，使煤中组分（M、V、A、FC）热分解或燃烧，以样品失去的质量占原试样的质量分数表示该成分的质量百分含量。显然煤的工业分析组成不是煤的原始组成，而是人为区分的可燃组成（V、FC）和不可燃组成（M、A）。

国家标准 GB/T 212—2008《煤的工业分析方法》，详细规定了煤中水分（M）、挥发分（V）、灰分（A）、固定碳（FC）的测定方法。为方便研究，避免煤因天气环境变化引起水分含量变动，继而造成其他组成的质量分数变化，测试中采用风干煤样（即空气干燥基）。

（1）水分

在燃料中水分（M）是以游离水和化合水两种状态存在。游离水包括外在水 M_f 和内在水 M_{inh}。外在水是附着在燃料表面的水分，可用自然干燥的方法去除；而内在水又称固有水，是指内部吸附在毛细孔内的水，可用加热方式测出。化合水又称结晶水，是一部分氢和氧化合并与燃料中化合物结合的水，含量较少，用加热方法不能测出。工业分析组成中的水分 M 是指煤的内在水分或固有水分，不包括结晶水分。

GB/T 212—2008《煤的工业分析方法》中水分（M）测定包括通氮干燥法和空气干燥法。本实验采用后者，即称取一定量的空气干燥煤样，置于 105～110℃的干燥箱内，在氮气流或空气流中干燥到质量恒定，然后根据煤样的质量损失计算出水分的质量分数 M_{ad}（%）。

（2）灰分

煤的灰分（A）是指煤中所有可燃物质完全燃烧，水分完全蒸发以及煤中矿物杂质在一定温度下产生一系列分解、化合等复杂反应后所剩下的残渣，是煤中不能燃烧的矿物杂质。因此，实验中应使煤样完全燃烧。GB/T 212—2008 标准中有缓慢灰化法、快速灰化法两种测定方法。缓慢灰化法为仲裁法。

缓慢灰化法：即称取一定量的空气干燥煤样，放入马弗炉中，以一定速度加热到（815±10）℃，灰化并灼烧至质量恒定，以残留物的质量占煤样质量的质量分数作为煤样的灰分 A_{ad}（%）。

快速灰化法：即称取一定量的空气干燥煤样，置于预先加热至（815±10）℃的马弗炉中灰化并灼烧至质量恒定，以残留物的质量占煤样质量的质量分数作为煤样的灰分 A_{ad}（%）。

本实验中测定煤样中的灰分采用快速灰化法。

（3）挥发分

煤的挥发分（V）是在特定条件下受热分解的产物，剩下的不挥发物称为焦渣。煤的挥发分是煤炭分类的重要指标之一，根据挥发分含量及焦渣特性可以初步判断煤的工业利用性质。称取一定量的空气干燥煤样，置于带盖的瓷坩埚中，在（900±10）℃的马弗炉中，隔绝空气加热 7min。冷却后称重，以减少的质量占煤样质量的质量分数减去该煤样的水分含量 M_{ad} (%)作为煤样的挥发分 V_{ad} (%)。

（4）固定碳 FC

煤的固定碳指存在于焦渣中的可燃组分，空气干燥基固定碳含量按（2-4-1）式计算。

$$FC_{ad}=100-(M_{ad}+V_{ad}+A_{ad}) \tag{2-4-1}$$

实验内容 2：煤的微分热重分析

如前所述，煤的燃烧过程是一个质量损失过程，在一定实验条件下，煤的质量损失速度反映出煤的燃烧速度。因此通过热分析，获得不同煤的热重分析（TGA）曲线、微分热重分析（DTGA）曲线、差热分析（DTA）曲线，研究特征峰及特征值变化，可以揭示不同煤的着火和燃烧信息。

微分热重分析是将少量空气干燥煤粉样置于天平支架的坩埚内，通以氧气或空气，按规定速度升温，随着温度的升高，试样单位时间损失的质量（即失重率 dM/dt）不断发生变化，燃尽时失重率趋于零，记录 dM/dt 随温度 T、时间 t 的变化规律，得到微分热重分析曲线（DTGA 曲线），又称为燃烧分布曲线。

图 2-4-1 为典型烟煤的微分热重分析（DTGA）曲线。图中各特征点的意义是：A 点为挥发分开始释放点；B 为挥发分最大失重率对应点；C 为固定碳开始着火点；D 为固定碳最大失重率对应点；E 为煤已燃尽对应点。挥发分失重峰、固定碳失重峰的宽窄代表了挥发分释放、固定碳燃烧的激烈程度。失重峰峰值大小代表了挥发分释放、固定碳燃烧的最大速度；E 点对应的温度及时间大小代表煤燃尽的难易程度。

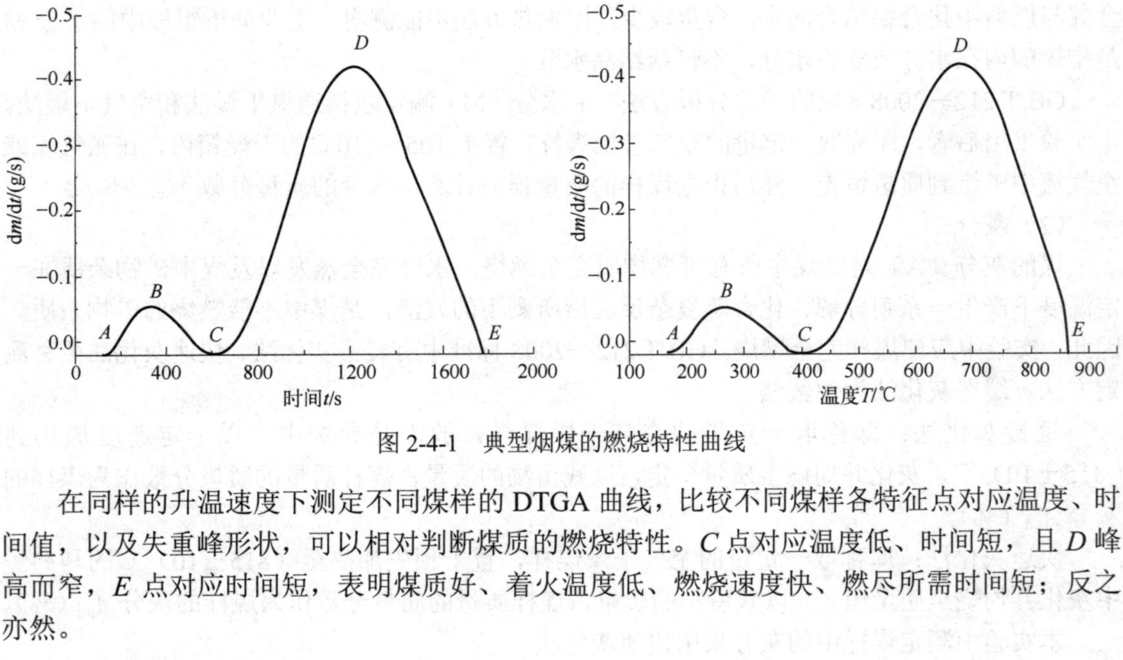

图 2-4-1　典型烟煤的燃烧特性曲线

在同样的升温速度下测定不同煤样的 DTGA 曲线，比较不同煤样各特征点对应温度、时间值，以及失重峰形状，可以相对判断煤质的燃烧特性。C 点对应温度低、时间短，且 D 峰高而窄，E 点对应时间短，表明煤质好、着火温度低、燃烧速度快、燃尽所需时间短；反之亦然。

实验内容 3：煤的发热量测定

GB/T 213—2008《煤的发热量测定方法》引用的是伯斯路特 1881 年发明的氧弹法。测定原理是将一定量的分析试样置于氧弹热量计中，在充有过剩氧的氧弹内充分燃烧，根据试样燃烧前后量热系统产生的温升，并对点火热等附加热进行校正，求得单位质量燃料所放出的热量。该发热量又称为弹筒发热量，记作 $Q_{b,ad}$，单位为 MJ/kg 或 J/g。

测定中氧弹内煤充分燃烧后燃烧产物需冷却到室温，此时，燃料中的碳完全燃烧生成二氧化碳，氢燃烧并经冷却变成水，燃烧产物中的硫氧化物、氮氧化物等溶于水生成硫酸、硝酸。由于这些化学反应均是放热反应，因此弹筒发热量较燃料燃烧过程中所放出的热量要高，是燃料的最高发热量。

由于弹筒发热量测定时，试样完全燃烧放出的热量不仅被水吸收，亦被弹筒自身、内筒、搅拌器和量热温度计等装置吸收，即存在量热系统热容量，需通过近似条件下燃烧一定量的基准量热物（苯甲酸）进行标定，求出该系统的仪器常数，以校正发热量测定结果。

本实验中，在密闭的氧弹中充以初压为2.8～3.0MPa 的氧气，终了时燃烧产物温度为25℃，其中煤的燃烧产物为：CO_2、H_2SO_4、HNO_3、水和固态灰。

与弹筒发热量对应，燃料的热值还有另外两种规定值，即恒容高位发热量、恒容低位发热量，两者区别在于所指燃烧产物的最终状态不同。恒容高位发热量所指燃烧产物组成为氧气、氮气、二氧化碳、二氧化硫、液态水以及固态灰；恒容低位发热量所指燃烧产物中气体及水都为气态。因此弹筒发热量 $Q_{b,ad}$ 中扣除硝酸生成热和硫酸校正热（硫酸和二氧化硫生成热之和）即为恒容高位发热量（J/g），记作 $Q_{gr,v,ad}$。恒容高位发热量 $Q_{gr,v,ad}$ 减去水的蒸发热，即为恒容低位发热量（J/g），记作 $Q_{net,v,ad}$。恒容高位发热量比实际工业所指的恒压（大气压）高位发热量低 8.374～16.748J/g，此误差一般可忽略不计。

实验内容 4：差热分析

差热分析是在程序控制温度下，测量试样与参比物（一种在测量温度范围内不发生任何热效应的物质）之间的温度差与温度关系的一种技术。仪器中的样品与参比物的测温热电偶是反向串联的，当试样不发生反应，即试样温度 T_a 与参比物温度 T_r 相同，$\Delta T = T_a - T_r = 0$，相应的温差电势为零。当试样发生变化而有热的吸收或释放时，$\Delta T \neq 0$，相应的温差热电势信号经放大后送入记录仪，得到温差 ΔT 与炉温 T 的差热曲线（DTA 曲线）。

煤在加热的过程中会发生水分的蒸发、挥发分的释放与燃烧及固定碳的燃烧等物理和化学变化，通过差热分析曲线，可以知道发生这一变化所对应的温度以及吸放热峰的大小，峰的形状预示反应进行的过程，峰的面积与热量成比例变化，因此可以通过特征峰形状、位置与对应的温度、面积分析煤的燃烧特性。

三、实验器材

本实验所需的设备、材料及工具较多，详见表 2-4-1。

表 2-4-1 实验器材

实验项目	煤的工业分析	煤的微分热重分析	煤的发热量测定	煤的差热分析
实验器材	①马弗炉 ②鼓风干燥箱 ③1/10000 精度的分析天平或电子天平 ④玻璃干燥器 ⑤称量瓶 ⑥瓷质灰皿：底长 45mm，底宽 22mm,高 14mm ⑦带盖瓷坩埚 ⑧耐热瓷板或石棉板	①热重分析仪 ②热分析天平 ③试样勺 ④温控仪表 ⑤计算机	①量热计 ②氧弹 ③金属坩埚 ④石棉纸垫 ⑤点火丝 ⑥氧气导管 ⑦普通温度计 ⑧三角烧瓶 ⑨氢氧化钠标准溶液（0.1mol/L） ⑩甲基红指示剂 ⑪蒸馏水	差热分析仪

1．热重分析（TG）仪结构

热重分析仪的结构原理图如图 2-4-2 所示。该仪器主要由电子天平、电加热系统、温控器、样品托盘和计算机数据采集系统组成，用于测量物质的质量随温度、时间的变化。温控器能自动控制升温速率，具有 32 段可编程序升温曲线，精度较高，实现了与计算机的通信。电子天平带通信接口，亦与计算机相连。加热系统具有升温速度快、保温性能好的特点。

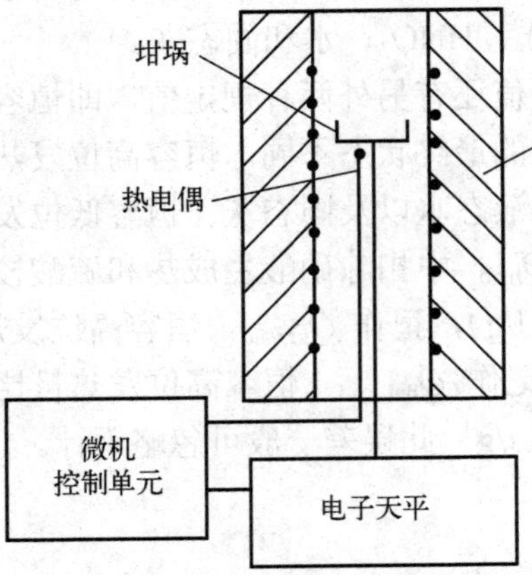

图 2-4-2　热重分析仪结构原理

2．量热计及氧弹结构

氧弹量热计广泛用来测定固体、液体燃料的热值。本实验在 GR-3500 氧弹式热量计中进行，其结构如图 2-4-3 所示，氧弹结构如图 2-4-4 所示。

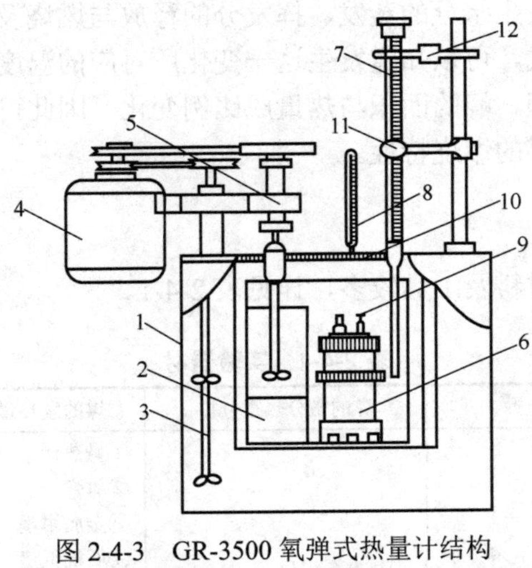

图 2-4-3　GR-3500 氧弹式热量计结构

1—外筒；2—内筒；3—搅拌器；4—搅拌电机；5—绝缘支架；6—氧弹；7—内筒贝克曼温度计；8—外筒温度计；9—点火栓；10—外筒盖；11—读数放大镜；12—振荡器

四、测试步骤

煤样制备

将所测煤样粉碎、过筛，取粒度小于 0.2mm 的煤粉为待测试样，在空气中自然干燥，得到空气干燥基煤样，待用。

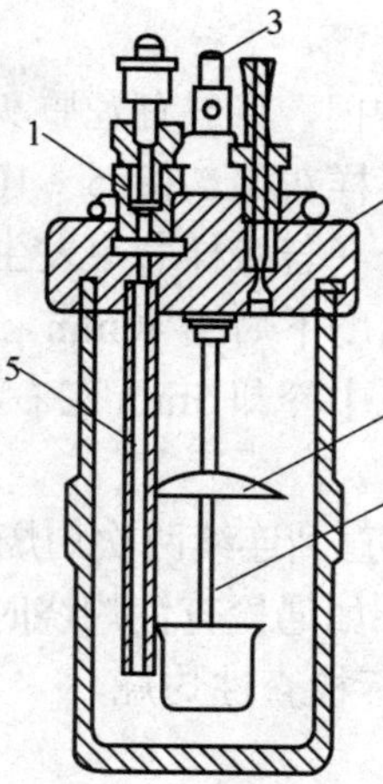

图 2-4-4　氧弹结构

1—充氧阀；2—放气阀；3—电极；4—坩埚架；5—充气管；6—燃烧挡板

实验内容 1：煤的工业分析

1．操作步骤

（1）水分测定

① 给鼓风干燥箱、马弗炉通电，使其温度升到实验要求的数值。

② 在分析天平上称出称量瓶（带盖）空重，然后加 1g 煤样（±0.1g），称准至 0.0002g，平摊在称量瓶中。

③ 将称量瓶送入温度已达 105～110℃的鼓风干燥箱中，打开瓶盖，在一直鼓风的条件下，烟煤干燥 1h，无烟煤干燥 1～1.5h。

④ 取出称量瓶，立即盖上瓶盖，冷却片刻后放入玻璃干燥器中，继续冷却到室温（约 20min）后称量。

⑤ 进行检查性干燥（若水分＜2%，不必进行检查性干燥）。步骤是将样品重新放入鼓风干燥箱中烘干，每次 30min，直至连续两次干燥煤样的质量减少小于 0.0010g 或质量增加为止。后一种情况，以增重前的一次称量结果为计算依据。

⑥ 计算水分的质量分数。

$$M_{ad} = \frac{\text{失重}}{\text{样品重}} \times 100 \tag{2-4-2}$$

平行实验的重复性规定见表 2-4-2。

表 2-4-2　水分的重复性规定

水分（M_{ad}）/%	重复性限/%
＜5.00	0.20
5.00～10.00	0.30
＞10.00	0.40

（2）灰分测定

① 快速灰化法

a．在预先灼烧至质量恒定的瓷质灰皿中，称取煤样（1±0.1）g，称准至 0.0002g，均匀地摊平在瓷质灰皿中，使其质量不超过 0.15g/cm^2。将盛有煤样的瓷质灰皿预先分排放在耐热瓷板或石棉板上。

b. 将马弗炉加热到 815℃，打开炉门，将放有瓷质灰皿的耐热瓷板或石棉板缓慢地推入马弗炉中，先使第一排瓷质灰皿中的煤样灰化。待 5～10min 后煤样不再冒烟时，快速把其余各排瓷质灰皿顺序推入炉内炽热部分（若煤样着火发生爆燃，实验应作废）。

c. 关上炉门，在（815±10）℃温度下灼烧 40min。

d. 从炉中取出瓷质灰皿，放在空气中冷却 5min 左右，移入玻璃干燥器中冷却至室温（约 20min）后称量。

e. 进行检查性灼烧，每次 20min，直到连续两次灼烧后的质量变化不超过 0.0010g 为止。以最后一次灼烧后的质量为计算依据。如遇检查性灼烧时结果不稳定，应改用缓慢灰化法重新测定。灰分低于 15.00%时，不必进行检查性灼烧。

f. 计算灰分的质量分数。

$$A_{ad}=\frac{灰重}{样品重}\times 100 \tag{2-4-3}$$

平行实验的重复性规定见表 2-4-3。

表 2-4-3 灰分的重复性规定

灰分/%	重复性限 A_{ad}/%	再现性临界差 A_d/%
＜15.00	0.20	0.30
15.00～30.00	0.30	0.50
＞30.00	0.50	0.70

② 缓慢灰化法

a. 在预先灼烧至质量恒定的瓷质灰皿中，称取粒度小于 0.2mm 的空气干燥煤样(1±0.1)g，称准至 0.0002g，均匀地摊平在瓷质灰皿中，使其质量不超过 0.15g/cm^2。

b. 将瓷质灰皿送入炉温不超过 100℃的马弗炉恒温区中，关上炉门并使炉门留有 15mm 左右的缝隙。在不少于 30min 的时间内将炉温缓慢升至 500℃，并在此温度下保持 30min。继续升温到(815±10) ℃。并在此温度下灼烧 1h。

c. 从炉中取出瓷质灰皿，放在耐热瓷板或石棉板上，在空气中冷却 5min 左右，移入玻璃干燥器中冷却至室温(约 20min)后称量。

d. 进行检查性灼烧，每次 20min，直到连续两次灼烧后的质量变化不超过 0.0010g 为止。以最后一次灼烧后的质量为计算依据。灰分低于 15.00%时，不必进行检查性灼烧。

（3）挥发分测定

① 在预先灼烧至质量恒定的带盖瓷坩埚中，称取空气干燥煤样（1±0.1）g，称准至 0.0002g，轻轻振动坩埚，使煤样摊平，盖上盖。

② 将马弗炉预先加热至 920℃左右。迅速将加盖瓷坩埚送入恒温区，立即关上炉门并计时，准确加热 7min。坩埚放入后，要求炉温在 3min 内恢复至（900±10）℃，此后保持在（900±10）℃，否则此次实验作废。加热时间包括温度恢复时间。

③ 取出坩埚放在石棉板上，在空气中冷却 5min 左右后放入玻璃干燥器中冷却到室温（约 20min）后，称重。打开坩埚盖，将剩余的焦渣倒在纸上，观察判断该焦渣特性。

④ 计算挥发分的质量分数。

$$V_{ad}=\frac{失重}{样品重}\times 100-M_{ad} \tag{2-4-4}$$

⑤ 焦渣特征分类：分为 8 类。为了简便起见，通常用下列序号作为各种焦渣特征的代号。

Ⅰ 粉态——保持原煤样的粉末状。

Ⅱ 黏着——稍有粘连，手指轻压即成粉末。

Ⅲ 弱黏——有黏结，手指轻压即成碎块。

Ⅳ 不熔融黏结——黏结，手指用力压才成碎块。

Ⅴ 不膨胀熔融黏结——焦渣呈扁平状，煤粒界限不清，表面有银白色光泽。

Ⅵ 微膨胀熔融黏结——焦渣用手指不能压碎，表面有银白色光泽和较小的膨胀泡。

Ⅶ 膨胀熔融黏结——焦渣表面有银白色光泽，明显膨胀但高度不超过 15mm。

Ⅷ 强膨胀熔融黏结——同Ⅶ，但膨胀高度超过 15mm。

平行实验的重复性规定见表 2-4-4。

表 2-4-4 挥发分的重复性规定

挥发分/%	重复性限 V_{ad}/%	再现性临界差 V_d/%
<20.00	0.30	0.50
20.00～40.00	0.50	1.00
>40.00	0.80	1.50

（4）固定碳的计算

$$FC_{ad} = 100 - (M_{ad} + A_{ad} + V_{ad}) \tag{2-4-5}$$

上述实验步骤，因实验时间的限制，可省略检查性步骤。在正式进行煤工业分析时，需按国标的规定进行操作。

2．数据处理记录

（1）数据记录

将数据记录在实验数据记录表中（表 2-4-5）。

表 2-4-5 实验数据记录表

测定成分	容器名称	容器空重/g	加样总重/g	样品重/g	热处理后总重/g	计算结果/%
水分						
灰分						
挥发分						
固定碳	$FC_{ad} = 100 - (M_{ad} + A_{ad} + V_{ad})$					

（2）判断煤的种类

我国煤的种类是以干燥无灰基挥发分含量 V_{daf} 为依据划分的，不同种类煤的挥发分含量见表 2-4-6。

表 2-4-6 不同种类煤的挥发分含量

煤的种类	褐煤	烟煤	无烟煤
V_{daf}/%	>37	10～36	<10

因此，需将空气干燥基挥发分 V_{ad} 换算为干燥无灰基挥发分 V_{daf}。换算公式：

$$V_{daf} = V_{ad} \times \frac{100}{100 - (M_{ad} + A_{ad})} \tag{2-4-6}$$

（3）计算煤的低位发热量 $Q_{net,ad}$

根据工业分析资料，可按下列公式计算（根据中国煤炭科学研究院介绍，75%的试样，计算结果与实测值的误差约在 400kJ/kg 以内）。

① 无烟煤。

$$Q_{net,ad}=K_0'-360M_{ad}-383A_{ad}-100V_{ad}(kJ/kg) \tag{2-4-7}$$

式中 K_0——系数，根据 V'_{daf} 查表 2-4-7 得出。

表 2-4-7 V'_{daf} 及对应 K_0 值

V'_{daf}	≤3.0	>3.0～5.5	>5.5～8.0	>8.0
K_0	34300	34800	35200	35600

表中，$V'_{daf}=aV_{daf}-bA_d$，a 和 b 的值与煤的干燥基灰分有关，如表 2-4-8 所示。

表 2-4-8 A_d 及对应 a、b 值

A_d/%	30～40	25～30	20～25	15～20	10～15	≤10
a	0.80	0.85	0.95	0.80	0.90	0.95
b	0.10	0.10	0.10	0	0	0

② 烟煤。

$$Q_{net,ad}=100K_1-(K_1+25.12)(M_{ad}+A_{ad})-12.56V_{ad}(kJ/kg) \tag{2-4-8}$$

式中 K_1——系数，根据 V_{daf} 和焦渣特性查表（表 2-4-9）得出。

表 2-4-9 不同 V_{daf} 焦渣特性对应的 K_1 值

焦渣特性	V_{daf}									
	>10～13.5	>13.5～17	>17～20	>20～23	>23～29	>29～32	>32～35	>35～38	>38～42	>42
Ⅰ	351	337	335	328	320	320	305	305	305	303
Ⅱ	351	349	343	339	328	326	324	320	316	312
Ⅲ	353	353	349	345	339	335	330	328	326	320
Ⅳ	353	355	351	347	343	339	335	332	330	324
Ⅴ	353	355	355	351	349	345	341	339	335	332
Ⅵ	353	355	355	351	349	345	341	339	335	332
Ⅶ	353	355	355	355	353	351	347	345	343	339
Ⅷ	不出现	355	355	358	355	353	349	347	345	343

3. 影响因素分析

（1）仪器的影响

① 称量精度的影响　要求用万分之一以上精度的分析天平或电子天平。称量时要等到试样冷却到室温，热的试样会影响称量精度。

② 坩埚、器皿的影响　挥发分测定用的坩埚及灰分测试用的灰皿大小、重量和几何形状对结果会有影响。坩埚盖与坩埚的严密程度直接会影响挥发分测定结果。

③ 炉子控温精度及密闭性的影响　温度高于测试温度，会使测试结果偏高。炉子的密闭性不好，也会带来测试误差。

（2）操作条件的影响

① 试样用量、粒度和装填情况的影响　试样用量多、试样粒度大及试样装填不均匀，都会影响物料反应的完全程度，往往需要较长时间才能减少测试误差。

② 气氛的影响　测试中频繁开启炉门，会使炉内进入较多的空气，对不同测试项目会带来不同的影响。如灰分测试，会改善燃烧，缩短灰化时间；而挥发分测试，会增加焦炭氧化的概率，使测试结果偏大。

实验内容 2：煤的微分热重分析

1．操作步骤

① 检查设备线路是否正常连接。开启计算机、温控仪表及热分析天平，热分析天平开机预热 0.5h。

② 将称量托盘降至炉膛中部，盖上炉盖，轻轻移开炉盖留 1/4 缝隙。热分析天平校正、称量去皮至零。

③ 设定仪器升温速率（建议 10℃/min），开启炉子开关升温，同时启动热重分析仪的数据采集程序，开始记录空白实验数据，至 900℃关闭炉子电源，空白实验结束，存储数据。

④ 炉子温度降至 100℃以下，开始煤样测试。在实验过程中，保持环境气流的稳定性。

⑤ 将称量托盘升至炉膛上部，热分析天平校正、称量去皮至零。用试样勺在称量托盘上均匀撒放煤粉试样 0.2g 左右。再将称量托盘降至炉膛中部，盖上炉盖，轻轻移开炉盖留 1/4 缝隙，记录热分析天平显示的试样质量。开启炉子升温，启动数据采集程序，记录实验数据，至连续 5min 试样质量变化不超过 0.0010g 为止。

⑥ 若至 900℃，测试试样仍未恒定，表明测试失败，请减少试样称量，或降低仪器升温速率，重复⑤步骤。

⑦ 实验完毕后，将实验数据保存。按次序依次关闭数据采集程序、温控仪表、热重分析仪计算机、总电源等。

2．数据处理记录

（1）空白实验数据处理

将空白实验数据调出，得到质量变化与温度的一一对应关系（图 2-4-5）。

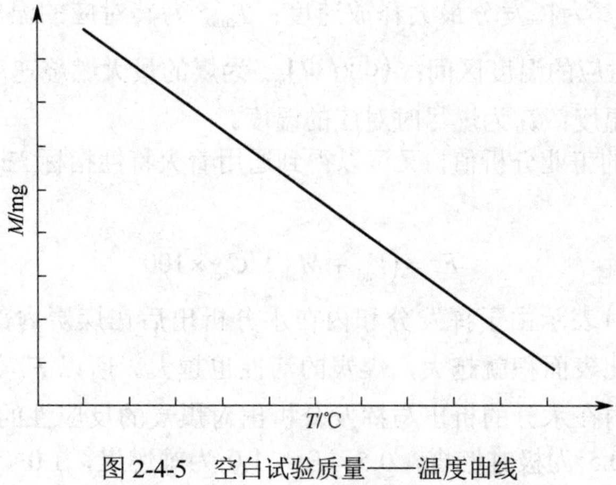

图 2-4-5　空白试验质量——温度曲线

（2）试样实验数据处理

将试样实验数据调出，同样得到质量变化与温度的一一对应关系，减去在该温度下的空白质量，就得到实验真实质量随温度的变化关系。再调出真实质量与时间的一一对应关系，便得到了我们想要的 TG 曲线。对 TG 曲线再进行微分处理，便得到了 DTG 曲线，即煤的燃烧特性曲线。如图 2-4-6 所示。

着火温度：将试样质量明显变化的时刻所对应的温度定义为着火温度。如图 2-4-6 所示，在 TG 曲线中，沿着初始质量不变的方向做一条切线，同时作燃烧最快时刻点的斜率线，两条切线的相交点即为着火时刻。

燃尽时间：将试样质量保持不变的时刻定义为燃尽时刻，燃尽时刻与着火时刻之间的差值即为在此温升条件下的燃尽所需时间。

进一步分析煤的燃烧特性曲线，可以得到评价煤燃烧特性的挥发分释放特性指数 *D*、燃烧特性指数 *S*，即：

$$D=\frac{\left(\mathrm{d}w/\mathrm{d}t\right)^{v}_{\max}}{T_{\max}\Delta T_{1/3}} \tag{2-4-9}$$

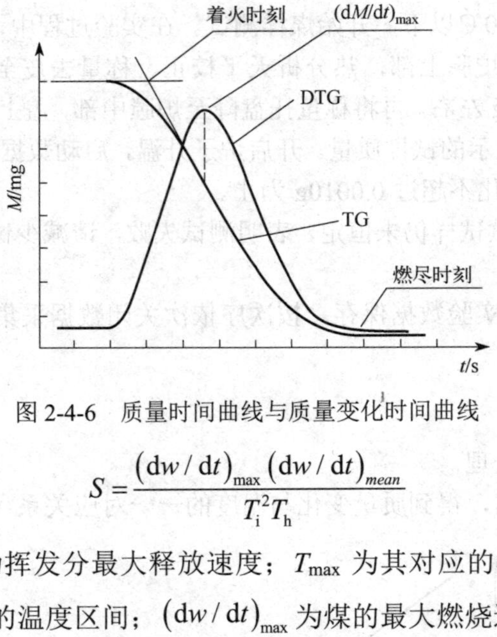

图 2-4-6　质量时间曲线与质量变化时间曲线

$$S=\frac{\left(\mathrm{d}w/\mathrm{d}t\right)_{\max}\left(\mathrm{d}w/\mathrm{d}t\right)_{mean}}{T_{\mathrm{i}}^{2}T_{\mathrm{h}}} \tag{2-4-10}$$

式中，$\left(\mathrm{d}w/\mathrm{d}t\right)^{v}_{\max}$ 为挥发分最大释放速度；$T_{\max}$ 为其对应的温度；$\Delta T_{1/3}$ 是 $\left(\mathrm{d}w/\mathrm{d}t\right)^{v}/\left(\mathrm{d}w/\mathrm{d}t\right)^{v}_{\max}=1/3$ 时对应的温度区间；$\left(\mathrm{d}w/\mathrm{d}t\right)_{\max}$ 为煤的最大燃烧速度；$\left(\mathrm{d}w/\mathrm{d}t\right)_{mean}$ 为平均燃烧速度；T_{i} 为着火温度；T_{h} 为燃尽时对应的温度。

结合前面已得到的工业分析值，又可以得到通用着火特性指标 *Fz*，这是一个与煤种有关的无因次参数。

$$Fz=\left(V_{\mathrm{ad}}+M_{\mathrm{ad}}\right)^{2}C_{\mathrm{ad}}\times 100 \tag{2-4-11}$$

式中，$\left(V_{\mathrm{ad}}+M_{\mathrm{ad}}\right)$ 表示由于挥发分和内在水分析出后在煤炭内部形成空隙的程度，即 $\left(V_{\mathrm{ad}}+M_{\mathrm{ad}}\right)$ 越大，其比表面积就越大，煤炭的活性也越大。所以 *Fz* 数值越大，越有利于着火。由此可见，煤中内在水分的析出与挥发分析出对煤炭的反应性的影响有着同等的效果。研究经验表明，*Fz*≤0.5 为极难燃煤，0.5＜*Fz*≤1.0 为难燃煤，1.0＜*Fz*≤1.5 为准难燃煤，1.5＜*Fz*≤2.0 为易燃煤，*Fz*＞2.0 为极易燃煤。

3. 影响因素分析

（1）仪器的影响

① 浮力的影响 热分析天平在热区中，其部件在升温过程中排开空气的重量在不断减小，即浮力在减小，也就是试样的表观增重。

热分析天平试样周围气氛受热变轻会向上升，形成向上的热气流，作用在热分析天平上相当于减重，叫作对流影响。

② 坩埚的影响 热分析用的坩埚（或称试样杯、试样皿）材质，要求对试样、中间产物、最终产物和气氛都是惰性的，既不能有反应活性，也不能有催化活性。坩埚的大小、重量和几何形状对热分析也有影响。

③ 挥发物再冷凝的影响 试样热分析过程逸出的挥发物有可能在热分析天平其他部分再冷凝，这不但污染了仪器，而且还使测得的失重量偏低。待温度进一步上升后，这些冷凝物可能再次挥发产生假失重，使 TG 曲线变形，造成测定不准，也不能重复。为解决这个问题可适当向热分析天平通适量气体。

（2）操作条件的影响

① 升温速率的影响 这是对 TG 测定影响最大的因素。升温速率越大温度滞后越严重，开始分解温度 T_i 及终止分解温度 T_f 都越高，温度区间也越宽。一般进行热重法测定不要采用太高的升温速率，一般用 10～20℃/min。

② 气氛的影响 热分析天平周围气氛的改变对 TG 曲线的影响也非常显著。在流动气氛中进行 TG 测定时，流速大小、气氛纯度、进气温度等是否稳定，对 TG 曲线都有影响。一般，气流速度大，对传热和逸出气体扩散都有利，使热分解温度降低。对于真空和高压热分析天平，气氛压力对 TG 也有很大影响。

③ 试样用量、粒度和装填情况的影响 试样用量多时，要过较长时间内部才能达到分解温度。试样粒度对 TG 曲线的影响与用量的影响相似，粒度越小，反应面积越大，反应更易进行，反应也越快，使 TG 曲线的 T_i 和 T_f 都低，反应区间也窄。试样装填情况首先要求颗粒均匀，必要时要过筛。

实验内容 3：煤的发热量测定

1. 操作步骤

① 称样与装埚 精确称取分析试样 0.9～1.1g，制煤饼。在金属坩埚底部铺一石棉纸垫，垫的周边与坩埚密接，以免试样下漏。将预先制备的煤饼试样放在石棉纸垫上。

② 装点火丝和充氧 取一段已知重量的点火丝，将两端分别接于两个电极上。把盛有试样的坩埚放在支架上，用镊子调节下垂的点火丝，使之与煤饼接触（点火丝切勿与坩埚壁接触，以免引起短路）。弹筒中加入 10mL 蒸馏水，拧紧弹筒盖，然后接上氧气导管缓缓充入氧气（充气时间不少于 15s）直至氧弹中压力达到 2.8～3.0MPa，拆下氧气导管。

③ 内筒加水及氧弹气密性检查 在内筒加入与标定热容量时相同的内筒水量（一般为 3000g），调整内筒初始水温比外筒水温低 0.5～1.0℃以使实验终期内，外筒保持较小的温度差，减少因温差而引起的热量传递误差。

将充好氧气的氧弹放入内筒的水中，使氧弹除充气阀及电极外其余部分都淹没在水中。仔细观察有无漏气现象，如没有气泡逸出，表明氧弹气密性良好，即可开始以下步骤。

④ 装置测试仪器　接上点火电极插头，装上搅拌器、测量内筒温度的贝克曼温度计和测量外筒温度的外筒温度计。在靠近贝克曼温度计的露出水银柱的部位，另悬一支普通温度计，以测定露出柱的温度。其中贝克曼温度计的插入深度应与热容量标定时贝克曼温度计的插入深度一致，并不得接触内筒和氧弹。盖上外筒盖。

⑤ 初期温度测定　开动搅拌器，5min 后开始计时和读取内筒温度（t_0）并立即通电点火。随后记下外筒温筒（t_g）和露出柱温度（t_e）。内筒温度计借助放大镜，读数精确到 0.001℃，其他温度计只要读数精确到 0.1℃。

观察内筒温度。如在 30s 内温度急剧上升，则表明点火成功。点火后 1′40″时读取一次内筒温度（$t_{1'40''}$），读数精确到 0.01℃即可。

⑥ 终期温度测定　接近终点时（一般热量计由点火到终期的时间为 8～10min），开始按 1min 间隔读取内筒温度，以第一个下降温度作为终点温度（t_n）。实验主要阶段至此结束。

⑦ 收集弹筒洗液　停止搅拌，取出内筒和氧弹，开启放气阀，用导管把废气引入装有适量氢氧化钠标准溶液的三角烧瓶中，放气过程不少于 1min。放气完毕，打开弹筒盖，观察坩埚试样，如有燃烧不完全则实验应作废。用蒸馏水冲洗弹筒各部分，把全部洗液都收集在三角烧瓶中。

⑧ 将上述洗液煮沸 1～2min，取下稍冷后，以甲基红为指示剂，用氢氧化钠溶液（0.1mol/L）滴定到中和点。记下 NaOH 溶液的总消耗量 V（mL）。

⑨ 称出残余点火丝的重量。

⑩ 倒掉内筒的水，清洗氧弹，所有仪器归位，经检查后离开实验室。

2. 数据处理记录

（1）记录实验参数

将实验数据记录在表 2-4-10 中。

表 2-4-10　实验数据记录表

量热系统热容量	$E=$　　J/℃	试样质量	$m=$　　g
点火丝原重	g	残余点火丝重	g
贝克曼温度计基点温度所对应的标准露出柱温度	$t_s=$	贝克曼温度计基点温度下对应于标准露出柱温度的平均分度值	$H^\circ=$
初期温度	$t_0=$　　℃ $t_g=$　　℃ $t_e=$　　℃	终期温度	$t_8=$　　℃ $t_9=$　　℃ $t_{10}=$　　℃ $t_{11}=$　　℃ $t_{12}=$　　℃ $t_n=$　　℃
点火期温度	$t_{1'40''}=$　　℃	贝克曼温度计孔径校正值	$h_0=$　　℃ $h_n=$　　℃
热量计的冷却常数	$K=$　　min^{-1}	消耗的 0.1mol/L NaOH 溶液体积	$V=$　　mL
热量计的综合常数	$A=$　　℃/min		

（2）弹筒发热量计算

$$Q_{bad}=\frac{EH[(t_n+h_n)-(t_0+h_0)+c]-(q_1-q_2)}{m} \tag{2-4-12}$$

$$c=(n-a)V_n+a\,V_0$$

式中　H——贝克曼温度计的平均分度值，$H=H^0+0.00016\ (t_s-t_e)$；

E——量热系统的热容量（仪器常数），J/℃；

q_1——点火丝产生热量，J，q_1=（点火丝原重−残余点火丝重量）×所用点火丝发热量；

各种点火丝的发热量如下表所示：

丝的种类	铁丝	铜丝	铂丝	镍铬丝	棉线
发热量/(J/g)	6700	2510	427	1400	17500

q_2——添加物产生热量，J；

c——冷却校正值，℃；

n——由点火到终点的时间，s；

a——当 $\Delta/\Delta_{1'40''}\leqslant 1.2$ 时　　$a=\Delta/\Delta_{1'40''}-0.10$，

当 $\Delta/\Delta_{1'40''}>1.2$ 时　　$a=\Delta/\Delta_{1'40''}$，

其中 Δ 为总温升（$\Delta=t_n-t_0$），$\Delta/\Delta_{1'40''}$为点火后 1′40″时的温升（$\Delta_{1'40''}=t_{1'40''}-t_0$）；

V_0——初期内筒温度下降速度，$V_0=K(t_0-t_g)+A$；

V_n——终期内筒温度下降速度，$V_n=K(t_n-t_g)+A$。

（3）恒容高位发热量计算

$$Q_{gr,v,ad}=Q_{b,ad}-(94.1\,S_{b,ad}+\alpha Q_{b,ad}) \tag{2-4-13}$$

式中　$S_{b,ad}$——由弹筒洗液测得的煤的含硫量，%，$S_{b,ad}=(C\times V/m-\alpha Q_{b,ad}/60)\times 1.6$；

C——氢氧化钠溶液的当量浓度，mol/L；

V——滴定消耗的氢氧化钠溶液体积，mL；

α——硝酸校正系数。

当 $Q_b\leqslant$16.70MJ/kg，$\alpha=0.001$，

当 16.70MJ/kg<$Q_b\leqslant$25.10MJ/kg，$\alpha=0.0012$，

当 $Q_b>$25.10MJ/kg，$\alpha=0.0016$。

（4）恒容低位发热量计算

$$Q_{net,v,ar}=\left(Q_{gr,v,ad}-206H_{ad}\right)\times\frac{100-M_{ar}}{100-M_{ad}}-23M_{ar} \tag{2-4-14}$$

式中　$Q_{net,v,ar}$——收到基的低位发热量，J/g;

$Q_{gr,v,ad}$——恒容高位发热量，J/g;

M_{ar}——收到基全水分，%;

M_{ad}——空气干燥基水分，%;

H_{ad}——空气干燥的氢含量，%。

由弹筒发热量算出的高位发热量和低位发热量都属于恒容状态。在实际工业燃烧中则是恒压状态，严格讲，工业计算中应使用恒压低位发热量。恒压低位发热量计算如下：

$$Q_{net,p,ar}=\left[Q_{gr,v,ad}-212\,H_{ad}-0.8\left(O_{ad}+N_{ad}\right)\right]\times\frac{100-M_{ar}}{100-M_{ad}}-24.4M_{ar} \tag{2-4-15}$$

式中　$Q_{net,p,ar}$——收到基恒压低位发热量，J/g;

H_{ad}——空气干燥基氢含量，%；

O_{ad}——空气干燥基氧含量，%；

N_{ad}——空气干燥基氮含量，%。

实验内容 4：煤的差热分析

1．操作步骤

① 按图 1-4-3 和图 1-4-4 所示，检查装置的连接情况。

② 接通差热分析仪中的检流计照明电源，调好零位。用手轻轻触摸差热电偶一热端，观察检流计偏转方向。向右偏转定为放热效应，向左为吸热效应。

③ 煤样放在向右偏转的热端对应的样品座内，中性物质（α-Al_2O_3）放在另一个样品座内，样品装填密度应该相同。

④ 将样品座置于加热炉的炉膛中心。

⑤ 根据空白曲线的升温速率（一般大约 10℃/min）升温。每隔 10～20℃记录电势差和温度，一般加热到 1000℃即可停止实验。

2．数据处理记录

图 2-4-7（a）（b）是典型煤样的差热曲线。

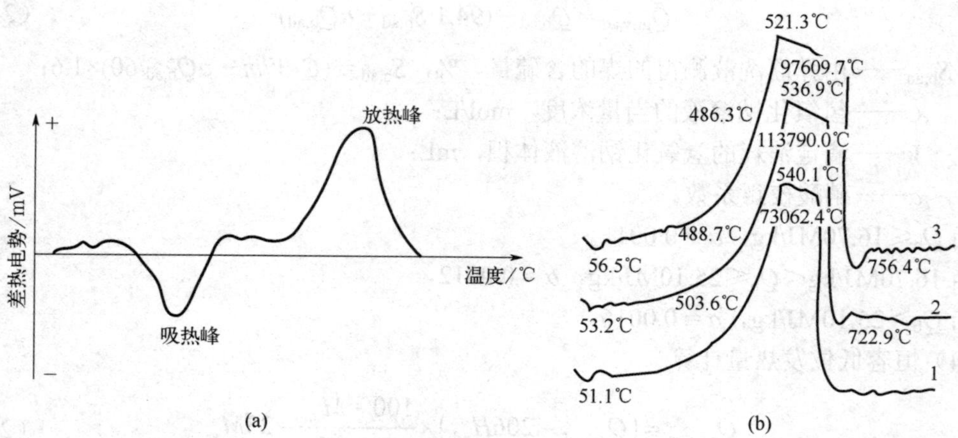

图 2-4-7 典型煤样的差热曲线（示例）

五、实验结果的处理与分析讨论

从煤的工业分析值可以得到煤的挥发分、灰分、固定碳含量，对煤进行分类同时也可以估算出煤的发热量，将此计算值与氧弹量热仪对比可以发现两者值的差别。

观察煤的燃烧特性曲线，可以看到特征峰的宽窄、高低与煤的挥发分含量和固定碳含量之间有着必然关系，着火温度与挥发分含量密切，而燃尽时间与灰分、固定碳含量密切。特征峰高而窄，得到的挥发分释放特性指数 D、燃烧特性指数 S 以及着火指数大，预示着煤的燃烧特性好，着火温度低，燃烧速度快，易燃尽。反之，煤着火温度高、不易燃尽。

如有兴趣可以对比不同品质煤之间各测试值及分析值之间的差距，总结规律可以发现烟煤和无烟煤的燃烧特性有较大区别。

还可以发现，测试条件（如升温速度、温度）发生变化，所得各数据的值会发生变化，但所揭示的不同煤质燃烧特性的规律是一致的。

观察分析差热分析曲线，可以发现放热峰的面积与发热量大小有对应关系，而从差热曲线得到的几个特征温度与热失重分析得到的特征温度数值上可能会有差别，但反映出的煤质好坏的结论是一致的。

思考题

1．准确进行煤的工业分析的关键是什么？

2．元素分析的碳含量与工业分析的固定碳含量的概念有何区别？

3．用煤的元素分析法和工业分析法都能计算出煤的发热量吗？哪个方法更准确？为什么？

4．进行煤发热量测定为什么预先要进行系统热容量标定？在实验时应注意保证哪些条件？

5．根据各种发热量概念，阐明本实验过程与工业燃烧过程有何区别。

6．做热重实验时为什么要做空白实验？

7．对煤样的热重实验，如果炉膛控温在 108℃恒温 2h，通过数据处理能得到水分吗？

8．从热重实验，还可以得到哪些有用的数据？

参考文献

[1] GB/T 212—2008．煤的工业分析方法．

[2] GB/T 31391—2015．煤的元素分析．

[3] GB/T 213—2008．煤的发热量测定方法．

[4] 孙学信．燃煤锅炉燃烧试验技术与方法[M]．北京：中国电力出版社，2001.

[5] 徐德龙，谢峻林．材料工程基础[M]．武汉：武汉理工大学出版社，2008.

实验 2-5 强制对流传热系数的测定

一、教学目标

1．通过对空气-水蒸气光滑套管换热器的实验研究，掌握对流传热系数 α_1 的测定方法，加深对其概念和影响因素的理解。并应用线性回归分析方法，确定关联式 $Nu = ARe^m Pr^{0.4}$ 中常数 A、m 的值。

2．通过对管程内部插有螺纹管的空气-水蒸气强化套管换热器的实验研究，测定其准数关联式 $Nu = BRe^m$ 中常数 B、m 的值和强化比 Nu/Nu_0，了解强化传热的基本理论和基本方式。

3．通过变换列管换热器换热面积实验测取数据计算总传热系数 K_0，加深对其概念和影响因素的理解。

4．认识套管换热器（普通、强化）、列管换热器的结构及操作方法，测定并比较不同换热器的性能。

二、基本原理

“热对流”是指流体中温度不同的各部分相互混合的宏观运动所引起的热量传递现象。根据引起流体宏观运动的原因不同，可以把“热对流”分为自然对流换热和强制对流换热。严格地说，强制对流换热中不能排除自然对流换热的作用，只是因为它的影响远小于前者而不予考虑。对流换热则是因热对流引起的固体壁面与流体之间的热交换现象。

圆柱面附近流速、压强分布与流体来流情况有很大变化，各点换热系数不同，不考虑局部影响，测定综合换热效果，即平均换热系数。

1．牛顿冷却定律（稳态热流条件下）

根据牛顿冷却定律，在稳态热流条件下：

$$\alpha = \frac{Q}{(t_w - t_m)A} \tag{2-5-1}$$

式中 α——管内流体对流传热系数，W/（$m^2 \cdot K$）；

Q——管内传热速率，W；

t_w、t_m——分别为壁面温度和气流温度，℃；

A——管内换热面积，m^2。

因为换热器内管为紫铜管，其热导率很大，且管壁很薄，故认为内壁温度、外壁温度和壁面平均温度近似相等，用 t_w 来表示，由于管外使用蒸汽，所以 t_w 近似等于热流体的平均温度。

管内换热面积：

$$A = \pi dL \tag{2-5-2}$$

式中 d——内管内径，m；

L——传热管测量段的实际长度，m。

热量衡算式：

$$Q = mC_P(t_2 - t_1) \tag{2-5-3}$$

式中　m——冷流体质量流量，$m = V\rho$；（2-5-4）

V——冷流体在套管内的平均体积流量，m^3/s；

ρ——冷流体的密度，kg/m^3；

C_p——冷流体的定压比热，J / (kg·℃)；

t_1——冷流体起始温度，℃；

t_2——冷流体终止温度，℃。

C_p和ρ可根据流体介质定性温度 t_m（冷流体进出口平均温度）查得，$t_m = \dfrac{t_1 + t_2}{2}$，$t$、$t_2$、$t_w$采用热电偶可以测得，$V$采用流量计测得。

应用相似理论研究强制对流换热问题，在几何相似的圆管中及稳态热流条件下，强制对流换热的规律可表述为：

$$Nu = f(Re, Pr) \tag{2-5-5}$$

式中　Nu——努塞特数（准则），由于 Nu 数中含有换热系数α，故又称无量纲换热系数，表征对流换热的强烈程度，$Nu = \dfrac{\alpha d}{\lambda}$；

Re——雷诺数（准则），是强制对流的一个重要的已定相似准则，$Re = \dfrac{wd}{\nu}$；

Pr——普朗特数（准则），表征着动量传递与热量传递的相似程度，$Pr = \dfrac{\nu}{a}$；

d——放热管的外直径，m；

λ——流体在定性温度 t_m 下的热导率，W/(m·K)；

ν——流体在定性温度 t_m 下的运动黏度，m^2/s；

a——流体在定性温度 t_m 下导温系数（热扩散系数），m^2/s；

w——流体的速度，m/s。

对于空气作为传热的流体介质时，在温度变化不大的情况下，Pr 数值变化很小可视作常数（如在室温条件下，$Pr \approx 0.7$），于是，准则关系式（2-5-5）可简化为：

$$Nu = f(Re)$$

通常，人们把实验结果整理成幂函数的形式：

$$Nu = C\,Re^m \tag{2-5-6}$$

式中，C 和 m 的值可以根据实验数据用最小二乘法确定。

强化传热技术，可以使初设计的传热面积减小，从而减小换热器的体积和重量，提高现有换热器的换热能力，达到强化传热的目的。同时换热器能够在较低温差下工作，减少换热器工作阻力，以减少动力消耗，更合理有效地利用能源。强化传热的方法有多种，本实验装置螺旋线圈强化管强化，结构如图 2-5-1 所示：螺旋线圈由直径 3mm 以下的铜丝和钢丝按一定节距绕成。将金属螺旋线圈插入并固定在管内，即可构成一种强化传热

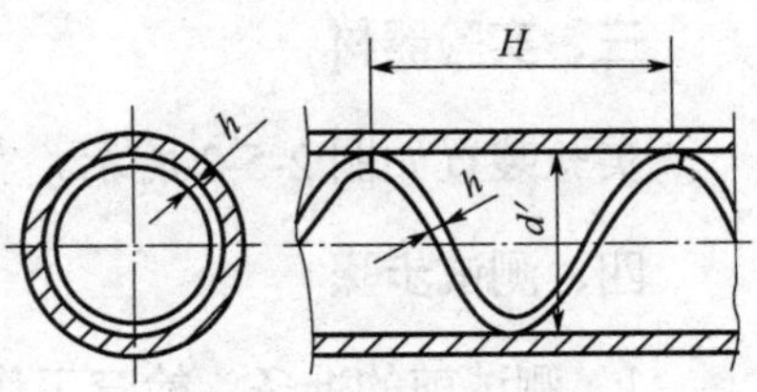

图 2-5-1　螺旋线圈强化管内部结构

管。在近壁区域，流体一面由于螺旋线圈的作用而发生旋转，一面还周期性地受到线圈的螺旋金属丝的扰动，因而可以使传热强化。由于绕制线圈的金属丝直径很细，流体旋流强度也较弱，所以阻力较小，有利于节省能源。螺旋线圈是以线圈节距 H 与管内径 d 的比值以及管壁粗糙度（$2d/h$）为主要技术参数，且长径比是影响传热效果和阻力系数的重要因素。

单纯研究强化手段的强化效果（不考虑阻力的影响），可以用强化比的概念作为评判准则，它的形式是：Nu/Nu_0，其中 Nu 是强化管的努塞尔准数，Nu_0 是普通管的努塞尔准数，显然，强化比 $Nu/Nu_0>1$，而且它的值越大，强化效果越好。需要说明的是，如果评判强化方式的真正效果和经济效益，则必须考虑阻力因素，阻力系数随着换热系数的增加而增加，从而导致换热性能的降低和能耗的增加，只有强化比较高，且阻力系数较小的强化方式，才是最佳的强化方法。

2. 列管换热器总传热系数 K_0 的计算

总传热系数 K_0 是评价换热器性能的一个重要参数，也是对换热器进行传热计算的依据。对于已有的换热器，可以通过测定有关数据，如设备尺寸、流体的流量和温度等，利用传热速率方程式计算 K_0 值。

传热速率方程式是换热器传热计算的基本关系。该方程式中，冷、热流体温度差 ΔT 是传热过程的推动力，它随着传热过程冷热流体的温度变化而改变。

传热速率方程式：

$$Q = K_0 \times S_0 \times \Delta T_{\mathrm{m}} \tag{2-5-7}$$

热量衡算式：

$$Q = C_P \times W \times \left(t_2 - t_1\right) \tag{2-5-8}$$

总传热系数：

$$K_0 = \frac{C_P \times W \times \left(t_2 - t_1\right)}{S_0 \times \Delta T_{\mathrm{m}}} \tag{2-5-9}$$

式中 Q——热量，W；

S_0——传热面积，m^2；

ΔT_{m}——冷热流体的平均温差，℃；

K_0——总传热系数，$W/(m^2 \cdot ℃)$；

C_P——比热容，$J/(kg \cdot ℃)$；

W——空气质量流量，kg/s；

t_2-t_1——空气进出口温差，℃。

三、实验器材

实验装置如图 2-5-2 所示。实验流程图如图 2-5-3 所示。

四、测试步骤

1. 测试前的准备、检查工作

① 向储水槽中加水至液位计上端处。

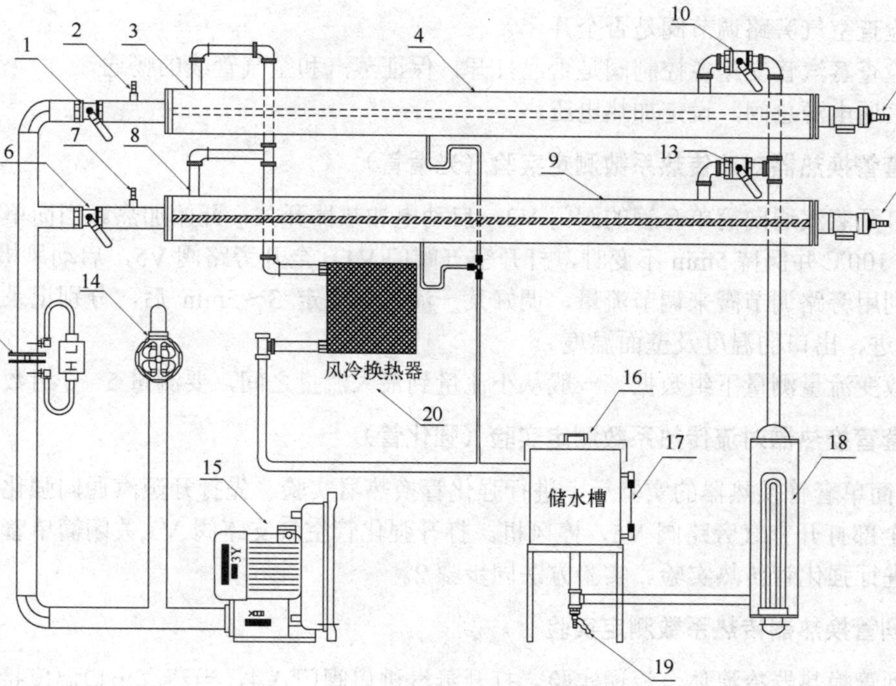

图 2-5-2　传热综合实验装置

1—光滑管空气进口阀；2—光滑管空气进口温度；3—光滑管蒸汽出口；4—光滑套管换热器；5—光滑管空气出口温度；6—强化管空气进口阀；7—强化管空气进口温度；8—强化管蒸汽出口；9—内插有螺旋线圈的强化套管换热器；10—光滑套管蒸汽进口阀；11—强化管空气出口温度；12—孔板流量计；13—强化套管蒸汽进口阀；14—空气旁路调节阀；15—旋涡气泵；16—储水槽；17—液位计；18—蒸汽发生器；19—排水阀；20—风冷换热器

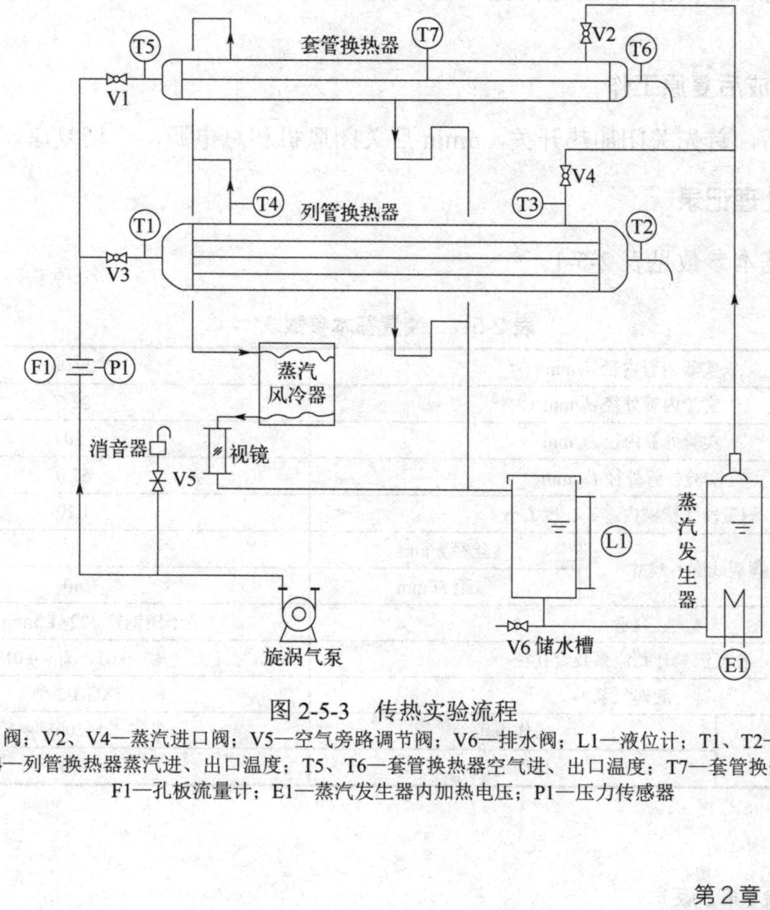

图 2-5-3　传热实验流程

V1、V3—空气进口阀；V2、V4—蒸汽进口阀；V5—空气旁路调节阀；V6—排水阀；L1—液位计；T1、T2—列管换热器空气进、出口温度；T3、T4—列管换热器蒸汽进、出口温度；T5、T6—套管换热器空气进、出口温度；T7—套管换热器内管壁面温度；F1—孔板流量计；E1—蒸汽发生器内加热电压；P1—压力传感器

② 检查空气旁路调节阀是否全开。

③ 检查蒸汽管支路各控制阀是否已打开，保证蒸汽和空气管线的畅通。

④ 接通电源总闸，设定加热电压。

2．套管换热器对流传热系数测定实验（光滑管）

① 打开蒸汽通向简单套管的阀门 V2，启动电加热器开关，开始加热。当简单套管壁温升到接近 100℃并保持 5min 不变时，打开空气阀门 V1，全开旁路阀 V5，启动风机开关。

② 利用旁路调节阀来调节流量，调好某一流量后稳定 3～5min 后，分别记录空气的流量，空气进、出口的温度及壁面温度。

③ 改变流量测量下组数据。一般从小流量到最大流量之间，要测量 5～6 组数据。

3．套管换热器对流传热系数测定实验（强化管）

做完简单套管换热器的实验后，进行强化管换热器实验。先打开蒸汽通向强化套管的阀门 V4，全部打开空气旁路阀 V5，停风机。打开强化管空气支路阀 V3,关闭简单管空气支路阀 V1，进行强化管传热实验。实验方法同步骤 2。

4．列管换热器传热系数测定实验

① 列管换热器冷流体全流通实验。打开蒸汽进口阀门 V4，当蒸汽出口温度接近 100℃并保持 5min 不变时，打开列管空气支路阀门 V3，全开旁路阀 V5，启动风机，利用旁路调节阀来调节空气流量，调好某一流量后稳定 3～5min，分别记录空气的流量，空气进、出口的温度及蒸汽的进、出口温度。

② 列管换热器冷流体半流通实验。用准备好的丝堵堵上一半面积的内管，实验方法同上述步骤①。

5．测试完成后复原工作

实验结束后，首先关闭加热开关，5min 后关闭风机和总电源，一切复原。

五、数据处理记录

实验装置基本参数见表 2-5-1。

表 2-5-1　装置基本参数表

项目		数值
实验内管内径 d_i/mm		20.00
实验内管外径 d_0/mm		22.0
实验外管内径 D_i/mm		50
实验外管外径 D_0/mm		57.0
测量段（紫铜内管）长度 L/m		1.20
强化管内插物（螺旋线圈）尺寸	丝径 h/mm	1
	节距 H/mm	40
列管		不锈钢管 $\phi 22\times1.5$mm 6 根
孔板流量计孔流系数及孔径		$c_0 = 0.65$、$d_0 = 0.017$m
旋涡气泵		XGB-2 型
加热釜	操作电压	≤200V
	操作电流	≤10A

实验数据记录表见表 2-5-2、表 2-5-3。

表 2-5-2　套管换热器的实验数据记录表

换热器类型	简单套管						强化套管					
编号	1	2	3	4	5	6	1	2	3	4	5	6
孔板流量计压差/kPa												
t_w/℃												
t_1/℃												
t_2/℃												
t_m/℃												
ρ_{t_1}/(kg/m^3)												
ρ_{t_m}/(kg/m^3)												
λ_{t_m}/[W/(m·K)]												
$C_{p,\ t_m}$/[J/(kg·K)]												
μ_{t_m}/(Pa·s)												
Δt_m①/℃												
V_a/(m^3/s)												
V_{t_m}/(m^3/s)												
u/(m/s)												
Q/W												
α/[W/(m^2·℃)]												
Re												
Nu												

①Δt_m 为套管换热器内壁面和空气定性温度间的温差。

表 2-5-3　列管换热器的实验数据记录表

	列管（全流通）						列管（半流通）					
编号	1	2	3	4	5	6	1	2	3	4	5	6
孔板流量计压差/kPa												
空气进口温度 t_1/℃												
空气出口温度 t_2/℃												
蒸汽进口温度 T_1/℃												
蒸汽出口温度 T_2/℃												
体积流量 V_{t_1}/(m^3/s)												
换热器体积流量 V_m/(m^3/s)												
质量流量 W_m/(kg/s)												
传热量 Q/W												
对流传热系数 K_0/[W/(m^2·℃)]												
空气入口密度ρ_{t_1}/(kg/m^3)												
换热器空气平均密度ρ/(kg/m^3)												
Δt_m/℃												
λ_{t_m}/[W/(m·s)]												
$C_{P,\ t_m}$/[J/(kg·℃)]												
μ_{t_m}/(Pa·s)												
u/(m/s)												

六、实验结果的处理与分析讨论

1．完成数据记录表中的计算。

2．作简单套管和强化套管 $Nu/Pr^{0.4}$ 和 Re 的关系图，确定准数关联式中常数 A、m 的数值。

3．计算出 Nu、Nu_0，并确定传热强化比 Nu/Nu_0。

4．计算列管换热器的综合传热系数 K_0。

七、实验过程中的注意事项

1．检查蒸汽加热釜中的水位是否在正常范围内。特别是每个实验结束后，进行下一实验之前，如果发现水位过低，应及时补给水量。

2．必须保证蒸汽上升管线的畅通。即在给蒸汽加热釜电压之前，两蒸汽支路阀门之一必须全开。在转换支路时，应先开启需要的支路阀，再关闭另一侧，且开启和关闭阀门必须缓慢，防止管线截断或蒸汽压力过大突然喷出。

3．必须保证空气管线的畅通。即在接通风机电源之前，两个空气支路控制阀之一和旁路调节阀必须全开。在转换支路时，应先关闭风机电源，然后开启和关闭支路阀。

4．调节流量后，应至少稳定 5min 后读取实验数据。

5．实验中保持上升蒸汽量的稳定，不应改变加热电压。

思考题

1．影响对流换热的因素有哪些？

2．流体物性对对流换热的影响有哪些？

3．如何评价不同结构换热器的性能？

参考文献

[1] William Kays，Michael．Crawford，Bernhard Weigand．对流传热与传质[M]．赵镇南，译．4 版．北京：高等教育出版社，2007.

实验 2-6　材料热性能参数的测定

课前测试题

材料都具有一定的功能性。为了保护生态环境，节约能源，需要大量具有隔热、保温等功能的材料，这些材料具有一系列的热物理特性。为了合理地使用与选择有关的功能材料，需要用其热物理特性进行测量和计算。因此，了解和测定材料的热物理特性是十分重要的。

材料的热物理参数有热导率、导温系数、比热等。测定方法有稳定热流法和非稳定热流法两大类。每一类中又有多种测定方法。本实验用稳定热流法和非稳定热流法对平板进行测定。

Ⅰ. 稳态平板导热测定法

一、教学目标

在工程实际中，材料的导热性能是重要材料物理性能之一。测定材料热导率的稳定态热流方法以原理简单、计算方便而被广泛应用。平板导热仪测定即为其中的方法之一，主要用于测定粉状、颗粒状、纤维状干燥材料在不同填充密度下的热导率。

本实验的教学目标：

① 加深对稳定导热过程基本理论的理解。

② 掌握用平板导热仪测定材料热导率的方法。

③ 具备分析和处理实验数据的能力，根据材料的热导率数据判断材料热传导性能的能力。

二、基本原理

不同材料的热导率相差很大，一般说，金属的热导率在 2.3～417.6W/（m·K）范围内，建筑材料的热导率在 0.16～2.2W/（m·K）之间，液体的热导率波动于 0.093～0.7W/（m·K），而气体的热导率则最小，在 0.0058～0.58W/（m·K）范围内。即使是同一种材料，其热导率还随温度、压强、湿度、物质结构和密度等因素而变化。各种材料的热导率数据均可从有关资料或手册中查到，但由于具体条件如温度、结构、湿度和压强等条件的不同，这些数据往往与实际使用情况有出入，需进行修正。热导率低于 0.22W/（m·K）的一些固体材料称为绝热材料，由于它们具有多孔性结构，传热过程是固体和孔隙的复杂传热过程，机理复杂。为了工程计算的方便，常常把整个过程当作单纯的导热过程处理。

以平板为试件测定材料的热导率是以一维稳定导热规律作为基础。考虑到温度仅随壁厚而变，故是一维稳定温度场导热。实验时，当加热时间足够长时，热板和冷板的温度达到恒定，平板导热将达到热稳定状态。

根据傅立叶定理，一维稳定导热过程中经过物体的热流量有如下的关系：

$$Q=-kA\frac{\mathrm{d}t}{\mathrm{d}y}=-kA\frac{\Delta t}{\delta} \tag{2-6-1}$$

$$Q=UI \tag{2-6-2}$$

式中 Q——单位时间内通过平板的平均热流量，W；

k——材料的热导率，W/（m·K）；

Δt——试件冷热面的温度差，K；

δ——试件的厚度，m；

A——平板面积，m^2；

U——电压表读数，V；

I——电流表读数，A。

事实上，由于计算式中的热导率 k 是材料在平均温度 $t_m=(t_1+t_2)/2$ 时的热导率。因此，在实验中只要保持温度场稳定，根据热流量 Q 以及冷面和热面温度即可计算出平均温度 t_m 下材料的热导率。改变 t_1 和 t_2，则可得到热导率与温度关系的曲线。

三、实验器材

1. 平板导热仪

实验装置图如图 2-6-1 所示。加热板的结构平面图如图 2-6-2 所示。

① 主加热板：又称主加热炉，直径 150mm，内部有加热器，是仪器的基本供热体。供给试件热量。在主加热板内部装有两个高精度温度传感器——主板温度计 1 和主板温度计 2，用来测量热板温度。

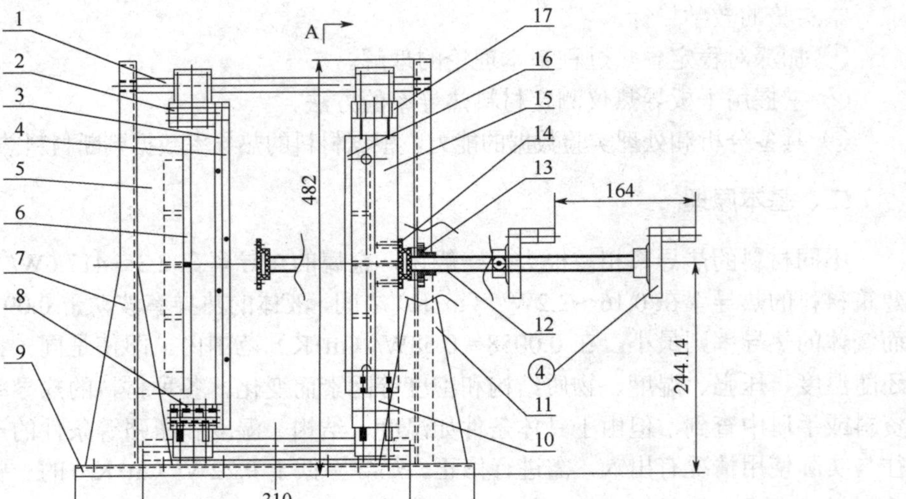

图 2-6-1　平板导热仪内部结构（单位：mm）

1—光轴；2—热板上连接块；3—左热板；4—右热板；5—固定冷板护套；6—固定冷板；7—左支板；8—热板下连接块；9—底板；10—活动冷板下连接块；11—右支板；12—丝杠；13—丝杠母；14—丝杠固定座；15—活动冷板护套；16—活动冷板；17—活动冷板上连接块；④—手轮

② 护加热板：外形尺寸为 300mm×300mm，内部环形直径 152mm。护加热板的温度随时跟踪主加热板温度变化，其功能是一方面使热板热量和外界没有热交换，同时又要保证护加热板没有热量传给主加热板，保证主加热板和冷板的热流单向流动。护加热板内部装有两个高精度温度传感器——护板温度计 1 和护板温度计 2，用来测量护板温度。

③ 冷板：其尺寸为 300mm×300mm，内有环形水道，通过超级恒温槽进行加热或冷却。内部装有温度传感器，用来测量冷板的温度。

④ 试件：一式 2 块，300mm×300mm，标准厚度为 25mm，最大尺寸不大于 45mm，分别放在主板冷板之间，测量在稳态条件下传递的热量，经过计算得出试件的热导率。

2．超级恒温槽

超级恒温槽（图 2-6-3）由三部分组成：保温水箱、温度调节控制仪、连接循环泵进出水管。

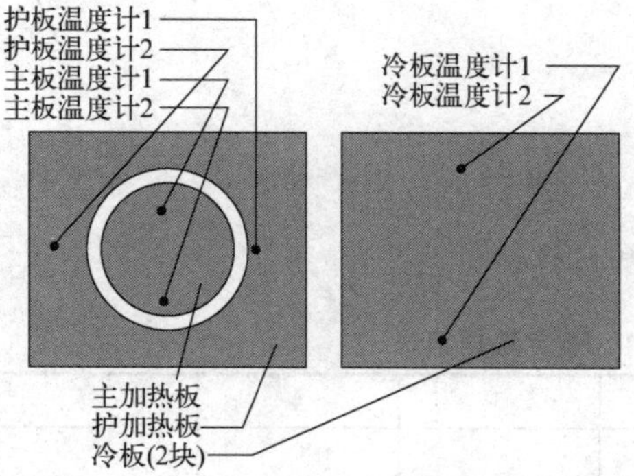

图 2-6-2　加热板的结构平面

图 2-6-3　超级恒温槽

3．其他硅胶管

四、测试步骤

1．试件准备

① 要求同种材料的试件 2 个。

② 试件标准尺寸 300mm×300mm×(5～45)mm。

③ 试件厚度 5～45mm，平整度按照国家标准为 0.1mm。

④ 由于各地的温度、湿度不同，建议实验之前对试件进行养护。

⑤ 同时，标准物质（又称标准参比板）也同时需要养护，保持干燥。建议每次实验前用标准参比板对仪器进行校对。

⑥ 测量并记录试件的厚度。

2．操作步骤

① 安放试件。将准备好的 2 块试件分别放在热板与两个冷板之间，手动摇动手轮，使试件与各板夹紧，注意，夹紧力不要过大。

② 将测定仪上的两个水管接口通过硅胶管与超级恒温槽连接，打开超级恒温槽电源，设置冷板温度（注意：请先开启电源开关，再开启循环开关。请每个按键之间保持 3 秒的间隔，以免瞬间电流过大，损坏保险管）。

③ 控制面板上的电流表下面的红黑接口短接。

④ 打开测定仪电源开关，设置控制面板上“热/护板温差”仪表的数值为“0”。在实验过程中，其显示精度为±0.1℃。

⑤ 旋转“功率调节”按钮，观察并记录控制面板上电压与电流的大小；根据电压表与电流表示数的大小，调节“功率按钮”的位置；使热板与冷板之间的温差值，在 10～20K 范围之内。

⑥ 在实验过程中，观察记录测定仪控制面板上各个仪表的值。

⑦ 手动记录热板温度数值，10min 记录一组数值，连续记录 5 组数值，最大值与最小值不超过 0.1℃。就可以利用此温度值代入公式计算试件的热导率，最终求平均值。

⑧ 实验完成之后，关闭测定仪电源。关闭超级恒温槽（注意：请先关闭循环开关，再关闭电源开关）。手动摇动手轮，将试件取出，放入保护板，将设备归位。测试结束。

拓展资源 14　实验 2-6 操作教学视频

五、数据处理记录

1．测定数据记录

将有关原始数据和测定结果记入表 2-6-1 中。

表 2-6-1　测定数据记录

测定项目	1	2	3	4	5	平均值
电流 I/A						
电压 U/V						
热板温度/℃						
冷板 1 温度/℃						
冷板 2 温度/℃						
热/护板温差/℃						
材料名称		试件厚度	$\delta=$　　m			
试件面积	$A=$　　m^2					

2．材料热导率计算

（1）电加热器发热量计算

$$Q=UI$$

式中　Q——单位时间内发热量，W；

U——电加热器电压，V；

I——电加热器电流，A。

（2）材料的热导率计算

根据发热量 Q，代入式（2-6-1）中可计算得到材料的热导率。

Ⅱ．非稳态平板导热测定法

一、教学目标

稳态热导率的测定方法需要较长的稳定加热时间，所以只能测定干燥材料的热导率。对于工程上实际应用的含有一定水分材料的热导率则无法测定。基于不稳定态原理的准稳态热导率测定方法，由于测定所需时间短（10～20min），可以弥补上述稳态方法的不足且可同时测出材料的热导率、导温系数、比热，所以在材料热物性参数测定中得到广泛应用。

本实验的教学目标：

① 加深对非稳定态导热过程及其基本理论的理解。

② 学习非稳态法快速测量材料热导率的方法。

③ 通过进一步理解材料各个热物性参数之间的关系，强化综合分析问题的能力。

二、基本原理

不稳定导热的过程实质上就是加热或冷却的过程。非稳态法测定隔热材料的热导率是建立在不稳定导热理论基础上的。与稳态法相比，这些方法具有对热源的选择上要求较低、所需的测定时间短（不需要热稳定时间）、可降低对试样的保温要求等优点。不足之处在于很难保证实验中的边界条件与理论分析中给定的边界条件相一致，且难以精确获得所要求的温度变化规律。由于非稳态法的实用价值，它已广泛地应用于工程材料的测试上，特别是在高温、低温或伴随内部物质传递过程时的材料热物性测试中具有显著的优势。

本实验采用热脉冲法。在实验中对试样进行短时间加热，使实验材料的温度发生变化，根据其变化的特点，通过解导热微分方程，就可求实验材料的热导率、导温系数和比热。

根据非稳态导热原理，对于无限大的物体，其一维非稳态导热微分方程是：

$$\frac{\partial t}{\partial \tau}=\frac{\partial^2 t}{\partial x^2} \tag{2-6-3}$$

假定初始时间 $\tau=0$ 时，温度 $t=t_0=$ 常数。引入过余温度 θ 之后，上式可改写为：

$$\frac{\partial \theta}{\partial \tau}=\frac{\partial^2 \theta}{\partial x^2} \tag{2-6-4}$$

可以验证一维非稳态导热微分方程的一个特解为：

$$\theta\left(x,\tau\right)=\frac{q\Delta\tau}{2C\rho\sqrt{\pi a\tau}}\mathrm{e}^{-\frac{x^2}{4a\tau}} \tag{2-6-5}$$

式中　q——热流密度，$\mathrm{W/m^2}$；

a——物体的导温系数，$\mathrm{m^2/h}$；

x——离开热源距离，m；

C——物体的比热，kJ/（kg·℃）；

ρ——物体的密度，$\mathrm{kg/m^3}$；

$\Delta\tau$——热脉冲加热时间，h。

在热脉冲加热时间 0～τ 之间的任一时刻 τ'，实验材料的温度升高为：

$$\theta'\left(x,\tau'\right)=\int_0^{\tau'}\frac{q}{C\rho\times 2\sqrt{\pi a\tau}}\mathrm{e}^{-\frac{x^2}{4a\tau}}\mathrm{d}\tau$$

$$=\frac{q\sqrt{a\tau'}}{k\sqrt{\pi}}\left[\mathrm{e}^{-\frac{x^2}{4a\tau}}-\frac{\sqrt{\pi}x}{2\sqrt{a\tau'}}\mathrm{erfc}\left(\frac{x}{2\sqrt{a\tau'}}\right)\right] \tag{2-6-6}$$

令：
$$B\left(y\right)=\mathrm{e}^{-\frac{x^2}{4a\tau'}}-\frac{\sqrt{\pi}x}{2\sqrt{a\tau'}}\mathrm{erfc}\left(\frac{x}{2\sqrt{a\tau'}}\right)=e^{-y^2}-\sqrt{\pi}y\,\mathrm{erfc}\left(y\right)$$

得：
$$\theta'\left(x,\tau'\right)=\frac{q\sqrt{a\tau'}}{k\sqrt{\pi}}B\left(y\right) \tag{2-6-7}$$

式中，
$$y=\frac{x}{2\sqrt{a\tau'}} \tag{2-6-8}$$

$\mathrm{erfc}(y)=\frac{2}{\sqrt{\pi}}\int_y^{\infty}\mathrm{e}^{-y^2}\mathrm{d}y$ ——高斯误差补函数。

在加热停止后的某一时刻 τ_2，在热源面（$x=0$）上的温度升高为：

$$\theta_2(0,\tau_2)=\int_0^{\tau_2}\frac{q}{2C\rho\sqrt{\pi a\tau}}\mathrm{d}\tau-\int_0^{\tau_2-\tau_1}\frac{q}{2C\rho\sqrt{\pi a\tau}}\mathrm{d}\tau$$
$$=\frac{q\sqrt{a}\left(\sqrt{\tau_2}-\sqrt{\tau_2-\tau_1}\right)}{k\sqrt{\pi}} \tag{2-6-9}$$

由此得到热导率：

$$k=\frac{q\sqrt{a}\left(\sqrt{\tau_2}-\sqrt{\tau_2-\tau_1}\right)}{\theta_2(0,\tau_2)\sqrt{\pi}} \tag{2-6-10}$$

式（2-6-10）是热脉冲法测物体热导率的计算公式，式中，热流密度 $q=I^2R/A$，I 为加热板加热电流，R 为加热板电阻，A 为加热板面积。

将式（2-6-10）代入式（2-6-7）得：

$$B(y)=\frac{\theta'(x,\tau')\left(\sqrt{\tau_2}-\sqrt{\tau_2-\tau_1}\right)}{\theta_2(0,\tau_2)\sqrt{\tau'}} \tag{2-6-11}$$

式中的各项均能在实验过程中测量出来，因此可以计算出 $B(y)$函数的值。根据该函数的值可从表上查出自变量 y^2 的值。

由于 $y^2=\frac{x^2}{4a\tau'}$，因此，导温系数的计算公式是：

$$a=\frac{x^2}{4\tau_1 y^2} \tag{2-6-12}$$

比热的计算公式是：

$$C=\frac{k}{\rho a} \tag{2-6-13}$$

三、实验器材

根据非稳态导热原理建立的热导率实验装置是由电源、测温仪表及一个面加热器和放置在加热器两侧相同材料的三块试件及测温热电偶组成。仪器装置共分三部分。

1．试件部分：包括试件、试件台及夹具

为便于放置热电偶及加热器，试件分成三块、两块厚、一块薄、试件之间夹以热电偶与加热器，并用夹具固紧（如图 2-6-4 所示）。

2．加热系统

采用硅胶加热器，用 3645 程控电源作温度控制。

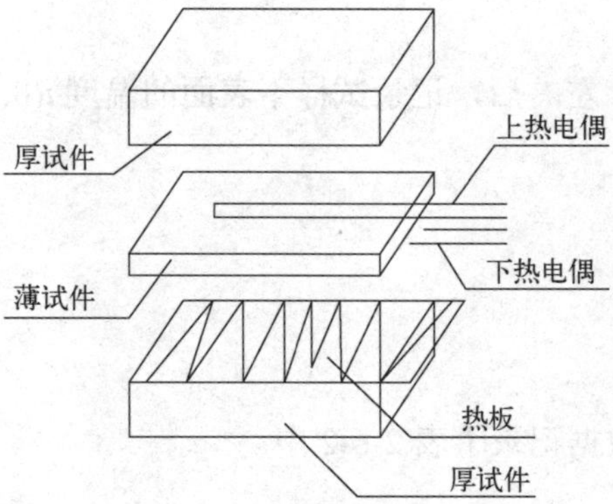

图 2-6-4 测试原理

3. 温度测量系统

温度测量采用直径为 0.2mm 的铜-康铜热电偶。测量温度的仪表为 AI-701 数显表。

四、测试步骤

1. 试件准备

① 试件的预处理。测量干燥条件下热导率时，试件应根据材料本身的技术规定在不同温度条件下进行干燥处理至恒重；测量不同含湿状况下的热特性时，应将干燥试件培养至所需湿度后，放在密闭容器两天以上，再进行测试，要求一组试件的湿度差小于或等于 1%。

② 试件三块为一组，其中两块厚，一块薄。试件的长和宽一般等于或大于薄试件厚度的 8 倍，厚试件和薄试件厚度比应为 3∶1，通常试件尺寸为：薄试件一块 200mm×200mm×20mm，放置在中间；厚试件两块 200mm×200mm×(30～60)mm，放置在上、下位置。

③ 一组试件必须为同一配比，其容重差应小于 5%。

④ 试件两表面应平行，且厚度应均匀。薄试件平面度应小于试件厚度的 1%。各试件的接触面应平整且结合紧密。

⑤ 粉状材料用围框的办法按上述要求处理。

⑥ 考虑材料的不均匀性，每种材料应取样 3～5 组。

2. 测试前的准备工作

① 称三块试件的重量、测量其尺寸，计算出密度。

② 将试件放在试件台上，按图 2-6-4，加热面热电偶及加热板放在测试样的下面，测量面热电偶放在测试样的上面中心位置。然后用夹具将三块试件夹紧。对于受压易变形的试件，应采取措施，防止试件变形。

3. 操作步骤

① 合上仪器电源开关，当试样上、下温度稳定后，记录温度数显面板上的上下表面的初始温度 $t(x,0)$、$t(0,0)$。

② 根据试样比重设置电源电压值。

拓展资源 15 实验 2-6 实验操作教学视频

③ 开始加热，同时打开计时器，当温度数显面板上的上表面温度升高 2～5℃时，在停止加热的同时，记录计时器显示的时间和试样上表面温度，即加热时间 τ_1 和 $t(x, \tau_1)$。特别提醒，此时只是记录时间，不停止计时，计时器需要继续计时进入下一

个步骤。

④ 停止加热冷却 4min 左右后，记录试样下表面的温度 $t(0, \tau_2)$和计时器显示的时间 τ_2，并关闭计时器。

⑤ 关闭仪器电源。

五、数据处理记录

1．实验数据记录

把实验中的各项实验数据记录于表 2-6-2 中。

表 2-6-2 测定数据记录

材料名称：

试件编号	试件尺寸/m			试件质量/kg	试件密度/（kg/m³）	加热板面积 A/m²		加热电压 U/V	加热电流 I/A
	长	宽	高						
室温		$t(x,0)$	$t(0,0)$	$t(x, \tau_1)$	$t(0, \tau_2)$	τ_1	τ_2		

2．实验数据处理

（1）计算并确定 y^2 值

把实验数据代入表格中，以此计算各项数值，用式（2-6-11）计算出 $B(y)$的值，从表 2-6-3 中查出 y^2 的值。

$q = 0.86\dfrac{I^2R}{A}$	$\theta_1 = t(x,\tau_1) - t(x,0)$	$\theta_2 = t(0,\tau_1) - t(0,0)$	$\theta_3 = t(0,\tau_2) - t(0,0)$	τ_1/h	τ_2/h

$\sqrt{\tau_1}$	$\sqrt{\tau_2}$	$\sqrt{\tau_2 - \tau_1}$	$\sqrt{\tau_2} - \sqrt{\tau_2 - \tau_1}$	$B(y) = \dfrac{\theta_1\left(\sqrt{\tau_2} - \sqrt{\tau_2 - \tau_1}\right)}{\theta_3\sqrt{\tau_1}}$	y^2

（2）计算导温系数 a、热导率 k 和比热 C

根据计算得到的 y^2 的值，用式（2-6-10）计算热导率 k ,然后用式（2-6-12）式计算导温系数 a ,用式（2-6-13）式计算比热 C。

表 2-6-3 函数 $B(y)$表

y^2	0	1	2	3	4	5	6	7	8	9
0.0	0.0000	0.8327	0.7693	0.7229	0.6852	0.6533	0.6523	0.6002	0.5777	0.5570
0.1	0.5379	0.5203	0.5037	0.4881	0.4736	0.4599	0.4469	0.4346	0.4229	0.4117
0.2	0.4010	0.3908	0.3810	0.3761	0.3625	0.3539	0.3455	0.3375	0.3298	0.3223
0.3	0.3151	0.3081	0.3014	0.2948	0.2885	0.2824	0.2764	0.2707	0.2651	0.2596
0.4	0.2543	0.2492	0.2442	0.2394	0.2347	0.2301	0.2256	0.2213	0.2170	0.2129
0.5	0.2089	0.2049	0.2010	0.1973	0.1937	0.1902	0.1867	0.1833	0.1800	0.1767
0.6	0.1735	0.1704	0.1674	0.1645	0.1616	0.1588	0.1561	0.1534	0.1507	0.1481
0.7	0.1456	0.1431	0.1407	0.1383	0.1360	0.1337	0.1315	0.1293	0.1271	0.1250

续表

y^2	0	1	2	3	4	5	6	7	8	9
0.8	0.1230	0.1210	0.1190	0.1170	0.1151	0.1132	0.1114	0.1096	0.1078	0.1061
0.9	0.1044	0.1027	0.1011	0.09949	0.09791	0.09645	0.09491	0.09340	0.09129	0.09048
1.0	0.08908	0.08770	0.08634	0.08501	0.08370	0.08241	0.08115	0.07991	0.07869	0.07749
1.1	0.07631	0.07516	0.07403	0.07292	0.07181	0.07073	0.06967	0.06863	0.06761	0.06660
1.2	0.06562	0.06464	0.06368	0.06274	0.06181	0.06090	0.06000	0.05912	0.05826	0.05741
1.3	0.05657	0.05575	0.05494	0.05414	0.05335	0.05258	0.05182	0.05107	0.05033	0.04961
1.4.	0.04890	0.04820	0.04751	0.04684	0.04617	0.04552	0.04487	0.04423	0.04360	0.04298
1.5	0.04238	0.04179	0.04120	0.04062	0.04004	0.03948	0.03893	0.03839	0.03785	0.03732
1.6	0.03680	0.03629	0.03578	0.03528	0.03479	0.03431	0.03384	0.03337	0.03291	0.03246
1.7	0.03201	0.03157	0.03114	0.03072	0.03030	0.02988	0.02947	0.02907	0.02867	0.02828
1.8	0.02790	0.02752	0.02715	0.02678	0.02642	0.02606	0.02570	0.02535	0.02501	0.02468
1.9	0.02435	0.02402	0.02370	0.02338	0.02307	0.02276	0.02246	0.02216	0.02186	0.02157
2.0	0.02128	—	—	—	—	—	—	—	—	—

六、实验结果的处理与分析讨论

在理解实验原理和测定方法的基础上，通过对实验数据的整理分析，讨论在实验中影响测量准确性的主要因素。同时综合对比两种测定方法的特点，比较分析稳定态导热和非稳定态导热过程的特点。

根据实验数据和计算结果，根据材料热导率分析比较各种材料导热性能，通过综合分析比较影响材料热导率的主要因素，讨论提高材料保温性能的方法和措施。

思考题

1．简述金属、非金属建筑材料、气体导热性能差异大的原因。

2．与稳态法相比，热脉冲法有什么优点？

3．怎样理解导温系数 a、热导率 k 的物理意义？

4．根据实验现象的观察和测量结果，分析材料热物理性能对其温度变化的影响。

5．在稳态法中，为什么对实验过程中热板与护板的温差有比较严格的要求？

6．在稳态和非稳态测量方法中，是如何满足一维导热条件的？

参考文献

[1] GB/T 10297—2015．非金属固体材料导热系数的测定　热线法.

[2] GB/T 10295—2008．绝热材料稳态热阻及有关特性的测定　热流计法.

[3] 文进．材料工程基础[M]．北京：化学工业出版社，2016.

实验 2-7 工程流体力学综合实验

课前测试题

一、教学目标

流体是材料制备过程中的一个重要工作介质，工程流体力学在材料工程领域有极其重要的作用。工程流体力学实验围绕流体力学中核心方程——能量方程（伯努利方程）进行系列实验。首先通过演示实验，理解能量方程中各项的物理意义，在此基础上，从流体流动规律、流动状态描述到影响流动阻力主要因素分析，从方程物理意义开始了解流体运动规律和流量测量原理及方法；通过不同流动状态下的流动阻力变化，了解影响流动阻力损失的主要因素，从而对流体流动相关的概念、规律有全面综合的认识，对流动现象有更深刻的理解与解读。

本实验的教学目标：

① 理解能量方程的物理意义和相关基本概念。

② 理解流量测定的基本原理和方法，了解能量方程在工程实际中的应用，培养工程实践能力。

③ 能够分析影响流动阻力的主要因素，具备面对材料制备中的复杂工程问题及发现和分析问题的能力。

二、基本原理

实验内容 1：流动演示实验

通过演示液体经过不同边界情况下的流动形态，可以观察到不同边界条件下的流线、旋涡等现象，从而使学生增强和加深对流体流动特性的认识。通过演示水流绕过不同形状物体的驻点、尾流、涡街现象以及非自由射流等现象，学生能够加深对这些现象的感性认识。流动演示也能够使学生加深对边界层分离现象的认识，使其充分地认识流体在实际工程中的各种典型的流动现象。

实验内容 2：能量方程（伯努利方程）演示实验

实际流体在有压管道中作恒定流动时，湍流状态下的能量方程可写为：

$$z_1+\frac{p_1}{\rho g}+\frac{v_1^2}{2g}=z_2+\frac{p_2}{\rho g}+\frac{v_2^2}{2g}+h_{\mathrm{w}} \tag{2-7-1}$$

式中每一项的单位为 J·N = N·m/N = m，表示为单位重量流体具有的能量，也表示一个几何高度。

式中 z_1，z_2——分别表示截面 1-1 和截面 2-2 的中心点处相对于基准面的几何高度，也分别表示单位重量流体所具有的平均位能；

$\frac{p_1}{\rho g}$，$\frac{p_2}{\rho g}$——分别表示截面 1-1 和截面 2-2 处的测压管液面距离基准面的高度，也称为静压头高度，也分别表示单位重量流体所具有的平均压强势能；

$\frac{v_1^2}{2g}$，$\frac{v_2^2}{2g}$——分别表示截面 1-1 和截面 2-2 处液体的向上垂直喷射高度，称为动压头，动压头高度＝全压管高度−测压管高度，也分别表示单位重量流体所具有的平均动能；

h_w——表示在单位流体截面 1-1 和截面 2-2 之间的能量损失，也称为阻力损失。

公式（2-7-1）表明：液体在流动过程中所具有的各种机械能（单位位能、单位压能和单位动能）是可以相互转化的。而且，实际液体流动的阻力要消耗一定的能量，也就是说，一部分机械能会转化为热能而散逸掉，这被称为阻力损失。因而，各个断面的机械能会沿程减少。

实验内容 3：雷诺实验

流体在圆管内的流型可分为层流、过渡流、湍流三种状态。层流时，流体质点做直线运动，即流体分层流动，与周围的流体无宏观的混合；湍流时，流体质点呈紊乱地向各方向作随机的脉动，流体总体上仍沿管道方向流动。流体流态可根据雷诺数来予以判断。

$$Re=\frac{ud\rho}{\mu}=\frac{ud}{\upsilon} \qquad (2\text{-}7\text{-}2)$$

$$\upsilon=\frac{\mu}{\rho} \qquad (2\text{-}7\text{-}3)$$

式中 d——管径，m；

u——流体的流速，m/s；

μ——流体的黏度，$N\cdot s/m^2$；

ρ——流体的密度，kg/m^3；

υ——流体的运动黏度，m^2/s。

关于平均流速，通过流量计算：

$$u=\frac{Q}{A} \qquad (2\text{-}7\text{-}4)$$

式中 Q——流量，m^3/s；

A——过流面积，m^2。

关于水的运动黏度（cm^2/s），可以通过水温的测量结果查阅相关的曲线得出，也可以利用下式计算：

$$\upsilon=\frac{0.01775}{1+0.0337t+0.000221t^2} \qquad (2\text{-}7\text{-}5)$$

式中，t 为水的温度（水温），℃。

一般认为，当 $Re\leqslant2000$ 时，流体流动类型属于层流；当 $Re\geqslant4000$ 时，流动类型属于湍流；而 Re 值在 2000～4000 范围内是不稳定的过渡状态，可能是层流也可能是湍流，取决于外界干扰条件。如管道直径或方向的改变、管壁粗糙、有外来振动等都易导致湍流。

层流和湍流是两种不同的流动状态。可以根据雷诺数 Re 大小判断流体的流动状态。由湍流向层流转变的最小雷诺数 Re_{k1} 为下临界雷诺数，由层流向湍流转变的最大雷诺数 Re_{k2} 为上临界雷诺数。由于上临界雷诺数 Re_{k2} 受外界影响较大，工程实际应用中，通常用下临界雷诺数作为判断流态的依据。

实验内容 4：沿程阻力损失测定实验

流动阻力损失包括沿程阻力损失和局部阻力损失。

对于等直径管道、恒定、均匀流的湍流流动，断面之间的流动阻力损失只有沿程阻力损失，因此，依据式（2-7-1）沿程阻力损失：

$$h_{\mathrm{f}}=\left(z_1+\frac{p_1}{\gamma}\right)-\left(z_2+\frac{p_2}{\gamma}\right) \tag{2-7-6}$$

式中，p_1、p_2分别为两测量截面 1-1 和 2-2 处的流体压强，N/m^2；γ为流体容重，N/m^3。

将截面 1-1 与截面 2-2 的测压管分别接至倾斜压力计（简称比压计）的两个接头上，比压计的倾斜角为α，比压计的两个测压管上的读数为∇_1及∇_2，则$h_{\mathrm{f}}=(\nabla_1-\nabla_2)\sin\alpha$。然后由沿程水头损失的计算公式：$h_{\mathrm{f}}=\lambda\frac{l}{d}\times\frac{w^2}{2g}$就可以计算出沿程阻力系数$\lambda$：

$$\lambda=\frac{2gdh_{\mathrm{f}}}{lw^2} \tag{2-7-7}$$

式中，d、l（直管上两测量截面间的管道长度，m）可用尺子测量出来，h_{f}可以通过比压计的测量结果计算出来，重力加速度g可以按 $9.81\mathrm{m/s^2}$ 计算。而截面平均流速w（单位：m/s）用体积法测定流量Q（单位：$\mathrm{m^3/s}$）后计算出来，$w=Q/A$，A为管道内的过水横截面积（单位：$\mathrm{m^2}$）。

另外，还要利用式（2-7-2）测出不同沿程阻力系数λ所对应的雷诺数Re。

$$\lambda=f\left(Re,\frac{\varepsilon}{d}\right) \tag{2-7-8}$$

对于确定的管道，粗糙度$\frac{\varepsilon}{d}$确定，$\lambda=f(Re)$。当通过阀门改变流速时，能够得到λ-Re的变化曲线。

实验内容 5：局部阻力损失测定实验

流体在管道内流动时（简称管流），由于管道内边界形状的急剧改变，水流将与边界发生分离并出现旋涡，同时流动截面上的流速分布将发生重组，这样必将消耗一部分机械能。对于管流来说，管道内边界形状的改变所消耗的部分机械能通常以单位重量流体的平均能量损失来表示，这就是人们所说的局部阻力损失。

对于管流来说，管道内边界形状的改变主要有以下几种情况：过流截面的突然扩大（简称突扩管）或突然缩小（简称突缩管）、弯道及管路上安装的阀门和节流管件等。

局部阻力损失常用动压头与一个系数的乘积表示：

$$h_{\mathrm{j}}=\zeta\frac{w^2}{2g} \tag{2-7-9}$$

式中，ζ为局部阻力系数。系数ζ是流动形态与边界形状的函数，即$\zeta=f$（Re，边界形状）。一般来说，当水流Re数足够大时，可以认为局部阻力系数ζ不再随Re数的改变而变化，这时ζ可当作常数处理。

目前，仅有管道突然扩大的情况（简称突扩管），局部阻力系数可以采用理论分析得到其计算公式，从而能够得到理论计算结果。其他绝大多数情况都需要利用实验的方法来测定出局部阻力系数ζ的值。突扩管的局部阻力损失可以应用动量方程、能量方程以及连续性方程联合求解，从而得到如下计算公式：

$$h_j = \zeta_2 \frac{w_2^2}{2g} \tag{2-7-10}$$

其中，

$$\zeta_2 = (\frac{A_2}{A_1} - 1)^2$$

或

$$h_j = \zeta_1 \frac{w_1^2}{2g} \tag{2-7-11}$$

其中，

$$\zeta_1 = (1 - \frac{A_1}{A_2})^2$$

式中，A_1和w_1分别为突扩管上游管段的断面面积和平均流速；A_2和w_2分别为突扩管下游管段的断面面积和平均流速，其中$A_1 < A_2$。

实验内容 6：文丘里流量计及孔板流量计率定实验

文丘里流量计的结构包括收缩段、喉管、扩散段这三个部分。由于过水断面的收缩，该喉管断面处的水流流速增加，从而造成收缩段前后断面压强不同，此压强差可由压差计来测量得出。孔板流量计原理与文丘里流量计在原理上相同。

在不计流体阻力损失情况时，对于文丘里管前断面和喉管处，两处截面积分别为A_1、A_2，若能测得两处的流速v_1、v_2，根据连续性方程可知：

$$Q = A_1 v_1 = A_2 v_2 \tag{2-7-12}$$

即

$$Q = \frac{\pi d_1^2}{4} v_1 = \frac{\pi d_2^2}{4} v_2 \tag{2-7-13}$$

在不计流体阻力损失情况时，根据伯努利方程得出下式：

$$z_1 + \frac{p_1}{\gamma} + \frac{v_1^2}{2g} = z_2 + \frac{p_2}{\gamma} + \frac{v_2^2}{2g} \tag{2-7-14}$$

将式（2-7-13）、式（2-7-14）联立求解可得：

$$Q = \frac{\pi}{4} \times \frac{d_1^2 d_2^2}{\sqrt{d_1^4 - d_2^4}} \sqrt{2g} \sqrt{(z_1 + p_1/\gamma) - (z_2 + p_2/\gamma)} \tag{2-7-15}$$

孔板流量计的不计流体阻力损失情况时流量的推导和表达公式与文丘里流量计的完全一致。

$$Q = K\sqrt{\Delta h} \tag{2-7-16}$$

其中：

$$K = \frac{\pi}{4} \times \frac{d^2 D^2}{\sqrt{D^4 - d^4}} \sqrt{2g} \tag{2-7-17}$$

$$\Delta h = (z_1 + p_1/\gamma) - (z_2 + p_2/\gamma) \tag{2-7-18}$$

式中，Δh 为两断面测压管水头差；K 为流量计常数，对于给定管径是常数；D 为截面收缩前的圆管直径，m；d 为截面收缩后的孔道直径，m。

结合实验装置，由流体静力学中等压面原理可得：

对于文丘里流量计：
$$\Delta h_{文} = h_1 - h_2 \tag{2-7-19}$$

对于孔板流量计：
$$\Delta h_{孔} = (h_3 - h_4) + (h_5 - h_6) \tag{2-7-20}$$

在实际流动中，由于流体阻力损失的存在，水流通过文丘里流量计（或孔板流量计）时会有能量损失，故而实际通过的流量 $Q_{实}$ 恒小于不计阻力时的理论流量 Q。因此，在实际应用时，引入无量纲系数 $\mu = Q_{实}/Q$，对理论计算所得的流量进行修正。

即
$$Q_{实} = \mu Q = \mu K\sqrt{\Delta h}$$

式中，μ 为实测流量与理想情况（不计阻力损失）下的流量之比，称为流量计的流量系数。

根据实验室设备条件，管道的实测流量 $Q_{实}$ 由体积法测出。

因此，可以测得流量计的流量系数：
$$\mu = Q_{实}/K\sqrt{\Delta h} \tag{2-7-21}$$

三、实验内容和步骤

实验内容 1：流动演示实验

1. 实验器材

图 2-7-1 为本实验装置（流体流动演示仪）的结构示意图。该实验装置是由水箱、水泵、流动显示面等几个部分所组成，其实验原理是通过在水流中掺气的方法，利用日光灯的照射，从而能够清楚地演示不同边界条件下的多种水流现象。整套系列实验装置共有 6 个（即 6 个单元），而且每个单元都是一套独立的装置，可以单独使用，亦可以几个同时使用。图 2-7-2 是这 6 套实验单元的显示面板的结构示意图。分别称为：ZL-1 型、ZL-2 型、ZL-3 型、ZL-4 型、ZL-5 型、ZL-6 型。

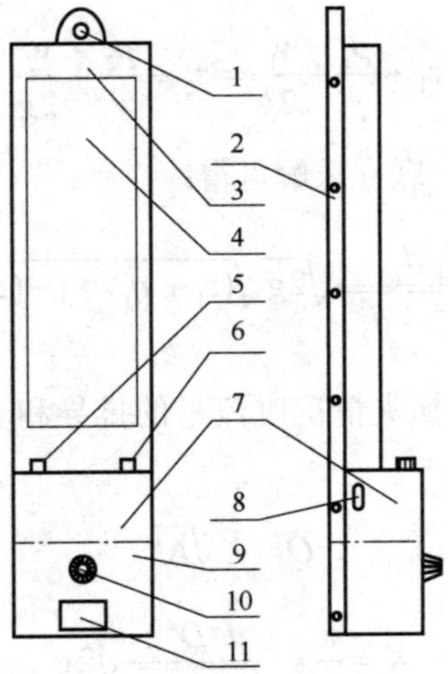

图 2-7-1　流动演示仪的结构

1—挂孔；2—铝合金框架后盖；3—彩色有机玻璃面罩；4—不同边界的流动显示面；5—加水孔；6—掺气量调节阀；7—蓄水箱；8—水位观测窗口；9—电器、水泵室；10—无级调流速旋钮；11—标牌

2. 测试步骤

首先接通电源，再启动电源开关。然后关闭掺气量调节阀，这样可在最大流量下使显示面两侧水道充满水。而后，调节掺气量的旋钮来调节进气量的大小。

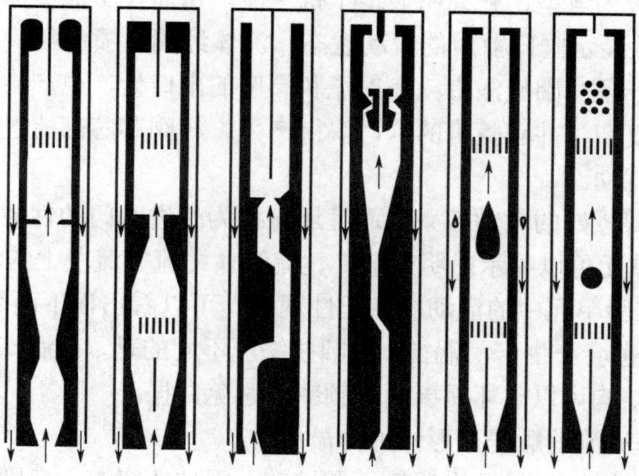

图 2-7-2　6 套实验单元的显示面板的结构

调节应当缓慢、逐次进行，使之达到最佳显示效果（掺气量不宜太大，否则会阻断水流，或产生剧烈的噪声）。

上述 6 套实验单元的实验内容分别如下。

① ZL-1 型实验单元可以显示出文丘里流量计、孔板流量计等装置处的流动图形以及串联流道纵剖面上的流动图谱。

由 ZL-1 型实验单元所显示的流型可以看出：文丘里流量计处的过流顺畅，流线顺直，无边界层分离和旋涡产生。但是，对于孔板流量计，在孔板前的拐角却处有小旋涡产生，孔板后的水流则逐渐扩散，并在主流区的周围形成较大的旋涡区。由此可以看出，孔板流量计的特点是结构简单，但其阻力损失较大，其流量系数较小（$\mu = 0.61$ 左右）。对于文丘里流量计来说，其流型较好，阻力损失较小，流量系数较大($\mu = 0.96 \sim 0.99$)。

② ZL-2 型实验单元可以显示出渐扩段、渐缩段、突扩段、突缩段等液体流动平面上的流动图形，也可模拟串联管道的纵向剖面流动图谱。

在渐扩段可观察到由于边界层分离而产生旋涡。而在渐缩段，由于不产生边界层分离现象，流线会均匀收缩，几乎没有旋涡产生，而只在拐角处出现很小的旋涡区。但是，在突扩段则出现了较大的旋涡区。由此可见，逐渐扩散段局部阻力损失大于收缩段，而在此实验中突扩段所产生的局部阻力损失最大。

③ ZL-3 型实验单元可以显示出 30° 弯头、直角圆弧弯头、直角弯头、45° 弯头以及非自由射流等流段纵向剖面上的流动图谱。

由 ZL-3 型实验单元所显示的流型可以看出：在每一转弯处的后面，都会因边界层的分离而产生旋涡。转弯的角度不同，其旋涡大小、形状各异。在圆弧状转弯段，流线顺畅。此外，在该串联管道上，还会显示出局部阻力损失叠加影响的流动图谱。在非自由射流段，射流离开喷口后，不断地卷吸周围的流体，从而形成射流的紊动扩散。在此段上还可以看到射流的“附壁效应”现象。

④ ZL-4 型实验单元可以显示出 30° 弯头、分流、合流、45° 弯头、YF 型溢流阀等流段纵向剖面上的流动图谱。

由以上流动图谱显示可以看出：在转弯、分流、合流等过流段上，存在着不同的旋涡区。其中，合流的旋涡区较为典型，它会明显地干扰主流，从而使主流的流动受阻、阻力损失变大。YF 型溢流阀装置显示阀门前后的流动状态：流体经阀口喷出后，在阀芯的大反弧段发生边界层分离，出现一条一圈旋涡带；在射流和阀座的出口处，也产生一较大的旋涡环带；在阀后，尾迹区大而复杂，并有随机的卡门涡街产生，经阀芯芯部流过的小股流体也在尾迹区产生不规则的左右扰动。

该装置不但能获得较好的教学效果，而且还直接为改进阀门的性能提供了直观根据。

⑤ ZL-5 型实验单元可以显示出明渠渐扩、流线体绕流等流段上的流动图谱。

通过对 ZL-5 型实验单元中的流动图谱记性观察，可以看出以下两个现象。

a．非圆柱体绕流也会产生卡门涡街，与圆柱绕流不同的是，该涡街的频率具有较明显的随机性。改变绕流体结构可以破坏涡街固有频率，避免共振。

b．流线型柱体绕流流动顺畅，形体阻力最小。

⑥ ZL-6 型实验单元可以显示出明槽逐渐扩散、圆柱体绕流、多圆柱绕流等流段的流动图谱。

由 ZL-6 型实验单元所显示的流型可以看出以下几个特殊的流动现象。

a．驻点：ZL-6 型实验单元中可以观察液体流经圆柱前端驻点处的小气泡运动特性，可以了解到流速与压强沿圆周边的变化情况。

b．边界层分离现象：ZL-6 型实验单元中的流动可以显示出圆柱绕流边界层的分离现象，可以观察出边界层分离点的位置及边界层分离后的回流图谱。

c．卡门涡街：“卡门涡街”是指圆柱的轴与水流方向垂直，在圆柱的两个对称点上产生边界层分离，然后不断交替地在圆柱体下游的两侧产生旋转方向相反的旋涡区，这些旋涡区随主流一起向下游移动，在移动过程中其旋涡的强度会逐渐减弱。

d．多圆柱体绕流：由 ZL-6 型实验单元可以观察到流体经过多圆柱绕流时所产生的旋涡区，由此可以了解到，该现象被广泛地应用于传热系统的“冷凝器”及其他工业管道的热交换器中。由该流动图谱可以看出，多圆柱体的换热效果较佳。

3．实验结果的处理与分析讨论

① 不同边界条件下的流线、旋涡有何特点？

② 旋涡强度的大小与能量损失有什么关系？边界层分离现象发生在什么区域？

③ 卡门涡街具有什么特性？卡门涡街对于绕流有什么影响？你能够指出实际问题中的卡门涡街现象吗？

4．实验过程中的注意事项

① 开机后需要等待 1～2min，使流道内的气体排净后再来演示，否则，仪器不能正常工作。

② 水泵不能在低速状态下长时间地工作，更不允许在通电情况下（日光灯亮）长时间地处于停转状态，只有日光灯熄灭才是真正关机，否则水泵易烧坏。

③ 调速器旋钮的固定螺丝松动时，应及时地拧紧，以防止内部电线短路。

实验内容 2：能量方程（伯努利方程）演示实验

在恒定流的情况下，通过测压管水头线和总水头线的沿程变化规律，观察到有压管流中断面的位置势能、压强势能和动能，在渐变流段与急变流段等各种边界条件下过流断面能量守恒及转换的规律、能量损失现象。

1. 实验器材

伯努利方程演示仪为一个自循环的水流系统，如图 2-7-3 所示。在本实验中的器材有全压管、测压管、胶皮管；该水流系统中设有进水阀、垂直管、水平管、突扩管、文丘里管、突缩管、垂直弯管和水平弯管、出水阀、蓄水箱、水泵。为了便于所观察实验现象，在系统的背景板上还设置有垂直方向上的刻度标尺。

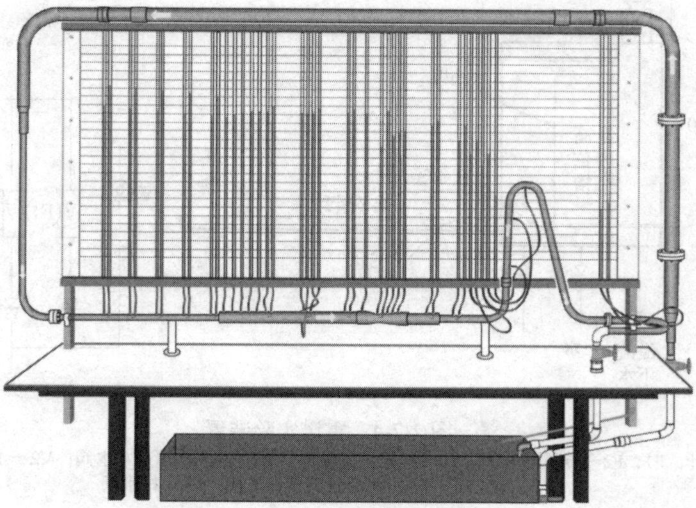

图 2-7-3 伯努利方程演示仪

2. 测试步骤

① 熟悉设备以及各种实验装置。

② 接通电源。

③ 缓缓打开进水阀，反复开关出水阀门来将管道及测压管中的空气排除干净。

④ 调节进水阀门，将流量固定在某一流量（以 $1.5m^3/h$ 左右为宜），待水流稳定后，开始观察测压管水头线和总水头线沿程变化的规律。

⑤ 观察：a. 管道内各个截面上位能、压强势能、动能和能量损失的变化规律；b. 位能、压强势能和动能的相互转化规律；c. 在恒定流中连续性方程所描述的速度与管径之间的关系。

⑥ 观察管道中各种局部阻力损失的现象。例如，在管径突然扩大和突然缩小的情况下测压管水头的变化规律；在均匀流段、渐变流段的过流断面上各点的测压管水头相等，但是在急变流段过流断面上各点的测压管水头却不相等的现象；在垂直弯管段上的真空现象等。

⑦ 将阀门开大或关小，从而观察各个测压管水面连线上的变化规律。

⑧ 实验结束后，切断电源，也要关闭进水阀门。

3. 实验过程中的注意事项

拓展资源 16　实验 2-7 能量方程（伯努利方程）演示实验操作教学视频

① 开启阀门一定要缓慢，并注意测压管中水位的变化，不宜过猛，以免使测压管中的压力上升过快，造成不良后果。

② 一定要将管道和测压管中的空气排净。

实验内容 3：雷诺实验

1. 实验器材

雷诺实验装置图如图 2-7-4 所示。

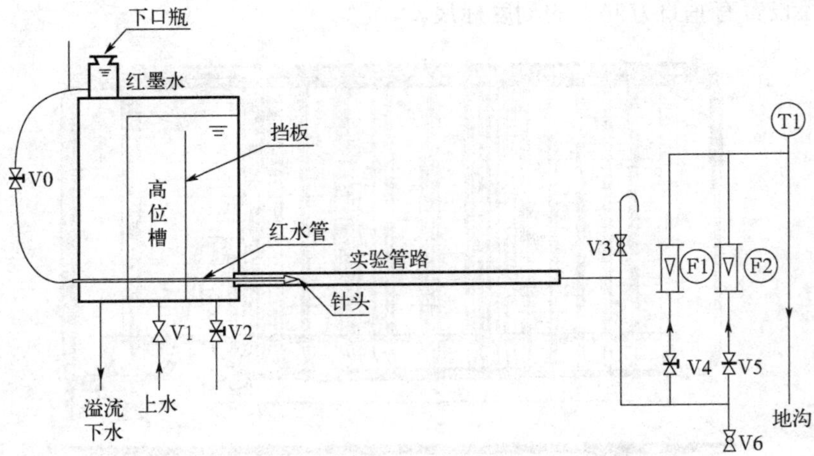

图 2-7-4　雷诺实验装置

T1—温度计；F1、F2—转子流量计；V0—红墨水流量调节夹；V1—水箱进水水阀；V2—水箱放水水阀；V3—放空阀；V4、V5—水流量调节阀；V6—排水阀

2. 测试步骤

（1）实验前准备工作

① 向下口瓶中加入适量用水稀释过的红墨水。

② 观察针头位置是否处于实验管道中心线上，适当调整使针头处于实验管道的中心线上。

③ 关闭水流量调节阀 V4、V5,以及水箱放水水阀 V2、放空阀 V3，打开进水阀，通过进水阀 V1 向高位水箱注水，使水充满水箱并产生溢流，保持合适最小流量溢流。

④ 轻轻开启放空阀 V3，排出气体后，使实验管道充满水即可关闭放空阀 V3。

（2）雷诺实验

① 缓慢打开阀门 V4，调节流量，缓慢有控制地打开红墨水流量调节夹 V1，红水流束呈现不同流动状态，红水流束所表现的就是当前水流量下实验管内水的流动状况。观测现象并读取记录流量数值。

② 因进水和溢流造成的震动，有时会使实验管道中的红水流束偏离管内中心线或发生不同程度的左右摆动，此时可立即关闭进水阀 V1，稳定一段时间，即可看到实验管道中出现的与管中心线重合的红色直线。

③ 缓慢打开阀门 V5，调节流量，观察红水流束呈现的流动状态，此时流量大，可看到红水流束在管内快速散开，基本是完全湍流。

（3）圆管内流体速度分布演示实验

① 关闭进水阀 V1、水流调节阀 V4、V5。

② 将红墨水流量调节夹 V0 打开，使红墨水滴落在不流动的实验管路中。

③ 突然打开流量调节阀 V4 或 V5，在实验管路中可以清晰看到红水线流动所形成的如图 2-7-5 所示的流速分布。

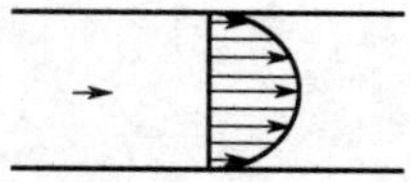

图 2-7-5　流速分布

（4）实验结束

① 首先关闭红墨水流量调节夹 V0，停止红墨水流动。

② 关闭进水阀 V1，使自来水停止流入水槽。

③ 待实验管道中红色消失时，关闭水流量调节阀 V5。

④ 如果日后较长时间不再使用该套装置，请将设备内各处存水放净。

3. 数据处理记录

将实验数据记入表 2-7-1 中。

表 2-7-1　雷诺实验数据记录

水温：　℃　　水的密度：　kg/m^3　　水的黏度：　Pa·s　　管径：　mm

序号	流量计读数/（L/h）	流速/（m/s）	雷诺数	流动状态	
1					
2					
3					
4					
5					
6					

实验现象记录：记录层流速度分布测试时的实验现象。

4. 实验结果的处理与分析讨论

① 结合实验现象，描述和理解各种流态流体质点的运动规律。

② 通过雷诺数的测定和计算，总结流体流态和雷诺数的关联关系。

③ 观察和描述流体在圆管内的层流速度分布规律。

实验内容 4：沿程阻力损失测定实验

本实验通过测定沿程阻力损失与流动截面的平均流速之间的关系，然后查阅流体力学中的莫迪图，确定出流体流动时流态变化的临界雷诺数。通过测定沿程阻力系数 λ 随雷诺数 Re 的变化而变化的具体规律，加深对不同流态下沿程阻力损失规律的认识。

1. 实验器材

图 2-7-6 是本实验装置的结构简图。每套实验装置需要：打气筒 1 个、玻璃量筒 1 个、秒表 1 个、玻璃温度计 1 个、30° 三角板 1 个。

2. 测试步骤

① 启动抽水机：向高位水箱充水，并使高位水箱稍有溢水。然后将管道上的尾阀处于全开状态，其目的是冲洗管道。

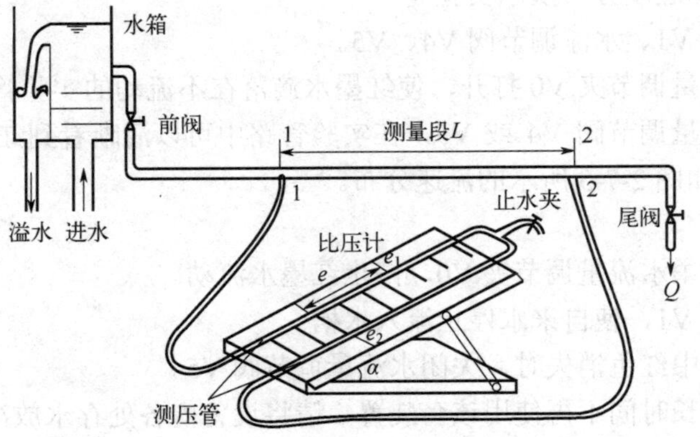

图 2-7-6　管流流态及沿程阻力损失测定的实验装置

L—左右两侧玻璃管中液位读数之差；e_1、e_2—比压计左右两侧玻璃管中液位读数；α—比压计的倾斜角度

② 关闭尾阀：松开比压计上端的三通管止水夹来进行排气。等到管道内和测压管内的气体全部排除干净后，再用打气筒经过三通管的顶端向比压计注入压缩空气，从而使比压计中两个测压管水面降至测压管中部便于测读处，然后再用止水夹来夹紧三通管的顶端，以防止压缩气体外泄。最后，拔去打气筒，检查两个测压管中的水面是否平齐；如果不平齐，则应进行调整或重新排气。

③ 从湍流到层流的测量：将尾阀设置到一定的开度（比压计上的测压管液面读数差约为 20cm）后，便开始实验，待水流稳定后，利用 30° 三角板将比压计倾斜角度调整成 30° 并固定，读取比压计上的读数∇_1、∇_2，在管道末端出口处用体积法测定管道内流量，即用量筒取水的同时，打开秒表计时，取完一定量水后，移开量筒，同时停止计时，并读取玻璃量筒内水的体积 V 以及采样时间 T，完成第一个测次。计算出流速 u、沿程阻力 h_f、水的运动黏度υ（cm^2/s）、雷诺数 Re。然后逐次关小尾阀，重复上述操作与读数，一直做到管道的出流几乎成滴淋状，此时比压计上的两个测压管内的液面读数之差约为 1mm，则为完成了从湍流流态到层流流态的全部测量过程。

拓展资源 17　实验 2-7 沿程阻力损失测定实验　操作教学视频

④ 再做从层流流态到湍流流态的测量：逐次开大尾阀，按照③中的操作步骤逐次测量与读数。（注意：如果实验中的实验时间有限，该步骤可以不做。）

⑤ 实验过程中，每半小时用玻璃温度计测量一次水温，用水温的平均值来作为计算运动黏度υ的温度指标。

3. 数据处理记录

（1）实验数据的记录

实验装置台的顺序号：____#。

管径 d = ____cm；管道内的过水截面积 A = ____cm^2；

测量段的长度 L = ____cm；

比压计的倾斜率 $\sin\alpha$ = ____；

水温 t = ____℃；水的运动黏度υ = ____cm^2/s。

（2）数据记录与计算表

将数据记录在表 2-7-2 中并计算。

表 2-7-2　实验测量数据的记录与计算表

测次	比压计的读数			沿程阻力损失 h_f/ cm	所取体积 V/cm^3	取样时间 T/s	计算流量 Q /(cm^3/s)	计算流速 w (cm/s)	雷诺数 Re	lg$w$	lg(h_f/L)	λ
	∇_1 /cm	∇_2 /cm	$\nabla_1-\nabla_2$ /cm									

4．实验结果的处理与分析讨论

① 在双对数坐标纸上以 lg（h_f/L）为纵坐标，lg$w$ 为横坐标（比例用 1∶1），逐点绘出 lg（h_f/L）-lg$w$ 的相关实验点以及实验曲线；标出层流区和湍流区实验点的变化趋势曲线。当从湍流向层流变化时，该趋势曲线与层流区变化曲线直线的交点即为下临界点，以此计算出下临界流速值 w_k 以及所对应的临界雷诺数 Re_k。

② 以 lg（100λ）和 lgRe 分别为纵坐标和横坐标，把实验数据所对应的实验点绘在坐标纸上，得到 λ-Re 曲线。

③ 分析为什么调节速度会引起流态变化。思考沿程阻力系数 λ 随雷诺数 Re 变化的规律，讨论流态与沿程阻力系数之间的影响关系。

5．实验过程中的注意事项

① 在实验过程中，尾阀只能朝一个方向关小或开大，不能弄错关、开的顺序。尾阀顺时针旋转为关小，逆时针旋转为开大。

② 应尽可能减少外界对水流的干扰，在实验过程中，要保持环境安静，不要碰撞管道以及与管道有联系的器件和桌子，要仔细轻巧地操作。尾阀开度的改变对水流也是一个干扰，因而操作阀门时要轻微、缓慢。

③ 尾阀开度的变化不宜过大。当流速较大时，比压计上两个测压管读数差每次的改变值大约在 2cm。当接近临界区 $Re_k = 2000\sim2300$，比压计上两个测压管的读数差改变值约 1.5cm 为宜，然后每次调节反映在比压计上两个测压管的读数差改变值应控制在 1～2mm 以内。一个单程测量过程（从湍流到层流，或从层流到湍流），应做 15～20 个测次以上，预计全部实测的雷诺数 Re 约在 500～8000 之间，但在雷诺数 Re 小于 2500 以下时约需 10 个测次才能保证实验成果比较完满。此时调节尾阀应特别细心。

④ 每调节一次尾阀后，必须再等待 3min，使水流稳定后，方可进行测量。

⑤ 用体积法测流量时，所取水量的时间越长，则流量越精确，尤其是在小流量时，应

该注意要尽量有较长的取水时间。

⑥ 测量水温时，要把温度计放在水中进行读数，不可将它拿出水面之后再读数。

实验内容 5：局部阻力损失测定实验

通过流动断面变化的管道，掌握管流局部阻力损失系数ζ的测定和计算方法。观察在管径突然扩大处所在区域内测压管水头线的变化情况和水流情况。

1．实验器材

管流局部阻力损失测定实验的实验装置如图 2-7-7 所示。每套实验装置需要：玻璃量筒 1 个、秒表 1 个。

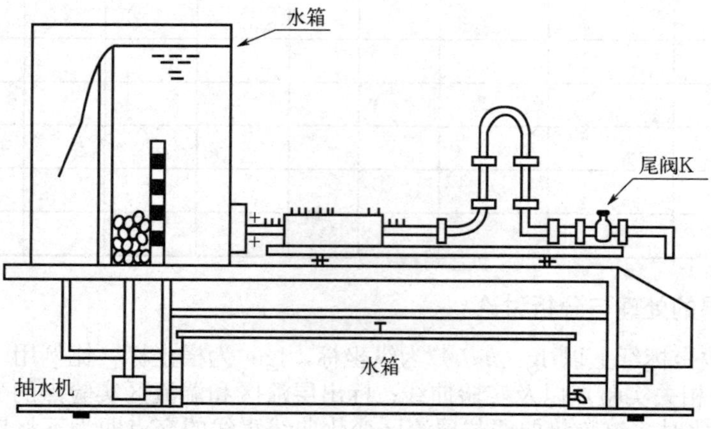

图 2-7-7　管流局部阻力损失测定的实验装置

2．测试步骤

① 熟悉仪器，记录管道直径 D 和 d。

② 检查各测压管的橡皮管接头是否漏水。

③ 启动抽水机，使水箱充水，并保持溢流，使水位恒定。

④ 检查尾阀 K 全关时测压管的液面是否齐平，若不平，则需要通过排气的方法来调平。

⑤ 慢慢打开尾阀 K，调整到在测压管量程范围内有较大的流量，待流动稳定后，记录各测压管液面标高。并且用体积法（量筒和秒表）测量管道流量。

⑥ 调节尾阀改变流量，而且需要重复测量三次。

拓展资源 18　实验 2-7 局部阻力损失测定实验　操作教学视频

3．数据处理记录

实验数据记录及计算表如表 2-7-3 所示。

实验台编号：_____#；大管道直径 D = ____cm；小管道直径 d = ___cm。

表 2-7-3　管道局部水头损失实验数据记录及计算表

测量次序号	1	2	3	4	5	6
体积 V/cm^3						
时间 T/s						

续表

测量次序号		1	2	3	4	5	6
流量 Q/（cm^3/s）							
流速 w_1/（cm/s）							
流速 w_2/（cm/s）							
突然扩大管	测压管水头 h_1/cm						
	测压管水头 h_2/cm						
	流速水头 $H_1(\mathrm{cm})=\dfrac{w_1^2}{2g}$						
	流速水头 $H_2(\mathrm{cm})=\dfrac{w_2^2}{2g}$						
	实测的损失 $h_j(\mathrm{cm})=(h_2+H_2)-(h_1+H_1)$						
	实测的损失系数 $\zeta_{1实测}$						
	理论计算的损失系数 $\zeta_{1理论}$						
	实测的损失系数平均值 $\overline{\zeta}_{1实测}$						

4．实验结果的处理与分析讨论

① 通过实验数据的分析整理，将实测的局部水头损失系数与其理论计算值进行比较，分析产生误差的原因。在不考虑管段沿程水头损失 h_f 的情况下，与理论计算得到的 ζ 值相比，所测出的 ζ 是偏大还是偏小？在使用此数值时是否可靠？

② 观察实验现象，结合实验数据分析与了解其他各种边界突变情况时测压管水头线的变化情况。

③ 在相同管径变化的条件下，相对于同一流量，其突扩管的 ζ 值是否一定大于突缩管的 ζ 值？不同的 Re 数时，局部水头损失系数 ζ 值是否相同？

5．实验过程中的注意事项

① 实验数据必须在水流稳定后方可进行记录。

② 计算突扩管局部阻力系数时，应注意选择相应的动压头；所选择的测量断面应选在渐变流段上，尤其下游断面的测量断面应选在旋涡区的末端，即主流恢复并充满全管的横断面上。

实验内容 6：文丘里流量计及孔板流量计率测定实验

本实验的目的在于了解文丘里流量计和孔板流量计的原理。绘出其压差与流量的关系曲线，从而来确定出文丘里流量计和孔板流量计的流量系数 μ 值。

1．实验器材

实验设备及各部分名称如图 2-7-8 所示。

2．测试步骤

① 熟悉仪器，记录各有关常数。

② 打开电源开关，启动抽水机，使水箱充水，并使水箱保持溢流，水位恒定。

③ 关闭尾阀 K，检查测压管液面读数，压差计液面是否满足 $\Delta h_文=h_1-h_2=0$ 且

$\Delta h_{孔} = (h_3 - h_4) + (h_5 - h_6) = 0$，若不全为 0，则需要排气、调平。

④ 全开尾阀 K，检查各测压管液面读数是否都处于可读数范围内，否则，需要打开上端气阀，往 4、5 号测压管中注入清水进行调整，直至各测压管液面读数都处于可读数范围内。

⑤ 调节尾阀 K，依次增大流量或依次减小流量。用体积法测量各次流量，并测量相应的各测压管的液面读数。共做 10 次实验。

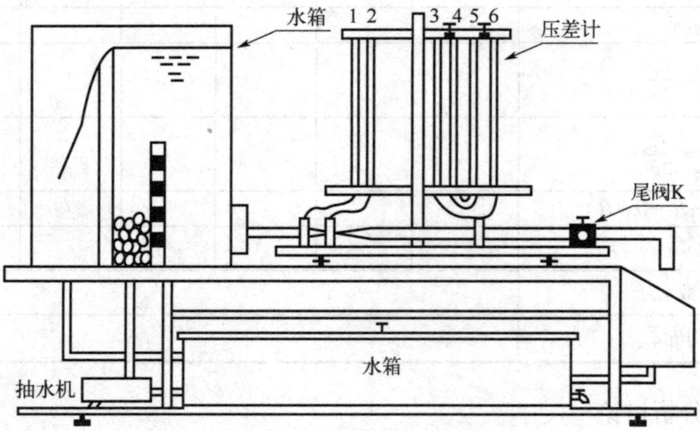

图 2-7-8 文丘里流量计及孔板流量计率测定的实验装置
（数字表示测压管序号）

拓展资源 19 实验 2-7 文丘里流量计及孔板流量计率测定实验 操作教学视频

⑥ 检查核对数据记录无误即可结束实验，关闭电源，工具放回原位。

3．数据处理记录

① 实验装置参数

实验台编号：______#；

圆管直径	喉管直径	孔板直径
D/ cm	d_1/ cm	d_2/ cm

② 实验记录及计算表如表 2-7-4 所示。

表 2-7-4　文丘里流量计和孔板流量计实验记录及计算表

测次	体积 V /cm^3	时间 /s	流量 /（m^3/s）	水位 ∇_1 /cm	水位 ∇_2 /cm	水位 ∇_3 /cm	水位 ∇_4 /cm	水位 ∇_5 /cm	水位 ∇_6 /cm	$\Delta h_{文}$	$\Delta h_{孔}$	$\mu_{文}$	$\mu_{孔}$
1													
2													
3													
4													
5													
6													
7													
8													

4．实验结果的处理与分析讨论

① 绘制 V-Δh 关系曲线。在坐标纸上，以 Δh 为横坐标，以 V 为纵坐标，分别点绘出文

丘里流量计和孔板流量计的 $V\text{-}\Delta h$ 曲线。若文丘里流量计和孔板流量计倾斜放置，则测压管水头差是否变化？

② 根据实测的实验数据来计算出文丘里流量计与孔板流量计的流量系数，分析文丘里流量计的流量系数与孔板流量计的流量系数有什么不同的成因。孔板流量计与文丘里流量计的流量系数 μ 值是否是常数？若不是，则它与哪些因素有关？

5．实验过程中的注意事项

① 改变流量时，需待开关改变后，水流稳定至少 3～5min，方可记录。

② 当管内流量较大时，测压管内的水面会有波动现象。应读取波动水面的最高读数与最低读数，取其平均值作为测量读数。

思考题

1．分析管流中某截面的几何高度、测压管高度和动压高度之间的关系。

2．结合实验现象和数据分析，为什么流态不同会影响沿程阻力系数？

3．为什么可以根据雷诺数 Re_k 判断流态？

4．根据 $\lambda\text{-}Re$ 曲线，分析影响沿程阻力损失的主要因素。

5．比较在均匀流段、渐变流段的过流断面和急变流段过流断面上测压管水头的变化情况，分析其原因。

6．对于断面变化的管道，如何减少局部阻力损失？

7．文丘里管段上各截面处的测压管高度变化规律说明了什么？

8．垂直管段的几何压头和压强之间有什么关系？其最大真空值如何确定？

9．孔板流量计的测压管水头差为什么是 $(h_3-h_4)+(h_5-h_6)$？

主要参考文献

[1] 文进．材料工程基础[M]．北京：化学工业出版社，2016.

[2] GB/T 21446—2008．用标准孔板流量计测量天然气流量.

[3] GB/T 32201—2015．气体流量计.

[4] GB/T 2624—2006．用安装在圆形截面管道中的差压装置测量满管流体流量.

第 3 章

材料物理化学性能实验

学习导论

本章主要内容是材料在使用过程中的物理和化学性能的检测实验，包括光学性能、电学性能、热学性能、力学性能等。通过对这些性能的检测，确定材料的性能指标是否满足实际使用要求。

本章的教学目标

1. 了解材料的应用对性能的要求，掌握无机非金属材料性能测试原理和方法。
2. 利用实验仪器设备，获得正确的性能测试数据。
3. 理解并运用正确方法，根据实验数据分析材料组成、结构、制备和性能之间的关系，并获得合理有效的结论。
4. 在实验过程中，遵守实验室规章制度，能安全、规范操作实验仪器设备，客观记录实验数据和实验现象，并能科学分析和评价。
5. 通过分组方式完成实验，建立团队合作精神，小组成员之间能有效沟通。

达成教学目标的途径

1. 学生实验前通过该课程的教学网站进行实验预习，掌握相关的实验原理、测试方法等内容，网络学习的过程中有讨论、答疑和单元测试等教学内容。学生完成网络学习写完预习报告后进入实验室进行实验操作，获得实验数据，课后对实验数据进行分析计算，并对其可靠性进行分析，得到实验结果。
2. 实验采用分组的方式进行，并对学生的团队合作精神，以及学生遵守实验室的规章制度等非专业能力进行考核和评价。

实验 3-1　材料显微硬度的测定

一、教学目标

硬度通常定义为材料抵御硬且尖锐的物体施加压力而产生永久压痕的能力。材料的硬度是材料重要的力学性能之一。无机非金属材料硬度测试的目的，是为了检验材料抗磨蚀、耐刻划的能力。

材料的硬度与其他的物理性能之间存在着某种关系。例如，硬度和拉力试验基本上都是测量金属抵抗塑性变形的能力。这两种试验在某种程度上都是测量同样的特性，其结果完全可以相比较。硬度试验的优点在于：它是一种简单而又容易进行的试验，尤其突出的是，它是一种非破坏性测试。

无机非金属材料的硬度与材料的化学和物相组成以及显微结构等因素有关。非晶态材料的硬度随结构网络外体离子半径的减小和原子价的增加而增加。晶体材料的硬度与键强度有关。陶瓷材料的硬度除与主晶相有关外，还受晶粒尺寸、晶界相和气孔及其分布等因素的影响。换句话说，硬度是材料微观结构的宏观表现。在材料研究中，硬度数据的使用频率非常高，硬度测试的目的，并不一定是用来表征所研究材料的使用性能，而是通过硬度试验获得材料微观结构的有关信息。

本实验的教学目标：

① 了解无机非金属材料显微硬度测试的意义。

② 了解影响无机非金属材料显微硬度的因素。

③ 学习显微硬度测试的原理与方法。

二、基本原理

一般硬度测试的基本原理是：在一定时间间隔里，施加一定比例的负荷，把一定形状的硬质压头压入所测材料表面，然后，测量压痕的深度或大小。

习惯上把硬度试验分为两类：宏观硬度和显微硬度。宏观硬度是指采用 9.81N (1kgf)以上负荷进行的硬度试验。诸如工具、模具等金属材料的硬度试验。显微硬度是指采用 9.81N (1kgf)或小于 9.81N (1kgf)负荷进行的硬度试验，诸如极薄（薄至 0.125mm）的板材，特别小的零件，表面淬火、电镀或涂层材料的表面以及材料的各个组织的硬度。常用的硬度试验有布氏硬度试验、洛氏硬度试验、表面洛氏硬度试验和显微硬度试验等。它们分别有各自不同的适用范围。

无机非金属材料由于材料硬而脆，不能使用过大的测试负荷，一般采用显微硬度测试表示。显微硬度测试是用努氏金刚石压头或维氏金刚石压头来测量材料表面的硬度。

① 努氏金刚石压头是一个对面角分别为 172° 30′和 130°，顶端横刃不大于 1μm 的菱形四面锥体（见图 3-1-1），在规定的荷重下（一般为 0.1kgf = 0.981N），在压头接触试样前开始，以（0.20±0.05）mm/min 的低速压入试样表面，并使压头与试样保持接触 20～50s，卸载后，测量压痕的长对角线长。努氏硬度（HK）值是所施加的负荷 P 与永久压痕的投影面积 S 之比。即：

$$HK = P/S = P/(CL^2) = p/(9.81\,CL^2) \qquad (3\text{-}1\text{-}1)$$

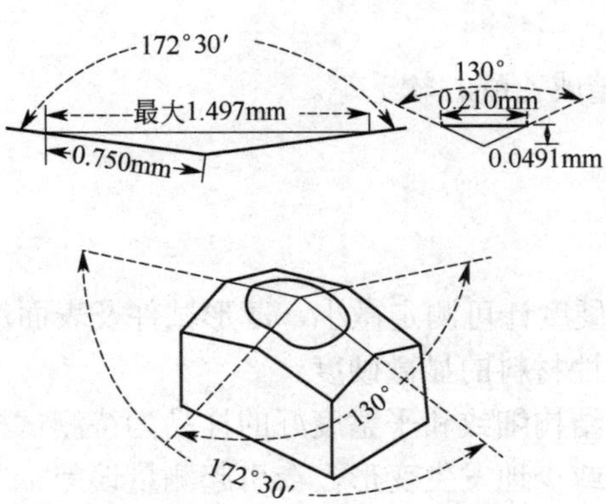

图 3-1-1　努氏压头的几何尺寸

式中 P——所施加的负荷，kgf；

p——所施加的负荷，N；

S——永久压痕的投影面积，mm^2；

L——压痕长对角线的长度，mm；

C——$1/2(\cot A/2 \times \tan B/2) = 0.07028$；

A——纵向菱边夹角，172°30′±5′；

B——横向菱边夹角，130°±30′。

由于努氏压头具有的特异形状，压痕为一长短对角线近似为 1∶7 的菱形。根据压头的几何形状可知，使用较轻的负荷就能压印出一个能清晰测量的菱形压痕。因此，不管是硬质材料还是易碎材料的硬度试验，均可采用努氏压头。努氏压头测试材料硬度的压痕深度约为其长对角线长度的1/30。

② 维氏金刚石压头是将压头磨成正四棱锥体，其相对两面夹角为136°。维氏显微硬度值是所施加的负荷（kgf或gf）除以压痕的表面积（mm^2）。

采用维氏金刚石压头时，其压痕深度约为对角线长度的1/7。维氏硬度的计算公式如下：

$$HV = \frac{2P \cdot \sin\theta/2}{l^2} = \frac{1854\,P}{l^2} = \frac{1854\,p}{9.81\,l^2} \tag{3-1-2}$$

式中 l——压痕对角线长的平均值，mm；

θ——金刚石压头相对面的夹角，136°。

为了精确测量努氏和维氏金刚石压痕的对角线长度，压痕必须清晰可见。压痕清晰实际上是衡量试样表面制备质量的一个标准。一般来说，试验负荷越轻，所要求的表面光洁度就越高。当使用 0.981N（100gf）以下负荷试验时，试样应进行金相抛光。同时，要求测量显微镜所测压痕长度的误差应小于0.0005mm。

三、实验器材

① HVS-1000型数显显微硬度计由试验机主体、工作台、升降丝杠、加载系统、软键显示操作面板、高倍率光学测量系统等部分组成（见图3-1-2）。通过软键输入，能调节测量光源强弱、预置试验力保持时间、切换维氏和努氏试验方法。在软键面板上的LCD显示屏上，能显示试验方法、测试力、压痕长度、硬度值、试验力保持时间、测量次数等，并能键入测试时间。试验结果由打印机输出。

② 切割工具、电吹风。

③ 软布或脱脂棉、酒精或乙醚、软毛笔。

四、测试步骤

1．试样制备

HVS-1000 型数显显微硬度计可测定微小、薄形试件及表面渗镀层试件的显微硬度和玻璃、陶瓷、玛瑙、宝石等脆性材料的显微硬度。

应选择成分均匀、表面结构细致和平整度好的样品为待测试样。表面粗糙不平或平整度差的试样，由于压痕会或多或少地发生变形，会引起测量误差。

用切割工具切割试样（试件最大高度65mm，试件最大宽度85mm），擦净测量面待用。

2. 仪器使用前的准备

① 转动试验力变换手轮，选择符合要求的试验力。旋转变换手轮时，应动作缓慢，防止动作过快产生冲击。

② 打开电源开关，LCD 屏上显示试验力变换手轮所选择的试验力，同时屏上显示“94 年 8 月 8 日”初始化日期。

③ 光标位于“94 年”下，按下“TIME+”或“TIME−”键选择年份。按下“SPECI”键，光标移至“8 月”下，按动“TIME+”或“TIME−”键选择月份。同理，按上述步骤选择日期。完成以上操作，当打印机输出测试结果时，即打出所键入的日期。如不需要打印日期，可连按三次“SPECI”键。

④ 日期键入后，屏上显示 D1、D2、HV、N，仪器进入工作状态。

⑤ 转动物镜、压头转换手柄，使 40×物镜处于主体前方（光学系统总放大倍率为 400×）。

⑥ 将标准硬度试块（或被测试块）安放在试样台上，转动旋轮使试样台上升，眼睛接近测微目镜观察。当标准试块或试样离物镜下端 2～3mm 时，目镜的视场中央出现明亮的光斑，说明聚焦面即将来到，此时应缓慢微量上升，直至在目镜中观察到试块（样）表面的清晰成像。此时聚焦过程完成。

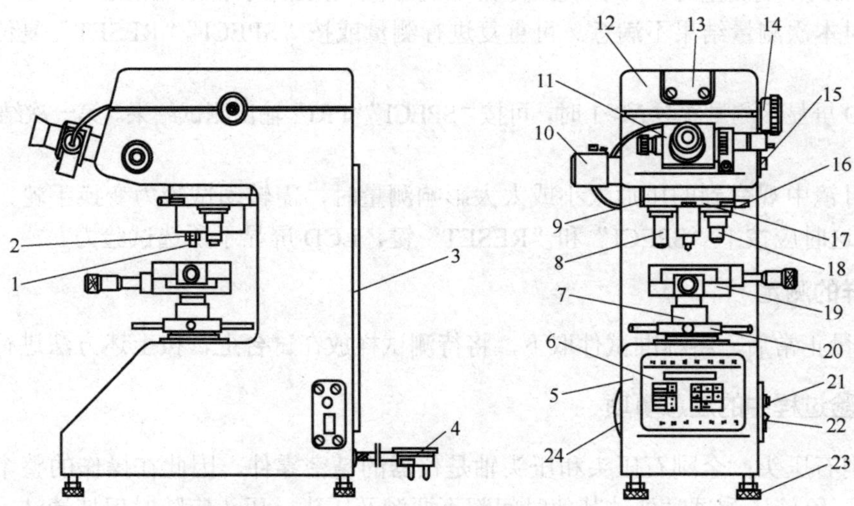

图 3-1-2 HVS-1000 型数显显微硬度计外观

1—压头；2—压头螺钉；3—后盖；4—电源插头；5—主体；6—显示操作面板；7—升降丝杠；8—10×物镜；9—定位弹簧；10—测量照明灯座；11—数字式测微目镜；12—上盖；13—照相接口盖；14—试验力变换手轮；15—照相、测量转换拉杆；16—物镜、压头转换手柄；17—转盘；18—40×物镜；19—十字试台；20—旋轮；21—电源指示灯；22—电源开关；23—水平调节螺钉；24—面板式打印机

⑦ 如果目镜中的成像呈模糊状或一半清晰一半模糊，则说明光源偏离系统光路中心，需调节灯泡的位置。视场亮度可通过操作面板上的软键来调节。

⑧ 如果想在目镜中获得较大的视场，可将物镜、压头转换手柄逆时针转至主体前方，将光学系统的放大倍率调为 100×。转换 10×和 40×物镜时，聚焦面发生变化，可调节升降丝杠。聚焦时建议在 40×物镜下进行。

⑨ 将转换手柄逆时针转动，使压头主轴处于主体前方，此时压头顶尖与焦平面间的间隙约 0.4～0.5mm。当测量不规则的试样时，一定要注意不要使压头碰及试样，以免造成压头损坏。

⑩ 根据试验要求键入需要的试验力延时保荷时间。每键一次为5s，“+”为加，“−”为减。

⑪ 按下“START”键，此时加试验力，（LOADING）LED指示灯亮。

⑫ 试验力施加完毕，延时（DWELL）LED灯亮，LCD屏上T按所选定时间倒计时，延时时间到，试验力卸除，卸力指示（UNLOADING）LED灯亮。在LED灯未灭前，不得转动压头测量转换拉杆，否则会影响压痕测量精度，甚至损坏仪器。

⑬ 将转换手柄顺时针转动，使40×物镜处于主体前方，这时可在目镜中测量压痕对角线长度。

⑭ 在测量前，先将测微镜右边的鼓轮顺时针旋转，使目镜内的两刻线边缘相近移动。当两刻线边缘相近时，透光缝隙逐渐减少，当两刻线间处于无光隙的临界状态时，按下“CL”键清零。

⑮ 先转动左侧鼓轮，使左边刻线对准压痕一角，再转动右侧鼓轮，两刻线分离，使右侧刻线对准压痕另一角。当刻线对准压痕对角线无误时，按下测微目镜下方的按钮输入，并在显示屏的D1后显示。

⑯ 转动右侧鼓轮时，LCD屏上D1后的数字闪烁，表示结果还未输入，当结果输入后，光标转入D2。按上述方法再测试另一对角线的长度，此时，LCD屏HV值就同时显示。

在进行努氏硬度测量时，只需测试对角线的长度，HK硬度值就立即显示。

在进行维氏硬度测量时，为了减少误差，应在两条垂直的对角线上测量，取其算术平均值。

⑰ 如对本次测量结果不满意。可重复进行测量或按“SPECI”“RESET”复位键重新进行试验。

⑱ LCD屏显示测量次数$N>1$时，可按“SPECI”“PRI”输出测试结果。第一次结果（$N=0$）不予打印。

⑲ 当目镜中观察到的压痕太小或太大影响测量时，需转动试验力变换手轮，使试验力符合要求，这时应按下“SPECI”和“RESET”键，LCD屏显示所选试验力。

3．试样的测定

上述测量正常后，将标准试件取下，将待测试样放在试台上，按上述方法进行测定。

五、实验过程中的注意事项

1．金刚石压头：金刚石压头和压头轴是仪器的精密零件，因此在操作的整个过程中都要十分小心，除施压测试时外，其他时间都不要触及压头；压头应随时保持清洁，有油污或灰尘时，可用软布或脱脂棉蘸酒精或乙醚小心擦洗；压头安装时，应将压头上的红点对准正前方，此时压痕对角线和红点成一线。

2．测微目镜：由于各人观察目镜中的刻线存在着视差，在更换观测者时，应微量调节焦距，使观察到的视场内的刻线内侧清晰；当测量压痕对角线90°转动目镜时，要注意测微目镜要紧贴目镜管，不能留有间隙，否则会影响测量的准确性。

3．显微镜光源：光源照明灯的中心位置将直接影响压痕的成像质量，如果像质模糊或光亮不均匀，可小心调节三个调节螺钉，使灯泡中心位置与光学中心位置一致；光线强弱可通过面板软键“LIGHT+”或“LIGHT−”来调节使视场光线柔和，反差适中。

4．试样：试样表面必须清洁，如表面沾有油污，可用汽油、酒精或乙醚等擦拭；当试样为细丝、薄片或小件时，可分别使用相应的夹持台夹持后，再放在十字试台上进行试验，如试样小到无法夹持，则可将试样镶嵌抛光后再进行试验。

5．显微摄影仪：本仪器配有显微摄影仪，当需要摄影时，卸下照相接口盖螺钉，取下盖板，将照相机接口旋入目镜座螺纹内；取下照相机标准镜头，将照相机接口对准照相机镜头孔内，使卡簧卡位；再测微目镜中观察试样表面，当成像清晰后，将主体左边上的照相、测量转换拉杆拉出，此时光路转换到拍摄状态；在摄影仪的目镜中观察试样表面，如不太清晰，可微调视度调节圈或升降丝杠，使成像清晰，按动快门，拍摄成像表面。

6．环境要求：本仪器应安装在远离灰尘、震动、腐蚀性气体，室温不应超过（20±5）℃，相对湿度不大于65%的环境中。当光线零件沾有灰尘时，可用电吹风吹去或用软毛笔小心拭去。若沾上污秽时可用脱脂棉或镜头纸蘸少许酒精轻轻擦拭，但应防止过多酒精从透镜边缘浸入，以防光学零件的黏合剂脱胶。

思考题

1．材料硬度测试有几种方法？它们的适用对象是什么？

2．两种显微硬度测试方法的异同是什么？

3．影响材料硬度测试准确性的因素是什么？

主要参考文献

[1] 祝桂洪．陶瓷工艺实验[M]．北京：中国建筑工业出版社，1987.

[2] 莱萨特 VE，德贝利斯 A．硬度试验手册[M]．廖日狱，金文博，译．北京：计量出版社，1987．

[3] GB/T 16534—2009．精细陶瓷室温硬度试验方法.

[4] GB/T 4340.1—2024．金属材料　维氏硬度试验　第 1 部分：试验方法.

[5] GB/T 4340.2—2012．金属材料　维氏硬度试验　第 2 部分：硬度计的检验与校准.

[6] ASTM E384—2017．材料微压痕硬度标准试验方法.

[7] ASTM C730—98(2021)．玻璃压痕硬度标准试验方法.

实验 3-2　材料机械强度的测定

材料抵抗机械作用的能力是材料最重要的性质之一。不论是金属材料、无机非金属材料、有机高分子材料还是复合材料，当它们用作机械部件、结构材料等用途时，一般都要测定其力学性能。材料力学性能试验的内容较多，包括拉伸、压缩、弯曲、剪切、冲击、疲劳、摩擦、硬度等。

材料机械强度指材料受外力作用时，其单位面积上所能承受的最大负荷。一般用抗弯（抗折）强度、抗拉（抗张）强度、抗压强度、抗冲击强度等指标来表示。本实验以水泥、混凝土、玻璃、陶瓷材料为对象，选做前三项实验。

Ⅰ. 水泥机械强度的测定

一、教学目标

水泥强度是指水泥试体在单位面积上所承受的外力，它是水泥的主要性能指标，是进行混凝土配合比设计的重要依据。水泥强度测定主要包括抗折与抗压强度测定。

本实验的教学目标：

① 掌握水泥胶砂强度的测试方法。

② 分析影响水泥胶砂强度测试结果的各种因素。

二、基本原理

1. 抗折

水泥胶砂抗折强度采用规定尺寸的棱柱体试体进行测定。将试体一个侧面放在试验机支撑圆柱上，试体长轴垂直于支撑圆柱，通过加荷圆柱均匀地将荷载加在棱柱体相对侧面上，直至折断。抗折强度按式（3-2-1）进行计算：

$$R_{\mathrm{f}}=\frac{1.5F_{\mathrm{f}}L}{b^{3}} \tag{3-2-1}$$

式中，R_{f}为抗折强度，MPa；F_{f}为折断时施加于棱柱体中部的荷载，N；L为支撑圆柱之间的距离，mm；b为棱柱体正方形截面的边长，mm。

2. 抗压

水泥胶砂抗压强度测试中，用抗折试验后的两个半截棱柱体立即进行试验，利用压力机通过规定的夹具在半截棱柱体的侧面加载，直至试体破坏。抗压强度按式（3-2-2）进行计算：

$$R_{\mathrm{c}}=\frac{F_{\mathrm{c}}}{A} \tag{3-2-2}$$

式中，R_{c}为抗压强度，MPa；F_{c}为破坏时的最大荷载，N；A为受压面积，mm^2。

三、实验器材

① 胶砂搅拌机　胶砂搅拌机由搅拌锅、搅拌叶片及相应的组件组成。搅拌过程中搅拌锅应固定在锅座上，不得有明显晃动和转动；搅拌叶片在搅拌时呈顺时针自转同时逆时针公转。搅拌机工作程序有手动和自动两种控制模式，其中自动控制程序为低速（30±1）s，再

低速（30±1）s，同时自动开始加砂，高速（30±1）s，停（90±1）s，高速（60±1）s。胶砂搅拌机主要构造如图 3-2-1 所示。

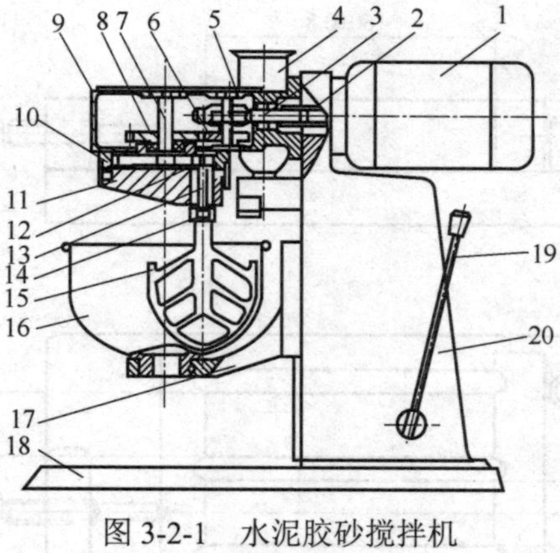

图 3-2-1　水泥胶砂搅拌机

1—电机；2—联轴套；3—蜗杆；4—砂罐；5—传动箱盖；6—齿轮Ⅰ；7—主轴；8—齿轮Ⅱ；9—传动箱；10—内齿轮；11—偏心座；12—行星齿轮；13—搅拌叶轴；14—调节螺母；15—搅拌叶；16—搅拌锅；17—支座；18—底座；19—手柄；20—立柱

② 振实台　振实台如图 3-2-2 所示。振实台应安装在高度约为 400mm 的混凝土基座上。需防外部振动影响振动效果时，可在整个混凝土基座上放一层厚约 5mm 天然橡胶弹性衬垫。若无振实台，也可以用如图 3-2-3 所示的振动台代替。

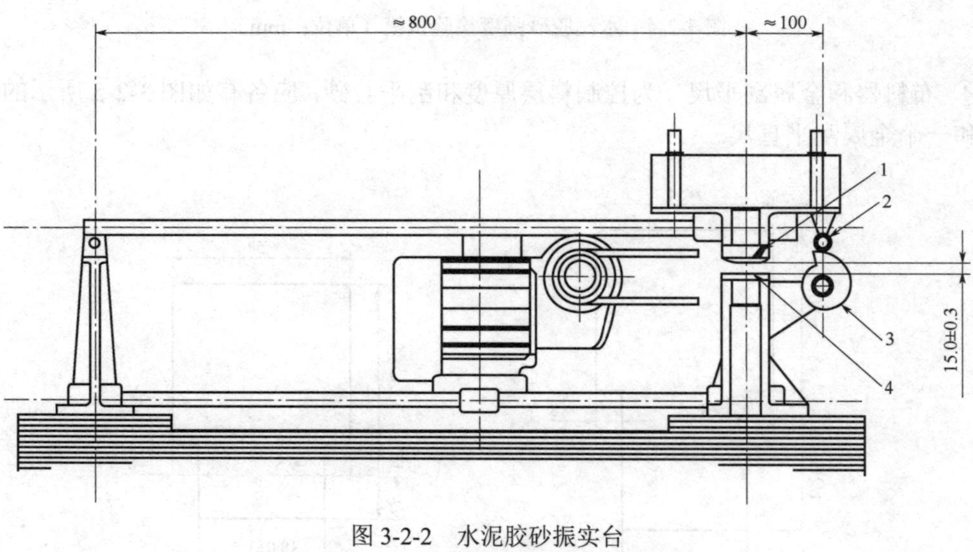

图 3-2-2　水泥胶砂振实台

1—突头；2—随动轮；3—凸轮；4—止动器

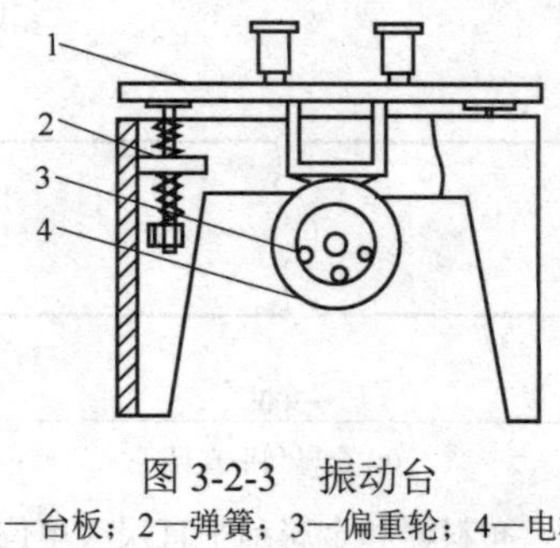

图 3-2-3　振动台

1—台板；2—弹簧；3—偏重轮；4—电机

③ 试模　试模由三个水平的模槽组成（图 3-2-4），可同时成型三条截面为 40mm×40mm×160mm 的棱柱形试体。

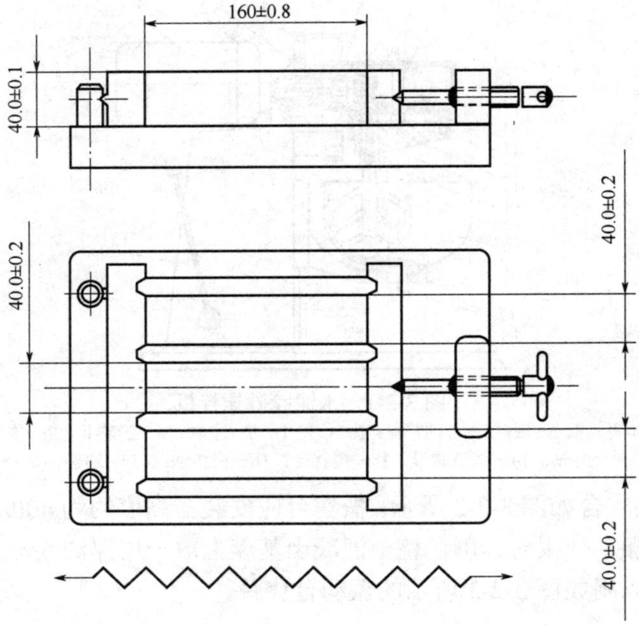

图 3-2-4　水泥胶砂强度检验试模（单位：mm）

④ 布料器和金属刮平尺　为控制料层厚度和刮平胶砂，应备有如图 3-2-5 所示的两个布料器和一个金属刮平直尺。

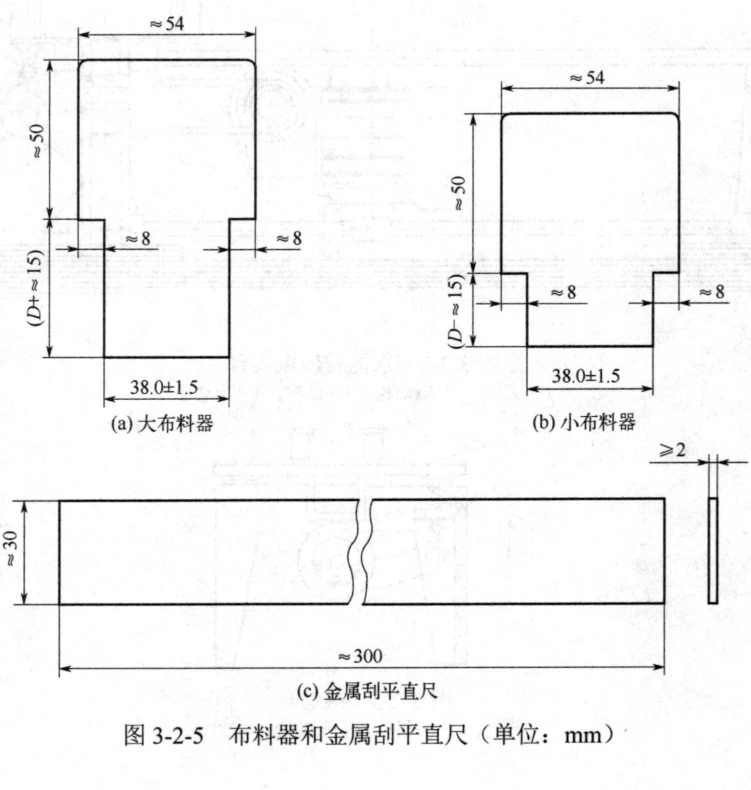

图 3-2-5　布料器和金属刮平直尺（单位：mm）

⑤ 液压试验机 采用微机控制全自动水泥胶砂抗折、抗压试验机进行水泥胶砂试体的抗折、抗压强度测定。分别将试体置于抗折、抗压夹具中进行施加荷载。抗折强度测定加荷示意图如图 3-2-6 所示，典型的抗压夹具如图 3-2-7 所示。

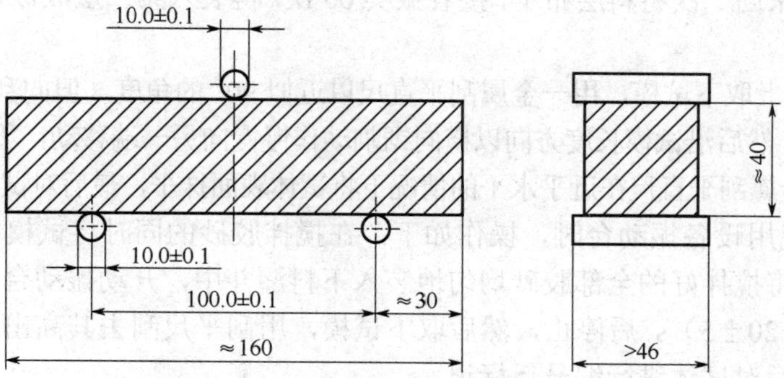

图 3-2-6　抗折强度测定加荷（单位：mm）

⑥ 养护箱、胶皮刮具、勺子、下料漏斗、湿布、黄油、机油、水泥、标准砂、可饮用水。

四、测试步骤

1．试体成型

① 实验室温度应保持在（20±2）℃，相对湿度不应低于 50%。

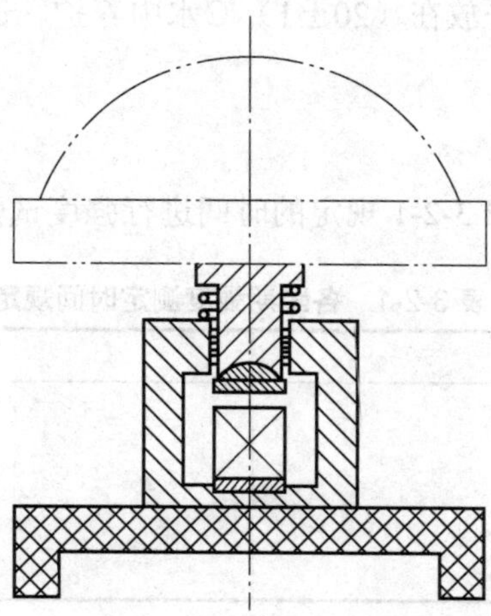

图 3-2-7　典型的抗压夹具

② 将试模擦净，四周模板与底板接触面上应涂黄油，紧密装配，防止漏浆。内壁均匀涂刷一薄层机油。

③ 胶砂的质量配合比应为水泥∶标准砂∶水＝1∶3∶0.5，一锅胶砂成 3 条试体，每锅材料用量为水泥 450g、标准砂 1350g、水 225g。测试的水泥样品应贮存在气密的容器中，标准砂采用中国 ISO 标准砂，拌和水为可饮用水，仲裁试验或其他重要试验可用蒸馏水。

④ 先使搅拌机处于待工作状态，然后启动自动控制程序进行操作：将水加入锅中，再加入称好的水泥，把锅放在固定架上，上升至工作位置。然后立即开动搅拌机，低速搅拌 30s 后，在第二个 30s 开始的同时均匀地将标准砂加入，再高速拌 30s，停拌 90s，在停拌开始的

15s 内用胶皮刮具将叶片和锅壁上的胶砂刮入锅中间，在高速下继续搅拌 60s。

⑤ 胶砂制备后应立即进行成型。预先将空试模和模套固定在振实台上，用一个适当勺子将胶砂分两层装入试模，装第一层时，每个槽里约放 300g 胶砂，用大布料器垂直架在模套顶部沿每个模槽来回一次将料层布平，接着振实 60 次。再装入第二层胶砂，用小布料器布平，再振实 60 次。

⑥ 从振实台上取下试模，用一金属刮平直尺以近似 90° 的角度（但向刮平方向稍斜）架在试模模顶的一端，然后沿试模长度方向以横向锯割动作慢慢向另一端移动，将超过试模部分的胶砂刮去，并用一金属刮平直尺在近乎水平的情况下将试体表面抹平，最后对试体进行编号、标记。

⑦ 若使用代用设备振动台时，操作如下：在搅拌胶砂的同时将试模和下料漏斗卡紧在振动台的中心。将搅拌好的全部胶砂均匀地装入下料漏斗中，开动振动台，胶砂通过漏斗流入试模。振动（120±5）s 后停止，然后取下试模，用刮平尺刮去其高出试模的胶砂并抹平（方法同上），最后对试体进行编号、标记。

2. 试体养护

① 脱模前的养护。将试模放入养护箱养护［温度（20±1）℃，相对湿度不低于 90%］。一直养护到规定的脱模时间时取出脱模。

② 脱模。对于 24h 龄期的试体，应在破型试验前 20min 内脱模；对于 24h 以上龄期的，应在成型后 20～24h 之间脱模。脱模应小心，以免损伤试体。对于已确定作为 24h 龄期试验的已脱模试体，应用湿布覆盖至做试验时为止。

③ 将编号的试体立即水平放在（20±1）℃水中养护。试体之间间隔和试体上表面的水深不得小于 5mm。

3. 强度试验

① 各龄期的试体必须按表 3-2-1 规定的时间进行强度试验。

表 3-2-1　各龄期强度测定时间规定

龄 期	时间
24h	24h±15min
48h	48h±30min
72h	72h±45min
7d	7d±2h
≥28d	28d±8h

② 试体从水中取出后，在强度试验前应用湿布覆盖。

③ 抗折强度测定：擦去试体表面的附着物，清除夹具上圆柱表面杂物，将试体一个侧面放在抗折仪的支撑圆柱上，通过加荷圆柱以（50±10）N/s 的速率均匀地将荷载垂直地加在棱柱体相对侧面上，直至折断。

④ 抗压强度测定：抗折试验后的两个断块应立即进行抗压试验。抗压试验须用抗压夹具进行。半截棱柱体中心与压力机压板受压中心差应在±0.5mm 内，整个加荷过程中应以（2400±200）N/s 的速率均匀地加荷直至破坏。

五、数据处理记录

应列表记录试验原始荷载值及计算得到的抗折、抗压强度值，并对其进行分析处理。

1．抗折强度

抗折强度按式（3-2-1）计算，精确至 0.1MPa。以一组三个棱柱体抗折结果的平均值作为试验结果。当三个强度值中有一个超出平均值±10%时，应剔除后再取平均值作为抗折强度试验结果；当三个强度值中有两个超出平均值±10%时，则以剩余一个作为抗折强度结果。

2．抗压强度

抗压强度按式（3-2-2）计算，精确至 0.1MPa。以一组三个棱柱体上得到的六个抗压强度测定值的算术平均值为试验结果。如六个测定值中有一个超出平均值的±10%时，应剔除此结果，再以剩下五个的平均数为结果。如果五个测定值中再有超过它们平均值±10%的，则此组结果作废；当六个测定值中同时有两个或两个以上超出平均值±10%的，则此组结果作废。

六、实验结果的处理与分析讨论

根据相关标准及资料，判断对应龄期测定的水泥胶砂强度是否合格，如超出正常范围，应从原材料、操作过程、环境温湿度参数等方面进行深入分析讨论，对实验结果进行合理解释。

七、实验过程中的注意事项

1．试验时应注意安全、卫生。搅拌机启动后应有专人看管，防止搅拌锅松动，并注意观察搅拌叶片运行情况，出现晃动、异响等情况时应及时切断电源，中断试验；搅拌过程中途停止期间，如需将叶片和锅壁上的水泥胶砂刮入锅中间，应注意在中途停拌开始后 15s 时间内完成。

2．试验废弃的水泥浆体应置于专用的垃圾桶中并妥善处置，严禁直接倒入清洁水槽中以防堵塞；试验完成后将仪器、用具等清洁擦拭干净，并整齐摆放至指定位置。

3．进行胶砂振实操作时，注意试模应紧固在振实台上，如出现松动须及时进行处理。

4．用金属刮平直尺抹平胶砂时，锯割动作次数和直尺角度大小可根据胶砂稀稠程度进行适当调节，但锯割时应避免拉动已振实的胶砂。

5．养护试块时，每个养护池只养护同类型的水泥试体，养护中应随时加水保持适当水位，在养护期间可以更换不超过 50%的水。

Ⅱ．混凝土机械强度的测定

硬化后的混凝土，其主要性质是应具有足够的耐久性和强度，这里专门讨论混凝土的强度。

一、教学目标

混凝土的强度在使用中具有重要意义。混凝土强度包括抗压、抗拉、抗剪、抗弯以及握裹强度等。其中以抗压强度最大，抗拉强度最小。工程上混凝土主要承受压力，因此，本实验测定混凝土的抗压强度，检验混凝土强度等级，确定、校改配合比，并为控制施工质量提供依据。

本实验的教学目标：

① 学习混凝土强度的测试方法，以确定混凝土的等级。

② 分析影响混凝土强度测试结果的各种因素。

二、实验原理

混凝土受力破坏的过程，实际上是混凝土裂缝的发生及发展的过程。也就是混凝土内部结构从连续到不连续的演变过程。

混凝土是由水泥石及粗细骨料所组成的复合材料，它的力学性质取决于水泥石的性能、粗细骨料的性能、水泥石与骨料界面的黏结力以及水泥与骨料在混凝土内的相对体积含量。

混凝土在浇筑时，由于泌水作用，形成泌水通道和水囊，在混凝土干硬后会形成界面裂纹及空隙。

混凝土浇筑且硬化之后，由于水泥水化造成的化学收缩及物理收缩，引起水泥石体积变化，使骨料与水泥石界面产生分布不均匀的拉应力，当拉应力超过界面上的抗拉强度，在骨料与水泥石之间就会出现许多细微的裂纹。因此，硬化后的混凝土在未受外力作用之前，内部就存在初始应力和微细裂纹。

当混凝土承受单向应力荷载时，由于骨料（石子）的强度和弹性模量都大于水泥砂浆，因此在粗骨料的上下端产生压应力，侧面产生拉应力。此外，水泥石的抗拉强度远低于抗压强度，所以在较低的压应力作用下，当其受拉区的应力超过界面抗拉强度时，就使界面裂缝逐渐扩展，最后导致试件破坏。

对相同质量的混凝土立方体试件来说，试件的尺寸越小，测得的强度越高，反之亦然。这是由于混凝土立方试块在压力机上受压时，沿荷载方向产生纵向变形的同时，将发生横向变形。随着荷载逐渐加大，在试块上下表面与压力机压板的接触面上产生制止横向扩展的摩擦力［图 3-2-8（a）的上图］。这种力的存在，对试块横向变形起到约束作用，从而提高试块的抗压强度值。越接近试块的顶面，这种约束作用越大，在距离大约 3/2*a*（*a* 为试样的宽度）的范围以外约束作用消失。试块破坏之后，其破坏特征如图 3-2-8（b）的上图所示，上下部分各有一个较为完整的锥体，这是约束作用的结果，通常称这种作用为“环箍效应”。对于大的试样，环箍效应作用较小，所以测得试样的抗压强度值较低。因此，我国国家标准规定采用 150mm×150mm×150mm 的立方体试件作为标准试件。

若试验时，在试块承压面和试验机压板间涂润滑剂（如石蜡），则其间的摩擦力减小，横向力消失，环箍效应将大大减小，使试块的强度值减低，试块将产生横向裂缝而破坏，如图 3-2-8（b）的下图所示。

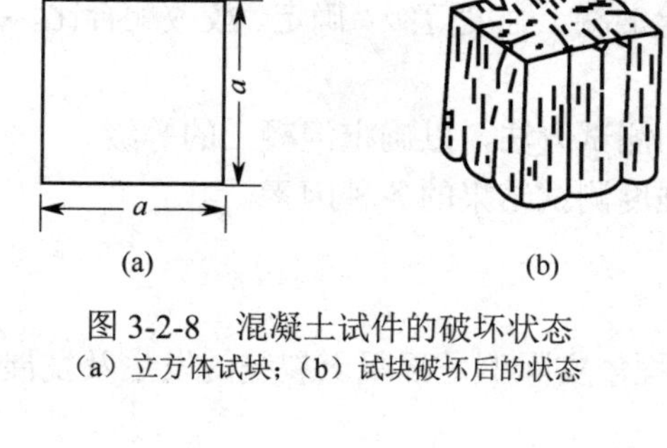

图 3-2-8　混凝土试件的破坏状态

（a）立方体试块；（b）试块破坏后的状态

三、实验器材

① 试验机：混凝土立方体抗压强度试验所采用试验机的精确度至少应为±2%，其量程应为能使试件的预期破坏荷载值不小于全量程的20%，也不大于全量程的80%。

试验机上、下压板及试件之间可各垫以钢垫板，钢垫板的两面承压面均应机械加工。与试件接触的压板或垫板的尺寸应大于试件的承压面，其不平度应为每100mm不超过0.02mm。

② 试模：由铸铁或钢制成，应具有足够的刚度，并且拆装方便（如图3-2-9所示）。

③ 振动台、捣棒、机油、脱模剂、抹刀等。

图3-2-9 试模

四、测试步骤

1．试件制作

（1）一般规定

① 混凝土试件的尺寸应根据混凝土中骨料的最大粒径按表3-2-2选定。

表3-2-2 混凝土立方体试件尺寸选用表

试件尺寸/mm	骨料最大粒径/mm
100×100×100	30
150×150×150	40
200×200×200	60

② 混凝土力学性能试验应以三个试件为一组。

③ 每组试件所用拌合物取样、用以检验现浇混凝土工程或预制构件质量的试件取样，以及成型试件时，其材料的称量精确度均与混凝土拌合物坍落度相同。

④ 所有试件应在取样后立即制作，确定混凝土设计特征值、强度等级或进行材料性能研究时，试件成型方法应根据混凝土稠度而定。坍落度不大于70mm的混凝土，宜用振动台振实；大于70mm的宜用捣棒人工捣实。检验现浇混凝土工程和预制构件质量的混凝土，试件成型方法应与实际施工采用的方法相同。

（2）试件制作步骤

① 制作试件前应将试模擦净并在内壁涂上一层机油或其他脱模剂。

② 试件成型。试件成型有振动台成型和人工插捣成型。

a．采用振动台成型：当采用振动台成型时，应先将混凝土拌合物一次装入试模，装料时应用抹刀沿试模内壁略加插捣并使混凝土拌合物高出试模上口。振动时应防止试模在振动台上自由跳动。振动应持续到混凝土表面出浆为止，刮除多余的混凝土，并用抹刀抹平。

b．采用人工插捣成型：当采用人工插捣时，混凝土拌合物应分两层装入试模，每层装料厚度大致相等。插捣应按螺旋方向从边缘向中心均匀进行，插捣底层时，捣棒应达到试模底部；插捣上层时，捣棒应穿入下层深度为20～30mm，插捣时捣棒应保持垂直，不得倾斜。同时，还应用抹刀沿试模内壁插拔数次。每层的插捣次数应根据试件的截面而定，一般每$100cm^2$截面积不应少于12次，插捣完后，刮除多余的混凝土，并用抹刀抹平。

（3）试件养护

① 养护方法。根据试验目的不同，试件可用标准养护或与构件同条件养护。

a．确定混凝土特征值、强度等级或进行材料性能研究时应采用 标准养护；检验现浇混凝土工程或预制构件中混凝土强度时，试件应采用同条件养护。

b．试件一般养护龄期为28d（由成型时算起）。但也可以按要求（如需确定拆模、起吊、施加预应力或承受施工荷载等时的力学性能）养护到所需的龄期。

② 养护条件如下。

a．标准养护的试件：采用标准养护的试件成型后应覆盖表面，以防止水分蒸发，并应在温度为(20±5)℃情况下静置一昼夜，然后编号、拆模。

拆模后的试件应立即放在温度为(20±3)℃、相对湿度为 90%以上的标准养护室中养护。在标准养护室内试件放在架上，彼此间隔为10～20mm，并应避免用水直接冲淋试件[当无标准养护室时，混凝土试件可在温度为(20±3)℃的不流动水中养护，水的 pH 值不应小于 7]。

b．同条件养护的试件：采用同条件养护的试件成型后应覆盖表面。试件的拆模时间可与实际构件的拆模时间相同，拆模后，试件仍需保持同条件养护。

2．操作步骤

试件从养护地点取出后，应尽快进行试验，以免试件内部的温湿度发生显著变化。试验步骤如下：

① 先将试件擦拭干净，测量尺寸，并检查其外观。试件尺寸测量精确至 1mm，并据此计算试件的承压面积。

② 将试件安放在试验机的下压板上，试件的承压面与成型时的顶面垂直。试件的中心应与试验机下压板中心对准。开动试验机，当上压板与试件接近时，调整球座，使接触均衡。

混凝土试件的试验应连续而均匀地加荷，混凝土强度等级低于 C30 时，其加荷速度为0.3～0.5MPa/s；若混凝土强度等级高于或等于 C30 时，则为 0.5～0.8MPa/s。当试件接近破坏而开始迅速变形时，停止调整试验机油门，直至试件破坏，然后记录破坏荷载。

五、数据处理记录

混凝土立方体试件的轴心抗压强度按式（3-2-3）计算，精确至 0.1MPa。

$$R = \frac{F}{A} \tag{3-2-3}$$

式中 R——混凝土立方体试件抗压强度，MPa；

F——破坏荷载，kN；

A——试件承压面积，m^2。

以三个试件测值的算术平均值作为该组试件的抗压强度值。三个测值中的最大值或最小值中如有一个与中间值的差值超过中间值的15%时，则把最大及最小值一并舍除，取中间值作为该组试件的抗压强度值。如有两个测值与中间值的差值均超过中间值的 15%，则该组试件的试验结果无效。

取 150mm×150mm×150mm 试件的抗压强度为标准值，用其他尺寸试件测得的强度值均应乘以尺寸换算系数：200mm×200mm×200mm 试件，其换算系数为 1.05；100mm×100mm×100mm 试件，其换算系数为 0.95。

Ⅲ．玻璃机械强度的测定

一、教学目标

玻璃是一种脆性材料，测定其能承受多大的外力而不破裂，可以预测玻璃的某种性能，分析玻璃内部存在缺陷的程度，为改进、提高玻璃制品的质量，开发玻璃新品种提供依据。在实际使用玻璃材料时，玻璃机械强度的测定数据十分重要，在应用设计时应考虑外部作用力远小于机械强度的测定值，以确保人的安全或财物的安全。

测定玻璃强度的负荷形式，一般用弯曲、拉伸或压缩。

本实验的教学目标：

① 学习玻璃强度的弯曲、压缩测试方法。

② 分析影响玻璃强度测试结果的各种因素。

二、实验器材

① 材料试验机（图 3-2-10），要求荷载 50～100kN。

② 玻璃研磨机。

③ 玻璃切割工具、尺寸测量工具等。

图 3-2-10　微机控制电子万能试验机

④ 试样夹具　试样夹具是一个辅助压具。对于矩形断面的试样，活动半径约 3mm 的圆柱形的支承边用来承载试样和施加负载，如图 3-2-11（a）所示。它由钢材制造，并淬火到足以防止负荷过量时变形。

对于圆形或椭圆形的试样，其支承边示意于图 3-2-11（b）之中。

⑤ 辅助压具　抗压试验用的辅助压具如图 3-2-12 所示，它是一个球形的托柱。使用它可使玻璃试样对准压机的压缩表面，以保证压机的压力均匀、垂直地作用于玻璃试样的表面。

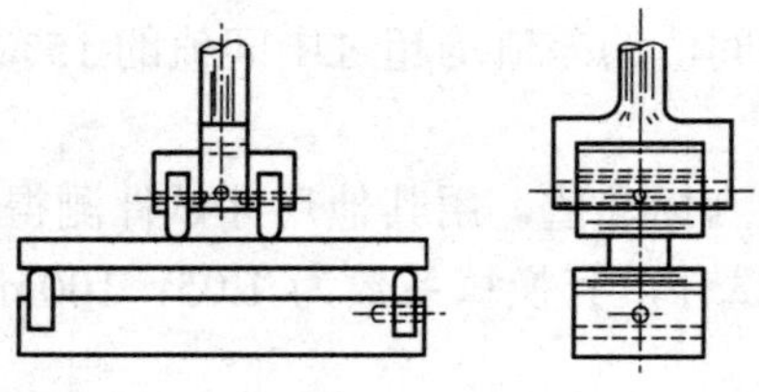

(a) 销式支承边

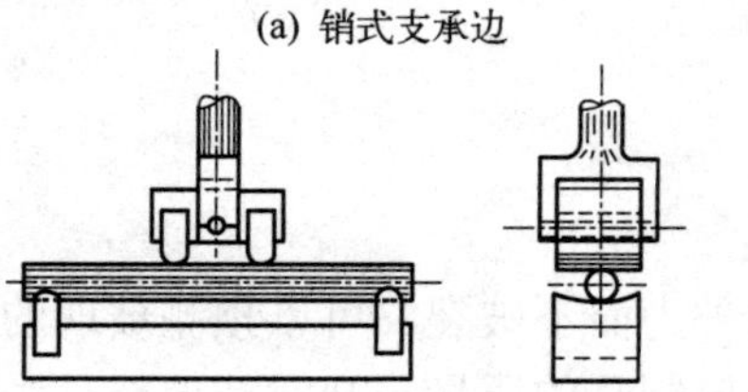

(b) 圆柱固定式支承边

图 3-2-11　试样夹具

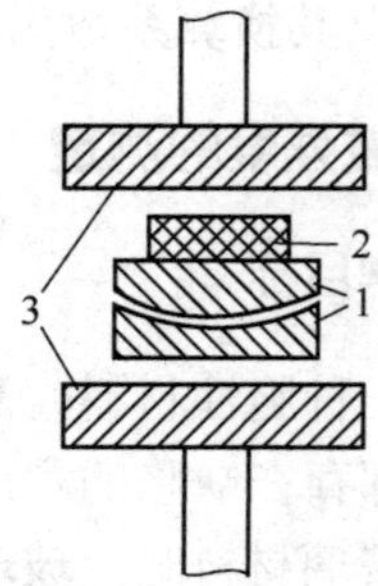

图 3-2-12　辅助压具

1—托柱；2—玻璃试样；3—压板

三、玻璃抗弯强度的测定

（一）基本原理

在测定玻璃强度的方法中，最容易进行分析的有两种方法，即将试样的张力负荷或压力负荷不断增加至试样断裂。将断裂时的负荷除以试样的横截面积就可得出抗张强度或抗压强度。但是，在做张力试验时，试样的两端不易夹紧，所以常常用抗弯（抗折）强度测定来代替。

普通无机玻璃具有由共价键构成的三维网状结构，所以玻璃在常温下是比较稳定的，是具有较高硬度的材料。然而，玻璃中还有一部分离子键，离子键与共价键的结合使玻璃呈现脆性。此外，在玻璃制造过程中，难免与固体接触而在表面产生微裂纹。在外部张应力的作用下，应力会在这些微裂纹的前端集中，使微裂纹成长、扩展而使玻璃断裂。所以，在大的张应力作用下，玻璃几乎不出现塑性变形，而是呈现脆性的特征。因此，玻璃的抗张强度较低。玻璃的面积或直径越大，微裂纹存在的概率就越大，玻璃的强度就越低。玻璃断裂之后，在玻璃的断面可以看到一个光滑面（镜面），这是玻璃断裂的起点。研究玻璃的断裂面，可以解释玻璃的断裂机理、推断玻璃的断裂状况。

玻璃的抗弯强度可采用简支梁法进行测定。按照定义，材料的抗弯强度应指纯弯曲下的强度。但是，如果使用“三点式”对厚度较小的平板玻璃试样进行测量［如图 3-2-13（a）所示］，就会存在剪应力而影响试验结果。为了解决这个问题，可采用“四点式”［如图 3-2-13（b）所示］进行测量。用这种方法测定时，试样受力的中间部分为纯弯曲，无剪力的影响。

采用“四点式”时，将平板试样放在两支点上，以“二点载荷”方式在两支点间的试样上施加集中载荷，使试样变形直至破裂。在这种情况下，玻璃的抗弯强度按如下公式计算：

$$S_p = LP/(bh^2) \tag{3-2-4}$$

式中　S_p——平板玻璃试样的弯曲强度，MPa；

L——力矩臂或相邻支点和负荷边缘之间的距离，mm；

P——作用于试体的破坏荷重，N；

b——试样宽度，mm；

h——试样厚度(高度)，mm。

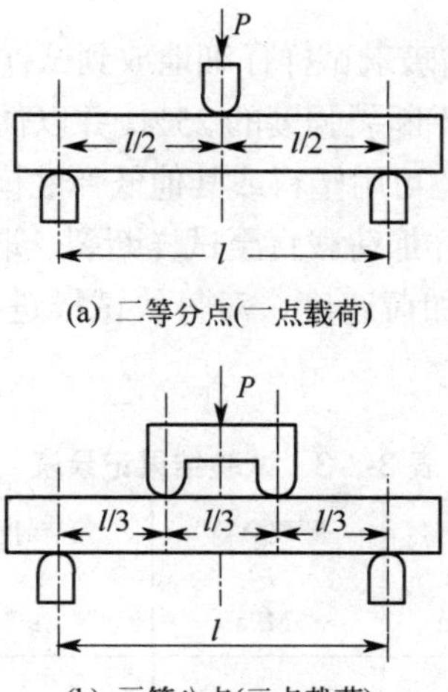

图 3-2-13　抗弯强度实验受力分析

（二）测试步骤

1．试样制备

（1）平板玻璃试样的制备

① 试样尺寸　试样长约 250mm，宽（38.1±3.2）mm，其宽度或厚度的尺寸变化不应超过本身的 25%。

② 试样数量　一次测试需要 30 块以上的玻璃试样。

③ 试样切裁　用玻璃切割工具，先按板材的纵向，将两条原边切去，弃之不用。然后，以试样长度为宽，按板材的纵向切取两长条，再按试样宽度的要求，从长条上切取玻璃试块。

在切取两长条后余下的试验板材上，以与上述试样垂直的方向切取试样，数量与上相同。

④ 试样质量的检查　仔细检查切下的试样，把有砂子、结石、气泡或切割裂纹等缺陷的试样丢弃。

此外，至少要对 30%的试样进行退火后残余应力的检查。其中心拉应力不得大于 1.38MPa，表面压应力不得大于 2.76MPa；如这批试样中有不符合要求的，余下的试样也要进行检查，把不符合规定的试样去掉不用。

（2）棒形玻璃试样的制备

棒状试样可用拉制、取芯钻孔或无芯研磨等方法制成。试样的长度要比支距至少长出 12.7mm，直径可以任意，但最小为 4.8mm。长与直径之比应大于 10∶1。

一次测试需要 30 根以上的玻璃试样。

仔细检查制成的棒状试样，把有砂子、结石、气泡或裂纹等缺陷的试样丢弃。

至少对 30%的试样进行退火后残余应力的检查。其中心轴的表观拉应力不得大于 0.92MPa，表面压应力，轴向观察不得大于 2.76MPa。

2．操作步骤

① 将试样夹具放在压机的下压缩表面。支承边的间隔为 200mm，与负载边的中心位置相隔 100mm。

② 抽出一批试样中的 6 个，将玻璃试样仔细地放到试样夹具中。先估算一个断裂强度，试样的初负荷产生的最大应力不得大于断裂强度的 25%。并以估算断裂强度其值的（1.1±0.2）MPa /s 算出加荷速度。为防止碎片飞溅，可用塑料或其他低弹性模量的胶布覆盖在试样的加压面上。然后开动压机，以此为恒速度对试样加荷载直至试样断裂。取其平均结果用来校正估计值。

③ 以求出的平均断裂强度及加荷速度，对每块试样进行测定。将试验结果记入表 3-2-3 中，以便计算。

表 3-2-3　试验结果记录表

试样号	试样尺寸		力矩臂 L /mm	断裂负荷 P /MPa	载荷时间 t /s	负荷的增加速度 $\Delta P/\Delta t$ /（MPa /s）	备注
	宽度 b /mm	厚度 h /mm					
1							
2							
3							
…							

（三）数据处理记录

1．矩形断面试样的计算

矩形断面试样的弯曲强度按式（3-2-4）进行计算。每个试样的测量结果算出之后，求出平均值及标准偏差。

2．圆形断面试样的计算

圆形断面试样的弯曲强度由下式进行计算：

$$S_y = 5.09La / (bd^2) \tag{3-2-5}$$

式中　S_y——圆形断面的弯曲强度，MPa；

L——力矩臂或相邻支点和负荷边缘之间的距离，mm；

a——作用于试体的破坏荷重，N；

b——试样宽度，mm；

d——试样的直径，mm。

每个试样的测量结果算出之后，求出平均值及标准偏差。

（四）测试报告

在测试报告中要说明试样制备方法、试样形状与尺寸、是否经特殊处理、检验方法、检验环境、试样最大应力增加速度、一组试样的弯曲强度平均值及标准差等。

四、玻璃抗压强度的测定

（一）基本原理

玻璃的抗压强度一般都采用轴心受压的形式。普通无机玻璃在玻璃制造过程中难免与固体接触而在表面产生的微裂纹。在外部压应力的作用下，这些微裂纹会收缩（闭合）。所以，玻璃的抗压强度比抗张强度高得多。

（二）测试步骤

1．试样制备

① 挑选无缺陷的玻璃为待测试样，将其切成 4～5mm 的立方体。有时也采用高与直径为 5mm 的圆柱体，或厚 2～3mm、每边长为 4mm 的正方形薄片做试样。

② 试样要很好地退火，并精细磨光，使之具有严格平行的表面。

③ 同类试样不应少于 10 个。

2．操作步骤

① 将辅助压具放在压机的下压缩表面，将玻璃试样放在辅助压具上，仔细调整水平，使玻璃试样的上表面与压机的上压缩表面良好接触。

② 开动压机，对玻璃试样匀速加荷，应力速度在 0.98～2.94MPa 的范围内。

（三）数据处理记录

抗压强度的计算公式如下：

$$P = 0.01F/S \tag{3-2-6}$$

式中 P——抗压强度，MPa；

F——破坏荷载，N；

S——试样的横截面积，cm^2。

抗压强度的测定结果误差较大，如在 15%的范围之内，则可认为结果是合格的。

（四）测试报告

在测试报告中要说明试样制备方法、试样形状与尺寸、试样的横截面积、断裂负荷、一组试样的抗压强度、相对误差等。

Ⅳ．陶瓷机械强度的测定

一、教学目标

陶瓷是一种脆性材料，在检选、加工、搬运和使用的过程中容易破损。因此，测定陶瓷的机械强度对陶瓷材料的科学研究、生产质量控制及使用都有重要的意义。测定陶瓷强度的负荷形式，一般用弯曲、拉伸或压缩。

本实验的教学目标：

① 了解影响陶瓷材料机械强度的各种因素。

② 掌握陶瓷机械强度的测试原理与测试方法。

二、实验器材

① 材料试验机，要求荷载 50～100kN，本试验采用 WE-100 型液压式万能试验机，最大试验力 100kN。

② 磨片机。

③ 黄纸板。

④ 试样夹具，试样夹具是一个辅助压具，是两个相互平行的板。它由钢材制造，并淬火到足以防止负荷过量时变形。

三、陶瓷抗张强度的测定

（一）基本原理

陶瓷材料中含有结晶颗粒、玻璃相及气孔，这使陶瓷结构中存在许多缺陷。特别是组成陶瓷材料的主要晶体和玻璃相多是脆性的，因此，陶瓷在室温下呈现脆性，在外力的作用下会突然断裂。

测定陶瓷材料抗张强度有弯曲法、直接法和径向压缩法等多种方法。弯曲法利用杆件试样做弯曲实验，可以求得抗张强度值，但这种方法有缺陷，常因施加的应力分布不均匀，使测定值偏高；直接法将试样制成“8”字形或“哑铃”形，对试样直接施加拉伸负荷。但是，陶瓷是脆性材料，应变小，只要试样的负荷中心线有偏差，就会受到剪应力和弯应力的影响，使测定结果偏低。径向压缩法则是比较先进和科学的方法（如图 3-2-14）。

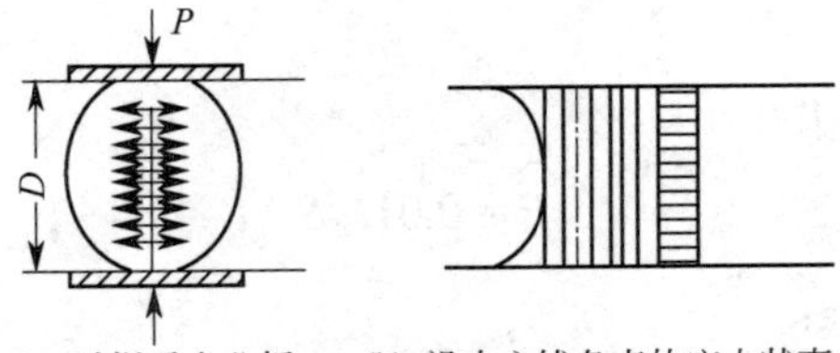

(a) 试样受力分析　(b) 沿中心线各点的应力状态

图 3-2-14　径向压缩试验法原理

根据弹性理论，如在陶瓷圆柱体试样的径向平面沿着试样长度 L 施加两个方向相反、均匀分布的集中载荷 P，在承受载荷的径向平面上，将产生与该平面相垂直的左右分离的均匀拉伸应力。当这种应力逐渐增加到一定程度时，试样就沿径向平面劈裂破坏。这是径向压缩引起拉伸的基本原理。用这种方法测定时，试样的抗张强度按下式计算：

$$\sigma_t = 2P/(\pi DL) \tag{3-2-7}$$

式中　σ_t——试样的抗张强度，N/m^2；

P——试样破坏时的压力值，N；

D——圆柱体试样的直径，m；

L——圆柱体试样的长度，m。

（二）测试步骤

1．试样制备

① 按生产工艺条件制备直径（D）为(20±2)mm、长度（L）为(20±2)mm 的规整圆柱体试样 10～15 件。试样不允许有轴向变形。

② 将试样清洗干净，剔除有明显缺陷和有圆度误差的试样，干燥后待用。

2．操作步骤

① 按试验机的操作规程，选择量程，调校仪器。将两压板校验平行。如加压板出现不平整时，应加工使之平整。

② 将试样横放在加压板正中，两中心线与加压板之间垫衬厚为1mm的黄纸板。

③ 以4×10^2N/s的速度均匀加载，准确读取并记录试样破坏时的压力值。

（三）数据处理记录

1. 测定记录

将有关的测试数据记入表3-2-4中。

表3-2-4　陶瓷材料抗张强度测定记录表

试样名称		测定人		测定日期	
试样处理					
试样编号	$D\times L$ / cm	最大压力测值 P/ N	σ_t / (N / m^2)	舍弃情况	最终测定结果
1					
2					
3					
…					

2. 结果计算

试样的抗张强度按式（3-2-7）进行计算。在计算中，各种数据按修约规则处理，舍弃异常数据。以5个试样的平均值为抗张强度的最终结果。

四、陶瓷抗压强度的测定

本实验为日用陶瓷材料烧结试样在常温下抗压强度的测定。

（一）基本原理

陶瓷抗压强度的测定一般采用轴心受压的形式。陶瓷材料的破裂往往从表面开始，因此试样大小和形状对测量结果有较大的影响。试样的尺寸增大，存在缺陷的概率也增大，测得的抗压强度值偏低。因此，试样的尺寸应当小一点，以降低缺陷的概率，减少“环箍效应”对测试结果的影响。

试验证明，圆柱体试样的抗压强度略高于立方体试样的抗压强度。这是因为在制取试样时，圆柱体试样的一致性优于立方体。圆柱体的内部应力较立方体均匀。在对试样施加压力时，圆柱体受压方向确定；而立方体受压方向难于统一确定，不同方向的抗压强度有差异。

此外，试样的高度与抗压强度有关，抗压强度随试样高度的降低而提高。因此，采用径高比为1∶1的圆柱体试样比较合适。

（二）测试步骤

1. 试样制备

① 按生产工艺条件制备直径（Φ）为(20±2)mm，高度（H）为(20±2)mm的规整样10件。试样上下两面在磨片机上用100号金刚砂磨料磨平整，试样上下两面的不平行度小于0.010mm/cm，试样中心线与底面的不垂直度小于0.020mm/cm；

② 将试样清洗干净，剔除有可见缺陷的试样，干燥后待用。

2．操作步骤

① 按试验机的操作规程，选择量程，调校仪器。将两压板校验平行。如加压板出现不平整时，应加工使之平整。

② 将试样放在加压板正中，上下两面垫衬厚为1mm的黄纸板。

③ 以 2×10^2N/s 的速度均匀加载，准确读取试样一次性破坏（即压力计指针均匀连续移动，不因试样出现中间破裂而停顿）时的压力值，否则不予记录。

（三）数据处理记录

1．测定记录

将有关的测试数据记入表3-2-5中。

表 3-2-5 陶瓷材料抗压强度测定记录表

试样名称				测定人		测定日期	
试样处理							
试样编号	试样尺寸 $\Phi\times H$/mm	受压面积 A/cm^2	最大压力值 P/N	抗压强度 σ_t/（N/m^2）	舍弃情况	最终测定结果	备注
1							
2							
3							
4							
5							
6							
…							

2．结果计算

$$\sigma_t = P / A \tag{3-2-8}$$

式中 σ_t——试样的抗压强度，N/m^2；

P——试样破坏时的压力值，N；

A——试样受压面积，m^2。

在计算中，各种数据按修约规则处理。舍弃异常数据。以5个试样的平均值为抗压强度的最终结果。

思考题

1．影响水泥胶砂强度的因素有哪些？如何提高水泥的胶砂强度？

2．从熟料矿物组成的角度分析如何提高早龄期水泥胶砂强度？

3．在水泥胶砂强度试验过程中，下列情况对测试结果有何影响？

①试体尺寸偏大；②试体尺寸偏小；③加荷速率偏大；④加荷速率偏小；⑤试模涂油不均；⑥在试体成型过程中，搅拌叶片和锅没有用湿布擦拭；⑦标准砂粒度偏大。

4．影响混凝土强度的主要因素有哪些？可采取哪些措施提高混凝土的强度？

5．玻璃的抗张强度比金属材料、高分子材料的小，为什么？

6．玻璃受力破裂时，为什么会形成镜面？

7．测定陶瓷抗折强度有何实际意义？

8．影响陶瓷抗张强度测定结果的因素（从结构和工艺方面分析）是什么？

9．为什么陶瓷的张力直接测定结果总是偏低？

10．影响陶瓷抗压强度测定的因素是什么？

主要参考文献

[1] GB/T 17671—2021．水泥胶砂强度检验方法（ISO 法）．

[2] GB 175—2023．通用硅酸盐水泥．

[3] JC/T 681—2022．行星式水泥胶砂搅拌机．

[4] JC/T 682—2022．水泥胶砂试体成型振实台．

[5] JC/T 683—2005．40mm×40mm 水泥抗压夹具．

[6] JC/T 723—2005．水泥胶砂振动台．

[7] 高琼英．建筑材料[M]．2 版．武汉：武汉工业大学出版社，1992．

[8] 姜玉英．水泥工艺实验[M]．武汉：武汉工业大学出版社，1992．

[9] GB/T 50081—2019．混凝土物理力学性能试验方法标准．

[10] GB/T 50107—2010．混凝土强度检验评定标准．

[11] 南京玻璃纤维研究设计院．玻璃测试技术[M]．北京：中国建筑工业出版社，1987．

[12] 巴甫鲁什金 H M．玻璃工艺学实验[M]．张后尘，译．北京：中国工业出版社，1963．

[13] 祝桂洪．陶瓷工艺实验[M]．北京：中国建材出版社，1997．

[14] GB/T 37781—2019．玻璃材料弯曲强度试验方法．

[15] JC/T 738—2004．水泥强度快速检验方法．

[16] GB/T 6569—2006/ISO 14704:2000．精细陶瓷弯曲强度试验方法．

[17] GB/T 8489—2006．精细陶瓷压缩强度试验方法．

实验 3-3　材料热稳定性的测定

课前测试

材料经受剧烈的温度变化而不破坏的性能称为材料热稳定性（或称耐急冷急热性）。由于无机非金属材料的种类不同，其热稳定性的测试方法亦有区别，本实验主要进行玻璃与陶瓷的热稳定性测试。

Ⅰ. 玻璃热稳定性的测定

一、教学目标

普通玻璃是传热的不良导体，在迅速加热或冷却时会因产生过大的应力而炸裂。日常使用的保温瓶、水杯等玻璃制品经常受到沸水的热冲击，如果玻璃的热稳定性不好就会炸裂。罐头瓶、医用玻璃器皿等也需要有较好的热稳定性，否则在高温灭菌过程中可能破损。因此，测定这些玻璃制品的热稳定性对生产或使用都十分重要。

本实验的教学目标：

① 掌握急冷急热法测定玻璃热稳定性的原理及实验方法。

② 了解测定各种玻璃材料热稳定性的实际意义。

二、基本原理

玻璃材料热稳定性是一系列物理性质的综合表现，例如热膨胀系数 α、弹性模量 E、热导率 λ、抗张强度 R 等。因此，热稳定性是玻璃的一个物理性质，也是一种复杂的工艺性质。温克尔曼和肖特对无限长的厚玻璃板在突然冷却时表面所产生的应力进行分析，导出玻璃热稳定性的表达式如下：

$$K=\frac{R}{\alpha E}\sqrt{\frac{\lambda}{Cd}}=\beta(T_2-T_1)=\beta\Delta T \tag{3-3-1}$$

式中　K——玻璃的热稳定系数，℃；

R——玻璃的抗张强度极限，Pa；

E——玻璃的弹性系数，Pa；

α——玻璃的热膨胀系数，℃$^{-1}$；

λ——玻璃的热导率，W/(m·K)；

C——玻璃的比热，J/（kg·K）；

d——玻璃的密度，kg/m^3；

β——常数；

ΔT——引起碎裂时的温差，℃；

T_2——玻璃保温的温度，℃；

T_1——玻璃初始温度，℃。

在玻璃材料中，R 与 E 常以同位数改变，故 R/E 值改变不大，$\lambda/(Cd)$ 一项改变也不大。所以，玻璃的热稳定性首要和基本的变化取决于玻璃的热膨胀系数 α，而 α 值随玻璃组成的改变有很大的差别。比如，石英玻璃具有很小的热膨胀系数（$\alpha=5.2\times10^{-7}\sim6.2\times10^{-7}\text{K}^{-1}$），热稳定性极好，把它加热到炽热状态后投入冷水中也不会破裂。但对于那些结构松弛和热膨胀系数大的玻璃，具有很低的耐热性。由此说明，热膨胀系数大的玻璃，热稳定性差；热膨胀系数小的玻璃，热稳定性好。其次，由于在玻璃中存在着的不均匀性的内应力或有某些夹杂物，热稳定性能也差。另外玻璃表面出现不同程度的擦伤或裂纹以及各种缺陷，都能使其热稳定性降低。

本实验将一定数量的玻璃试样加热，使样品内外的温度均匀，然后使之骤冷，看试样不破裂时，所能承受的最大温差。对相同组成的各块样品，最大温差并不是固定不变的，所以测定一种玻璃的热稳定性，必须取多个样品，并进行平行试验。用下述公式计算玻璃热稳定性平均温度差值（ΔT）：

$$\Delta T_{\mathrm{cp}} = \frac{\Delta T_1 N_1 + \Delta T_2 N_2 + \Delta T_3 N_3 + \cdots + \Delta T_i N_i}{N_1 + N_2 + N_3 + \cdots + N_i} \tag{3-3-2}$$

式中　ΔT_1、ΔT_2、$\Delta T_3 \ldots \Delta T_i$——每次淬冷时加热温度与冷水温度之差值，℃；

N_1、N_2、$N_3 \ldots N_i$——在相应温度下炸裂的条数。

三、实验器材

① 简单的仪器装置图如图 3-3-1 所示。装置包括如下组件：

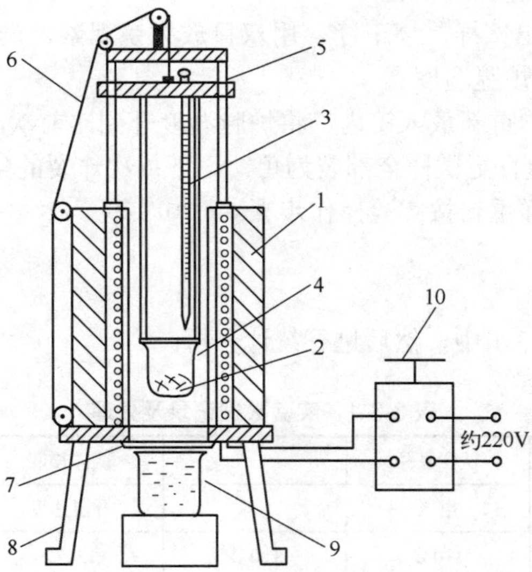

图 3-3-1　测定玻璃热稳定性仪器装置

1—立式管状电炉；2—试样；3—水银温度计或铜-康铜热电偶；4—试样筐；5—垂直导轨；6—滑线；7—炉底门；8—炉支架；9—盛水烧杯；10—调压器

a．炉体。立式管状电炉，它装配有在加热时供安置试样，并在加热之后把试样掷入水杯的夹具，这种夹具系由三个彼此用环连起的杆组成，试样筐固定在杆的下端。

b．温度控制器。调压器（2kVA）一台。

c．测量温度用水银温度计或铜-康铜热电偶。

② 双目放大镜一台。

③ 水银温度计（250℃）一支。

④ 盛水烧杯 400mL 一个。

⑤ 镊子一把。

四、测试步骤

1. 试样的要求与制备

① 用来测定热稳定性的玻璃试样首先经过良好的退火消除应力，有条件的应在偏光仪上检查应力。

② 试样经双目放大镜检查，应当无任何缺陷（如气泡、砂点、条纹等）。

③ 将试样两端面棱边烧圆。

④ 每组试样 10 条，每条直径 5mm、长 20mm，共两组。

2. 操作步骤

① 将 10 个合格的试样放入样品筐内，并置于炉膛中，和水银温度计相接近，炉底和盛水烧杯相距不大于 50mm。

② 接好线路并检查，接通电源以 2℃/min 的速度升温。

③ 当温度达到测量温度时（本实验 100℃为起点），保温 10min（使试样内外温度一致），拨动手柄，使样品筐迅速坠入冰水中。如没有冰水，试样坠入冷水中。每坠入一次试样，就要更换一次水，目的使水温保持不变。

④ 用镊子从水中取出试样，擦干净，用双目放大镜观察，选出有裂纹的试样，记下炸裂的条数和拨动手柄时的炉膛温度。

⑤ 将未炸裂的试样，重新放入筐内，将炉膛温度升到比前次高 10℃，以后每次都比前一次升高 10℃，继续实验直至试样全部裂为止，记下每次炸裂的条数和温度。

再将第二组 10 条试样重新按实验操作步骤③～⑤实验。

五、数据处理记录

将实验结果记入表 3-3-1 中，然后进行统计分析。

表 3-3-1　实验数据记录及处理

试样名称		试样直径		试样长度		
室温		电压		升温速度		
炉温	100℃	110℃	120℃	130℃	150℃	160℃
水温						
炸裂条数						

根据下式求结果

$$\Delta T_{cp} = \frac{\Sigma \Delta T_i N_i}{\Sigma N_i} \tag{3-3-3}$$

式中　ΔT_i——炉温和水温差，℃；

N_i——炸裂试样条数。

实验结果以两组试样的平均值表示，两组平行误差不大于 2℃。

Ⅱ. 陶瓷热稳定性的测定

一、教学目标

普通陶瓷材料由多种晶体和玻璃相组成，因此在室温下具有脆性，在外应力作用下会突然断裂。当温度急剧变化时，陶瓷材料也会出现裂纹或损坏。测定陶瓷的热稳定性可以控制产品的质量，为其合理应用提供依据。

本实验的教学目标：

1．了解测定陶瓷材料热稳定性的实际意义。

2．了解影响热稳定性的因素及提高热稳定性的措施。

3．掌握陶瓷材料热稳定性的测定原理及方法。

二、基本原理

陶瓷的热稳定性取决于坯釉料的化学成分、矿物组成、相组成、显微结构、制备方法、成型条件及烧成制度等因素以及外界环境。陶瓷内外层受热不均匀，坯釉的热膨胀系数差异而引起陶瓷内部产生应力，导致机械强度降低，甚至发生开裂现象。

一般陶瓷的热稳定性与抗张强度成正比，与弹性模量、热膨胀系数成反比。而热导率、热容、密度也在不同程度上影响热稳定性。

釉的热稳定性在较大程度上取决于釉的膨胀系数。要提高陶瓷的热稳定性首先要提高釉的热稳定性。陶坯的热稳定性则取决于玻璃相、莫来石、石英及气孔的相对含量，粒径大小及其分布状况等。

陶瓷制品的热稳定性在很大程度上取决于坯釉的适应性，所以它也是带釉陶瓷抗后期龟裂性的一种反映。

陶瓷热稳定性测定方法一般是把试样加热到一定的温度，接着放入适当温度的水中。判定方法为：

① 根据试样出现裂纹或损坏到一定程度时，所经受的热变换次数判定热稳定性；

② 经过一定次数热冷变换后机械强度降低的程度来决定热稳定性；

③ 试样出现裂纹时经受的热冷最大温差来表示试样的热稳定性，温差愈大，热稳定性愈好。

本实验采用试样出现裂纹时，平均经受的热冷最大温差来表示试样的热稳定性。

三、实验器材

① 陶瓷热稳定性测定仪如图 3-3-2 所示，其主要技术参数是：

a．炉体最高温度：400℃；

b．均温区大小及温差：350mm×350mm×350mm，±5℃；

c．水槽控温范围：10～50℃；

d．加热最大功率：6kW；

e．定时器范围：0～120min；

f．炉温控制及指示由 XMT-102 仪表完成；

g．水温指示及控制由 XMT-122 仪表完成。

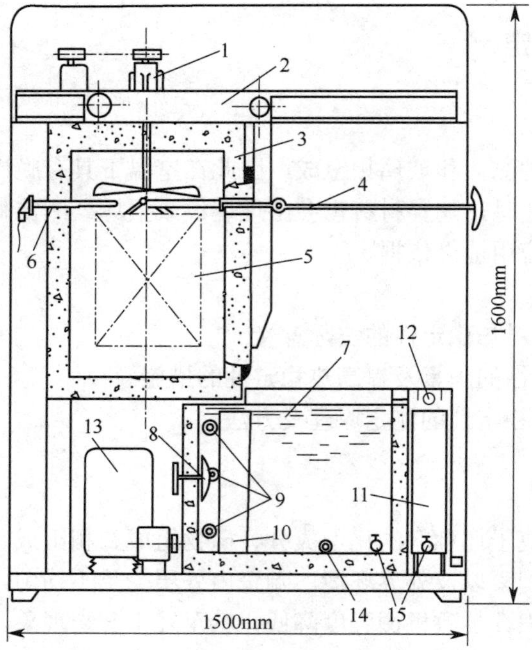

图 3-3-2　测定热稳定性仪器装置

1—搅拌风扇；2—炉门小车；3—加热炉；4—拉杆、挂杆；5—样品筐；6—铂电阻；7—水槽；8—搅拌水轮；9—管状加热器；10，11—换热器；12—出水筐；13—压缩机；14—水温传感器；15—进水阀

② 烘箱一台。

③ 铁夹子一把。

④ 搪瓷盘一个。

⑤ 测试样品若干。

⑥ 品红乙醇溶液。

⑦ 真空练泥机、砂纸、细纱布、蜡、釉、氧化铝细粉。

四、测试步骤

1．试样的要求与制备

① 取经真空练泥机挤制成的无分层、无气孔、圆柱形试样，阴干发白时送烘箱干燥。

② 干燥后经检查无缺陷合格的样品，在砂纸上将两端修平，用细纱布将整个试样修光滑，不得有裂痕等缺陷。

③ 上釉的试样（在一端平面上涂蜡，不必上釉），采用浸釉方法施釉，不得有堆釉的现象。干燥后装入电炉中，按要求的温度进行焙烧。

④ 烧成后，试样规格为 ϕ20mm×(25±1) mm。选出没有损坏、无扎制等缺陷的试样 10 个供实验用。

2．操作步骤

① 将 10 个合格的试样放入样品筐内，并置于炉膛中。

② 连接好电源线、热电阻和接地线。

③ 连接好进水管、出水管及循环水管。

④ 给恒温水槽中注入水。

⑤ 打开电源开关，指示灯亮，将炉温给定值及水温给定值调至需要位置（在水温控制中，下限控制压缩机、上限控制加热器，上限设定温度≤下限设定温度）。

⑥ 打开搅拌开关，指示灯亮，搅拌机工作。

⑦ 根据需要选择“单冷”“单热”或“冷热”。

a.“单冷”即仪器只启动制冷设备，超过给定温度时，自动制冷至给定温度后自动停止。

b.“单热”即仪器只启动加热设备，低于给定温度时自动加热至给定温度后自动停止。

c.“冷热”即当水温超过给定温度，仪器自动制冷，当水温低于给定温度，仪器自动加热，保证水温在所需温度处。

⑧ 接好线路并检查，接通电源以 2℃/min 的速度升温。

⑨ 当温度达到测量温度时，保温 15min（使试样内外温度一致）后，拨动手柄，使样品筐迅速坠入冰水中，冷却 5min。如没有冰水，试样坠入冷水中。每坠入一次试样，就要更换一次水，目的使水温保持不变。

⑩ 用铁夹子从水中取出试样，擦干净，不上釉和上白釉试样放在品红乙醇溶液中，检查裂纹。上棕色釉试样放在薄薄一层氧化铝细粉的搪瓷盘内，来回滚动几次或手拿着试样在氧化铝粉上擦几次，检查是否开裂（如开裂，表面有一条白色裂纹），并详细记录。将没有开裂的试样放入炉内，加热到下次规定的温度（每次间隔 20℃），重复试验至 10 个试样全部开裂为止。

拓展资源 20　实验 3-3 陶瓷热稳定性的测定　操作教学视频

在实验过程中，注意室内温度和水温的变化，作好记录。

五、数据处理记录

1. 测定记录

将测定结果填入表 3-3-2 中。

表 3-3-2　热稳定性测试记录表

<table>
<tr><td colspan="2">试样名称</td><td colspan="2"></td><td colspan="2">测试人</td><td colspan="2"></td><td colspan="2">测定日期</td><td></td></tr>
<tr><td colspan="2">试样处理</td><td colspan="9"></td></tr>
<tr><td rowspan="2">编号</td><td rowspan="2">测定次数</td><td colspan="2">测定时</td><td rowspan="2">试样开裂温度/℃（B）</td><td rowspan="2">试样开裂个数 G</td><td rowspan="2">平均开裂温度/℃</td><td rowspan="2">开裂温差/℃（C＝B–A）</td><td rowspan="2">平均开裂温差/℃</td><td rowspan="2">开裂温度范围/℃</td><td rowspan="2"></td></tr>
<tr><td>室温/℃</td><td>水温/℃（A）</td></tr>
<tr><td></td><td></td><td></td><td></td><td></td><td></td><td></td><td></td><td></td><td></td><td></td></tr>
<tr><td></td><td></td><td></td><td></td><td></td><td></td><td></td><td></td><td></td><td></td><td></td></tr>
<tr><td></td><td></td><td></td><td></td><td></td><td></td><td></td><td></td><td></td><td></td><td></td></tr>
</table>

2. 结果计算

平均开裂温差计算公式：

$$平均开裂温差=\frac{C_1G_1+C_2G_2\cdots\cdots}{Y} \tag{3-3-4}$$

式中　C_1,C_2——试样开裂温度差，℃；

G_1,G_2——在该温度差下试样开裂个数；

Y——每组试样个数。

六、实验过程中的注意事项

1．试样应光滑，无缺陷、堆釉现象。

2．炉内温度差应严格控制在±2℃。

3．每次重复做时，应将试样表面的其他杂质清洗干净。

思考题

1．影响测定材料热稳定性的因素及防止措施有哪些？

2．测定各种玻璃、陶瓷热稳定性的实际意义是什么？

3．影响玻璃、陶瓷材料热稳定性的因素有哪些？

4．玻璃、陶瓷热稳定性的测定原理是什么？

主要参考文献

[1] 南京玻璃纤维研究设计院．玻璃测试技术[M]．北京：中国建筑工业出版社，1987.

[2] 武汉建筑材料工业学院，华东化工学院，浙江大学.玻璃工艺原理[M].北京：中国建筑工业出版社，1981.

[3] 祝桂洪．陶瓷工艺实验[M]．北京：中国建材出版社，1997.

[4] GB/T 3298—2022．日用陶瓷器抗热震性测定方法.

[5] GB/T 3810.9—2016．陶瓷砖试验方法　第 9 部分：抗热震性的测定.

[6] GB/T 10701—2008．石英玻璃热稳定性试验方法.

实验 3-4　材料光学性能的测定

课前测试

材料光学性能的测定实验在现代材料科学、建筑科学、光电子学等领域具有举足轻重的地位。

材料光学性能的测定原理主要基于光与材料相互作用时产生的各种光学现象。图 3-4-1 为一束光的光路示意图。当一束光照射到不透明物质的表面时，会按照反射定律从材料表面反射回来。这种反射可以是镜面反射（光线按照一定规律反射，如镜子）或漫反射（光线在各个方向上随机反射，如纸张）。通过测量反射光的强度和方向，可以评估材料的反射性能，如光泽度。光泽度是评价材料表面反射光的能力的重要指标，与材料的表面粗糙度、光滑度等特性密切相关。在金属、陶瓷、塑料等加工领域，光泽度的测定对于产品外观质量的评估具有重要意义。

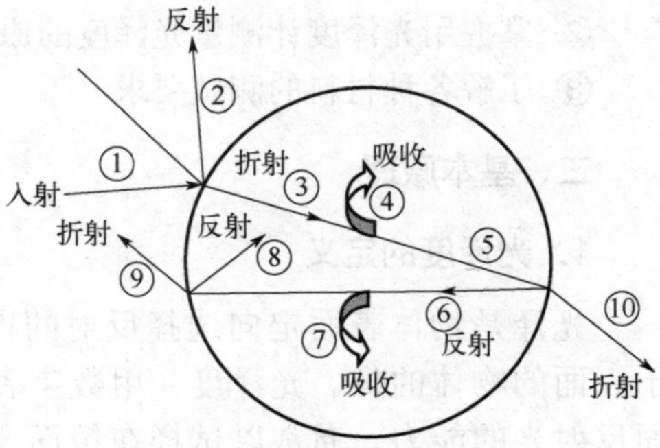

图 3-4-1　一束光的光路

当一束光（①）射到透明/半透明物质外壁面时，有两种情况。

第一种情况，当光线从光密介质进入光疏介质，且入射角大于临界角时，光线将全部反射回原介质，称为全反射。通过测量临界角可计算折射率。折射率是物质的一种物理性质，与光在介质中的传播速度有关。在食品、化工、光学等领域，折射率的测定具有重要意义，可用于鉴别物质成分、确定浓度、判断纯净程度等。

第二种情况，一部分会发生反射（②），其余部分发生折射进入物质中（③）；进入物质中的光在前进的过程中一部分被吸收（④）；另一部分继续前进（⑤），当到达内壁面后，一部分发生反射（⑥），并在前进的过程中或被吸收（⑦），或碰到内壁后发生反射（⑧）或折射（⑨）；其余部分的光则发生折射（⑩），穿透材料继续传播，这称为透射。透射光的强度和方向取决于材料的透光性和内部结构。通过测量透射光的性质，可以评估材料的透射性能，如透光率。玻璃、陶瓷、塑料等是透明或半透明材料。透光性是指材料透过光线的能力，它是一个综合性的指标，与材料对光线的吸收和反射性质有关。通常用透光率和雾度（浑浊度）来表征。

基于反射测量与透射测量的技术，对于完全不透明的材料或者半透明的材料，可以通过国际照明委员会创立的 CIE 色度系统来科学地表征颜色特征。通过测量，可以确定物体的颜色特性，如色品、色差等，这对于材料科学、光学研究、产品质量控制等具有重要意义。

Ⅰ. 材料光泽度的测定

一、教学目标

对于无机非金属材料，如陶瓷、天然花岗岩和大理石、人造花岗岩（微晶玻璃）、水磨石等建筑装饰板材，均有一定的光泽度要求。通过测定光泽度，可对无机非金属材料的压制、磨光、抛光及表面喷涂等生产过程进行控制，对最终产品的质量进行评定。对于有机材料，如合成装饰材料（仿人造大理石等）、发光薄膜、塑料制品等，对光泽度要求各有侧重，有的要求表面半光或无光，有的要求表面强烈反光或发亮。此外，塑料长期使用后因老化而使表面光泽度明显下降，通过光泽度的变化可以反映材料的耐老化性能。对于家具、家电及其他包装装潢行业，有的也要求进行光泽度的测试，以鉴定是否达到预期的特定效果。因此，研究材料的光泽度及其测试方法具有重要的意义。

本实验的教学目标：

① 了解光泽度的定义及测定意义。

② 掌握用光泽度计测量光泽度的原理和测试方法。

③ 了解各种材料的测试要求。

二、基本原理

1. 光泽度的定义

光泽是物体表面定向选择反射的性质，表现于在表面上呈现不同的亮斑或形成重叠于表面的物体的像。光泽度（用数字表示物体表面的光泽大小）是指物体受光照射时表面反射光的能力，通常以试样在镜面（正反射）方向的反射率与标准表面的反射率之比来表示：

$$G = 100R/R_0 \tag{3-4-1}$$

式中，R 为试样表面的反射率，%；R_0 为标准板的反射率，%。以抛光完善的黑玻璃作为参照标准板，其钠 D 射线的折射率为 1.567，对于每一个几何光学条件的镜向光泽度定标为 100 光泽度单位。

2. 测试原理

光泽度计的新、老型号很多，但测量原理基本相同。其中，新型数显光泽度计的工作原理如图 3-4-2 所示。光源发射的光经过一组透镜后成为符合一定要求的入射光束，入射光束到达被测物表面后，被测面将光反射到另一透镜，透镜将光束会聚成锥体后投射到位于光阑处的光电池，光电池进行光电转换后将电信号送往处理电路进行处理，然后在仪器上显示测量结果。

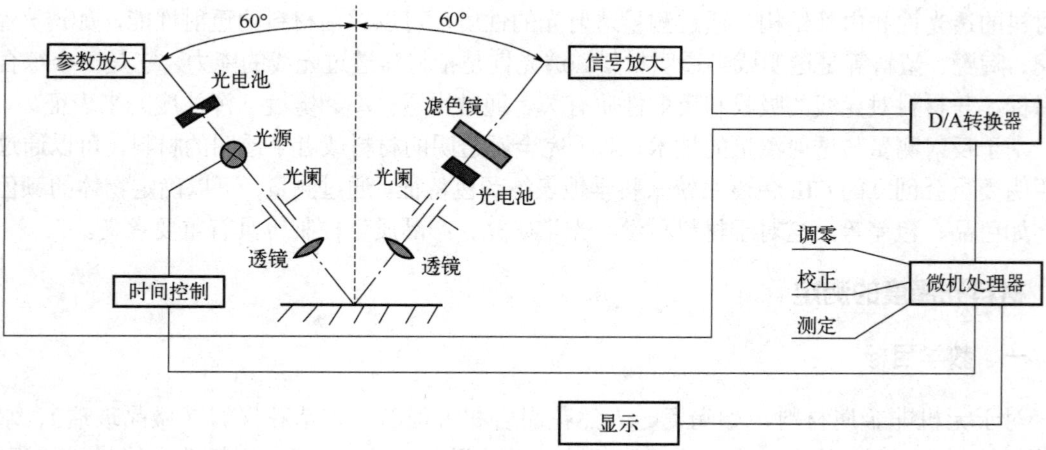

图 3-4-2　光泽度计的测量原理

由光泽度的定义可知，只需将光泽度计的（附件）黑色标准板的数值设定为默认值，再将黑色标准板“校标”，就可对待测试样进行测定。

三、实验器材

国产光泽度计有许多种，但测量原理基本相同。两种便携式光泽度计的仪器外形如图 3-4-3 所示。

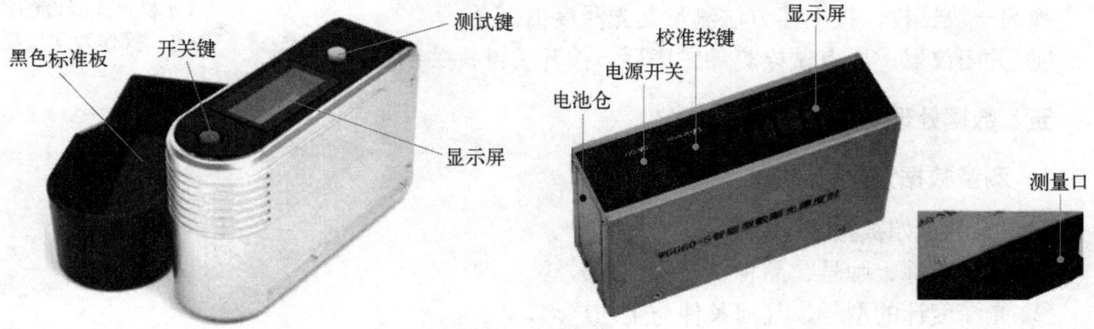

(a) (b)

图 3-4-3 光泽度计

四、测试步骤

1. 试样的要求与制备

① 试样表面应平整、光滑，无翘曲、波纹、突起、弯曲、砂眼等外观缺陷。

② 试样规格及数量：根据 GB/T 13891—2008 的规定，不同材料（制品）的试样规格、数量，每块试样的测量点如表 3-4-1 所示。

表 3-4-1 试样要求与测量点布置

试样	规格（长×宽）/mm	测量点的数量与位置
大理石板材、花岗岩板材、水磨石板材	≤600×600	5 个测量点 （板材的中心与四角）
	＞600×600	9 个测量点（四周边 3 个，中心 1 个）
陶瓷砖	≤600×600	5 个测量点（板材的中心与四角）
	＞600×600	9 个测量点（四周边 3 个，中心 1 个）
塑料地板	300×300	10 个测量点 （板材中心与四角的 5 个点测量后，将测量头旋转 90°，再测定 5 个测量点）
玻璃纤维增强塑料板材	150×150	10 个测量点 （与塑料地板相同）

③ 将选择出的待测试样洗净、烘干备用。

2. 操作步骤

① 开机 按开关键开机。

② 校标 将仪器测量窗口置于黑色标准板上，按一次“校标（测量）”按钮后放开，仪器将显示黑色标准板的数值，表示校正功能已完成。如果仪器显示的数值与黑色标准板的数值不同，则需要根据仪器说明书对仪器进行校准。

③ 测量 校标完成后，将仪器测量窗口置于被测试样上，按一次“测量”按钮后放开，

仪器将显示试样的光泽度测量值，记下这个数值。

如果按规定，每块试样有多个测点，则将仪器测量窗口置于新的测点上，再按一次“测量”按钮后放开，记下所对应的数值。按此方法测定其他的测定点。

换另一块试样，按上述方法测量其光泽度值。

④ 关闭仪器　所有试样测量完毕后，按开关键，关闭仪器。

拓展资源 21　实验 3-4 材料光泽度的测定　操作教学视频

五、数据处理记录

1．测量数据记录

应记录的原始数据包括以下几个方面：

① 试样名称、牌号、品种、来源、编号等。

② 光泽度计的型号、几何条件与生产厂名。

③ 每块试样的测量点及其测量数值。

2．数据处理

① 对于陶瓷砖，每个试样中心的光泽度值即为该试样的光泽度值。

② 对于要求多测量点的材料（制品），每个试样的光泽度值要用多点测量值的算术平均值表示，计算精确至 0.1 光泽度单位。其中，如果最高值或最低值与平均值之差超过平均值的 10%，应在其后的括号内注明。

③ 以 3 块或 5 块试样测定值的平均值作为被测建筑饰面材料镜向光泽度值。小数点后的余数采用数值修约规则修约，结果取整数。

思考题

1．镜向反射和漫反射有什么不同？

2．相对反射率的含义是什么？在测材料（制品）的光泽度之前，为什么要用标准板对仪器的表头进行校正？

3．在陶瓷或搪瓷的生产中，为了提高制品表面的光泽度，应采取什么措施？而在玻璃制品的深加工中，为了降低玻璃表面的光泽度，应采取什么措施？

4．国标 GB/T 13891 指出，各种建筑饰面材料测定镜向光泽度的发射角均采用 60°；当测定光泽度大于 70 光泽单位时，为提高其分辨程度，入射角可采用 20°；当测定光泽度小于 30 光泽单位时，为提高其分辨程度，入射角可采用 85°，为什么？

主要参考文献

[1] GB 5698—2001．颜色术语.

[2] GB/T 13891—2008．建筑饰面材料镜向光泽度测定方法.

[3] 欧阳国恩，欧阳荣．复合材料测试技术[M]．武汉：武汉工业大学出版社，1993.

[4] 关振铎，张中太，焦金生．无机材料物理性能[M]．北京：清华大学出版社，1992.

[5] 作花济夫，境野照雄，高桥克明．玻璃手册[M]．蒋国栋，译．北京：中国建筑工业出版社，1985.

[6] D G 霍洛威．玻璃的物理性质[M]．游恩溥，译．北京：中国轻工业出版社，1985.

Ⅱ. 材料折射率的测定

在无机非金属材料和有机高分子材料中，有许多材料是透明或半透明的，折射率是这些材料光学性质中最基本的性质。当把这些固体材料作为光学材料使用时，固体的折射率是进行光学系统计算时的基本量，因此固体物质的折射率是一个非常重要的光学性能指标。

玻璃是一种传统的光学材料。长期以来，人们为了满足各种光学仪器设备的需要，研制和生产了各种各样的光学玻璃，这些玻璃都有各自固定的折射率，在光学玻璃的研制和生产中，都要对玻璃的折射率进行比较精确的测定。此外，随着科学技术的发展，用于各种特殊用途的玻璃新品种不断出现，有的产品对折射率的要求越来越高。例如，目前高折射率的玻璃微珠的折射率范围已提升至 1.9～2.1，而超高折射率的玻璃微珠的折射率可达 2.2～2.3 乃至更高。因此，针对这些玻璃折射率的测量方法和仪器的研究已成为人们关注的问题。

由于有机透明材料的一些特点与玻璃相同，而密度比玻璃小，在一些场合中已作为玻璃的代用品使用。因此，测定有机透明材料的折射率也是十分重要的。

此外，折射率不但标志着液体的纯度和浓度，也标志着化学反应过程的正常进行与质量情况，因此化学工业、制药工业、油脂工业、食品工业、制糖工业、地质勘察等也涉及液体折射率的测定。

介质折射率的测试方法有许多种，例如测角法、浸液法、干涉法等。

测角法直接利用光的折射定律，以测出光束通过待测试样后的偏转角度来确定折射率。这种方法的测量精度较高，可达小数点后第四位至第五位，在研究玻璃的光学常数与其化学成分之间的关系时通常采用这类方法。这一类测试方法又可分为最小偏向角法、自准直法、全反射法等。主要测试仪器有测角仪、阿贝折射仪、V 棱镜折射仪等。

浸液法是以已知折射率的液体为参考介质来测定介质的折射率。这种方法简单容易，但准确度较差，大约为$\pm 2\times 10^{-3}$。

干涉法是利用折射率和光程差之间的关系，以干涉条纹的变化来进行折射率测量的方法。这类方法可分为干涉光谱法、全息干涉法和 F-P（法布里-珀罗）干涉法等。

在选择测试方法与测试仪器时，首先应考虑测量范围和测试精度的要求，其次是实验室的测试条件与设备。本实验用阿贝折射仪法。

一、教学目标

折射仪又名折光仪，是测量物质折射率的一种仪器，常用的折射仪有阿贝折射仪、V 棱镜折射仪（最小偏折角法）等。

阿贝折射仪是一种能测透明、半透明液体或固体的折射率和平均色散 n_F-n_C（氢光谱 F 线与 C 线的折射率差值）的仪器，若仪器接上恒温器，可以测量 10～70℃内的折射率 n_D [钠光 D 线（589.3nm）下的折射率（默认基准）]，测量范围为 1.300～1.700，测量精度为 0.002，这对于 $n_D = 1.52$ 左右的普通窗用玻璃或 $n_D = 1.50$～1.65 的一般光学玻璃来说，都是能满足要求的。

阿贝折射仪是低精度折射率测量仪器，但它有不需要单色光源、设备简单、价格低廉、操作方便容易等优点，因此常被用于光学玻璃牌号的鉴别和普通低精度的测量。

本实验的教学目标：

① 明确介质折射率的概念和定义。

② 了解介质折射率的主要测试方法。

③ 熟悉阿贝折射仪的结构、性能和工作原理。

④ 学会用阿贝折射仪测定有机玻璃、无机玻璃或其他透明材料的折射率。

二、基本原理

（一）介质的折射率

由物理学知道，光在真空中的传播速度是 c_0。但是，当光线 A 以入射角 α 从真空进入另一介质时，由于介质中的各种离子或粒子对光线的作用，在两种介质的界面处，不仅光的传播速度将降低到 c，其传播方向也将发生变化，光线将以折射角 β 在介质内传播，这种现象称为折射，如图 3-4-4 所示。

介质的折射率一般用 n 表示，其关系式为：

$$n = c_0 / c \tag{3-4-2}$$

式中 n——介质的绝对折射率；

c_0——光束在真空中的传播速度（约 3×10^8m/s）；

c——光束在该介质中的传播速度。

如果图 3-4-4 中 bc 面以上是空气，bc 面以下是玻璃，则

$$n_{21} = n_2 / n_1 = c_1 / c_2 \tag{3-4-3}$$

式中 n_{21}——玻璃对于空气的相对折射率；

n_1——空气的绝对折射率；

n_2——玻璃的绝对折射率；

c_1——光束在空气中的传播速度；

c_2——光束在玻璃中的传播速度。

按物理学中振动和波中所讲述的惠更斯原理，入射面 OQ 上的各点都可以看作是新的次波源。当 Q 点发出的次波在空气中经时刻 t 传到 Q'点时，O 点发出的次波在相同的时刻 t 内在玻璃中传到 O'点，如图 3-4-5 所示，$O'Q'$就是折射波面。

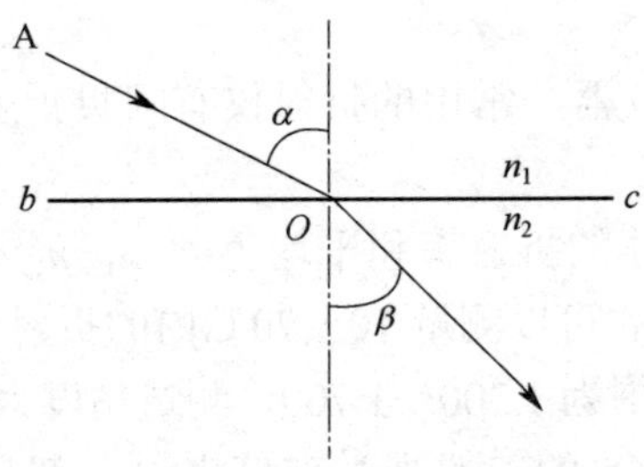

图 3-4-4 光在介质中的折射

n_1—空气的绝对折射率；n_2—玻璃的绝对折射率

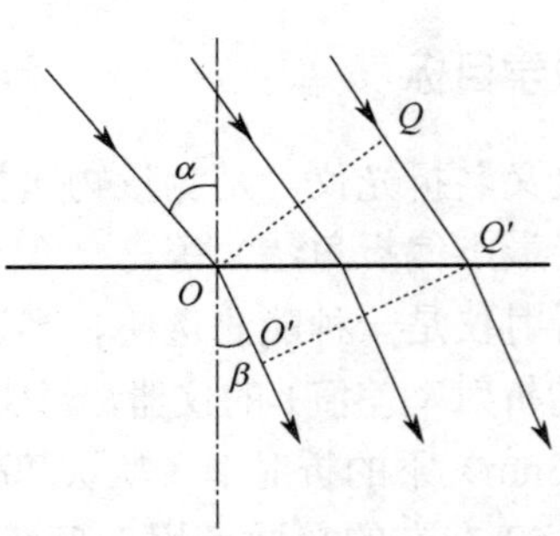

图 3-4-5 平行光的折射

由图 3-4-5 可知：$QQ' = c_1t$

$OO' = c_2t$

$\sin\alpha = QQ' / OQ'$

$\sin\beta = OO' / OQ'$

$\sin\alpha$ 与 $\sin\beta$ 相除得：

$$\frac{\sin\alpha}{\sin\beta}=\frac{QQ'}{OO'}=\frac{c_1 t}{c_2 t}=\frac{c_1}{c_2} \tag{3-4-4}$$

将式（3-4-4）代入式（3-4-3）得：

$$n_1\sin\alpha = n_2\sin\beta \tag{3-4-5}$$

式（3-4-5）就是光折射定律的表达公式。

介质的折射率是波长的函数，许多国家用光谱中 D 线的折射率表示介质的折射率。我国以钠光谱 n_D 作为主折射率。

（二）阿贝折射仪的工作原理

1．阿贝折射仪的外形与结构

阿贝折射仪有投影式和非投影式两类，而每类的型号又有几种。2W 型（WZSI 型）的外形如图 3-4-6 所示。

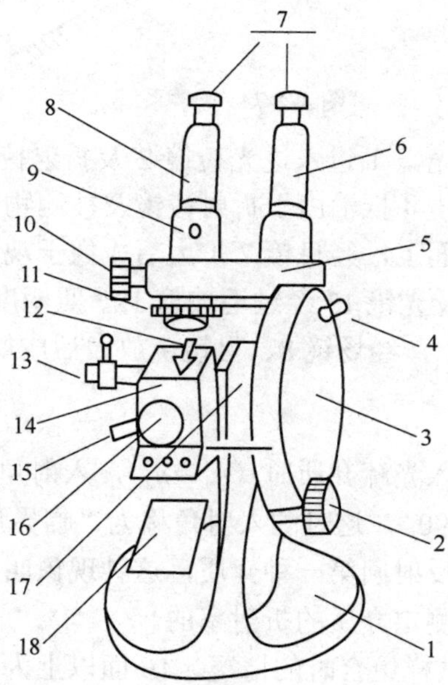

图 3-4-6　阿贝折射仪外形图

1—底座；2—棱镜转动手轮；3—圆盘组（内有刻度盘）；4—小反光镜；5—支架；6—读数镜筒；7—目镜；8—望远镜筒；9—示值调节螺钉；10—阿米西棱镜手轮；11—色散值刻度盘；12—棱镜锁紧扳手；13—温度计座；14—棱镜组；15—恒温器接头；16—保护罩；17—主轴；18—反光镜

底座 1 是仪器的支承座，也是轴承座。连接两镜筒的支架 5 与外轴相连，支架上装有圆盘组 3，此支架能绕主轴 17 旋转，以便工作者选择适当的工作位置。圆盘组 3 内有扇形齿轮板，玻璃刻度盘就固定在齿轮板上。主轴 17 联结棱镜组 14 与齿轮板，当旋转手轮 2 时扇形板带动主轴，而主轴带动棱镜组 14 同时旋转，使明暗分界线位于视场中央。

棱镜组内有恒温水槽，因测量时的温度对折射率有影响，为了保证测定精度，在必要时可加恒温器。

2．光学系统

光学系统由望远系统与读数系统两部分组成，如图 3-4-7 所示。

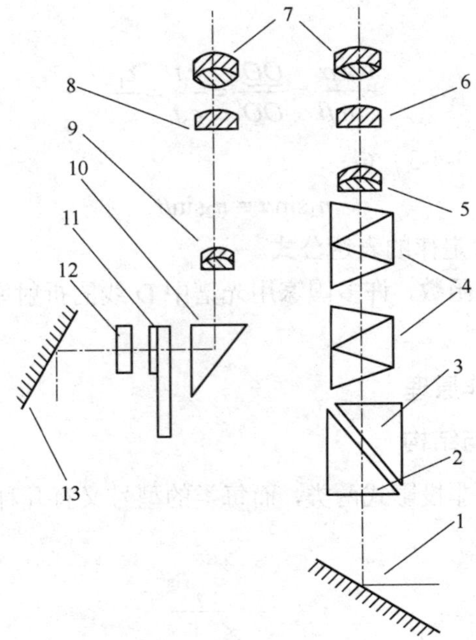

图 3-4-7 光学系统

在望远系统中，光线由反光镜 1 进入进光棱镜 2 及折射棱镜 3（在测液体时，被测液体放在 2、3 之间），经阿米西棱镜 4 抵消由于折射棱镜及被测物体所产生的色散，由物镜 5 将明暗分界线成像于场镜 6 的平面上，经目镜 7 扩大后成像于观察者的眼中。

在读数系统中，光线由小反光镜 13 经过毛玻璃 12、照明度盘 11，经转向棱镜 10 及物镜 9 将刻度成像于场镜 8 的平面上，经场镜 8、目镜 7 放大后成像于观察者的眼中。

3．测量原理

当一束光线从光密介质进入光疏介质时（$n_1>n_2$），入射角 i 将小于折射角 r。如果改变入射角，就可以使折射角达到 90°，这时的入射角称为“临界角”（i_c）。若入射角大于 i_c，就不再有折射光线，入射光全部反射回第一种介质，这种现象叫全反射，如图 3-4-8 所示。阿贝折射仪就是根据这个原理来测定介质的折射率的。

图 3-4-9 是一折射棱镜与试样组合时的情况。*AB* 面以上为待测试样，其折射率为 n_1；*AB* 面以下为折射棱镜，其折射率为 n_2。当光线以不同的角度入射 *AB* 面时，其折射角都大于 i_c，如果用一望远镜在 *AC* 方向观察时，就可看到一半为明一半为暗的视场，如图 3-4-10 所示，明暗分界处即为临界角光线在 *BC* 面上的出射方向。

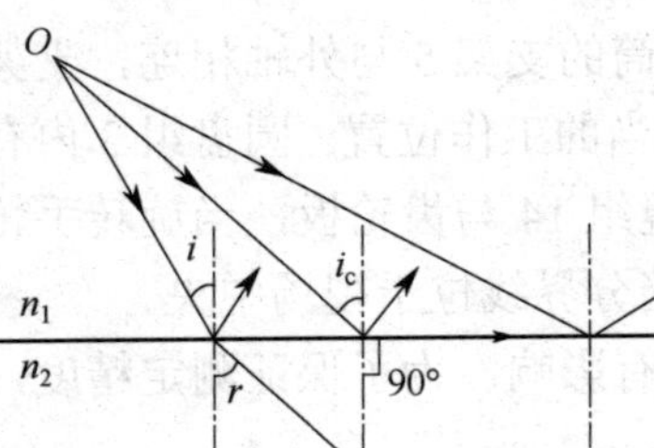

图 3-4-8 光的全反射原理

n_1—光密介质的绝对折射率；
n_2—光疏介质的绝对折射率

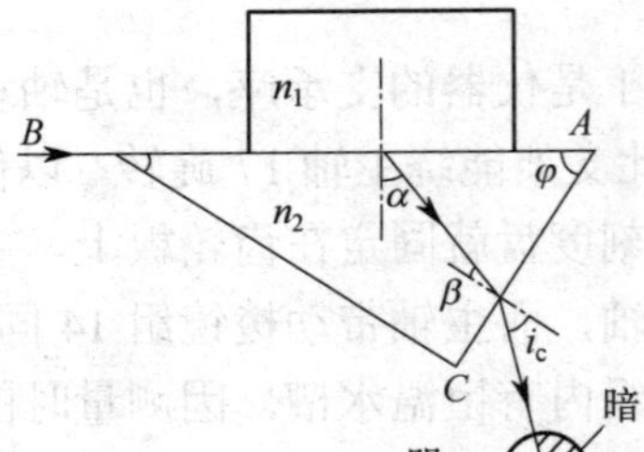

图 3-4-9 阿贝折射仪测量原理图

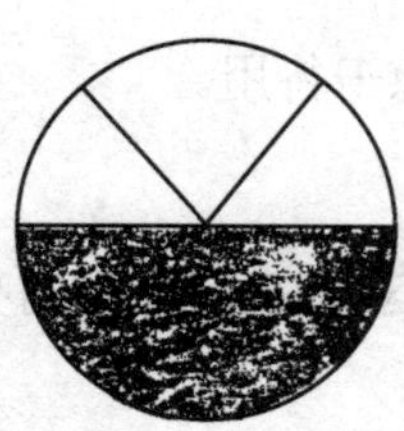

图 3-4-10 望远镜视域的明暗视场

对于图 3-4-10 的情况，可由折射定律得：

$$n_1 \sin 90^\circ = n_2 \sin\alpha \tag{3-4-6}$$

$$n_2 \sin\beta = \sin i \tag{3-4-7}$$

由于 $\varphi = \alpha + \beta$，所以

$$\alpha = \varphi - \beta \tag{3-4-8}$$

将式（3-4-8）代入式（3-4-6）得

$$n_1 = n_2(\sin\varphi\cos\beta - \cos\varphi\sin\beta) \tag{3-4-9}$$

由式（3-4-7）得

$$n_2^2 \sin^2\beta = \sin^2 i$$

$$\cos\beta = \sqrt{n_2^2 - \sin^2 i}\Big/n_2 \tag{3-4-10}$$

将式（3-4-10）代入式（3-4-9）得

$$n_1 = \sin\varphi\sqrt{n_2^2 - \sin^2 i} - \cos\varphi\sin i \tag{3-4-11}$$

由式（3-4-11）可见，当 φ 角及 n_2 为已知时，测得 i 角，就可计算出被测物体的折射率 n_1。

在设计与制造阿贝折射仪时，已按公式（3-4-11）进行刻度盘的刻制，所以测量的读数就是被测物体的折射率，使用时是很方便的。

三、实验器材

① 阿贝折射仪（2W 型）1 台；
② 1-溴代萘（介质的折射率 n＜1.66 时用）；
③ 二碘甲烷（n＞1.66 时用）；
④ 无水酒精和乙醚混合液；
⑤ 纱布、脱脂棉；
⑥ 镊子 1 把；
⑦ 无机玻璃或有机玻璃试样多块。

四、测试步骤

1．试样制备

选取无缺陷、均匀的无机玻璃块或有机玻璃块为待测试样，切取约 1cm 宽、2～3cm 长、2～3mm 厚的试块。将试块的一个大面和一个端面磨成两个互成垂直的 A、B 面，并进行抛

光（如图 3-4-11 所示），清洗干净，晾干待用。

2．校对仪器

① 将仪器置于明亮处，从目镜中观察视场是否明亮均匀。否则以室内灯光来补充自然光。

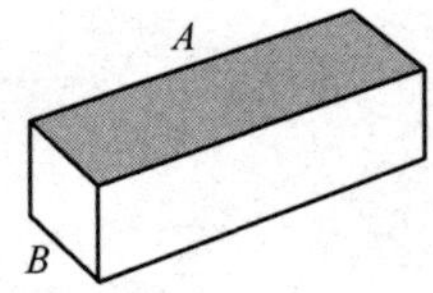

图 3-4-11　试样的切割抛光

② 在开始测定前，先用随仪器附件所带的标准试样校对仪器的读数。

首先，打开进光棱镜，用无水酒精和乙醚混合液（1∶1）将标准试块和折射棱镜的表面擦洗干净。为了使标准试样与折射棱镜的 *A*、*B* 面完全接触，先在标准试样的大抛光面上加 1 滴 1-溴代萘，然后将标准试样贴在折射棱镜的抛光面上。粘贴时应注意，标准试样的抛光端面应向上，以便接收入射光线，如图 3-4-12 所示。

接着，调节棱镜转动手轮 2（图 3-4-6），使读数镜内指示在标准试样的刻度值上，如图 3-4-13 所示。此后，观察望远镜内的明暗分界线是否在十字线中心。若分界线偏离十字线中心，可用附件校正螺丝刀转动示值调节螺钉 9，使明暗分界线调至十字线中心。仪器调正后，在测试过程中不允许随意再动。

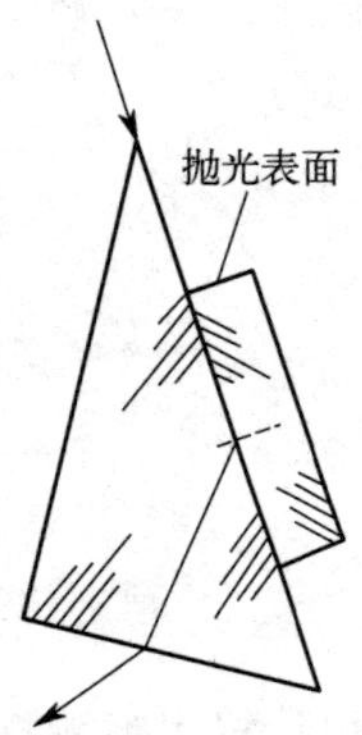

图 3-4-12　试样与折射棱镜粘贴示意图

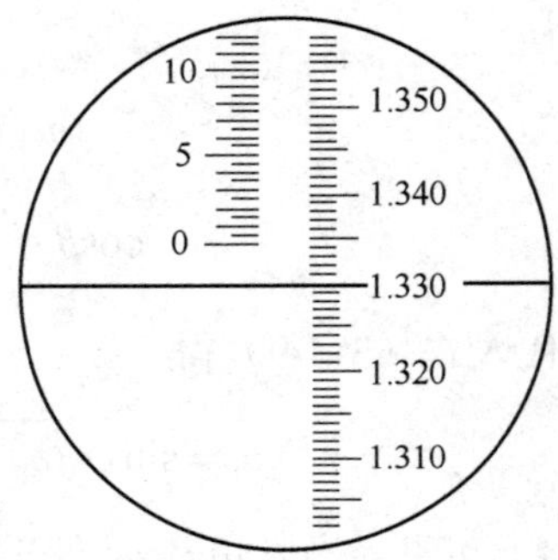

图 3-4-13　读数镜视场示例图

③ 校正完毕，取下标准试样，将折射棱镜和进光棱镜擦洗干净，以免留有其他物质影响测定精度。将标准试样擦洗干净，保存待下次使用。

3．试样测定

① 在已洗净晾干的待测试样的抛光面上滴 1 滴 1-溴代萘（若试样的折射率大于 1.66，则应改用二碘甲烷），把试样贴在折射棱镜上，并使抛光端面朝上，如图 3-4-12 所示。

② 旋转棱镜转动手轮 2（图 3-4-6），使棱镜组 14 转动，在望远镜中观察明暗分界线，调节明暗分界线在十字中心处；同时旋转阿米西棱镜手轮 10，使视场中除黑白色外无其他颜色。当视场中无其他颜色且明暗分界线在十字线中心时，读数镜视场右边所指示的刻度值即为待测试样的折射率（n_D）值。

思考题

1．通常所说的介质的折射率指的是何种折射率？

2．为什么在测定折射率时，必须使用特定的波长？

3．玻璃的折射率为什么与组成有关？

4．玻璃的折射率为什么与温度有关？

5．什么叫临界角？对于普通玻璃（$n_D = 1.52$），其临界角等于多少度？

6．在测量平板玻璃的折射率时，为什么要使用接触液（1-溴代萘或二碘甲烷）？为什么接触液的折射率一定要大于样品的折射率？

7．在阿贝折射仪上能测定不透明物体的折射率吗？为什么？

8．为什么被测试样的直角面要制成 $90° \pm 1'$这样的精度？

9．试按折射定律推导出 n_D 的表达式。

10．为什么阿贝折射仪不用单色光？

11．影响本实验的因素有哪些？

主要参考文献

[1] 郭永康，鲍培谛．光学教程[M]．成都：四川大学出版社，1992.

[2] 郭永康，朱建华．光学[M]．3 版．北京：高等教育出版社，2017.

[3] 李允中．基础光学实验[M]．天津：南开大学出版社，1987.

[4] 南京玻璃纤维研究设计院．玻璃测试技术[M]．北京：中国建筑工业出版社，1987.

[5] 干福熹，等．光学玻璃[M]．北京：科学出版社，1982.

Ⅲ．材料透光性能的测定

一、教学目标

玻璃是一种传统的光学材料，透光性是玻璃最重要的性质之一。早在十五世纪，人们就开始应用这一个光学性质。透光性的测定是平板玻璃质量检测的重要项目之一，各国的玻璃标准对透光性都有具体的规定。

除了玻璃，有机玻璃板、透明或半透明塑料薄膜都以透光性作为其质量鉴定和老化后性能变化程度的评定指标。

在陶瓷材料中，透明的 Al_2O_3、MgO、Y_2O_3 等氧化物陶瓷也有较高的透明度，其透光性是这些材料的质量指标。

一些重要的工艺瓷，例如骨灰瓷和硬瓷，其半透明性是主要的鉴定指标之一。单相氧化物陶瓷的半透明性是它的质量标志。

半透明性也是乳白玻璃的一个重要光学性质。

此外，透光率是表征树脂透明程度的一个最重要的性能指标。

因此，测定材料的透光性能对科研与生产都是十分重要的。而透光率和雾度则是检测透明或半透明材料光学特性的重要参数，可用于控制产品和研究产品的某些光学性能。例如，窗玻璃材料透光率应该高，不应有混浊。相反，用作光学仪器罩的材料要求能有效屏蔽亮光源，因此要求材料透光率较低而散射较大。

本实验的教学目标：

① 明确透光率和雾度的基本概念。

② 了解透光率/雾度测定仪的测量原理。

③ 掌握材料透光率/雾度的测定方法。

二、基本原理

图 3-4-14 至图 3-4-16 通过半球透射光路图、主透射光路图及漫透射光路图展示了半球透射的原理。

由图 3-4-14 可见，当光源 A 发出的一束平行可见光束（380～780nm）照射到一透明或半透明物体上时，部分发生镜面反射，部分产生漫反射；部分被吸收；部分被透过。其中，透过试样的光通量 Φ_2 与入射光通量 Φ_1 的比即为透射比，以 T（%）表示：

$$T=\frac{\Phi_2}{\Phi_1}\times 100\% \tag{3-4-12}$$

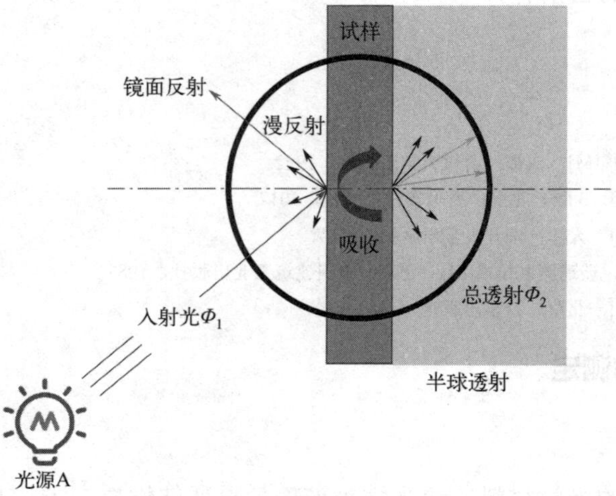

图 3-4-14　半球透射光路图

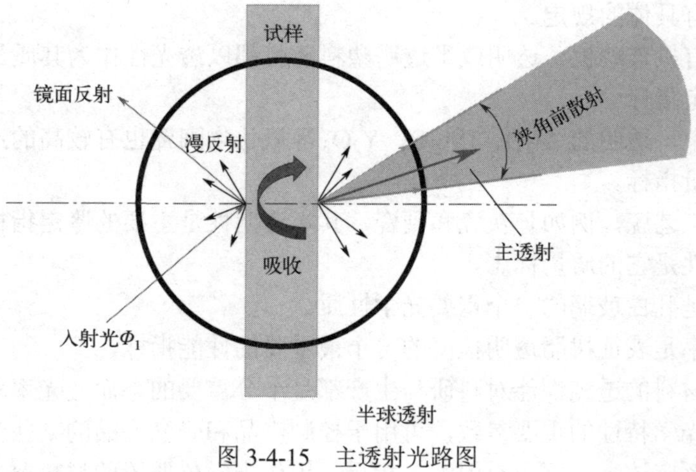

图 3-4-15　主透射光路图

在出射样品的光中，主透射部分按折射定律前进（见图 3-4-15）；其余部分产生半球透射，其前进方向是散乱的，因此称为漫透射，如图 3-4-16 中右半球所示（光通量为 Φ_3）。其中，透过试样而偏离入射方向的散射光通量 Φ_3 与总透射光通量 Φ_2 之比称为“雾度”：

$$H=\frac{\Phi_3}{\Phi_2}\times 100\% \tag{3-4-13}$$

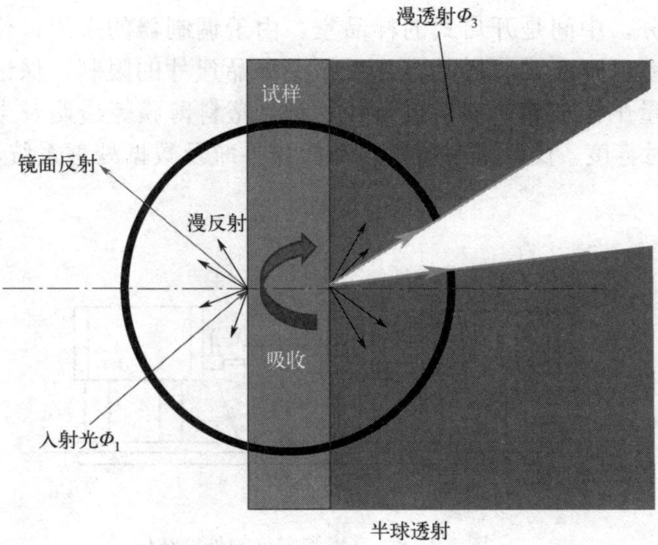

图 3-4-16 漫透射光路图

按 GB/T 2410—2008 及 ASTM D1003—21，以半球透射来考核的透光率称为“半球透光率”，所定义的雾度是指样品的“半球雾度”。

三、测试原理与仪器结构

1. 透光率和雾度的测试原理

雾度测定仪采用平行照射，半球散射，积分球光电接收的方式，其测量原理如图 3-4-17 所示。由光源 1（卤钨灯）发出的光经过聚光镜 2，通过光阑 3，经遮光式调制器 4 射到物镜 5 上。物镜 5 射出一束平行光束（其光线偏离角不大于 3°），将光阑 3 成像在出射窗口 10 上。出射窗口对入射窗口中心的张角为 8°，光斑边缘与出射窗形成 1.3° 的环带。积分球 7 内装有一可摆动的标准反射器 9，当测定透射比及总透射比时，标准反射器被控在位，挡住出射窗口；当测散射光时，从出射窗口处让开。固定在积分球上的硒光电池 8 将球内的光照吸收后转换成光电流，经检波放大 A/D 转换，微机处理后，显示透射比和雾度的测定值，需要时还可打印输出。

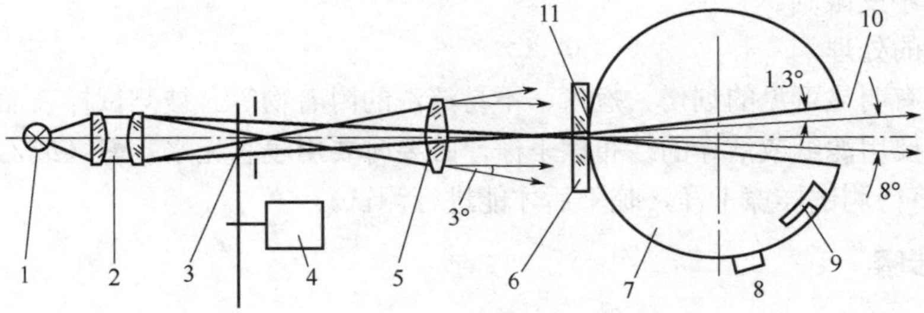

图 3-4-17 透光率/雾度测定仪的测量原理

1—光源；2—聚光镜；3—光阑；4—遮光式调制器；5—物镜；6—试样；7—积分球；8—光电池；9—标准反射器；10—出射窗口；11—入射窗口

2. 仪器结构

透光率/雾度测定仪的外形如图 3-4-18 所示。仪器分为发射系统（左侧）和接收系统（右侧）两部分，中间是开启式的样品室。由于调制器的采用，仪器不受环境光的影响，不必采用暗室。开启式的样品窗几乎不受样品尺寸的限制，保证了大件样品操作者的安全，可以测量平板玻璃、塑料板材和片材、塑料薄膜等透明及半透明的平行平面样品的透射比、透射雾度。仪器采用微机自动操作系统及数据处理系统，无旋钮操作，使用方便。

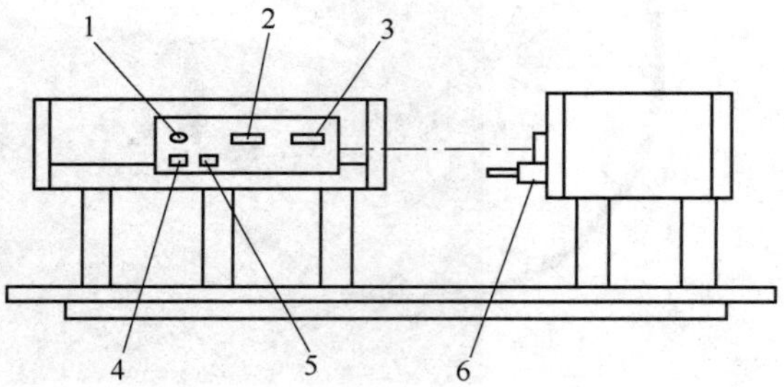

图 3-4-18　雾度测定仪的外形结构

1—测试准备指示灯；2—透光率显示窗雾度测试窗；3—雾度显示窗；4—电源开关；5—测试开关；6—样品架

四、实验器材

① WGT-S 透光率/雾度测定仪。

② 玻璃切割工具。

③ 脱脂棉（或软布条）。

④ 无水乙醇（或乙醚）。

⑤ 打印机。

五、测试步骤

1．试样制备

（1）试样切割尺寸

对于量少的材料，可用玻璃切割工具切成小样，尺寸为 50mm×50mm。

对于面积和厚度大的材料，可用玻璃切割工具切成大样，宽度可达 380mm，厚度可达 130mm，长度不受限制。

（2）试样的处理

试样不应有明显可见的划伤、疙瘩、不易清洗的附着物等。被测试样表面应清洁，因此试样选好后，要用滤纸或洁净的纱布擦干净，必要时要用浸有无水乙醇（或乙醚）的脱脂棉（或软布条）将待测试样擦干净，晾干后才能进行测试。

2．操作步骤

（1）准备工作

① 将 WGT-S 透光率/雾度测定仪器电源插头插入插座（三眼）。将打印机接上电源。

② 将仪器的两只保护盖旋下。

③ 在测小样品时，须将样品架装于接收器的左侧（拧上两只螺钉即可）。

（2）仪器预热

按一下电源按钮，仪器开始预热。两窗口各自显示两位小数，准备（ready）指示灯指示黄光。不久，“ready”指示灯指示绿光，左边读数窗出现“P”，右边出现“H”，并发出呼叫声。此时，在不放置样品的情况下按下测试开关，仪器将显示“P100.00”“H0.00”。

如果不显示“P 100.0”“H 0.000”，即“P ＜ 100.00”“H ＞ 0.00”，说明光源预热不够。可关闭电源后再开机，重复 1～2 次，在显示“P100.00”“H 0.00”，稳定超过 15min 后即可结束预热。

（3）空白的测试

按下测试开关，仪器中的微机采集仪器自身的数据后，再度显示“P”“H”，并呼叫，标志着仪器已进入待测量状态。

（4）块状样品的测量方法

① 将待测样品装在样品架上，按“测试”钮，指示灯转为红光，不久就在显示屏显示出透光率（单位为%）和雾度（单位为%）的数值。此时，指示灯转为绿光。

② 需要进行复测时，可不拿下样品，重按测试钮即可。最后取其算术平均值作测量结果，以提高测量准确度。

③ 更换同一批样品，重复按测试按钮，即可连续测得同一批样品的测试结果。

（5）更换样品批号的测量方法

更换样品批号时，应先按“测试”按钮测空白（一般每测完一组样品应测空白 1 次），仪器显示“P 100.00”“H 0.00”后，再按“测试”钮，待准备灯发绿光，仪器发出呼叫后，再测下一组样品。

（6）薄膜试样的测量

对于塑料等薄膜样品，只要将待测薄膜夹于仪器附带的磁性夹具之间，稍加拉平即可。将夹具装在样品架上（注意将薄膜一面紧贴积分球），按上述操作即可得出结果。

（7）结果打印

① 在打印机已联机并接通电源的情况下，开机后测第 1 个数据时，打印机将打 1 字头和第 1 组数据。以后每重复测定 1 次，或同一批号中取多个样品测试（都要按测试按钮）时，打印机将逐一打出复测号或样品号及其测量结果。

拓展资源 22　实验 3-4 材料透光性能的测定　操作教学视频

② 更换批号时，需要更换报告单，所以要测 1 次空白，再按一下测试按钮，当仪器呼叫后，即可装上第 2 组样品。这样，就可得到第 2 张报告单的字头及数据。

③ 按此法每换 1 次批号，报告单上的批号将自动递增。

思考题

1．透光率和雾度是如何定义的？

2．结合图 3-4-14 至图 3-4-16，你能说明透光仪的光路系统为什么要这样设计吗？

3．基于透光率与雾度的定义及其测试原理，你能否构思出一套透光率和雾度的测试流程吗？

4．用透光率/雾度测定仪可以测量液体的浊度，试拟定一个测试方法与测试程序。

5．试样厚度对透光率值有无影响，为什么？

主要参考文献

[1] GB/T 2680—2021．建筑玻璃　可见光透射比、太阳光直接透射比、太阳能总透射比、紫外线透射比及有关玻璃参数的测定．
[2] GB/T 2410—2008．透明塑料透光率和雾度的测定．
[3] ASTM　D1003—21. Standard Test Method for Haze and Luminous Transmittance of　Transparent Plastics.
[4] 关振铎，张中太，焦金生．无机材料物理性能[M]．北京：清华大学出版社，1992.
[5] 欧阳国恩，欧国荣．复合材料试验技术[M]．武汉：武汉工业大学出版社，1993.

Ⅳ．材料色度的测定

一、教学目标

我们生活在一个多姿多彩的世界，在我们周围的环境中几乎每时每刻都能见到大自然中各种物体的各种颜色。在科学技术不断发展的今天，人工制造的物体所呈现的颜色也是五彩缤纷的。因此，色度指标值的测量和检验，已成为全世界各行各业生产中对材料颜色进行质量控制和产品检验的关键。在无机非金属材料中，彩色水泥、彩色玻璃制品、彩色陶瓷制品、搪瓷用彩色珐琅等，都要涉及颜色的测量。此外，纺织、印染、造纸、化工、家用电器、食品等行业也需要对颜色进行测定。

本实验的教学目标：

① 了解物体颜色的基本概念及表示方法。

② 了解物体颜色的测量方法。

③ 掌握用色彩色差计测量反射物体、透射物体色度值的测量技术。

二、基本原理

1．物体的颜色

物质的颜色与光密切相关。按物理学的观点，太阳辐射是一种电磁波，太阳光只是其中的一部分，它是由不同波长的光所组成的。除可见光外，还有紫外光和红外光。通常，物质的颜色是物质对太阳可见光（白光）选择性反射或透过的物理现象（物质本身的自发光也使物质产生颜色，限于篇幅，这里不做介绍）。可见光被物体反射或透射后的颜色，称为物体色。不透明物体表面的颜色，称为表面色。那些本身不发光的物体，在外界光线照射下，能有选择地吸收一些波长的光，而反射或透射另一些波长的光，从而使物体呈现一定的颜色。例如，红旗反射红光而吸收其他颜色的光，因而呈现红色；绿色的植物因反射绿色光而吸收所有其他色光而呈现绿色，白云反射全部阳光而呈白色；煤炭吸收全部照射光而呈现黑色等等。

根据三原色学说，任何一种颜色的光，都可看成是由红、绿、蓝三种颜色的光按一定比例组合起来的，这三种单色光叫基色光，对应的三种颜色称三基色。

“颜色视觉”是外界物质的辐射刺激于人们眼睛内视网膜敏感的视觉神经中心末梢而引起的。光进入眼睛后，三种颜色的光分别作用于视网膜上的三种细胞上，产生激励，在视神经中，这些分别产生的激励又混合起来，产生彩色光的感觉。

物体的颜色与照射的光源和人眼对颜色的感觉有关。由于人的生理上的差别，各人对颜色的灵敏性也大不相同，因此，人对颜色的判断带有很大的主观性。人类视觉的这些缺点是难以正确测定颜色的原因。

2. 颜色的表示方法

为了准确地描述和表示物体的颜色，新兴了一门科学——色度学。色度学是研究人的颜色视觉规律、颜色测量的理论与技术的科学。在这门科学里，物体的颜色一般用色调、色彩度和明度这三种尺度来表示。色调表示红、黄、绿、蓝、紫等颜色特性。色彩度是用等明度无彩点的视知觉特性来表示物体表面颜色的浓淡，并给予分度。明度表示物体表面相对明暗的特性，是在相同的照明条件下，以白板为基准，对物体表面的视知觉特性给予的分度。此外，还用色差来表示物体颜色知觉的定量差异。

（1）CIE　X_{10}　Y_{10}　Z_{10}色度系统

使用规定的符号，按一系列规定和定义表示颜色的系统称为色度系统（亦称表色系统）。为了科学地表征颜色特征，国际照明委员会（International Commission on Illumination，CIE）创立了 CIE 系统。

人眼的视网膜有红、绿、蓝三种不同的感色细胞，它们具有不同的光谱敏感特性。每个人的感色细胞多少是有差异的。国际照明委员会对许多观察者的颜色视觉做了实验，得到人眼的平均颜色视觉特性，规定为标准观察者光谱三刺激值。

由于从实际光谱中选定的红、绿、蓝三原色光不可能调(匹)配出存在于自然界的所有色彩，所以，CIE 于 1931 年从理论上假设了并不存在于自然界的三种原色，即理论三原色，以用 X（红原色刺激量）、Y（绿原色刺激量）和 Z（蓝原色刺激量）表示，以期从理论上来调(匹)配一切色彩。形成了 XYZ 测色系统。

由 CIE 1931 年规定的光谱三刺激值为$\bar{x}(\lambda)$、$\bar{y}(\lambda)$、$\bar{z}(\lambda)$表示的色度系统，称为CIE 1931色度系统，有时称为 2^0 视场 XYZ 色度系统。由 CIE 1964 年规定的光谱三刺激值为$\bar{x}_{10}(\lambda)$、$\bar{y}_{10}(\lambda)$、$\bar{z}_{10}(\lambda)$表示的色度系统，称为 CIE 1964 色度系统，有时称为 10^0 视场 X_{10}　Y_{10}　Z_{10} 色度系统。

用色调和色彩度来表示颜色的特性，称为色品（度），用色品坐标来规定。在 X_{10}　Y_{10}　Z_{10} 色度系统中，色品（度）坐标 x_{10}、y_{10}、z_{10} 按下式计算：

$$x_{10}=\frac{X_{10}}{X_{10}+Y_{10}+Z_{10}} \tag{3-4-14}$$

$$y_{10}=\frac{Y_{10}}{X_{10}+Y_{10}+Z_{10}} \tag{3-4-15}$$

$$z_{10}=\frac{Z_{10}}{X_{10}+Y_{10}+Z_{10}}=1-x_{10}-y_{10} \tag{3-4-16}$$

式中，X_{10}、Y_{10}、Z_{10} 是 CIE 1964 标准色度系统的三刺激值。以刺激值 Y_{10} 和色品坐标 x_{10}、y_{10} 表示色度测量结果。

如果两种颜色完全一致，则限定这两种颜色的三刺激值必须相同。其中，Y_{10} 还表示颜色的明亮程度。

表示色品坐标的平面图称为色品（度）图。在 X_{10}　Y_{10}　Z_{10} 色度系统中，以色品坐标 x_{10} 为横坐标，y_{10} 为纵坐标。图中有波长分度的曲线，是把各单色光刺激点连接起来形成的光谱轨迹，把光谱轨迹两端连接的直线是紫轨迹，如图 3-4-19 所示。从 x_{10}、y_{10} 色品图中可见，可见光颜色分布在一个色品三角形中，物体的色品值可以在色品三角形中用唯一的点来确定。

但要精确地表示一个物品的颜色，必须用一个色品坐标和一个明度因子来确定。

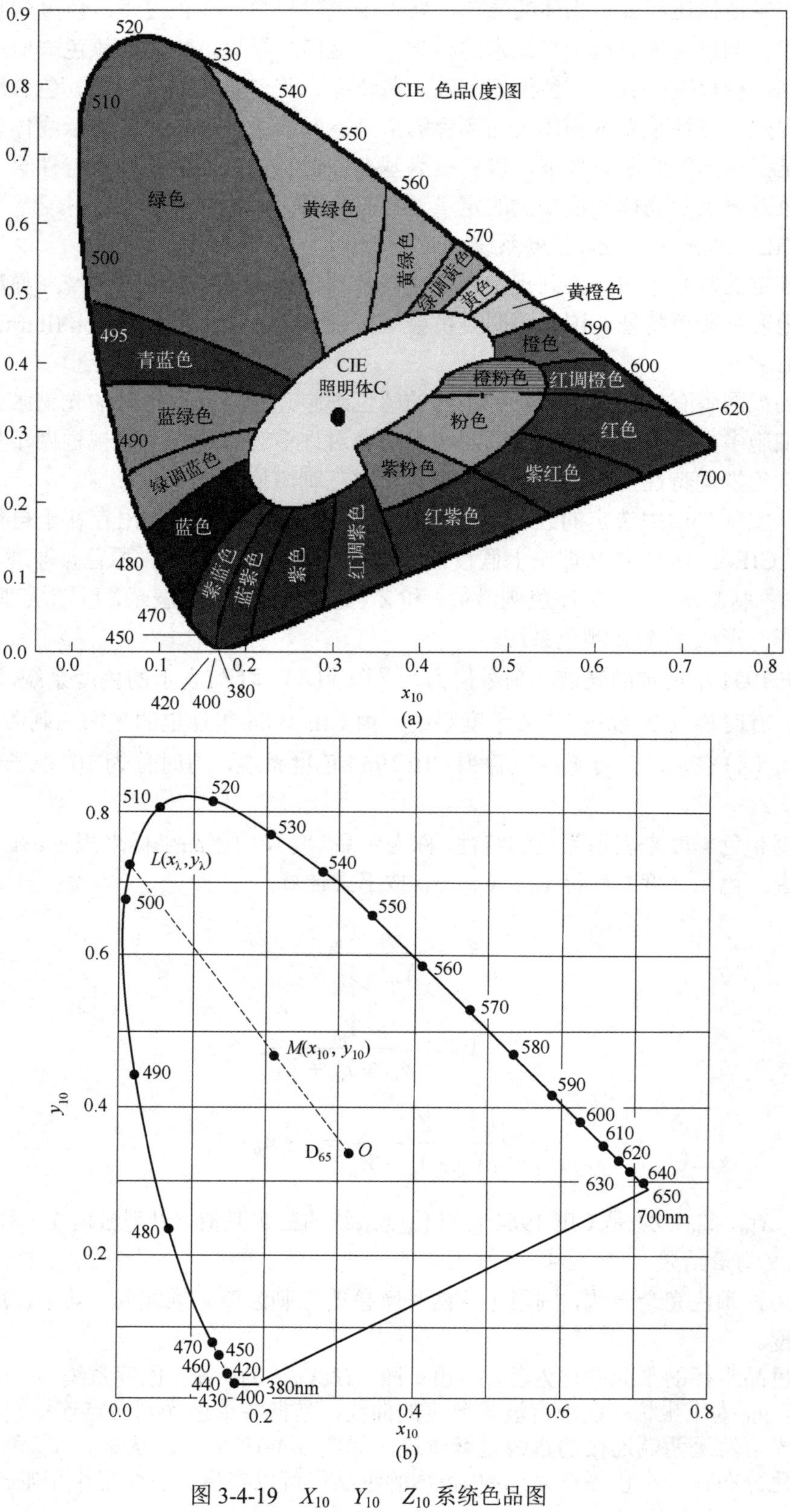

图 3-4-19　X_{10}　Y_{10}　Z_{10}系统色品图

在 X_{10}　Y_{10}　Z_{10} 色度系统中，两种样品（或待测样品与目标样品）之间的色差可由下式进行计算：

$$\Delta Y = (Y_{10})_2 - (Y_{10})_1 \tag{3-4-17}$$

$$\Delta x = (x_{10})_2 - (x_{10})_1 \tag{3-4-18}$$

$$\Delta y = (y_{10})_2 - (y_{10})_1 \tag{3-4-19}$$

式中，$(Y_{10})_1$、$(x_{10})_1$、$(y_{10})_1$ 是样品 1 测得的值（或目标色品值）；$(Y_{10})_2$、$(x_{10})_2$、$(y_{10})_2$ 是样品 2 测得的值。

（2）CIE $L^*a^*b^*$ 色度系统

表示颜色的三维空间称为色空间。CIE 1976 $L^*a^*b^*$色空间是三维直角坐标系统。CIE $L^*a^*b^*$色度系统用色品坐标 a^*、b^*和明亮度 L^*来表示颜色，由试样测得的三刺激值 X_{10}、Y_{10}、Z_{10} 进行计算：

$$a^* = 500[(X_{10} / X_n)^{1/3} - (Y_{10} / Y_n)^{1/3}] \tag{3-4-20}$$

$$b^* = 200[(Y_{10} / Y_n)^{1/3} - (Z_{10} / Z_n)^{1/3}] \tag{3-4-21}$$

$$L^* = 116(Y_{10} / Y_n)^{1/3} - 16 \tag{3-4-22}$$

式中，X_n、Y_n、Z_n 是标准光源的三刺激值。以上三个公式只适用于 X_{10}/X_n、Y_{10}/Y_n 和 Z_{10}/Z_n ＞0.008856 的情况。当 X_{10}/X_n、Y_{10}/Y_n 和 Z_{10}/Z_n＜0.008856 时，以上三个公式要进行修正。

两个试样之间的总色差可由下式进行计算：

$$\Delta E^* = [(\Delta a^*)^2 + (\Delta b^*)^2 + (\Delta L^*)^2]^{1/2} \tag{3-4-23}$$

式中，Δa^*、Δb^*、ΔL^*是两试样的坐标 a^*、b^*、L^*值之差。即：

$$\Delta a^* = a_2^* - a_1^* \tag{3-4-24}$$

$$\Delta b^* = b_2^* - b_1^* \tag{3-4-25}$$

$$\Delta L^* = L_2^* - L_1^* \tag{3-4-26}$$

式中，a_1^*、b_1^*、L_1^*是样品 1 测得的值（或目标色度值）；a_2^*、b_2^*、L_2^*是样品 2 测得的值。

（3）CIE $L^*C^*H^0$ 色度系统

在 CIE $L^*C^*H^0$ 色度系统中，用色品坐标 C^*（色饱和度）、H^0（色调角），明亮度 L^*来表示颜色，它们的定义方程是：

$$C^* = [(a^*)^2 + (b^*)^2]^{1/2} \tag{3-4-27}$$

$$H^0 = \tan^{-1}(b^*/a^*)(\text{当 } a^*>0 \text{ 和 } b^*\geqslant 0 \text{ 时})$$

$$H^0 = 180^0 + \tan^{-1}(b^*/a^*)(\text{当 } a^*<0 \text{ 时})$$

$$H^0 = 360^0 + \tan^{-1}(b^*/a^*)(\text{当 } a^*>0 \text{ 和 } b^*<0 \text{ 时}) \tag{3-4-28}$$

式中的 a^*、b^*、L^*的值分别由式（3-4-20）～式（3-4-22）计算得出。

CIE $L^*C^*H^0$ 色度系统用 ΔC^*、Δh^*、ΔL^*来表示色差。两个样品（或待测样品与目标样品）之间的色差值由下式进行计算：

$$\Delta C^* = C_2^* - C_1^* \tag{3-4-29}$$

$$\Delta h^* = H_2^0 - H_1^0 \tag{3-4-30}$$

$$\Delta L^* = L_2^* - L_1^* \tag{3-4-31}$$

式中，C_1^*、H_1^0、L_1^*是样品 1 测得的值（或目标色值）；C_2^*、H_2^0、L_2^*是样品 2 测得的值。色调差用符号 ΔH 表示，其计算公式为：

$$\Delta H = [(\Delta E^*)^2 + (\Delta L^*)^2 + (\Delta C^*)^2]^{1/2} \tag{3-4-32}$$

式中，ΔE^*由式（3-4-23）进行计算，其他符号意义同前。

由以上介绍可见，当仪器测得试样的三刺激值X_{10}、Y_{10}、Z_{10}之后，就可计算出所需的各种指标值。

3．物体色测量方法的分类

颜色测量方法一般分为光谱光度测色法和刺激值直读法两大类。

（1）光谱光度测色法

光谱光度测色法用光谱光度计（带积分球的分光光度计）进行测定，测量波长的范围一般为380～780nm，不能小于400～700nm。试样测量结果是单色光与透过率或反射率的对应数据，需按公式经复杂的计算才能得出三刺激值和色品坐标值。

（2）刺激值直读法

刺激值直读法用光电类测色仪器进行测定，这类仪器利用具有特定光谱灵敏度的光电积分元件，能直接测量物体的三刺激值或色品坐标，因而称之为光电积分仪器。光电积分仪器包括光电色度计和色差计等。

① 光电色度计　光电色度计是一种测量光源色和由仪器外部照明的物体色的光电积分测色仪器，用光电池、光电管或光电倍增管做探测器，每台仪器由3个或4个探测器将光信号变为电信号进行输出，得出待测色的三刺激值或色度坐标。

② 色差计　色差计是利用仪器内部的标准光源照明来测量透射色或反射色的光电积分测色仪器，一般由照明光源、探测器、放大调节、仪表读数或数字显示、数据运算处理等部分组成。通常用3个探测器将光信号转变为电信号进行输出，得出待测色的三刺激值或色度坐标；还可以通过模拟计算电路或连机的电子计算机给出两个物体色的色差值。因此，这是一种操作简便的实用测色仪器。

三、实验器材

① 国内生产测色度仪器的单位有许多个，例如；北京康光光学仪器有限公司SC-80色彩色差计、上海光学仪器厂WSC-S测色色差计等，其工作原理基本相同，功能大同小异。

本实验采用北京康光光学仪器有限公司SC-80轻便色彩色差计进行测定。仪器结构如图3-4-20所示。仪器测试条件及数据如表3-4-2所示。该仪器是带有微电脑的光电积分型颜色测量仪器，由照明光源、探测器、数字显示，数据运算处理等部分组成。可以直接得出被测样品的三刺激值、色度坐标及色差值等9组47个数据。

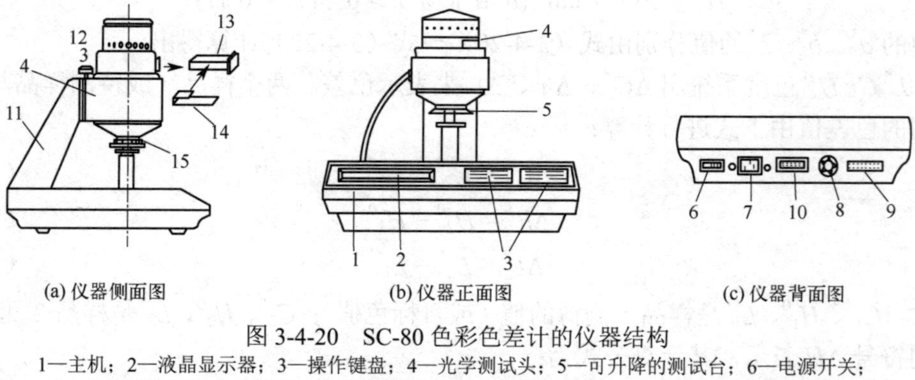

图3-4-20　SC-80色彩色差计的仪器结构

1—主机；2—液晶显示器；3—操作键盘；4—光学测试头；5—可升降的测试台；6—电源开关；7—电源线插座；8—保险管；9—打印机插座；10—连接电缆插座；11—支架；12—锁紧钉；13—样品架；14—挡光板；15—光阑

表 3-4-2　SC-80 轻便色彩色差计的测试条件及有关数据

照明及测试条件	测量方式	标准照明体	标准观察者	测试孔口径
0°① / d②	透/反射	D65③	10°视场④	ϕ12/22mm⑤

① 0°——光源以 0°角垂直照射样品表面（垂直入射）；

② d——测量采用漫反射方式（diffuse reflection），即探测器接收所有方向的反射光；

③ D65——CIE 定义的标准日光光源，相关色温约 6500K，模拟北半球平均日光，广泛用于工业颜色评估；

④ 10°视场——CIE 1964 标准观察者函数，适用于视场角大于 4°的场景（如大样本观察），更接近人眼实际感知；

⑤ ϕ12/22mm——测量孔径（光斑大小）可选 ϕ12mm 或 ϕ22mm，其中，ϕ12mm（小孔径）适合小样品或局部测量，ϕ22mm（大孔径）测量结果更平均，减少纹理影响，需根据样品尺寸、均匀性及标准要求进行选择。

② 微型打印机。

③ 恒压粉体压样器。

④ 成型制品制样工具（玻璃刀、陶瓷样品切割器等）。

⑤ 标准白板。

⑥ 干燥箱。

⑦ 干燥器。

四、测试步骤

（一）试样的要求与制备

待测试样可以是陶瓷墙地砖、平板玻璃等成型制品，也可以是水泥等粉末状制品。

1. 块状样品的制备

对于成型制品，每批取样一般不少于 3 块（件）。

（1）试样切割

对于陶瓷墙地砖，用陶瓷样品切割器将其切成 6.5cm×6.5cm 的小块做试样。对于玻璃，用玻璃刀将其切成 6.5cm×6.5cm 的小块做试样。试样切割之后，擦净备用。

（2）试样处理

在一般情况下不必烘样。如果试样受潮影响其测量结果时，应将其置于 105～110℃的干燥箱中烘 1h。取出后置于干燥器中冷却到室温备用。

2. 粉状试样板的制备

采用恒压粉体压样器，将待测粉体试样压制成粉体试样板。试样板的表面应平整、无纹理、无疵点和无污点。每批待测试样（产品）须压制 3 块试样板。

（二）操作步骤

测试前，将仪器放置在水平工作台上，把电源线连插在仪器和交流电源的插座上。将打印机右侧的两个开关“S1”“S2”都拨向左侧位置。

1. 反射样品的测量

对于陶瓷墙地砖、不透明的玻璃试样块及粉体试样板，按以下程序进行测量操作。

（1）仪器预热

打开电源开关，显示器出现“正在预热”（Preheating）字样，仪器开始预热，并有一时钟在进行逆计时，预热 10min 后，仪器发出蜂鸣音响。预热结束。

（2）设定测量控制命令

按下“EDIT”键，使仪器进入编辑状态。按下“NEXT”键，使模式为“测量方式的模式”（Measure Modo）。按下“INC”键或“DEC”键，使显示器里闪烁的字改变为“选择反射式测量”（Reflective）。

测量方式设定完后，按下“NEXT”键，将模式转换为“比较色差模式”（Color-diffe）。在该模式中有两种比较色差方式，Sample 为两个被测样品之间的比较色差，Target 是目标样品与测量样品值之间的比较色差。这里选用 Sample。

（3）输入标准白板的数据

随机附带的标准白板的数据，厂家已输入仪器中，可按下“NEXT”键，检查其数据是否正确。若数值正确，则跳过此步；若被修改，需重新输入或改正。

例如，使用的标准白板的数据是 $X=84.5$，$Y=88.6$，$Z=81.5$；修改方法如下：

首先修改 X 的值。开始，X 的十位值在闪烁，按下“INC”键或“DEC”键，使数值加 1 或减 1，直至 8 为止。然后再设定下一位数，这时按下“→”键，使闪烁的位向右移一位，再按下“INC”键或“DEC”键，使数值加 1 或减 1，直至 4 为止。如此继续操作，修改小数点后的两位数字。

依上述方法，修改 Y 和 Z 的值。数据修改完毕，核对无误后，按下“EDIT”键，使新设定的测量控制命令、标准白板值都记入仪器内，并使仪器返回（转向）到准备测试状态。

（4）调零操作

当仪器的显示器上出现“调零”（Adjust zero）字样时，调零指示灯亮，把调零用的黑筒放在测试台上，对准光孔压住，按下“ENTER”键，仪器开始调零。当仪器发出蜂鸣声时，调零结束。

（5）校对标准（调白）操作

当仪器的显示器上出现“标准”（Standard）字样时，调白指示灯亮，把调零用的黑筒取下，放上标准白板，对准光孔压住，按下“ENTER”键，仪器开始调白。当仪器发出蜂鸣声时，调白结束。

（6）样品测量

当仪器的显示器上出现“样品”（Sample）字样时，测量指示灯亮，把标准白板取出，将准备好的样品（块状试样或粉体试样板）放到测试台上，对准光孔压住，按下“ENTER”键，仪器开始测量。并显示出数字“1”，此时显示器显示“Sample　1”，表明仪器在进行第 1 次测量。当仪器发出蜂鸣声时，测量结束。

如果再次按下“ENTER”键，仪器再次进行测试，显示的测量次数加 1，此时显示器显示“Sample　2”，其测试的结果将与上（几）次的测试结果做算术平均值运算。直到按下“DISPLAY”键或“PRINT”键为止。

（7）显示测量结果

当测试结束后，按一下“DISPLAY”键，显示器就显示出一组数据，同时显示指示灯亮。再按一下“DISPLAY”键，显示器又显示出下一组数据。连续按键则显示其他各组数据，直到循环显示至第一组数据。如此反复，可根据需要任意选看数据结果。

（8）结果打印

如果需要，可按下“PRINT”键，即可打印测试结果。打印结束后，将打印机左侧的开关拨向右侧（离开 ON）的位置，按一下打印机台面上的红色按钮，即可撕下已打印数据的打印纸。

2．透射样品的测量

对于透明玻璃或其他透明体，按以下程序进行测量。

（1）仪器预热

与反射样品测量的叙述相同。若已预热过，则不用再预热。

（2）测量控制命令的设定

① 复位　按下“RESET”键，使仪器面板上的显示器出现“调零”（Adjust zero）提示。

② 选择透射测量模式　按下“EDIT”键，仪器进入编辑状态。按下“NEXT”键，使模式为测量模式。按下“INC”键或“DEC”键，选择“透射式”（Transmission）测量。

③ 设定标准值　标准值为标准光源的三刺激值，本仪器的光源标志是 $D_{65}/10^0$，其设定值为 $X = 94.81$，$Y = 100.00$，$Z = 107.32$。方法如下：

按下“EDIT”键，仪器进入编辑状态。按下“NEXT”键，使仪器显示已记入的标准白板三刺激值。

首先设定 X 的值。开始，X 的十位值在闪烁，按下“INC”键或“DEC”键，使数值加 1 或减 1，直至 9 为止。然后再设定下一位数，这时按下“→”键，使闪烁的位向右移一位，再按下“INC”键或“DEC”键，使数值加 1 或减 1，直至 4 为止。如此继续操作，修改小数点后的两位数字。

依上述方法，修改 Y 和 Z 的值。数据修改完毕，核对无误后，按下“EDIT”键，使新设定的标准白板值记入仪器内，仪器返回到准备测试状态。

（3）调零操作

当仪器的显示器上出现“调零”字样时，调零指示灯亮。从测量头身上将透射用样品架水平拉出，从其侧向放入挡光板，推入测量头中。按下“ENTER”键，仪器开始调零。当仪器发出蜂鸣声时，调零结束。

（4）校对标准（调白）操作

当仪器的显示器上出现“标准”字样时，调白指示灯亮。水平拉出样品架，把挡光板取下后，重新推入测量头内（即以空气为标准）。按下“ENTER”键，仪器开始调白。当仪器发出蜂鸣声时，调白结束。

（5）样品测量

当仪器的显示器上出现“样品”字样时，测量指示灯亮，将样品架拉出，将准备好的样品（透明块状试样）放到样品架上，推入测量头内。按下“ENTER”键，仪器开始测量。并显示“Sample　1”，表示仪器在进行第 1 次测量。当仪器发出蜂鸣声时，测量结束。

如果再次按下“ENTER”键，仪器再次进行测试，显示的测量次数加 1（此时，仪器的显示器显示“Sample　2”），其测试的结果将与上（几）次的测试结果相加，取算术平均值。

（6）显示测量结果

与测量反射样品相同。

（7）结果打印

与测量反射样品相同。

3．物体色差的测量

测量反射物体或透射物体的色差有两种方法：一是测量两个样品之间的色差；二是测量

样品和已记入仪器内部的目标样品值之间的色差。

在上面的反射物体或透射物体的测试中，选的是测量两个样品（Sample）之间的色差，下面介绍多个样品之间色差的测量。

（1）两个样品之间的色差测量

① 测量模式的检查与设定　首先，通过“EDIT”键和“NEXT”键，检查仪器内部是否已设定为“待测样品色差方式”。若不是，按下“NEXT”键，将模式转换为“比较色差模式”。按下“INC”键或“DEC”键，选择Sample模式。

② 测量　在测量提示状态下，首先测量第1个样品。测试完成后，按下“DISPLAY”键或“PRINT”键，得到第1个样品的数据。

换上第2个样品，按下“SAMPLE”键，再按“ENTER”键，进行测试。也可以按下“RESET”键，再按下“ENTER”键进行测量。

第2个样品测试完毕后，按下“DISPLAY”键或“PRINT”键，即可得到第2个样品的测试数据，同时也可得到第1个与第2个样品之间的色差数据。

如此重复操作，测定其他样品。最后得到多个样品色差数据的平均值。

（2）被测样品与目标样品之间的色差测量

① 测量模式的检查与设定　首先，通过“EDIT”键和“NEXT”键，检查仪器内部是否已设定为“待测样品色差方式”。若不是，按下“NEXT”键，将模式转换为“比较色差模式”。按下“INC”键或“DEC”键，选择Target模式。然后，按下“EDIT”键，仪器进入编辑状态。按下“NEXT”键，使仪器显示已记入的标准白板三刺激值。再按下列顺序，输入目标样品的参数值。

首先输入X的值。开始，X的十位值在闪烁，按下“INC”键或“DEC”键，使数值加1或减1，直至目标样品的参数值为止。然后再设定下一位数，这时按下“→”键，使闪烁的位向右移一位，再按下“INC”键或“DEC”键，使数值加1或减1，直至目标样品的参数值为止。如此继续操作，修改小数点后的两位数字。

依上述方法，输入Y和Z的值。数据输入完毕，核对无误后，按下“EDIT”键，使新输入的目标样品的参数值记入仪器内，仪器返回到准备测试状态。

拓展资源23　实验3-4材料色度的测定操作教学视频

② 测量　在测量提示状态下，将待测量的样品进行测试。测试完成后，按下“DISPLAY”键或“PRINT”键，即可得到待测样品的测试数据，同时也可得到待测样品与目标样品之间的色差数据。

五、数据处理记录

国家标准GB 11942—2022指出，本标准采用国际照明委员会（CIE）1964和1931标准色度系统的三刺激值和色品坐标表示结果。也可以用CIE 1976　L^*、a^*、b^*色度空间或主波长（补色波长）和兴奋纯度表示结果。因此，测定记录与数据处理应包括这些内容。

1. 测定结果的记录和形式

测定结果可由打印机打出，但打印结果不直观，而且是每个样品打印一次，可按表3-4-3的形式将几个样品的数据进行整理记录。

表 3-4-3　测试原始数据记录表

试样编号		1	2	3	4	5
三刺激值	X_{10}					
	Y_{10}					
	Z_{10}					
色品坐标	x_{10}					
	y_{10}					
	a^*					
	b^*					
	C^*					
	H^0					
明亮度	Y					
	L^*					
色差值	ΔY					
	Δx					
	Δy					
	ΔE^*					
	ΔL^*					
	Δa^*					
	Δb^*					
	ΔC^*					
	Δh^*					
	ΔH（要计算）					
备注						

2．主波长 λ_D（或补色波长 λ_C）的确定

主波长是把单色光和特定的白光以适当的比例相加，能够达到与实验色刺激相匹配时的单色光刺激的波长。颜色的主波长大致相当于日常生活中观察到的颜色的色调。利用仪器测得的样品的色度坐标和光源的色度坐标，就可以通过两种方法确定样品的主波长。

（1）作图法

在色品图（图 3-4-19）上将试样的色品坐标值 x_{10}、y_{10} 标在图上，这个点称为试样色品点（如图中的 M）。经标准照明体色品点 O 和试样色品点 M 作一直线，并使之与光谱轨迹相交（如图中的 L），则该点在光谱轨迹上的波长就是主波长。

应当注意，不是所有的试样都有主波长，在色品图上光谱两端与照明体色品点所形成的三角区域（紫红区）内就没有主波长。出现这种情况时，可通过这一试样的色品点和标准照明体色品点作一直线，直线的一端与紫红区轨迹直线相交，无法确定其主波长，需将该直线向另一侧延长与光谱轨迹相交，其交点在光谱轨迹上的波长就是补色波长 λ_C。可用负数表示，以示与主波长 λ_D 的区别。

作图法比较简单，但求出的结果不太精确。

（2）计算法

主波长可以用手工计算。根据色度图上连接光源点和样品点的直线的斜率，查表读出直

线与光谱轨迹的交点就可以定出主波长。这种方法的计算精度可达 1nm，但所要查的表很长，这里不引用，也不要求做这种计算。感兴趣的读者可查阅文献[4]。

此外，主波长也可以通过编写计算程序后由计算机计算求出。由于篇幅的限制，这里不做介绍，感兴趣的读者可参阅文献[8]。

3．兴奋纯度 P_e 的计算

在特定的无彩刺激和某单色光刺激相加后，与某实验色刺激达到颜色匹配时，无彩刺激和单色刺激的混合比率称为纯度（purity）。纯度包括兴奋度 P_e（excitation purity）和色度纯度 P_c（colorimetric purity）等。

在 CIE x、y 色品图（图 3-4-19）上，从白点 O 到试样色品点 M 的距离，与从白点到试样主波长点的距离之比称为兴奋纯度。在使用补色波长的情况下，兴奋纯度就是从白点 O 到试样色品点 M 的距离与从白点通过试样点到紫红轨迹上的交点距离之比。

$$P_e=\frac{x-x_0}{x_d-x_0}=\frac{OM}{OL} \quad 或 \quad P_e=\frac{y-y_0}{y_d-y_0}=\frac{OM}{OL} \tag{3-4-33}$$

式中 x_0，y_0——特定白点的色品坐标(标准照明体 10^0 D65，$x_0=0.3138$，$y_0=0.3310$)；

x，y——试样色刺激的色品坐标；

x_d，y_d——相当于主波长的光谱轨迹上的点的坐标，或相当于补色波长的紫红轨迹上的色品坐标。

在理论上，用式（3-4-33）的两个方程计算兴奋纯度应得到相同的结果。但是，如果主波长（或补色波长）的线趋向平行于色度图 x 轴时，也就是 y、y_d 和 y_0 值接近时，y 式的误差较大。当 y、y_d 和 y_0 值相同时，y 式便失效，在这种情况下要用 x 式。反之亦然，如果主波长（或补色波长）的线趋向平行于色度图 y 轴时，要用 y 式。在这两种情况下，光源点的兴奋纯度都是 0，而光谱色的兴奋纯度是 100%。

4．测定报告

根据 GB/T 11942—2022《彩色建筑材料色度测量方法》的规定，测定报告至少应包括下列内容：

① 试样的名称、标志、编号、厂家或送样单位；

② 仪器的型号、光源条件、观察者条件、几何条件；

③ 按要求报告色度测量结果，并说明表色系统；

④ 实验的温度、湿度条件。

思考题

1．用分光光度计能测量物体的色度吗？为什么？

2．在反射样品的测量之前，为什么要用标准白板校准仪器？

3．在透射样品的测量之前，为什么要设定 X、Y、Z 的值？

4．在透射样品的测量之前，为什么要以空气为标准校准仪器？

5．测量色差有两种方法，各自的特点是什么？有何实用意义？

6．本实验测量色度所用仪器的几何光学条件是什么？

主要参考文献

[1] GB/T 3977—2008．颜色的表示方法.

[2] GB/T 3979—2008．物体色的测量方法.

[3] GB/T 5698—2001．颜色术语.

[4] GB/T 11942—2022．彩色建筑材料色度测量方法.

[5] 关振铎，张中太，焦金生．无机材料物理性能[M]．北京：清华大学出版社，1992.

[6] 荆其诚．色度学[M]．北京：科学出版社，1991.

[7] 伍洪标，韩建军．彩色平板玻璃的色度计算[J]．武汉工业大学学报，1997，19（4）：82-84.

[8] JC/T 539—1994．混凝土和砂浆用颜料及其试验方法.

实验 3-5　材料电学性能的测定

材料的导电性质（导电性能的大小）在科学技术上具有极为重要的意义。随着现代科技的不断发展，利用材料的导电性能已制成电阻、电容、导电材料、半导体材料、绝缘材料以及其他电子材料器件，其应用范围日益广泛。例如，导电橡胶、导电塑料、导电胶等以聚合物与导电性物质复合而成的新型导电材料，一方面具有较好的弹性、耐磨性或气密性，另一方面又具有优良的导电性，因此在许多特殊场合中得到应用。再如，绝缘材料主要是用来使电气元件相互之间绝缘以及元件与地面绝缘。如果绝缘构件的绝缘电阻太小，不仅浪费电能，还会因局部过热导致仪器不能正常工作，甚至损害整个仪器。电介质的绝缘电阻是评价电介质材料性能的重要参数。因此，研究和测量材料的导电性能在实际工作中是十分重要的。

Ⅰ. 绝缘电阻的测定

一、教学目标

通常，无机非金属材料属于绝缘材料，在电工、电子设备中有许多应用。因此，测定该种材料的绝缘电阻具有很重要的意义。

本实验的教学目标：

① 了解绝缘材料的导电机理。

② 了解高阻计测量材料电阻率的基本原理。

③ 掌握常温下用高阻计三电极系统测量材料绝缘电阻的方法。

二、基本原理

1. 材料的绝缘电阻

物体之所以导电是内部存在的各种载流子在电场作用下沿电场方向移动的结果。固体介质的电导分为两种类型：即离子电导和电子电导。对于一般材料，特别是用作绝缘材料的固体介质，正常条件下的主要作用是离子电导，而当温度和电场强度增加时，电子电导的作用会增大。衡量材料导电难易程度的物理量为电阻率(ρ)或电导率(γ)。一般电阻率小于 $10^2\Omega\cdot m$ 的固体材料称为导体；电阻率大于 $10^{12}\Omega\cdot m$ 的固体材料称为绝缘体；电阻率介于两者之间的材料称为半导体。

（1）绝缘电阻

绝缘电阻是表示绝缘材料阻止电流通过能力的物理量，它等于施加在样品上直流电压与流经电极间的稳态电流之比，即 $R=\dfrac{U}{I}$。

由图 3-5-1 可知，稳态电流包括流经试样体内电流 I_V 与试样表面电流 I_S 两项，即 $I=I_V+I_S$。代入上式得：

$$\frac{1}{R}=\frac{1}{R_V}+\frac{1}{R_S}=\frac{I_V}{U}+\frac{I_S}{U} \tag{3-5-1}$$

式中　R_V——试样体积电阻，Ω；

　　R_S——试样的表面电阻，Ω。

式（3-5-1）表明绝缘电阻实际上是体积电阻与表面电阻的并联。

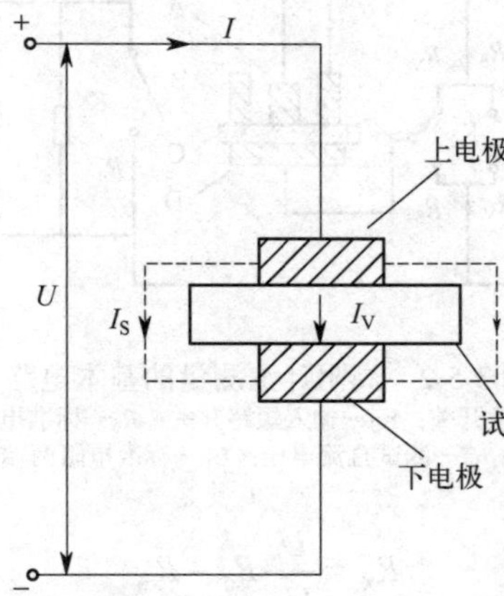

图 3-5-1　绝缘电阻与体电阻、表面电阻的关系

（2）体积电阻率

体积电阻率的定义是沿体积电流方向的直流电场强度与稳态体积电流密度之比。即 $\rho_V = \dfrac{E_V}{j_V}$。对于图 3-5-1 的电路则可写成

$$\rho_V = R_V \frac{S}{d} \tag{3-5-2}$$

式中　S——电极的有效面积，cm^2；

d——两电极间的距离，cm。

（3）表面电阻率

表面电阻率的定义是沿表面电流方向的直流电场强度与稳态下单位宽度的电流密度之比，即 $\rho_S = \dfrac{E_S}{j_S}$。表面电阻率是衡量材料漏电性能的物理量。它与材料的表面状态及周围环境条件（特别是湿度）有很大的关系。对图 3-5-1 的电路，可写成：$\rho_S = \dfrac{E_S}{j_S} = \dfrac{b}{d} R_S$。其中 b 为电极的周长，d 为两电极间的距离。

2．测试原理及仪器电路结构

测定绝缘电阻的方法主要有电压表-电流表法（测量 $10^9\Omega$ 以下的绝缘电阻）、检流计法（$10^{12}\Omega$ 以下）、电桥法（$10^{15}\Omega$ 以下）以及高阻计法。其中高阻计测量的阻值较高，测量范围较广，而且操作方便。本实验采用高阻计测量绝缘电阻。

（1）仪器测试原理

图 3-5-2 为高阻计法测量的基本电路，由图可见，当测试直流电压 U 加在试样 R_X 和标准电阻 R_0 上时，回路电流 I_X 为：

$$I_X = \frac{U}{R_X + R_0} = \frac{U_0}{R_0} \tag{3-5-3}$$

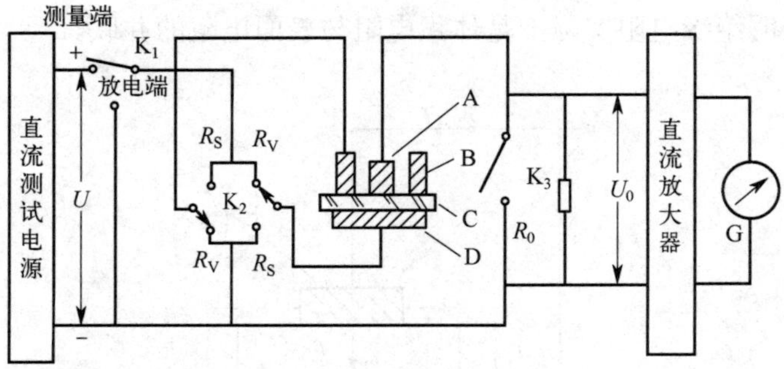

图 3-5-2　高阻计法测量的基本电路

K_1—测量与放电开关；K_2—R_V、R_S转换开关；K_3—输入短路开关；R_0—标准电阻；A—测量电极；B—保护电极；C—试样 R_X；D—底电极；U—测试直流电压；U_0—标准电阻两端电压；G—灵敏电流计

整理上式得：

$$R_X = \frac{U}{U_0}R_0 - R_0 \tag{3-5-4}$$

实际上 R_X 远大于 R_0，近似得：

$$R_X = \frac{U}{U_0}R_0 \tag{3-5-5}$$

由式（3-5-5）可见，R_X 与 U_0 成反比。如果将不同 U_0 值所对应的 R_X 值刻在高阻计的表头上，便可直接读出被测试样的阻值。

（2）电极系统

图 3-5-3 是通常采用的平板试样三电极系统。采用这种三电极系统测量体电阻时，表面漏电流由保护电极旁路接地。而测量表面电阻时，体积漏电流会由保护电极旁路接地。这样便将试样体积电流和表面电流分离，从而可以分别测出体积电阻率和表面电阻率。在测试过程中，三电极系统和试样都必须置于屏蔽箱内。

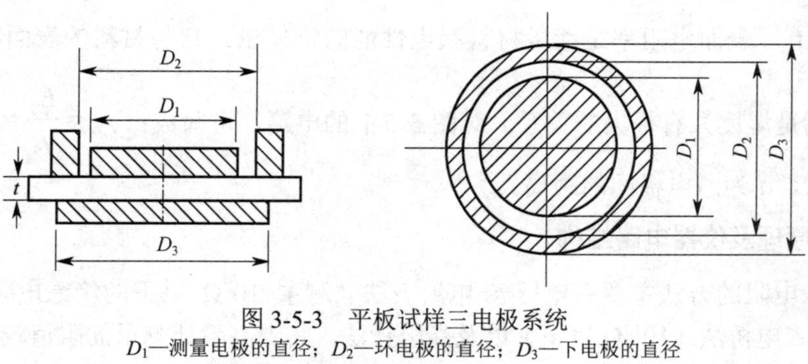

图 3-5-3　平板试样三电极系统

D_1—测量电极的直径；D_2—环电极的直径；D_3—下电极的直径

体积电阻率ρ_V：

$$\rho_V = \frac{E_V}{j_V} = \frac{U}{t}\bigg/\frac{I_S}{S} = \frac{U}{I_V} \times \frac{\pi D_1'^2}{4t} = R_V\frac{\pi D_1'^2}{4t} \tag{3-5-6}$$

式中，$D_1' = D_1 + g$ 代表测量电极的有效直径，g 为修正值；t 代表试样的厚度。

表面电阻率ρ_S：

$$\rho_S = \frac{E_S}{j_S} = \frac{U}{r\ln\frac{r_2}{r_1}} \bigg/ \frac{I_S}{2\pi r} = \frac{U}{I_S} \times \frac{2\pi}{\ln\frac{D_2}{D_1}} = R_S\frac{2\pi}{\ln\frac{D_2}{D_1}} \tag{3-5-7}$$

式中，D_1、D_2含义如图 3-5-3 所示。

在实验测量中还要注意电极材料的选择。电极材料应选取能与试样紧密地接触的材料，而且不会因施加外电极引进杂质而造成测量误差，还要保证测量使用的方便、安全等。常用的电极材料有退火铝箔、喷镀金属层、导电粉末、烧银、导电橡胶、黄铜和水银电极等等。本实验采用接触性良好的退火铝箔制做接触电极，黄铜电极作为辅助电极。

三、实验器材

① ZC-36 型超高电阻微电流测试仪（包括附件一套）（电阻上限 $10^{17}\Omega$，微电流下限 10^{-14}A），或 CGZ-17 型超高电阻绝缘电阻测试仪（包括附件一套）。

② 恒温恒湿箱一台，干燥器一个。

③ 千分卡尺、干燥温度计、镊子、特种铅笔、退火铝箔（厚度小于 0.02mm）、烧杯、软布条等。

④ 医用凡士林、无水乙醇等。

四、测试步骤

1．试样制备

① 选取平整、均匀、无裂纹、无机械杂质等缺陷的试样原片，并用特种铅笔编号。绝缘电阻试样切成边长为（100±2）mm 的方形试样，厚度为 2～4mm。试样的数量不少于 3 个，并用镊子软布条从烧杯中蘸无水乙醇将试样擦干净。

② 由于环境温度和湿度对电阻率有明显的影响，为了减小误差，并使结果具有重复性与可比性，绝缘电阻试样在测量前应进行预处理，条件见表 3-5-1。预处理结束后，将试样置于干燥器中冷却至室温待用。

表 3-5-1　预处理条件

试样	温度/℃	相对湿度/%	时间/h
A	20±5	65±5	≥24
B	70±2	＜40	4
C	1052	＜40	1

2．测试环境要求

我国国家标准所规定常温为（20±5）℃，相对湿度为（65±5）%。采用干燥温度计观察实验进行时的温度。实验环境条件最好能符合标准，至少不与所需条件相差太大。

3．仪器的准备

下面仅介绍“ZC-36 型超高电阻微电流测试仪”的准备。

（1）线路的连接

① 将电缆线的一端接在高阻计面板上的“R_X”输入插座中，另一端接至电极箱一侧的“测量端”插座中，并旋紧固定套。

② 将测试电源线的一端接至高阻计面板上的“R_X”测试电压接线柱（红色）上，另一端接至电极箱的“高压端”测试电压接线柱（红色）上。

③ 将接地线的一端接至高阻计面板的“R_X”接地端钮上，另一端接至电极箱另一侧的“接地端”上并一起接地。

④ 将电极箱内“测量端”插座上的连接线接至测量电极的接线柱上，再将转换开关上的连线接至环电极的接线柱上。

（2）通电前仪器面板上各开关的位置

① 电源开关旋钮置于“关”的位置上。

②“放电-测试”开关（K_1）应置于“放电”位置上。

③“测试电压”开关置于低档（10V）。

④“倍率”开关置于最低量程上。

⑤ 输入端短路按钮（K_3）应放在短路位置上，使放大器输入短路。

⑥ 电表指针在机械零点处。

⑦ 电表极性开关置于中间的“0”处。

⑧ 接通电源、打开电源开关，开机预热 15min，以驱散机内的潮气。若指示灯不亮，应立即切断电源，待查明原因后再开机。

4．操作步骤

① 从干燥器中取出试样块，迅速用千分卡尺测量试样块的厚度：方形试样每边测量 3 次，取算术平均值，厚度测量误差不大于 1%。试样厚度的测量也可在测出电阻后进行。

② 用医用凡士林将退火铝箔粘贴在试样的两对面上，做成接触电极。所涂的医用凡士林的厚度应小于 2.5μm，粘贴好退火铝箔后要用干净的软布条抹平，以便将退火铝箔下的空气赶走，并将多余的黏合剂挤出去。

③ 将待测试样安放在电极箱内，安放时应注意：

a．三个电极应保持同心，间隙距离必须均匀。

b．电极与试样应保持良好接触，环电极的光洁度一面应吻合接触试样，切勿倒置。

c．试样放好后，盖上电极箱盖。

④ 电表极性开关置于“+”的一边上。

⑤ 调整调零旋钮，使指针指在“0”点（对电阻则为∞大）。

⑥ 先测表面电阻，将“R_S-R_V”转换开关（K_2）置于 R_S 处，电压选择开关选 500V。

⑦ 将“放电-测试”开关拨向“测试”位置，对试样充电 15s，然后打开短路开关。若此时指针没有读数，可逐档升高倍率，直至能清晰地读数为止，待输出短路开关打开 1min 后，立即读出表头的数值。

$$被测电阻 = 表头读数\times倍率\times测试电压系数\times10^6\ (\Omega)$$

⑧ 读数以后，关上输入短路开关。将“测试-放电”开关置于“放电”位置，使试样放电 1min。

⑨ 然后测体积电阻。先将“R_S-R_V”转换开关（K_2）置于 R_V 处，测试电压为 1000V。读数完毕后使试样放电 1min。取出样品。

⑩ 换另一个样品，按①～⑩条进行测试。

应当注意，当实验环境达不到规定的条件时，每块试样从干燥器中取出到测试完毕所需的时间应尽量短。一般要求在几分钟内测试完毕。为此，可以先测样品的绝缘电阻，再测量样品的厚度。

拓展资源 24　实验 3-5 绝缘电阻的测定操作教学视频

五、数据处理记录

1. 实验数据记录

计算公式中所需的电极系统尺寸见表 3-5-2。实验记录应包括表 3-5-3 中所列的内容。

表 3-5-2　电极系统尺寸

试样形状	电极尺寸/ mm			测量电极与环电极的间隙 g / mm
	测量电极（D_1）	环电极（D_2）	下电极（D_3）	
板状	直径 50±0.1	内径 54±0.1	直径＞74	2±0.2

表 3-5-3　实验数据记录表

预处理条件		温度/℃				测试条件	温度/℃		
		相对湿度/%					相对湿度/%		
		时间/h					施加电压/V		
试样编号	试样厚度/m	表面电阻率				体积电阻率			
		电压系数	倍率	读数 ×10^6/Ω	电阻率 /Ω·m	电压系数	倍率	读数 ×10^6/Ω	电阻率 /Ω·m
1									
2									
3									
4									
5									
6									
平均电阻率		ρ_S =			Ω	ρ_V =			Ω·m

2. 数据处理

体积电阻率和表面电阻率分别用式（3-5-6）和式（3-5-7）来计算。实验结果以各次实验数值的算术平均值计算，并以带小数的个位数乘以 10 的几次方来表示，取两位有效数字。

Ⅱ. 阻温曲线的测绘

一、教学目标

导电材料，尤其是半导体陶瓷材料的导电率与温度之间有很强的依赖关系，我们常常可以利用这种变化关系，把这类材料应用在不同的领域。因此，弄清材料电导率随温度的变化规律，可为材料的实际应用提供了理论基础。

本实验的教学目标：

① 了解材料电导率随温度变化的机理。

② 掌握材料阻温曲线的测绘方法。

二、基本原理

1. 阻温曲线原理

电阻-温度特性常简称为阻温曲线，指在规定的电压下，电阻器的零功率电阻值与电阻器温度之间的关系。

零功率电阻值是在某一规定的温度下测量电阻器的电阻值，测量时应保证该电阻功耗引起的电阻值的变化达到可以忽略的程度。

电阻器的阻温特性曲线一般画在单对数坐标纸上，线性横坐标表示温度，对数纵坐标表示电阻值，如图 3-5-4 所示。

从电阻器的阻温曲线可获得所测温度区域电阻器的最大电阻值、最小电阻值以及电阻温度系数。若是 PTC（正温度系数）或 NTC（负温度系数）半导体材料还可得知电阻值产生突变的温度点，即居里温度点。

2. 测量原理

采用 WRT 电阻温度特性测定仪可以测量材料的阻温曲线，其测量原理电路如图 3-5-5 所示。

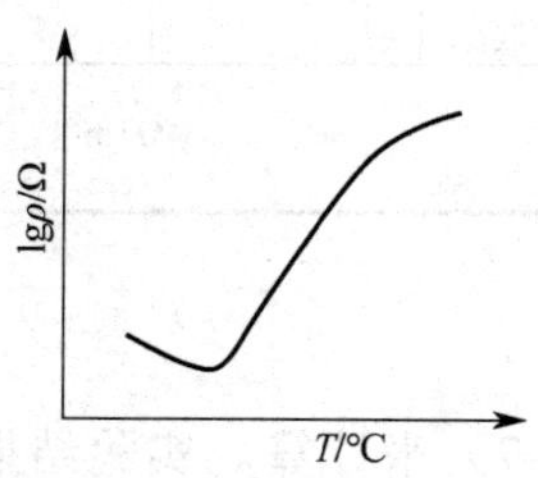

图 3-5-4 阻温特性曲线

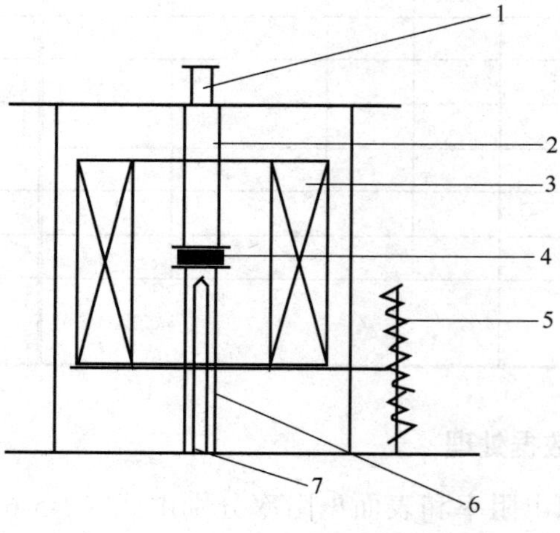

图 3-5-5 阻温特性测量电路

1—调压手轮；2—上电极；3—加热炉；4—被测试样；5—升降机构；6—下电极；7—热电偶

温度 t 时电阻变化的百分率可用下式表示：

$$\delta_t = \frac{\Delta R_t}{R_0} \times 100\% \tag{3-5-8}$$

式中 $\Delta R_t = R_t - R_0$，Ω；

R_0——室温时的电阻值，Ω；

R_t——室温 t 时的电阻值，Ω。

温度 t 时电阻变化的平均百分率可用下式表示：

$$\delta_1 = \delta_t / t \tag{3-5-9}$$

三、实验器材

① WRT 电阻温度特性测定仪（图 3-5-6）。

② 镊子、烧杯、软布条等。

③ 试剂：无水乙醇。

图 3-5-6　WRT 电阻温度特性测定仪

四、测试步骤

1. 试样的准备

选取平整、均匀、无裂纹、无机械杂质等缺陷的试样原片，测量试样切成直径 10～16mm 的圆形试样，厚度 2～3mm，试样的数量不少于 3 个，并用镊子夹取软布条从烧杯中蘸无水乙醇将试样擦干净。

2. 测量环境

我国国家标准所规定常温为（20±5）℃，相对湿度为（65±5）%。实验环境条件最好能符合标准，至少不与所需条件相差太大。

3. 实验仪器的准备

将 WRT 电阻温度特性测定仪放置在坚固的工作台上，插好电源。

4. 操作步骤

① 手摇升降机构下降电炉，暴露上、下电极。

② 松开调压手轮，向上推动上电极杆，将样品放入上、下电极之间，尽量正中平贴，旋动调压手轮给定适合压力。

③ 手摇升降机构上升电炉约 10cm，使样品处于电炉中部温区。

④ 开始测试，先接通仪器电源，手动调节电压约 50V（电压大小与升温速率有关），调节数字万用表在电阻档（选择合适档位），然后逐点记录温度和电阻值。

⑤ 测试结束，断开仪器电源，需待炉温降至室温后卸下试样。

五、实验结果的处理与分析讨论

1. 电阻变化率的计算

按式（3-5-8）和式（3-5-9）计算温度 t 时电阻变化的百分率和温度 t 时电阻变化的平均百分率。

2. 绘制阻温曲线

根据所得数据在坐标纸上绘出阻温曲线，并分析试样的最大电阻、最小电阻以及电阻-温度变化的规律。

思考题

1．测量阻温曲线有何实际意义？
2．测试环境对电阻率的测定有无影响，为什么？
3．在绝缘电阻的测试中，为何要先测量表面电阻，后测量体积电阻？
4．在绝缘电阻测试时的读数时间为什么一般定为 1min？
5．若要用高阻计一次测出试样的总电阻，应如何进行操作？

主要参考文献

[1] 周东祥，龚树萍．PTC 材料及其应用[M]．武汉：华中理工大学出版社，1989.
[2] GB/T 31838.4—2019．固体绝缘材料 介电和电阻特性 第 4 部分：电阻特性（DC 方法）绝缘电阻.
[3] 刘耀南，邱昌容．电气绝缘测试技术[M]．北京：机械工业出版社，1981.
[4] 郑家翔，陆玉新．电子测量原理[M]．北京：国防工业出版社，1980.
[5] 《电子工业技术词典》委员会．电子工业技术词典（电阻、电容与电感）．北京：国防工业出版社，1977.

Ⅲ．材料介电性能的测定

一、教学目标

介电特性是电介质材料极其重要的性质。在实际应用中，电介质材料的介电系数和介电损耗是非常重要的参数。例如，制造电容器的材料要求介电系数尽量大而介电损耗尽量小。而制造仪表绝缘机构和其他绝缘器件的材料则要求介电系数和介电损耗都尽量小。而在某些特殊情况下，则要求材料的介质损耗较大。所以，研究材料的介电性质具有重要的实际意义。

本实验的教学目标：

① 探讨介质极化与介电系数、介电损耗的关系。
② 了解高频 Q 表的工作原理。
③ 掌握室温下用高频 Q 表测定材料的介电系数和介电损耗角正切值的方法。

二、基本原理

1．材料的介电系数

按照物质电结构的观点，任何物质都是由不同性的电荷构成，而在电介质中存在原子、分子和离子等。当固体电介质置于电场中后，固有偶极子和感应偶极子会沿电场方向排列，结果使电介质表面产生等量异号的电荷，即整个介质显示出一定的极性，这个过程称为极化。极化过程可分为位移极化、转向极化、空间电荷极化以及热离子极化。对于不同的材料、温度和频率，各种极化过程的影响不同。

（1）材料的相对介电系数 ε

介电系数是电介质的一个重要性能指标。在绝缘技术中，特别是选择绝缘材料或介电储能材料时，都需要考查电介质的介电系数。此外，由于介电系数取决于极化，而极化又取决于电介质的分子结构和分子运动的形式。所以，通过介电常数随电场强度、频率和温度变化规律的研究还可以推断绝缘材料的分子结构。

介电系数的一般定义为：电容器两极板间充满均匀绝缘介质后的电容量，与不存在介质时（即真空）的电容量相比所增加的倍数。其数学表达式为：

$$C_X = \varepsilon C_{a0} \tag{3-5-10}$$

式中 C_X——两极板充满介质时的电容量，F；

C_{a0}——两极板为真空时的电容量，F；

ε——电容量增加的倍数，即相对介电常数，F/m。

从电容等于极板间提高单位电压所需的电量这一概念出发，相对介电常数可理解为表征电容器储能能力程度的物理量。从极化的观点来看，相对介电常数也是表征介质在外电场作用下极化程度的物理量。

一般来讲，电介质的介电常数不是定值，而是随物质的温度、湿度、外电源频率和电场强度的变化而变化。

（2）材料的介电损耗

介电损耗是电介质材料的基本物理性质之一。介电损耗是指电介质材料在外电场作用下发热而损耗的那部分能量。在直流电场作用下，介质没有周期性损耗，基本上是稳态电流造成的损耗；在交流电场作用下，介电损耗除了稳态电流损耗外，还有各种交流损耗。由于电场的频繁转向，电介质中的损耗要比直流电场作用时大许多（有时达到几千倍），因此介电损耗通常是指交流损耗。

从电介质极化机理来看，介电损耗包括以下几种：①由交变电场换向而产生的电导损耗；②由结构松弛而造成的松弛损耗；③由网络结构变形而造成的结构损耗；④由共振吸收而造成的共振损耗。

在工程中，常将介电损耗用介电损耗角正切 $\tan\delta$ 来表示。现在讨论介电损耗角正切的表达式。

如图 3-5-7 所示，由于介质电容器存在损耗，因此通过介质电容器的电流向量 $\boldsymbol{I}$，并不超前电压向量 $\boldsymbol{V}$ 的 $\frac{\pi}{2}$ 角度，而是（$\frac{\pi}{2}-\delta$）角度。其中，δ 称为介电损耗角。如果把具有损耗的介质电容器等效为电容器与损耗电阻的并联电路，如图 3-5-7（b）所示，则可得：

$$\tan\delta = \frac{I_R}{I_C} = \frac{1}{\omega R C} \tag{3-5-11}$$

式中 ω——电源角频率，rad/s；

R——并联等效交流电阻，Ω；

C——并联等效交流电容，F。

通常称 $\tan\delta$ 为介电损耗角正切，它表示材料在一周期内热功率损耗与储存之比，是衡量材料损耗程度的物理量。

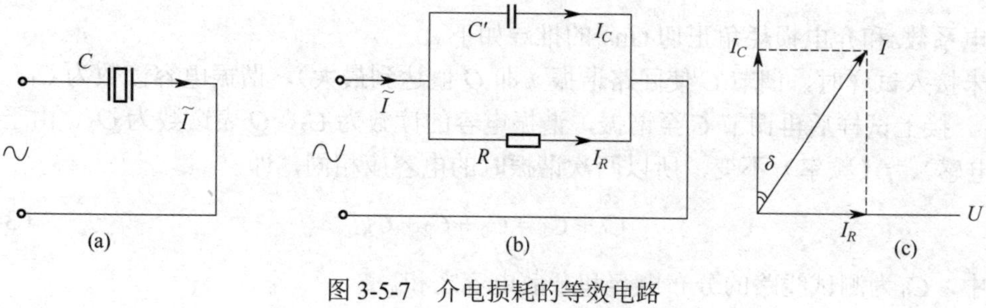

图 3-5-7　介电损耗的等效电路

2．测量线路

通常测量材料介电系数和介电损耗角正切的方法有两种：交流电桥法和 Q 表测量法。其中 Q 表测量法在测量时由于操作与计算比较简便而广泛采用。本实验介绍这种测量方法。

（1）Q 表测量介电系数和介电损耗角正切的原理

Q 表的测量回路是一个简单的 R-L-C 回路，如图 3-5-8 所示。当回路两端加上电压 U 后，电容器 C 的两端电压为 U_C，调节电容器 C 使回路谐振后，回路的品质因数 Q 就可用下式表示：

$$Q=\frac{U_C}{U}=\frac{wL}{R}=\frac{1}{wRC} \tag{3-5-12}$$

式中 R——回路电阻，Ω；

L——回路电感，H；

C——回路电容，F。

由上式可知，当输入电压 U 不变时，则 Q 与 U_C 成正比。因此在一定输入电压下，U_C 值可直接标示为 Q 值。Q 表即根据这一原理来制造。

WY-2851 型高频 Q 表的电路如图 3-5-9 所示。它由稳压电源、高频信号发生器、定位电压表 CB_1、Q 值电压表 CB_2、宽频低阻分压器以及标准可调电容器等组成。工作原理简述如下：高频信号发生器（采用哈特莱电路）的输出信号，通过低阻抗耦合线圈将信号馈送至宽频低阻抗分压器。输出信号幅度的调节是通过控制振荡器的帘栅极电压来实现的。当调节定位电压表 CB_1 指在定位线上时，R_i 两端得到约 10mV 的电压（U_i）。当 U_i 调节在一定数值（10mV）后，可以使测量 U_C 的电压表 CB_2 直接以 Q 值刻度，即可直接地读出 Q 值，而不必计算。另外，电路中采用宽频低阻分压器的原因是，如果直接测量 U_i 必须增加大量电子组件才能测量出高频低电压信号，成本较高，若使用宽频低阻分压器后则可用普通电压表达到同样的目的。

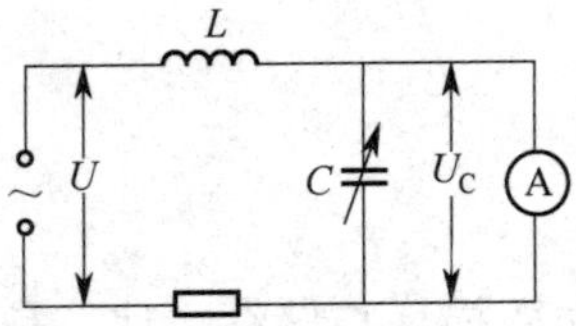

图 3-5-8　Q 表测量原理

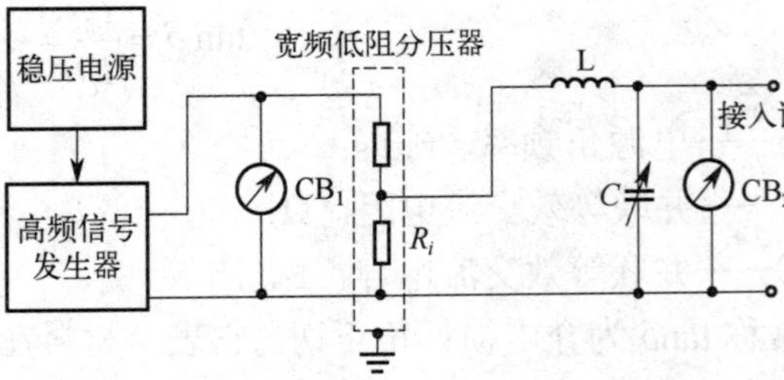

图 3-5-9　WY-2851 型高频 Q 表测量电路图

介电系数ε和介电损耗角正切 $\tan\delta$ 的推导如下。

设未接入试样时，调节 C 使回路谐振（即 Q 值达到最大），谐振电容读数为 C_1，Q 表读数为 Q_1。接上试样后再调节 C 至谐振，谐振电容的读数为 C_2，Q 表读数为 Q_2。由于两次谐振 L（电感）、f（频率）不变，所以两次谐振时的电容应相同，即

$$C_0+C_1=C_0+C_2+C_X \tag{3-5-13}$$

式中，C_0 为测试线路的分布电容和杂散电容之和。

式（3-5-11）代入式（3-5-10）可得：

$$\varepsilon = \frac{C_1 - C_2}{C_{a0}} \tag{3-5-14}$$

式中，C_{a0} 为电容器的真空电容量，可根据实际的电极形状来计算。同样可以讨论 $\tan\delta$ 的计算，得出以下结果：

$$\tan\delta = \frac{C_0 + C_1}{C_1 - C_2} \times \frac{Q_1 - Q_2}{Q_1 Q_2} \tag{3-5-15}$$

式中　C_0——测试线路的分布电容和杂散电容之和；

C_1，Q_1——未接入试样前的电容值、Q 值；

C_2，Q_2——接入试样后的电容值、Q 值。

（2）电极系统

在测量材料的相对介电系数和介电损耗角正切时，电极系统的选择很重要，通常分为两电极系统和三电极系统。一般来说，在低频情况下，表面漏电流对介电损耗角正切的影响较大，必须采用三电极系统；而在高频情况下，一方面表面漏电流的影响较小，另一方面高频测量一般采用谐振法，该方法只能提供两个测试端，因此只能用两电极系统。

常用的两电极系统如图 3-5-10 所示。测量时把已粘贴或涂敷电极的试样放在比试样小得多的接地金属支柱上，上电极用一根短而粗的裸线接到仪器的高压端。这种连接装置的目的是使引线对被测试样电容及损耗角正切的影响减至最小。

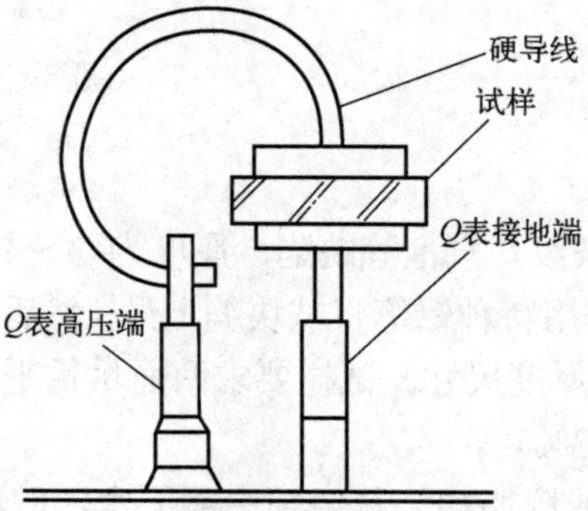

图 3-5-10　简单两电极系统

当采用两电极系统时，其平板试样与电极形状常为圆形。因此，介电常数的计算公式可具体写成：

$$\varepsilon = 0.144\frac{(C_1 - C_2)t}{D^2} \tag{3-5-16}$$

式中　t——试样的厚度，m；

D——测量电极的直径，m。

在测量前，为了使试样与电极有良好的接触，试样上必须粘贴金属箔或喷涂金属层等电极材料。本实验中，我们采用导电性良好的烧银电极作为接触电极。辅助电极可用普通的黄铜电极。试样与电极的尺寸见表 3-5-4 所示（t 代表试样厚度）。

表 3-5-4　两电极与试样尺寸

<table>
<tr><th rowspan="2">试样</th><th rowspan="2">试样尺寸/mm</th><th colspan="2">电极尺寸/mm</th><th rowspan="2">频率范围</th></tr>
<tr><th>测量电极</th><th>接地电极</th></tr>
<tr><td rowspan="2">板状</td><td>直径≥（50 + 4 t）</td><td>直径 50±0.1</td><td>直径 50±0.1
直径≥50±4t</td><td rowspan="2">音频
高频</td></tr>
<tr><td>直径 50</td><td>直径 50±0.1</td><td>直径 50±0.1</td></tr>
</table>

三、实验器材

本实验需要以下设备、工具及试剂。

① WY-2851 型高频 Q 表 1 台（图 3-5-11），包括电感箱及夹具。

图 3-5-11　WY-2851 型高频 Q 表

② 恒温恒湿箱 1 台，马弗炉 1 台。

③ 干燥器 1 个、烧杯、千分卡尺、镊子、特种铅笔、软布条（或脱脂棉）、砂纸，毛笔。

④ 银浆、无水乙醇。

四、测试步骤

1．试样制备

① 选取平整，无砂眼、条纹、气泡等缺陷，厚度为 3～4mm 无应力的试样块，切成直径 $\phi = D + 4t$ 的圆片 3～5 块，用特种铅笔将试块编上号，然后用千分卡尺沿直径方向测量三点厚度，取平均值作为试样的厚度尺寸。试样要求两面尽量平行，试样在电极下的任何一点的厚度不应超过平均厚度的±3%。

② 用镊子夹取软布条（或脱脂棉）从烧杯中蘸无水乙醇将试样擦拭干净。用毛笔在两平面上涂上银浆并置于马弗炉中升温至 460～500℃，保温 10min，然后慢慢冷却至室温。这样制成的烧银电极要求表面银层紧密、均匀、导电良好。最后在砂纸上磨去边缘的银层，再用无水乙醇擦拭干净。

③ 由于环境温度和湿度对材料的介电系数和介电损耗角正切有较大的影响。为了减少试样因放置条件不同而产生的影响，使实验结果具有较好的重复性和可比性，被测试样在测试前要进行预处理。处理条件见表 3-5-5。

表 3-5-5　试样的预处理条件

温度/℃	相对湿度/%	时间/h
20±5	65±5	≥24
70±2	<40	4
105±2	<40	1

预处理结束后，将试样置于干燥器中冷却至测量环境待用。

2．测量环境要求

我国国家标准规定的常温为(20±5)℃，相对湿度为(65±5)%。实验条件最好是符合标准，至少不与所需条件相差太大。

3．仪器准备

① 将 WY-2851 型高频 Q 表安放在水平实验平台上。

② 接通电源，校正电压表和 Q 值电压表的机械零点。

③ 将“Q 预置”旋钮向减小方向旋到底；“ΔQ 调节”“ΔQ 细调”向左旋到底；主调和微调电容器调到零位。

④ 接通电源（指示灯亮）后，预热 20min 以上，待仪器稳定后，就可进行测试。

4．高频线圈分布电容量 C_0 的测量（两倍频率法）

① 取一电感量适量的线圈接在仪器顶端标有“L_X”的两接线柱上。

② 选择合适的 Q 值量程（注意：Q 值量程范围实际上是一组衰减器，所以当选择 30 档以上时要同时按下前几档。例如：选择 300 时，应将 100 和 300 同时按下。）

③ 将主调电容器调节至某一适当的电容值（C_1^1）上，通常 C_1^1 在 200 pF 较适宜。

④ 调节信号发生器频率至谐振点（Q 值为最大处），记下此时的频率（f_1）。

⑤ 将信号发生器频率调至 $f_2=2f_1$ 处，调节主调电容器到谐振点（Q 值为最大处）。读取 C_2^1 值。

高频电感线圈的分布电容可按下式计算：

$$C_0=\frac{C_1^1-4C_2^1}{3} \tag{3-5-17}$$

5．试样 ε 和 tanδ 的测量

① 将已测出 C_0 的电感线圈接在仪器的“L_X”两接线柱上。

② 将信号发生器频率调节至 1MHz。

③ 调节主调电容器至谐振点（Q 值为最大处）。读得 Q 值为 Q_1、电容值为 C_1（主调和微调电容器两度盘之和）。

④ 将二电极系统的上、下电极接线接在“C_1”的两接线柱上，从干燥器中取出试样，安放在两电极之间，安放时应注意上、下电极以及试样要同心，否则会影响实验结果。

⑤ 调节主调电容器至谐振点（Q 值为最大处），读得 Q 值为 Q_2，C 值为 C_2 后即完成一个试样的测量。

必须注意，当没有适宜的测试条件时，试样从干燥器中取出至测试完毕不得超过 5min。

拓展资源 25　实验 3-5 材料介电性能的测定　操作教学视频

⑥ 更换另一块试样，按③～⑤进行测试。

五、数据处理记录

1．实验数据记录

实验条件及测定数据应包括表 3-5-6 所示的内容。

表 3-5-6　测定数据记录表

<table>
<tr><th colspan="3">试样</th><th colspan="3">预处理条件</th><th colspan="5">测试条件</th></tr>
<tr><th>形状</th><th>尺寸/mm</th><th>数量/个</th><th>温度/℃</th><th>相对湿度/%</th><th>时间/h</th><th>仪器型号</th><th>环境温度/℃</th><th>相对湿度/%</th><th>电感分布电容/pF</th><th>测量电极直径/m</th></tr>
<tr><td></td><td></td><td></td><td></td><td></td><td></td><td></td><td></td><td></td><td></td><td></td></tr>
</table>

<table>
<tr><th rowspan="2">序号</th><th rowspan="2">试样厚度/m</th><th colspan="4">测量数据</th><th colspan="3">计算结果</th></tr>
<tr><th>C_1</th><th>Q_1</th><th>C_2</th><th>Q_2</th><th>ε</th><th>$\tan\delta\times10^4$</th><th>平均值</th></tr>
<tr><td>1</td><td></td><td></td><td></td><td></td><td></td><td></td><td></td><td rowspan="5">ε=
$\tan\delta$ =</td></tr>
<tr><td>2</td><td></td><td></td><td></td><td></td><td></td><td></td><td></td></tr>
<tr><td>3</td><td></td><td></td><td></td><td></td><td></td><td></td><td></td></tr>
<tr><td>4</td><td></td><td></td><td></td><td></td><td></td><td></td><td></td></tr>
<tr><td>5</td><td></td><td></td><td></td><td></td><td></td><td></td><td></td></tr>
</table>

2．数据处理

材料的相对介电常数ε和介电损耗角正切 $\tan\delta$ 分别用式（3-5-16）、式（3-5-15）来计算，C_0 是电感线圈的分布电容和杂散电容之和。实验结果以各项实验的算术平均值来表示，取两位有效数字。$\tan\delta$ 的相对误差要求不大于 0.0001。

思考题

1．ε_0、ε_X 和ε三者有何差别，它们的物理含义是什么？

2．测试环境对材料的介电系数和介电损耗角正切有何影响，为什么？

3．试样厚度对ε的测量有何影响，为什么？

4．电场频率对极化、介电系数和介电损耗有何影响，为什么？

主要参考文献

[1] GB/T 1409—2006．测量电气绝缘材料在工频、音频、高频(包括米波波长在内)下电容率和介质损耗因数的推荐方法.

[2] GB/T 6346.1—2024．电子设备用固定电容器 第 1 部分：总规范.

[3] 刘耀南，邱昌容．电气绝缘测量技术[M]．北京：机械工业出版社，1983.

[4] 倪尔瑚．电介质测量[M]．北京：科学出版社，1981.

[5] Jones R N．集总参数阻抗测量——计量指南[M]．张关汉，席德熊，王世明，译．北京：计量出版社，1983.

实验 3-6　材料化学稳定性的测定

材料在使用过程中，经常受到各种侵蚀介质的作用而引起不同程度的破坏。材料具有抵抗这种破坏的能力称为化学稳定性。

化学稳定性的测试是许多无机非金属材料质量检验的主要内容之一。无机非金属材料的种类很多，其测定方法也不尽相同。本实验主要以玻璃材料为例，介绍其化学稳定性的测定方法。

一、教学目标

玻璃的化学稳定性，是指玻璃在各种自然气候条件下抵抗气体（包括大气）、水、细菌，和在各种人工条件下抵抗各种酸液、碱液或其他化学试剂、药品溶液侵蚀破坏的能力。

玻璃的化学稳定性是玻璃的一个重要性质，也是衡量玻璃制品质量的一个重要指标，因为任何制品的任何用途都要求玻璃具有一定的化学稳定性。当玻璃的化学稳定性差时，玻璃制品就不能使用。例如，平板玻璃在仓库存放或在运输过程中就会因受潮而粘片；光学仪器的玻璃零件就会因发霉生斑而影响透光性和成像质量，严重时甚至使整个仪器报废；玻璃化学仪器会因受酸、碱、盐的侵蚀而影响分析结果；一些生活用品，如保温瓶等会因受水的作用成片脱落而影响人体的健康；特别是医用药瓶、安瓿、盐水瓶等会因玻璃溶入药液中而影响药液的质量，甚至会危及生命。因此，在这些产品的生产中必须严格地测定其化学稳定性，对于化学稳定性不合格的玻璃制品不能出厂使用。

本实验的教学目标：

① 理解玻璃被侵蚀的机理。

② 了解测定玻璃化学稳定性的各种方法及应用范围。

③ 掌握常用的测试玻璃化学稳定性的方法。

二、基本原理

侵蚀介质对玻璃的破坏过程是很复杂的。就一般情况而论，当玻璃与侵蚀介质接触时，破坏机理可分为溶解和浸析两大类。当溶解发生时，玻璃各组分以其在玻璃中存在的比例同时进入溶液（例如氢氧化物溶液、磷酸盐溶液、碳酸盐溶液、磷酸或氢氟酸等溶液）中，这种侵蚀也叫完全侵蚀。当浸析发生时，只是玻璃中的某些组分溶入溶液中，其余部分残留在玻璃表面而形成化学稳定性较高的保护膜，玻璃的骨架没有被瓦解。

玻璃制品经常遇到的介质有气体与液体。气体有 CO_2、SO_2 等，液体有水（包括潮湿空气中的水蒸气）、酸液、碱液和盐类溶液等。下面简单讨论各液体介质对玻璃的侵蚀。

1．水对玻璃的侵蚀

从实验知道，各种酸、碱、盐的水溶液对玻璃发生破坏作用时，都是水先与玻璃表面起反应，因此可以说水是玻璃的最大“敌人”。就目前情况而言，水能与任何一种玻璃作用，只是程度不同而已。

从微观角度来看，玻璃的内部是比较空旷的，即玻璃网络结构内有很大空隙。因此，当玻璃与侵蚀介质接触时，介质的某些分子或离子能从玻璃表面进入内部与玻璃内部的某些离子进行交换或者同玻璃结构网络进行反应。反应结果是玻璃表面的 Si—O 键断裂，形成硅醇—OH

基团，随着这一水化反应的继续，Si 原子周围原有的四个桥氧全部成为 OH，这就是 H_2O 分子对硅氧骨架的直接破坏。当水进一步作用时，在玻璃表面将形成一层均匀的高硅酸薄层，俗称为硅酸凝胶膜，这层薄膜具有一定的坚固性，同时又具有很强的吸附能力，使玻璃的进一步破坏过程减慢，故成为保护膜。水对玻璃的作用时间越长，生成的保护膜越厚，破坏的过程就越慢。因此水对硅酸盐玻璃的侵蚀作用只是在最初一个阶段比较显著，随着侵蚀过程的进行，玻璃的抗水能力便逐步增强。在到达一定时间后，侵蚀作用基本停止。

2．酸对玻璃的侵蚀

酸对玻璃的侵蚀机理与水不同，酸(特别是稀酸)中有许多活动能力较强的氢离子（H^+），它的平均直径只有 0.001nm，而玻璃网络空隙的平均直径是 0.3nm，这样大的孔隙对 H^+来说是畅通无阻的。当 H^+的浓度较高时，H^+可以深入到玻璃较深的内部去置换金属阳离子，因而玻璃被侵蚀的深度要比水中深得多。酸根离子的尺寸较大，不容易扩散进入玻璃内部，只能同 H^+交换出来的阳离子生成盐来影响侵蚀过程。一方面，酸分子是不直接与玻璃作用的。另一方面，酸溶液能同 H^+侵蚀玻璃后生成的水解产物（氢氧化物）形成易溶的盐类，这使玻璃的溶解速度大大增加。由于这两个原因，酸对玻璃的侵蚀要比水厉害得多。但是，由于水解深度的增加，所生成的保护膜也增厚，可达数百埃（1Å = 0.1nm）。所以，玻璃也具有抵抗酸侵蚀破坏的能力，只是比抗水能力差些。

3．碱对玻璃的侵蚀

碱液对玻璃的侵蚀过程比较复杂，首先是碱液中的水与玻璃表面作用，生成保护膜，然后是碱与保护膜起反应，水解反应继续进行，所以，玻璃将不断地受到破坏。

另外，碱液中有大量的 OH^-，它可以通过水侵蚀的玻璃表面深入到玻璃内部与玻璃网络起反应。OH^-破坏了玻璃的网络骨架，使玻璃的整体瓦解。所以，对于水、酸、碱三种侵蚀液，玻璃的耐碱性是最差的。

4．盐溶液对玻璃的侵蚀

有些盐溶液也能与玻璃作用，有的侵蚀能力甚至超过氢氧化物很多倍。

碳酸盐对玻璃的侵蚀机理与氢氧化物相似，当玻璃与碳酸盐（R_2CO_3）溶液接触时，首先是水与玻璃表面起反应，生成 ROH、$R(OH)_2$ 等氢氧化物和硅酸凝胶。其中 $R(OH)_2$ 遇到 CO_3^{2-} 阴离子后将进行如下的反应

$$2R^+ + CO_3^{2-} \longrightarrow R_2CO_3\downarrow$$

这个反应有利于玻璃的溶解。所以，与等当量的 ROH 对玻璃的腐蚀能力相比，R_2CO_3 具有更大的破坏性，这也是用 Na_2CO_3 + NaOH 混合液侵蚀玻璃要比单独使用 NaOH 或者 Na_2CO_3 溶液侵蚀玻璃厉害得多的原因。窗户上的玻璃安装时间较长时会出现彩虹（侵蚀斑）。这种现象也基于这个道理：当窗户上的玻璃吸附空气中的水分使玻璃表面水化生成苛性碱以后，如果空气中有 CO_2 则会生成 Na_2CO_3 堆积在玻璃表面上，Na_2CO_3 再吸收空气中的水分而潮解，生成浓的碱式碳酸盐溶液小滴，在窗玻璃表面就形成很深的侵蚀斑。

此外，磷酸盐溶液也能侵蚀玻璃，而且比碱液厉害几十倍。因为磷酸盐能使水解后产生的硅酸凝胶膜生成可溶性的硅磷酸盐，直接破坏了保护膜。

从以上讨论可见，不论酸、碱或盐类溶液对玻璃作用，首先都是由水中的 H^+、H_3O^+置

换玻璃表面或内部的金属阳离子开始的。因此，对水的抗蚀性能是各种不同要求的玻璃制品的共同要求。

三、玻璃粉末耐水性的测定

（一）概述

粉末法可以说是一种万能的方法，因为这种方法可以测定各种玻璃制品的化学稳定性（不管什么形状都可加工成粉末试样）。粉末法的实质是将具有一定颗粒度的试样，在某种侵蚀剂的作用下，于某一特定温度时保持一定的时间，然后测定粉末损失的重量，或用一定的分析手段测定玻璃转移到溶液中的成分的含量。

粉末法的特点是简单而快速。因为实验样品是粉末，玻璃表面积大，增大了与侵蚀剂的作用面积，而提取的组分也足够大，可以消除某些偶然因素的影响。粉末法的不足是容易受表面大小、温度、溶剂用量等因素的影响，因而测定精确度比较差。若不作细心的准备工作，遵守一切规程，便难以获得精确的结果。

（二）实验器材

① 恒温水浴锅（4 孔或 6 孔）；
② 布、干净的纸；
③ 锥形烧瓶（50mL 或 100mL）；
④ 电烘箱 1 台；
⑤ 分析天平 1 台；
⑥ 筛子（孔径为 0.3mm 和 0.5mm 的标准筛各 1 把）；
⑦ 镊子 1 把；
⑧ 温度计 2 支（读数精确到 0.2℃）；
⑨ 干燥器 1 个；
⑩ 酸式滴定管 1 支（5mL，刻度为 0.02mL）；
⑪ 锤子，重约 1kg；
⑫ 硬质钢研钵 1 个（见图 3-6-1，这是 ISO-719 推荐的形状和尺寸）或瓷研钵 1 个；
⑬ 磁铁（棒形或马蹄形）；
⑭ 无水乙醇；
⑮ 中性蒸馏水（新鲜的、去气、存放不超过 24h）；
⑯ 带塞容量瓶（50mL）5 个；
⑰ 甲基红指示剂；
⑱ 标准盐酸（0.01mol/L）；
⑲ 木板或胶合板；
⑳ 乳白玻璃板；
㉑ 移液管。

（三）测试步骤

1．玻璃粉末制备

取按日常生产方法进行退火，已消除应力的玻璃块（其厚度大于 1.5mm）50g，用布把玻璃表面擦干净，再用干净的纸包上，用锤子把试样敲碎；选取 30g 以上直径在 10～30mm 之间的玻璃块。放入硬质钢研体中，插入研杆，用锤猛击一下研杆。应当注意，锤击次数多于一次时，会产生过细的粉碎。锤击之后，将研钵内的玻璃在 0.5mm 和 0.3mm 的标准筛上过筛，过筛后，又将 0.5mm 标准筛上的玻璃放入研钵中粉碎、过筛，如此操作数次，直至留在 0.3mm 标准筛上的玻璃粉末达到 15g 左右为止，最后移去 0.5mm 的标准筛，再激烈筛 5min。

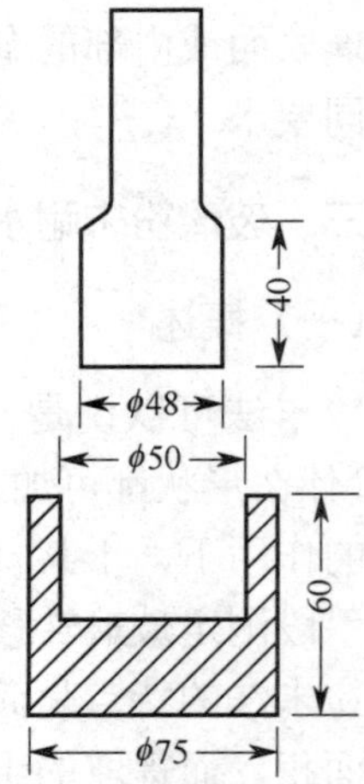

图 3-6-1　硬质钢研钵和研杆
（图中尺寸供参考用，单位：mm）

如果一时没有如图 3-6-1 所示的钢质研钵，也可用瓷研钵来加工玻璃粉末，方法如下：

取 100g 的玻璃在瓷研钵中研细。因为粉末法是使玻璃颗粒表面受化学处理，为了获得可以比较的结果，玻璃颗粒要求表面相等，即要求球形颗粒。为此，制备试样时应采用薄玻璃块，用弱撞击的方法粉碎。玻璃碎块应在大研钵中研磨，杆应在研钵中做圆周运动，这样可以使玻璃块免受冲击而形成片状体。玻璃块研细后，使之过孔径为 0.5mm 和 0.3mm 的标准筛，去掉大于 0.5mm 和小于 0.3mm 的颗粒，取 0.3～0.5mm 粒级的颗粒做试样。过筛时最好用机械筛而不用人工筛，因为机械筛能加快筛分的速度，并能得到较均匀的粒级。此外，过筛时应先过大孔筛，后过小孔筛，过筛时间不宜过长，否则会造成大量的粉尘。

玻璃粉末分级后应用镊子仔细地选择球形颗粒，去掉扁平的，或带有玻璃末的颗粒。为此，可将所得的玻璃粉末撒到倾斜放置的木板或胶合板上，然后轻轻敲击木板，球形颗粒便向下滚动，而扁平颗粒便被阻滞下来。按上法重复 2～3 次，就可获得较为均匀的球形颗粒。至于有粉壳的玻璃，可将粉末放到底部照明的乳白玻璃板上来观察，不透明的与暗颜色的颗粒就是有缺陷的玻璃，这些颗粒可用镊子除掉。

将筛选出来的 0.3～0.5mm 的玻璃粉末约 10g 放在光滑的白纸上，摊平，用磁铁在上面反复移动，吸去研钵上落下的铁屑，直至磁铁上不再出现铁屑为止。若用瓷研钵研磨的粉末，此操作可省去不做。

为了除去颗粒上的细末，可用不与玻璃作用的液体（如无水乙醇）进行洗涤，在洗涤过程中应避免剧烈的振动，以免形成细分散的玻璃粒级。

洗涤好的粉末应放入电烘箱内，在 100～110℃下干燥至恒重（要求两次称重过程中试样总重量误差不超过 0.5mg）。干燥结束后试样移入干燥器中冷却至室温（即与分析天平周围的温度相同），待用。

2. 操作步骤

① 恒温水浴锅内加入足量的水，通电加热至沸待用。

② 在分析天平上准确称取处理后的试样 2 份，每份 2g（精确至 0.002g），分别放入三个 50mL 的带塞容量瓶内，用中性蒸馏水冲洗瓶壁上的样品，使之流入瓶底，再加入中性蒸馏水至瓶的刻度线。此外，另取两只 50mL 带塞容量瓶，加中性蒸馏水至刻线，其中用一只做空白实验，另一只插上温度计，用来控制温度。

③ 上述 5 个带塞容量瓶平稳地浸入沸水浴中，浸入深度以超过刻度为限，如图 3-6-2 所

示。加快升温速度，使带塞容量瓶内温度在3min内达到(98±0.5)℃盖上盖子，连续加热60min，在加热中，瓶内温度应保持(98±0.5)℃。

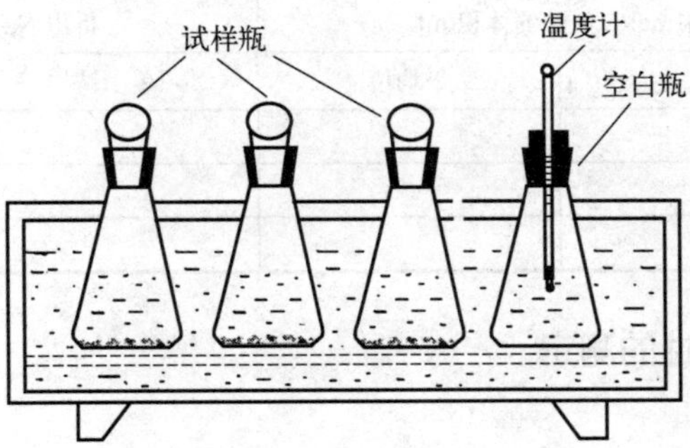

图 3-6-2　玻璃耐水性测试装置

④ 将带塞容量瓶从热水浴中取出，打开瓶塞，将瓶浸入冷水浴中迅速冷却至室温，并用中性蒸馏水补齐至瓶的刻线，盖上盖子，摇匀后静置5min，使样品颗粒下沉，得到上层清液。

⑤ 移液管从每只带塞容量瓶中移取25mL清液，放入相应的锥形烧瓶内，各加入2滴甲基红指示剂溶液，用酸式滴定管取0.01mol/L标准盐酸溶液滴定至微红色，分别记下所耗用0.1mol/L标准盐酸溶液的毫升数。

⑥ 以同样方法确定空白溶液所耗用的标准盐酸的毫升数。

（四）数据处理记录

得到的3个试样测定值分别减去空白值，然后计算出平均值，即得到结果。

如果要相应碱析出量的数据，可按下式计算：

$$\text{析出 } Na_2O \text{ 的量} = 310 \times V_{HCl} (\mu g/g)$$

式中，V_{HCl}是所消耗标准盐酸的体积，mL。

假如在耐水等级为1和2的试样中每个结果与平均值的误差大于±10%，3～5级玻璃中误差大于5%，则需重新测定。

玻璃的耐水等级由表3-6-1确定。

表 3-6-1　玻璃水解等级的分级

玻璃等级	每克玻璃粉末耗用 0.01mol/L 盐酸溶液的量/（mL/g）	每克玻璃粉末的氧化钠浸出量/（μg/g）
1	0.10 以下	31 以下
2	0.10 以上至 0.20	31 以上至 62
3	0.20 以上至 0.85	62 以上至 264
4	0.85 以上至 2.0	264 以上至 620
5	2.0 以上至 3.5	620 以上至 1035

注意：如果实验样品的厚度小于1.5mm，或者在20℃时玻璃的密度大于270kg/m^{3}或小于230kg/m^{3}时，这些数据应记录在实验报告中。为保持试样表面一致，此试样的每份重量应称取的克数改为0.8乘玻璃的密度。

实验结果可按表 3-6-2 的格式记录。

表 3-6-2　实验结果记录

试样编号	耗用 0.01mol/L 盐酸的体积/mL		析出 Na_2O 的量/μg		水解等级
	单个试样	平均值	单个试样	平均值	
1					
2					
3					

四、玻璃块表面耐碱性的测定

（一）概述

大块法测定的是玻璃块表面的化学稳定性，这比较接近玻璃制品的实际使用情况。大块法可用来测定玻璃抗水、酸和碱的侵蚀性能，本实验只讨论抗碱性的测试。

由于玻璃试块的表面可以较准确地测定，所以与粉末法相比，其测量的精度高，实验重复性好，而且试样的制备也简单得多，只是测试的时间较长。

（二）实验器材

① 化学稳定性测定装置　如图 3-6-3 所示，包括：水浴锅（4 孔或 6 孔）；回流冷凝管（4 支或 6 支）；银坩埚（500mL，4 或 6 个）或 100mL 锥形烧杯。

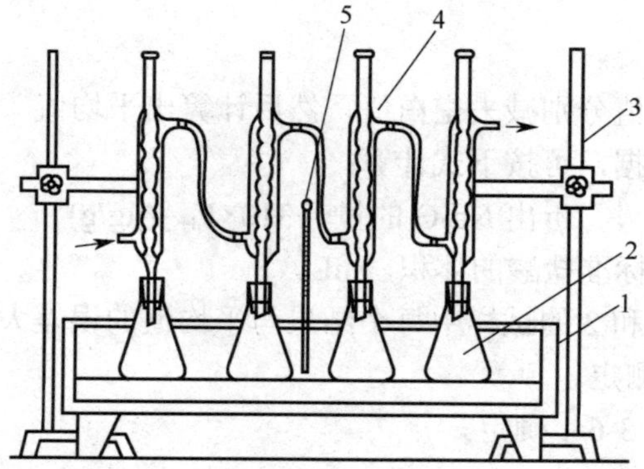

图 3-6-3　玻璃耐碱性测试装置

1—水浴锅；2—锥形烧杯或银坩埚；3—铁支架；4—回流冷凝管；5—温度计

② 电热干燥箱 1 台；

③ 分析天平 1 台；

④ 游标卡尺 1 把；

⑤ 滤纸；

⑥ 干燥器 1 个；

⑦ 量筒 1 个（100mL）；

⑧ 温度计；

⑨ 镊子 1 把；

⑩ 石棉绳；

⑪ pH 试纸；

⑫ 弱盐酸（1∶25，1 份体积浓盐酸与 25 份体积水混合）；

⑬ 蒸馏水；

⑭ 无水乙醇或乙醚；

⑮ 混合碱溶液（0.5mol/L NaOH + 1mol/L Na_2CO_3）。

（三）测试步骤

1．玻璃试块制备

取 2mm 厚待测玻璃切成尺寸为 3cm×3cm 的玻璃块，每种玻璃以 2 块试样为 1 组进行测试。共准备 2～3 组试样。

对切成的试块用游标卡尺精确测量其尺寸，每边测 3 次（精确到 0.05mm），取平均值计算其总面积。

把经上述处理后的样品放入电热干燥箱内，在 100～110℃下干燥至恒重，并移入干燥器中冷却至室温待用。

2．操作步骤

① 在分析天平上称量试块（精确到 0.0002g）。

② 往水浴锅内加入足量的水，通电加热至沸，用量筒量取 100mL 已混合好的 1mol/L Na_2CO_3 + 0.5mol/L NaOH 溶液 100mL（以掩埋试块为准）放入银坩埚内加热至沸。

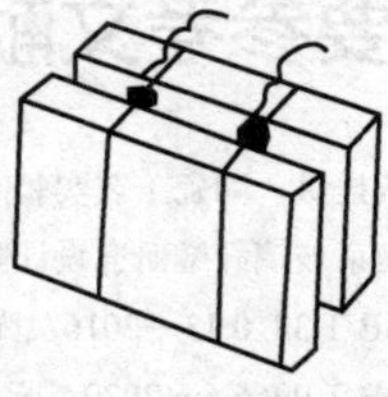

图 3-6-4　玻璃试样捆绑法

② 将每组中的两块试样用石棉绳绑好，并使两块玻璃之间有 3～4mm 的间距，如图 3-6-4 所示。

④ 用镊子把绑好的试样放入银坩埚内，接上回流冷凝管，煮沸 3h。应当注意由于煮沸时间长，水分挥发较多，煮沸过程中如水浴锅内的位置下降过多时，应向水浴锅内加开水补足到原来的水位，若银坩埚内混合液因水分蒸发而没有淹没玻璃试块时，应向银坩埚内补充煮沸的蒸馏水。

⑤ 煮沸终了时，切断电源，待稍冷却后取下冷凝管，拿出试体，解去石棉绳，先用蒸馏水洗涤，再用弱盐酸溶液洗涤，并重新用蒸馏水洗涤至中性（可用 pH 试纸检查），最后用乙醚或 93%～96%的无水乙醇洗涤，用滤纸擦干。并按前述方法烘干至恒重称量。

拓展资源 26　实验 3-6 玻璃实验操作教学视频

（四）数据处理记录

实验结果可用两块试样的质量损失平均值来表示，此时，结果可用下式计算：

$$W=(G_1-G_2)\times10^3/A$$

式中　W——质量损失，$mg/100cm^2$；

G_1——试样处理前的质量，g；

G_2——试样煮沸后的质量，g；

A——试样的表面积，cm^2。

实验结果可按表 3-6-3 格式记录。

表 3-6-3　实验数据记录表

试样编号	试样平均尺寸/cm			试样的表面积/cm^2	试样处理前重/g	试样处理后重/g	试样失重/(mg/100cm^2)	平均失重/(mg/100cm^2)
	长	宽	高					

思考题

1．影响玻璃化学稳定性的因素有哪些？在做本实验时，如何才能获得比较准确的结果？
2．用盐酸进行滴定时，盐酸用量可能有偏高的现象，为什么？
3．玻璃的耐水性有几种，各用什么方法测定？
4．你认为玻璃的耐酸性应如何测定？
5．玻璃化学稳定性测定的实质是什么？

主要参考文献

[1] 祝桂洪．陶瓷工艺实验[M]．北京：中国建筑工业出版社，1987.
[2] 南京玻璃纤维研究设计院．玻璃测试技术[M]．北京：中国建筑工业出版社，1987.
[3] GB/T 3810.13—2016．陶瓷砖试验方法　第 13 部分：耐化学腐蚀性的测定.
[4] GB/T 9966.6—2020．天然石材试验方法　第 6 部分：耐酸性试验.
[5] GB/T 15728—2021．玻璃耐沸腾盐酸侵蚀性的重量试验方法和分级.
[6] JB/T 10576—2006．无色光学玻璃化学稳定性试验方法　粉末法.

拓展资源 27　实验 3-6 材料化学稳定性的测定——陶瓷

实验 3-7　材料环境性能评价

Ⅰ. 材料重金属离子浸出特性（以水泥为例）

一、教学目标

随着生态文明建设进程的不断推进，大量工业固体废弃物运用到建筑材料领域当中。然而，来源广泛和多样的工业固体废弃物会造成建筑材料当中的重金属离子含量增加，如果建筑材料当中的重金属离子含量超出一定限值，那么将会对生态环境和人体健康产生不利影响。因此，有必要对建筑材料的重金属离子浸出特性进行评价。

目前材料重金属离子浸出特性可用硫酸硝酸法、水平振荡法、醋酸缓冲溶液法、翻转法进行测试。本实验以水泥为测试对象，以 Cr(Ⅵ)为待测目标重金属离子，采用硫酸硝酸法对水泥当中的 Cr(Ⅵ)进行浸出，并采用原子吸收分光光度法对 Cr(Ⅵ)含量进行测定。

本实验的教学目标：

① 了解硫酸硝酸法测定水泥重金属离子浸出特性的基本原理。

② 掌握水泥中 Cr(Ⅵ)含量的测定方法。

二、基本原理

当前的水泥生产越来越多地采用替代原料和燃料，同时有规模地对固体废弃物进行协同处置。然而，由于替代原料和燃料来源的广泛性，以及协同处置固体废弃物的多样性，在水泥生产过程中不可避免地会引入一定量的重金属离子。这些重金属离子极少部分能以蒸气状态或附着在微细粉尘上随着烟气排出，大部分难以挥发的成分会进入到水泥熟料矿物内，在水泥应用及水化过程中溶出，对生态环境和人体健康造成恶劣影响。因此，为保证水泥生产的环境及应用安全性，需要进行材料重金属离子的浸出特性实验，来评价水泥对生态环境和人体健康的影响。

由于目前环境当中的自然降水多偏弱酸性，为模拟水泥服役过程中最不利的环境条件，本实验以硫酸硝酸法评价水泥重金属离子的浸出特性。该方法以硝酸/硫酸混合溶液为浸提剂，模拟材料在不规范填埋处置、堆存或经无害化处理后废物的土地利用时，其中的有害组分在酸性降水的影响下，从材料中浸出而进入环境的过程。

在获得浸出液后，针对水泥中 Cr(Ⅵ)的测定，本实验采用无火焰原子吸收分光光度法。原子吸收分光光度法的测量对象是呈原子状态的金属元素和部分非金属元素，是由待测元素灯发出的特征谱线通过材料经原子化产生原子蒸气时，被蒸气中待测元素的基态原子所吸收，通过测定辐射光强度减弱的程度，求出材料中待测元素的含量。原子吸收一般遵循分光光度法的吸收定律，通常借比较对照品溶液和材料溶液的吸光度，求得材料中待测元素的含量。试液通过自动进样器注入石墨炉中，经过预先设定的干燥、灰化、原子化等升温程序使共存机体蒸发除去，同时在原子化阶段的高温下 Cr(Ⅵ)化合物离解为基态原子蒸气，并对空心阴极灯发射的特征谱线产生选择性吸收，在选择的最佳测定条件下，通过背景扣除测定试液中 Cr(Ⅵ)的吸光度。

三、实验器材

① 原子吸收分光光度计（图 3-7-1）：无火焰、石墨炉原子化器 1 台；

② Cr(Ⅵ)空心阴极灯 1 个（图 3-7-2）；

③ 烧杯（1L）若干；

④ 酸度计 1 个；

⑤ 滴定管若干（用于移取溶液及定容作用）；

⑥ 磁力搅拌器 1 台；

⑦ 容量瓶（50mL、500mL、2L）：50mL 容量瓶 5 个，500mL 容量瓶 3 个[用于配制 Cr(Ⅵ)标准储备液]，2L 容量瓶 1 个；

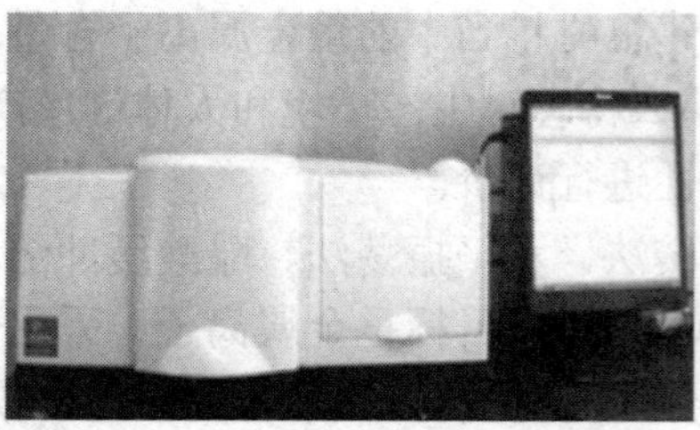

图 3-7-1　原子吸收分光光度计

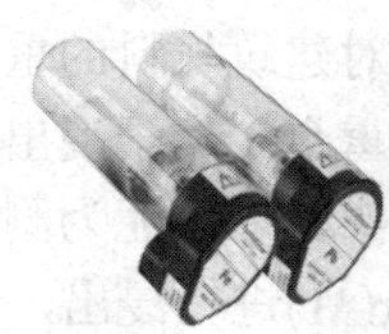

图 3-7-2　Cr(Ⅵ)空心阴极灯

⑧ 烘箱［可控温度（105±2）℃］1 台；

⑨ 微孔滤膜过滤装置及滤膜（由真空泵、抽滤漏斗、1L 的抽滤瓶组成过滤装置，滤膜为孔径 0.45μm 微孔滤膜，也可采用中速定量滤纸）1 套；

⑩ 水泥胶砂试样：选用粒径为 0.125～0.25mm 的干燥水泥胶砂颗粒为待测试样；

⑪ 硝酸（HNO_3）：1.39～1.42g/mL，优级纯（用于配制 pH 调节液）；

⑫ 硫酸（H_2SO_4）：1.84g/mL，优级纯；

⑬ 硝酸溶液（1+99）：1 份体积的硝酸与 99 份体积的水相混合；

⑭ Cr(Ⅵ)标准储备液（1.000mg/mL）：称取 1.4144g 经 105～110℃干燥 2h 的重铬酸钾（$K_2Cr_2O_7$ 优级纯），溶于水中，移入 500mL 容量瓶，用水定容至 500mL；

⑮ Cr(Ⅵ)标准使用液（100μg/L）：临用前将 Cr(Ⅵ)标准储备液用硝酸溶液逐级稀释配级；

⑯ 磷酸氢二铵[$(NH_4)_2HPO_4$]溶液（50g/L）：5g 磷酸氢二铵（优级纯），溶于 100mL 水中；

⑰ pH 调节液：将 100mL 硫酸缓慢加入 200mL 水中，另将 50mL 硝酸加入 100mL 水中，待两份溶液分别冷却至室温后混合；

⑱ 搅拌棒、自动滴定仪、称量瓶、干燥器。

四、测试步骤

1．试样浸出液的制备

① 浸出液的制备在（20±2）℃条件下进行。

② 称取水泥胶砂试样 10g，精确至 0.01g，置于 1L 烧杯中，加入 500mL 水，置于磁力搅拌器上开始搅拌。保持试样在搅拌过程中处于半悬浮状态(搅拌子转速为 500～1000r/min)，但应避免过于强烈的搅拌导致浸出液吸收空气中的 CO_2。

③ 第一次 pH 调节：用酸度计测量②中烧杯液体的 pH 值，用滴定管滴加 pH 调节液，使烧杯中液体的 pH 值保持在 7.0±0.5 搅拌 2h，记录 pH 值调节液的消耗量 V_1（精确到 0.1mL）。搅拌结束后静置 5min，用微孔滤膜过滤装置过滤收集浸出液。用水清洗试样残渣 3 次，滤液

并入浸出液。

④ 第二次 pH 调节：将滤膜和搅拌棒上的试样残渣转移至烧杯中，加入 500mL 水，置于磁力搅拌器搅拌并滴加 pH 调节液调节烧杯中液体的 pH 值至 3.2，保持液体 pH 值在 3.2±0.5 搅拌 7h。记录滴加 pH 调节液的消耗量 V_2（精确到 0.1mL）。搅拌结束后静置 5min，用微孔滤膜过滤装置过滤收集浸出液。用水清洗试样残渣 3 次，滤液并入浸出液。

⑤ 将上述③与④浸出液移入 1 个 2L 容量瓶混合后用水定容，待测。有条件的实验室可采用自动滴定仪控制搅拌提取过程③和④中液体的 pH 值。

2．空白浸出液的制备

使用与试样浸出液制备等量的 pH 调节液(V_1+V_2)，不加试样，按照与试样浸出液相同的步骤，制备空白浸出液。

3．试样水分的测定

① 将洗净的称量瓶放入（105±2）℃烘箱中烘 30min，取出置于干燥器中冷却 30min 后称量。重复上述步骤直至恒量，称量瓶的质量为 m_0。

② 在称取浸出液制备试样的同时称取水泥胶砂试样 1g，精确至 0.1mg，置于已恒量的称量瓶中，此时称量瓶加试样的总质量为 m_1。将盛有试样的称量瓶放入（105±2）℃烘箱中烘 60min，取出置于干燥器中冷却 30min 后称量。重复上述步骤直至恒量，称量瓶加烘干后试样的质量为 m_2。

③ 计算试样中的水分，按照以下公式进行：

$$H=\frac{m_1-m_2}{m_1-m_0}\times 100\%$$

式中 H——试样水分的质量分数，%；

m_0——称量瓶的质量，g；

m_1——称量瓶加试样的质量，g；

m_2——称量瓶加烘干后试样的质量，g。

4．制备 Cr(Ⅵ)标准储备液与 Cr(Ⅵ)标准使用溶液

称取 1.4144g 经 105～110℃干燥 2h 的重铬酸钾（$K_2Cr_2O_7$ 优级纯），溶于水中，移入 500mL 容量瓶，用水定容至 500mL。分别移取 Cr(Ⅵ)的标准储备液 0mL、1.0mL、2.0mL、5.0mL、10.0mL 于 5 个 50mL 容量瓶中，各加入 3.0mL 磷酸氢二铵溶液，用硝酸溶液定容。Cr(Ⅵ)标准使用溶液中 Cr(Ⅵ)的浓度分别为 0.0μg/L、2.0μg/L、4.0μg/L、10.0μg/L、20.0μg/L。

5．绘制标准曲线

按照仪器性能调节仪器至最佳工作条件，由低到高浓度顺次测定标准溶液的吸光度（空心阴极灯发射的特征谱线选择性吸收）。以标准溶液的浓度(以 μg/L 计)为横坐标，以相应的吸光度值减去空白实验溶液的吸光度值为纵坐标，绘制标准曲线。

6．得出浸出液浓度

按照标准曲线测定中仪器的条件测定试样浸出液的吸光度，在标准曲线中查出浸出液浓度(c_1)。

7．得出空白浸出液浓度

按照标准曲线测定中仪器的条件测定空白浸出液的吸光度，并在标准曲线中查出空白浸出液浓度(c_0)。

8．计算试样中Cr(Ⅵ)的浸出浓度

按照以下公式进行：

$$w_1 = \frac{(c_1 - c_0) \times 10^{-3}}{1 - \frac{H}{100}}$$

式中 w_1——试样中Cr(Ⅵ)浸出浓度，mg/L；

c_1——浸出液吸光度在校准曲线上查得的含量，μg/L；

c_0——空白浸出液的吸光度在校准曲线上查得的含量，μg/L；

H——试样水分的质量分数，%。

五、数据处理记录

实验过程中的数据记录示例参见表3-7-1和表3-7-2。首先要根据浓度与吸光度值的关系，绘制标准曲线。

表3-7-1 不同浓度对应的吸光度

浓度/(μg/L)	0.0	2.0	4.0	10.0	20.0
吸光度值					

表3-7-2 浸出过程实验记录

实验过程相关指标	数据记录
水泥胶砂/g	
第一次pH调节 V_1/mL	
第二次pH调节 V_2/mL	
称量瓶质量 m_0/g	
称量瓶加试样质量 m_1/g	
称量瓶加烘干后试样的质量 m_2/g	
空白浸出液的吸光度在校准曲线上查得的含量 c_0/(μg/L)	
浸出液吸光度在校准曲线上查得的含量 c_1/(μg/L)	

六、实验结果的处理与分析讨论

1．完成试样中水分的计算。

2．完成水泥中Cr(Ⅵ)的浸出浓度计算。

3．已知现有规定的要求水泥中Cr(Ⅵ)的浸出限值为0.2mg/L。根据实验结果，评价测试水泥样品是否合格。

七、实验过程中的注意事项

1．水泥胶砂样品制备过程需规范进行，成型脱模后的试样在温度（20±1）℃，湿度不低于 90%的条件下养护（注意试样不得在水中养护），28d±8h 后取出，在室温下干燥 2d。

2．要保证待测水泥砂浆样品的粒径范围在 0.125～0.25mm 之间，否则在试样浸出液的制备过程中可能会导致 Cr(Ⅵ)的溶出不彻底，从而影响实验结果。如果样品粒级未达要求，应用玛瑙球磨机磨细，再用方孔筛进行筛分处理。

3．不同型号的仪器最佳的测试条件不同，需根据实际实验使用的仪器型号进行选择调节，一般性的仪器参数如表 3-7-3 所示。

表 3-7-3　测定 Cr(Ⅵ)的一般性仪器参数

参数	Cr(Ⅵ)
测定波长/nm	357.9
带宽/nm	1.3
灯电流/mA	12
干燥/(℃/s)	120/30
灰化/(℃/s)	900/20
原子化/(℃/s)	2050/5
氩气流量/(L/min)	2
原子化状态是否停气	否
进样量/μL	10

思考题

1．待测的水泥胶砂样品为什么要保证不得在水中养护，且达到养护龄期后还要在室温下干燥 2d？

2．在试样浸出液的制备过程中，第一次调节 pH 为 7.0±0.5 后，还要进行第二次调节使 pH 为 3.2±0.5，原因是什么？

主要参考文献

[1] 颜碧兰，汪澜，魏丽颖，等．水泥中重金属离子浸出试验方法评述[J]．中国水泥，2013(3):59-63.

[2] 秦继华．关于《固体废物　浸出毒性浸出方法　硫酸硝酸法》(HJ/T 299—2007)中浸出液提取方法的探讨[J]．污染防治技术，2017, 30(2):4.

[3] 周健民．土壤学大辞典[M]．北京：科学出版社，2013.

[4] GB/T 30810—2014. 水泥胶砂中可浸出重金属的测定方法.

[5] HJ/T 299—2007. 固体废物　浸出毒性浸出方法　硫酸硝酸法.

拓展资源 28　实验 3-7
材料放射性测定

[知识拓展] 材料中重金属离子浸出浓度检测新技术

1．电感耦合等离子体发射光谱仪（ICP/AES）

ICP/AES 是指以电感耦合等离子体作为激发光源，根据处于激发态的待测元素原子回到基态时发射的特征谱线对待测元素进行分析的仪器。待测元素原子的能级结构不同，因此发射谱线的特征不同，据此可对样品进行定性分析；而待测元素原子的浓度不同，因此发射强度不同，可实现元素的定量测定。

ICP/AES 可同时测定周期表中的多数元素（金属元素及磷、硅、砷、硼等非金属元素），且均有较好的检出限。根据基体特性和浓度，精密度一般优于 4%。由于氢氟酸会腐蚀玻璃进样系统，所以在样品测定时必须保证待测液中不含氟离子或者使用耐氢气酸的进样系统。

2．电感耦合等离子体质谱仪（ICP/MS）

ICP/MS 是测定超痕量元素和同位素比值的仪器。由等离子体发生器、雾化室、炬管、四极质谱仪和一个快速通道电子倍增管（称为离子探测器或收集器）组成。其工作原理是：雾化器将溶液样品送入等离子体光源，在高温下汽化，解离出离子化气体，通过铜或镍取样锥收集的离子，在低真空约 133.322Pa 压力下形成分子束，再通过 1～2mm 直径的截取板进入四极质谱分析器，经滤质器质量分离后，到达离子探测器，根据探测器的计数与浓度的比例关系，可测出元素的含量或同位素比值。

ICP/MS 的优点是：具有很低的检出限（达 ng/mL 或更低），基体效应小，谱线简单，能同时测定许多元素，动态线性范围宽及能快速测定同位素比值。地质学中用于测定岩石、矿石、矿物、包裹体，地下水中微量、痕量和超痕量的金属元素，某些卤素元素、非金属元素及元素的同位素比值。

第4章

材料设计与制备综合实验

学习导论

本章选择水泥熟料、玻璃、陶瓷、混凝土等典型的无机非金属材料为对象，老师指定或者学生自主确定实验主题，围绕实验主题，学生通过查阅科技文献和实验室现有的实验原材料，确定材料的组成配方、制备工艺参数并制备出材料样品，通过对样品结构与性能表征，分析材料组成-结构-性能之间的关系，并检验所设计的组成配方和制备工艺参数是否合理。

本章的教学目标

1．掌握无机非金属材料的成分设计基本原理和方法。

2．掌握典型无机非金属材料的制备方法。

3．掌握材料工艺性能的测试原理和方法。

4．利用实验仪器设备，获得正确的性能测试数据。

5．理解并运用正确方法，根据实验数据分析材料组成、结构、制备和性能之间关系，并获得合理有效的结论。

6．在实验过程中，遵守实验室规章制度，能安全、规范操作实验仪器设备，客观记录实验数据和实验现象，并能科学分析和评价。

7．通过分组方式完成实验，建立团队合作精神，小组成员之间能有效沟通。

达成教学目标的途径

1．学生实验前通过该课程的教学网站进行实验预习，掌握相关的实验原理、测试方法等内容，网络学习的过程中有讨论、答疑和单元测试等教学内容。学生完成网络学习写完预习报告后进入实验室进行实验操作，获得实验数据，课后对实验数据进行分析计算，并对其可靠性进行分析，得到实验结果。

2．实验采用分组的方式进行，并对学生的团队合作精神，以及学生遵守实验室的规章制度等非专业能力进行考核和评价。

实验4-1　水泥熟料的设计与高温烧成实验

课前测试

水泥作为一种至关重要的基础建筑材料，其性能与质量直接关系到各类建筑工程的稳定性、耐久性以及整体安全性。水泥熟料作为水泥生产的核心组分，其微观结构、化学成分以及矿物组成等因素对水泥的性能起着决定性作用。随着建筑行业的迅猛发展以及对高性能水泥需求的日益增长，深入研究水泥熟料的设计与高温烧成过程具有极其重要的理论与现实意义。

本实验旨在通过系统地探究水泥熟料的设计原理和高温烧成工艺，揭示不同原料配比、烧成温度、保温时间等关键因素对水泥熟料形成及性能的影响规律。通过对实验数据的详细分析，期望能够为优化水泥熟料的制备工艺、提高水泥产品质量以及开发新型高性能水泥提供坚实的理论基础和实践指导。

一、教学目标

① 深入理解水泥熟料的基本组成、矿物结构及其与性能之间的关系。

② 掌握水泥熟料设计的基本原理，包括原料选择、配比计算、矿物组成调控等关键步骤。

③ 理解高温烧成过程中涉及的热力学和动力学原理，以及烧成条件（如温度、时间、气氛）对熟料品质的影响。

④ 熟练掌握水泥熟料制备的实验流程，包括原料准备、混合、成型、预热、烧结等步骤。

⑤ 学会使用实验设备，如高温炉、显微镜等，进行熟料性能的分析与测试。

⑥ 培养数据记录、处理与分析的能力，能够准确解读实验结果，评估熟料质量。

⑦ 通过实验设计与实施，培养学生面对实际问题时独立思考和解决问题的能力。

⑧ 鼓励学生探索不同的原料配比和烧成条件对熟料性能的影响，激发创新思维，寻找优化熟料性能的新方法。

二、教学内容

实验内容 1：水泥生料配方设计原理与方法

1．基本原理

硅酸盐水泥熟料的主要化学成分为 CaO、SiO_2、Al_2O_3、Fe_2O_3，其主要矿物组成为 C_3S、C_2S、C_3A 和 C_4AF。因为硅酸盐水泥熟料组成复杂，因此，在水泥生产中控制各个氧化物之间的比例（即率值），比单独控制各氧化物的含量，更能反映出对熟料矿物组成和性能的影响，故常用率值作为生产控制的指标。

（1）熟料的率值

熟料的率值包括石灰饱和系数(*KH*)、硅率(*SM*)和铝率(*IM*)等，为了使熟料可以顺利烧成，应同时控制这三个率值，使三者配合适当。

石灰饱和系数简称饱和比，为水泥熟料中的总氧化钙含量扣除饱和酸性氧化物（Al_2O_3 和 Fe_2O_3）所需要的氧化钙后，剩下的与二氧化硅化合的氧化钙含量与理论上二氧化硅全部化合成 C_3S 所需要的氧化钙含量的比值，表示熟料中二氧化硅被氧化钙反应饱和成 C_3S 的程度。在工厂生产条件下，*KH* 通常控制在 0.87～0.96 之间，*KH* 表达式如下：

$$KH=\frac{w_C-1.65w_A-0.35w_F}{2.8w_S}$$

硅率又称硅酸率，表示熟料中 SiO_2 的含量与 Al_2O_3 和 Fe_2O_3 含量之比，反映了熟料中硅酸盐矿物（C_3S+ C_2S）和溶剂矿物（C_3A+C_4AF）的相对含量，硅酸盐水泥熟料的硅率一般控制在 1.7～2.7 之间，其表达式如下：

$$SM=\frac{w_S}{w_A+w_F}$$

铝率又称铝氧系数或铁率，表示水泥熟料中 Al_2O_3 与 Fe_2O_3 含量的比值，也表示熟料中两种溶剂矿物 C_3A 和 C_4AF 之间的比例，*IM* 高则 C_3A 含量多，高温液相的黏度大，反之 C_4AF 含量多，高温液相的黏度随之降低。铝率一般控制在 0.9～1.7 之间，其表达式如下：

$$IM=\frac{w_A}{w_F}$$

式中 w_F——Fe_2O_3 含量，%；

w_A——Al_2O_3 含量，%；

w_S——SiO_2 含量，%；

w_C——CaO 含量，%。

（2）由熟料率值计算化学成分

设 Σ 为 CaO、SiO_2、Al_2O_3、Fe_2O_3 四种氧化物含量合计的估计值（97%～99%），若已知熟料率值，则可列方程组计算出熟料的化学成分。

工业大生产中一般根据水泥品种、原料及燃料品质、工厂具体生产条件等选择合理的熟料矿物组成或率值，再根据物料平衡，即可计算出所用原料及燃料的配合比。实验室一般采用电加热炉，故配料计算时不考虑煤灰的落入。

2．测试步骤

（1）原料、燃料基本参数的获取

实验采用的原材料主要为石灰石、黏土、砂岩和铁粉，燃料为煤。在进行生料配方设计之前，应对原材料和燃料的基本性能进行测定。原材料主要采用 X 射线荧光光谱分析仪测定化学成分，燃料除需测试煤灰的化学成分外，还需进行煤的工业分析，从而获得煤的热值、灰分含量、煤灰沉落率等相关参数。

（2）熟料率值的确定

为了使熟料顺利烧成，保证熟料的质量，应同时控制 *KH*、*SM* 和 *IM* 这三个率值，使三个率值配合适当，不能过分强调某一率值。

配料方案的选择也很多，一般应根据水泥的品种和强度等级、原料和燃料的品质、生料制备和熟料煅烧工艺综合考虑。对于强度等级要求高的熟料，其 *KH* 或 *SM* 要求应高些；反之，可要求低些。当原料的易烧性好时，可适当提高 *KH* 或 *SM*；若原料易烧性差，*KH* 或 *SM* 应适当降低。当工艺、技术装备条件较好，入窑生料成分均匀稳定，生料预烧性好，窑操作技术水平高且稳定时，*KH* 值可适当提高，反之，则 *KH* 值应适当降低。

（3）生料配比计算

熟料率值确定后，即可根据所用原料，进行配料计算，求出符合熟料组成要求的原料配合比。具体计算步骤如下：

① 计算煤灰掺入量。100kg 熟料中的煤灰掺入量可按下式近似计算：

$$G_a=\frac{qw_A^{ad}S}{100Q_{net}^{ad}}=\frac{Pw_A^{ad}S}{100}$$

式中　G_a——熟料中煤灰的掺入量，%；

q——单位熟料热耗，kJ/kg 熟料；

Q_{net}^{ad}——煤的空气干燥基低位发热量，kJ/kg；

w_A^{ad}——煤的空气干燥基灰分含量，%；

S——煤灰沉落率，%；

P——单位熟料实物煤耗，kg/kg 熟料。

② 换算原料灼烧基化学成分。去掉烧失量（结晶水、二氧化碳与挥发物质等）以后，生料处于灼烧状态。以灼烧状态的质量为计算单位时，称为灼烧基。

③ 根据熟料率值，估算熟料化学成分。设$\sum$为 CaO、SiO_2、Al_2O_3、Fe_2O_3 四种氧化物含量合计的估计值（97%～99%），根据选好的熟料率值，列出方程组如下：

$$KH=\frac{w_C-1.65w_A-0.35w_F}{2.8w_S}$$

$$SM=\frac{w_S}{w_A+w_F}$$

$$IM=\frac{w_A}{w_F}$$

$$\sum = w_C+w_A+w_S+w_F$$

解方程组即可计算出熟料的化学成分，公式如下：

$$w_F=\frac{\sum}{(2.8KH+1)(IM+1)SM+2.65IM+1.35}$$

$$w_A=IM\times w_F$$

$$w_S=SM\times(w_A+w_F)$$

$$w_C=\sum-(w_S+w_A+w_F)$$

④ 矿物组成的验证。根据步骤③估算出的化学成分，即可根据鲍格法计算出熟料的矿物组成，当 $IM\geqslant0.64$ 时，公式如下：

$$w_{C_3S}=4.07w_C-7.60w_S-6.72w_A-1.43w_F-2.86w_{SO_3}$$

$$w_{C_2S}=8.60w_S+5.07w_A+1.08w_F+2.15w_{SO_3}-3.07w_C=2.87w_S-0.754w_{C_3S}$$

$$w_{C_3A}=2.65w_A-1.69w_F$$

$$w_{C_4AF}=3.04w_F$$

$$w_{CaSO_4}=1.70w_{SO_3}$$

⑤ 计算配料用量。

a．累加试凑法：根据熟料化学成分的要求，依次加入各种原料，列表递减计算水泥熟料的化学成分。然后进行熟料成分累计验算，如发现成分不符合要求，再进行试凑，直至符合要求为止。

b．矩阵求解法：根据熟料化学成分要求以及原材料的化学成分，设石灰石 X_1、黏土 X_2、

砂岩 X_3 和铁粉 X_4，列矩阵方程并求解。

⑥ 灼烧基换算为干燥基。物料烘干后，处于干燥状态，以物料干燥状态的质量为计算单位时，称为干燥基。

⑦ 计算生料配比（若原料中含有水分，可根据原料水分含量进行换算）。

3．数据处理记录

（1）原料、燃料基本参数的获取及灼烧基的换算

原料与煤灰的化学成分记录于表 4-1-1，煤的工业分析结果记录于表 4-1-2。

表 4-1-1　原料与煤灰的化学成分　　单位：%

名称	基准	烧失量	SiO_2	Al_2O_3	Fe_2O_3	CaO	MgO	其他	合计
石灰石	干燥基								
	灼烧基								
黏土	干燥基								
	灼烧基								
砂岩	干燥基								
	灼烧基								
铁粉	干燥基								
	灼烧基								
煤灰	干燥基								
	灼烧基								

表 4-1-2　煤的工业分析

w_{M}^{ad} / %	w_{V}^{ad} / %	w_{A}^{ad} / %	w_{FC}^{ad} / %	煤的热值 Q_{net}^{ad} / (kJ/kg)

（2）熟料率值的确定

确定后的熟料率值记录于表 4-1-3。

表 4-1-3　确定的熟料率值及选取依据

熟料率值	*KH*	*SM*	*IM*
选取结果			
选取依据			

（3）生料配比计算

① 计算煤灰掺入量，记录计算过程。

② 根据确定好的熟料率值进行熟料化学成分计算，记录计算过程，计算结果记录于表 4-1-4。

表 4-1-4　设计熟料化学成分　　单位：%

熟料成分	SiO_2	Al_2O_3	Fe_2O_3	CaO
设计结果				

③ 根据计算出的熟料化学成分，验证熟料的4种矿物组成，记录计算过程。

④ 计算配料用量。

a．累加试凑法。累加试凑过程记录于表4-1-5。

表4-1-5　累加试凑过程（以100kg熟料为基准）

计算步骤	SiO_2	Al_2O_3	Fe_2O_3	CaO	MgO	其他	合计	备注
设计熟料成分								
……								
累计熟料成分								

b．矩阵求解法。记录矩阵求解过程。

⑤ 灼烧基换算为干燥基，记录计算过程。

⑥ 计算生料配比，记录计算过程。若原料含有水分，需根据原料水分含量进行换算。

4．实验结果的处理与分析讨论

最终配合比计算结果记录于表4-1-6。

表4-1-6　原料配合比　　单位：%

$W_{石灰石}$	$W_{黏土}$	$W_{砂岩}$	$W_{铁粉}$

5．实验过程中的注意事项

① 在选取熟料率值时，使之互相适当配合，不能单独强调某一率值。一般来说，不能三个率值同时都高，或同时都低。

② 注意灼烧基和干燥基之间的换算，最后记得换算成干燥基再计算原料配合比。

实验内容2：水泥生料的制备

1．基本原理

在水泥工业化生产的过程中，熟料煅烧的质量关系着水泥的品质，而水泥生料的制备是影响水泥熟料质量的关键因素之一。生料的制备主要分为物料的破碎、烘干、粉磨和生料的均化。

物料的破碎是水泥工业化生产过程中的一个重要环节。破碎是用机械的方法缩小物料粒度的过程，从矿山开采下来的石灰石、砂岩等呈不均匀的块状物料，特别是石灰石，有的大块粒度可达1000mm以上。把这些物料直接入磨磨成粉状的生料是难以做到的，必须先把它们破碎成100mm以下的小碎块后再去粉磨，这样才能保证生产的进行并提高磨机的产量，降低电耗。

在水泥熟料新型干法生产过程中，物料的烘干和粉磨是很重要的工序之一。水泥生产所用的原燃料都含有一定的水分，将湿原料烘干，降低其水分，使生料的含水量控制在一定范围内（一般 0.25%以内），以满足原料输送、均化和煅烧对物料水分的要求。通常生料的烘干一般采用烘干兼粉磨的磨机，物料在粉磨过程中即被烘干。常用的粉磨设备包括球磨机、立磨及辊压机。

水泥生产中通过搭配或使用外力使物料达到均匀的过程称为均化。水泥生产的整个过程就是一个不断均化的过程，其中主要有四个环节：矿山搭配开采、原料和燃料预均化、粉磨过程配料与粉磨、生料的均化，这四个环节构成了生料均化链。粉磨后的生料通过合理搭配或气力搅拌等方式，使其成分趋于均匀一致的过程，称为生料的均化。如前所述，矿山搭配开采、原燃料预均化、粉磨过程配料与粉磨、生料均化四个环节构成生料均化链。生料的均化是这条均化链中的最后一道环节，主要功能就是消除出磨机生料所带来的成分波动，使生料满足入窑要求，保证入窑生料成分的高度均匀，从而稳定窑的正常热工制度，保证窑系统的长期安全运转，提高熟料的产量和质量。

2. 实验器材

① 颚式破碎机（图 4-1-1）；

② 球磨机（图 4-1-2）；

图 4-1-1　颚式破碎机

图 4-1-2　球磨机

③ 天平；

④ 研钵；

⑤ 行星磨；

⑥ 压片机；

⑦ 石灰石、黏土、铁粉。

3. 测试步骤

① 用颚式破碎机对石灰石和砂岩等大块状物料分别进行破碎，得到粒径 30mm 以下的可粉磨的物料。

② 将原材料，如石灰石、砂岩、铁粉等分别放入球磨机中进行 1h 球磨，得到 100μm 以下的细粉。

③ 使用天平按生料配方对各物料进行称量。

④ 将称取的物料放入行星磨进行均化处理 3min，之后取出均化好的物料，喷入适量的水，拌和均匀。

⑤ 使用压片机喷水加压，压力值设置为 30kN，保压 5min，制得生料压片。

⑥ 拍照，并记录数据。

4. 数据处理记录

将实验数据记录在表 4-1-7 中。

表 4-1-7 数据记录表

项目	细度	时间
球磨		
行星磨		

5. 实验结果的处理与分析讨论

记录粉磨的时间及粉磨后的细度，并分析粉磨时间与细度之间的变化规律。

6. 实验过程中的注意事项

① 实验的仪器需按照规范进行操作。

② 在进行粉磨实验时，要确保粉磨的细度要求。

③ 在进行均化处理时，若在规定时间内未达到均化要求，可适当延长均化时间。

实验内容 3：水泥熟料的烧成

1. 基本原理

硅酸盐水泥高温制备的实质，是使以一定化学组成经磨细、混合均匀的水泥生料在从常温到高温的煅烧过程中，随着温度的升高，经过干燥与脱水、碳酸盐分解、固相反应等过程。1250～1280℃时，开始出现以 Al_2O_3、Fe_2O_3 和 CaO 为主体的液相，液相组分中，还含有 MgO 和碱等。在高温液相的作用下，物料逐渐烧结。随着温度继续升高，液相量增加，黏度降低，CaO、C_2S 不断溶解和扩散，C_3S 不断形成，物料经过一系列物理、化学、物理化学的变化后，最终生成以硅酸盐矿物（C_3S、C_2S）为主的熟料。

$$C_2S(液)+CaO(液) \longrightarrow C_3S(固)$$

在 1300～1450℃的升温过程中，阿利特晶核形成、晶体长大，并伴随熟料结粒。阿利特的形成受游离石灰的溶解过程所控制。

在 1450～1300℃的冷却过程中，阿利特晶体还将继续长大和完善。随着温度的降低，熟料相继进行液相的凝结与矿物的相变。因此，在冷却过程中要根据熟料的组成与性能的关系决定熟料的冷却制度。为了保证熟料的质量，多采用急冷的办法来防止阿利特的分解和 β-C_2S 向γ-C_2S 的转变。

碳酸盐分解是熟料煅烧过程中消耗热量最多的一个阶段，是水泥熟料煅烧过程重要的一环。目前水泥生产多采用的预分解窑系统煅烧熟料的方法，即在悬浮预热器与回转窑之间增设一个分解炉，把大量吸热的碳酸盐分解反应从窑内传热速率较低的区域转移到单独煅烧的分解炉中进行，使燃料燃烧的放热反应过程与生料碳酸钙分解的吸热过程在悬浮态或沸腾态下迅速进行，可将入窑生料分解率提高至 85%～95%，大大减轻了回转窑的热负荷，使回转窑的生产能力成倍的增加。

$$C_2S(液) + CaO(液) \longrightarrow C_3S(固)$$

在 1300～1450℃的升温过程中，阿利特晶核形成、晶体长大，并伴随熟料结粒。阿利特的形成受游离石灰的溶解过程所控制。

在 1450～1300℃的冷却过程中，阿利特晶体还将继续长大和完善。随着温度的降低，熟料相继进行液相的凝结与矿物的相变。因此，在冷却过程中要根据熟料的组成与性能的关系决定熟料的冷却制度。为了保证熟料的质量，多采用稳定剂和适当快冷的办法来防止阿利特的分解和 β-C_2S 向γ-C_2S 的转变。

2．实验器材

① 预热预分解用高温炉（额定温度≥1000℃，温度控制精度 1.0%）（图 4-1-3）；

② 煅烧用高温炉（额定温度≥1600℃，温度控制精度 0.5%）（图 4-1-4）；

③ 平底耐高温容器如匣钵或坩埚（耐火度不小于 1600℃，地面尺寸不大于 100mm×100mm）；

④ 干燥器；

⑤ 坩埚钳、石棉手套、护目镜等。

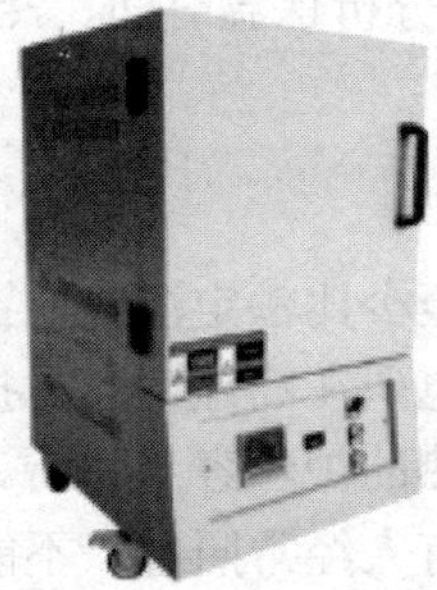

图 4-1-3　硅碳棒电炉
（预热预分解用高温炉）

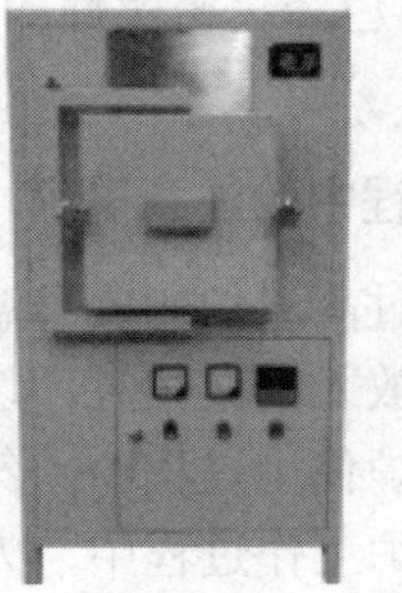

图 4-1-4　硅钼棒电炉
（煅烧用高温炉）

3．测试步骤

（1）水泥烧成实验

① 检查高温炉是否正常。

② 将干燥试体置入平底耐高温匣钵或坩埚中。

③ 将试体随容器迅速放入已于 950℃恒温的预烧用高温炉，恒温预烧 30min。

④ 将预烧完毕的试体随容器迅速转移至已于 1450℃恒温的煅烧用高温炉内，使容器位于热电偶测点正下方，容器底面与热电偶测点相距不大于 5cm，保温 30min～2h 后停止供电。

水泥烧成温度和保温时间与水泥生料的组分、率值有关。一般工业原料配制的生料在 1450℃左右时需保温 1h 左右。

⑤ 保温结束后，戴上石棉手套和护目镜，用坩埚钳从电炉中拖出匣钵或夹出坩埚，立即风扇吹风冷却（气温较低时在空气中冷却），防止 C_3S 的分解、β-C_2S 向γ-C_2S 的转变。稍冷后取出试样，并观察熟料的色泽等。

将冷却至室温的熟料试块砸碎磨细，装在编号的样品袋中，置于干燥器内。

（2）重烧

取一部分样品，用甘油乙醇法测定游离氧化钙，以分析水泥熟料的煅烧程度。若游离氧化钙较高，需将熟料磨细后重烧。

在实验室研究中，为了使矿物充分合成，也需将第一次合成的产物磨细后，再按上述步骤进行第二次合成。

4．数据处理记录

将实验数据和观察情况记入表 4-1-8 中。

表 4-1-8　水泥烧成实验记录表

预分解烧成制度	
煅烧烧成制度	
冷却制度	
熟料色泽	
熟料密实性	

5．实验结果的处理与分析讨论

根据对熟料色泽、密实性的观察以及矿物合成情况，分析保温时间、冷却速率对熟料煅烧的影响。

6．实验过程中的注意事项

① 不要超过高温炉的安全温度，长期工作的温度应至少比额定温度低 50℃。
② 将物料放入高温炉时，切勿碰触热电偶，因为热电偶在高温下容易折断。
③ 在高温炉使用过程中，勿使其受剧烈振动，因红热的炉丝容易脆断。
④ 在高温炉工作过程中，为防止控制器失灵，必须有人经常照看，不能长时间远离。

实验内容 4：水泥熟料中 f-CaO 含量的测定

1．基本原理

利用乙二醇与水泥熟料中的游离氧化钙反应后，溶液的电导率与游离钙含量成一定的比例关系，通过电导率的测量间接反映出水泥熟料中游离氧化钙含量。本实验需通过标定才能达到精确测量的目的，乙二醇钙生成反应：

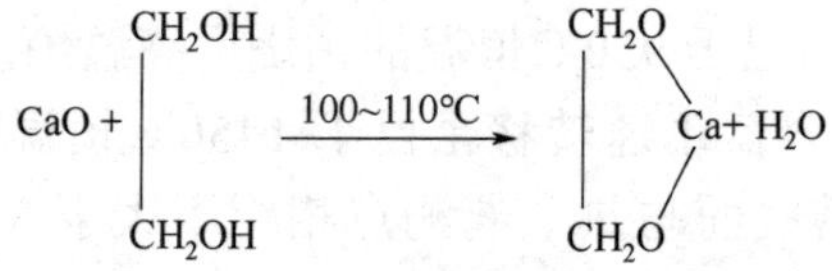

上式反应生成的乙二醇钙按下式在乙二醇中离解：

$$(CH_2O)_2Ca \longrightarrow (CH_2O)_2^{2-} + Ca^{2+}$$

电导法在测试中替代了乙二醇钙的滴定过程，使用电导法进行测试，能够节省滴定过程中的时间。乙二醇-乙醇法的滴定过程是以酚酞为指示剂，用苯甲酸-无水乙醇标准滴定溶液滴定。由苯甲酸的消耗量可求出游离氧化钙含量。反应式如下：

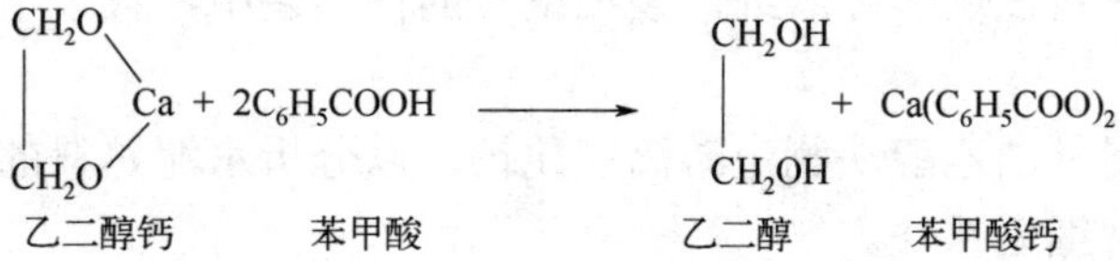

乙二醇钙　　苯甲酸　　乙二醇　　苯甲酸钙

在实验仪器使用中电极的清洁度对测量结果的准确度具有较大的影响，因此在仪器的使用过程中应保持电导电极的清洁。

2．实验器材

① FC-6 型数字式水泥游离氧化钙快速测定仪（图 4-1-5）。

② 玛瑙研钵、0.080mm 方孔筛、磁铁、干燥器。

③ 玻璃容量器皿：洗净并烘干的 50mL 三角瓶（最少 3 个）、广口玻璃瓶、50mL 量筒（最少 3 个）、胶头滴管。

④ 乙二醇，质量分数为 99%（液体）。用胶头滴管和量筒取 30mL 乙二醇备用，注意用量筒量取乙二醇时需规范进行，量筒要求清洁干净以及干燥。

⑤ 氧化钙，高纯试剂或基准试剂。

图 4-1-5 FC-6 型数字式水泥游离氧化钙快速测定仪

3．测试步骤

（1）试样制备

熟料磨细后，用磁铁吸除样品中的铁屑，然后装入带有磨口塞的广口玻璃瓶中，瓶口应密封。试样重量不得少于 200g。

分析前，将试样混合均匀，以四分法缩减至 25g，然后取出 5g 左右放在玛瑙研钵中研磨至全部通过 0.080mm 方孔筛，再将样品混合均匀，贮存在带有磨口塞的广口玻璃瓶中，放在干燥器内保存备用。

（2）测定

① 制样　取出足量的具有代表性的水泥熟料样品，将其粉碎、研磨至没有明显的颗粒感后，准确称取 0.5g 水泥试样与 0.5g 氧化钙标样。

② 开机　打开仪器电源，仪器即进入到待机工作状态，此时温度显示屏显示恒温槽内温度，首先往恒温槽内注水，注水高度以略低于三角瓶稳定架为宜，并控制温度为 80℃。

③ 标定　向烘干的三角瓶加入 30mL 乙二醇与一个搅拌子，放入恒温槽支架中，启动“预热/标定”键，调整搅拌速度，等待 5min，将电极放入瓶中，启动“测量/标定二”键，显示后按“▲”键调整读数为 0.00。之后将之前称取的 0.5g 游离氧化钙标样与 30mL 乙二醇放入三角瓶中，轻摇三角瓶至溶液无气泡，加入搅拌子后放入恒温槽中，启动“预热/标定”键，等待 5min，将电极放入瓶中，启动“测量/标定二”键，显示数字后若读数为“0.66±0.1”，即为仪器合格。

④ 测量　将之前称取的 0.5g 水泥与 30mL 乙二醇放入干燥的三角瓶中，轻摇三角瓶至溶液无泡，加入搅拌子摇匀，使样品充分分散后，将盛有水泥熟料样品和乙二醇的三角瓶放入已控温 80℃的恒温槽支架中，启动“预热/标定”键，等待 5min 后，将电导电极放入三角瓶，启动“测量/标定二”键，显示读数后记录即可。重复三次。

拓展资源 29　实验 4-1 水泥熟料中 f-CaO 含量的测定操作教学视频

4．数据处理记录

实验过程中的数据记录示例参见表 4-1-9。

表 4-1-9 游离氧化钙实验记录表

样品名称	样品质量/g	仪器读数/%
游离氧化钙标样	0.5041	0.66
水泥样品 1	0.5033	0.45
水泥样品 2	0.5021	0.46

5．实验结果的处理与分析讨论

① 讨论乙二醇溶液中 H_2O 对 f-CaO 测试结果的影响。

② 说明仪器所测得的水泥样品，与其他测试方法的结果和样品中游离钙的真实值的差别，并判断其安定性。

③ 判定在生料制备和熟料烧成过程中，哪些步骤会对 f-CaO 的含量产生影响。

6．实验过程中的注意事项

① 待测的水泥熟料样品一定是研磨至全部通过孔径为 0.080mm 的筛子的粉末，否则影响反应速度，导致测量结果偏低。

② 所用的 50mL 三角瓶一定是干燥的，测量过程中不能带进水。否则影响测定数据，导致测量结果偏低。

③ 电导电极在测量过程中可浸泡在纯乙二醇溶液中，并应经常更换乙二醇溶液，电极使用中可能在铂电极表面沾有水泥样品，因而影响测量结果。因此需用稀盐酸和蒸馏水清洗，一般 1～2 次/周。

思考题

1．水泥的 *KH*、*IM*、*SM* 分别对熟料矿物组成有何影响？

2．为什么采用不同的窑型煅烧水泥熟料时，*KH*、*IM*、*SM* 的取值会有差异？熟料的率值与热耗之间存在什么关系？

3．均化程度对熟料烧成有哪些影响？

4．粉磨的细度对熟料烧成有哪些影响？

5．实验中 950℃预分解和 1450℃高温煅烧阶段分别模拟了水泥熟料烧成中的哪个过程？

6．如何通过外观判断水泥的烧成质量？

7．急冷的作用和好处是什么？

8．为什么用磁铁吸除样品中的铁屑，不吸除的话有什么影响？

9．三角瓶不干燥会有什么影响？

10．熟料粉磨细度的不同对游离氧气化钙的测定结果有什么影响？

主要参考文献

[1] 林宗寿．无机非金属材料工学[M]．4 版．武汉：武汉理工大学出版社，2013.

[2] 徐玲琳，周向艺，李楠，等．石膏对硫铝酸盐水泥水化特性的影响[J]．同济大学学报（自然科学版），2017,45(6):885-890.

[3] 赵河闯，朱艳超，李恩，等．亚硝酸钙对硫铝酸盐水泥水化硬化过程的影响[J]．湖北大学学报（自然科学版），2020,42(3):284-288.

[4] 林宗寿．水泥工艺学[M]．2 版．武汉：武汉理工大学出版社，2017.

[5] 扬东生．水泥工艺实验[M]．北京：中国建筑工业出版社，1986.
[6] 李坚利．水泥工艺学[M]．武汉：武汉理工大学出版社，1999.
[7] GB/T 26566—2011．水泥生料易烧性试验方法.
[8] 鲁法增．水泥生产过程中的质量检验[M]．北京：中国建材工业出版社，1996.
[9] 中国建筑材料科学研究总院，水泥科学与新型建筑材料研究所．水泥化学分析手册[M]．北京：中国建筑工业出版社，2007.
[10] GB/T 176—2017，水泥化学分析方法.

实验 4-2 混凝土的设计与制备实验

水泥混凝土是由胶凝材料、水和骨料等按适当比例配合、拌制成拌和物，经一定时间硬化而成的人造石材，是当前最大宗的建筑材料之一。由于水泥混凝土应用的范围较广，掌握混凝土的设计和制备方法，对于混凝土的研究和推广应用具有重要的作用。

一、教学目标

① 学生能独立查阅科技文献，进行混凝土的实验方案设计。
② 掌握混凝土基本原材料性质的测试方法。
③ 掌握混凝土的设计与制备方法。
④ 掌握混凝土耐久性能的测定方法。

二、教学内容

实验内容 1：集料性质测试

砂、石材料是制造混凝土的原材料，称为集料或骨料。集料价格便宜，来源丰富，可以提高混凝土的体积稳定性和耐久性，用量约占混凝土总体积的 3/4，对混凝土有技术和经济的作用。因此，国家标准对砂、石材料均有严格的质量要求及测试方法。

（一）砂的质量测试

砂的质量对混凝土的质量有很大的影响。通过测试，掌握砂的颗粒级配、表观密度、堆积密度和紧密度、含水率、含泥量等数据，可分析其对混凝土拌和物的和易性及硬化后混凝土的物理力学性质的影响，并确定其在混凝土中的最佳用量。

1．颗粒级配试验

1）目的意义

测定砂的颗粒级配及粗细程度，为混凝土配合比设计提供依据。

本实验的目的：

① 掌握砂的筛分析方法。
② 掌握砂的质量评定方法。

2）基本原理

让待测砂样通过一系列不同筛孔的标准筛，将其分离成若干个粒级，分别称重，求得以质量分数表示的粒度分布。

3）实验器材

① 烘箱：能使温度控制在（105±5）℃；
② 天平：量程不小于 1000g，分度值不大于 1g；
③ 摇筛机一台，如图 4-2-1（a）所示；
④ 试验筛：规格为 0.15mm、0.30mm、0.60mm、1.18mm、2.36mm、4.75mm 及 9.50mm 的标准筛，以及筛的底盘和盖各一只，如图 4-2-1（b）所示。

4）测试步骤

（1）试样制备

取样要有代表性。在料堆上取样时，取样部位应均匀分布，取样前先将取样部位的表层铲除，然后由不同的 8 个部位各采取等量试样，混拌均匀；再采用分料器或人工四分法缩分试样，并将试样通过 9.50mm 筛，算出筛余百分率；最后称取每份不少于 550g 的试样两份，分别倒入两个浅盘中，在（105±5）℃的温度下烘干到恒重，冷却至室温备用。

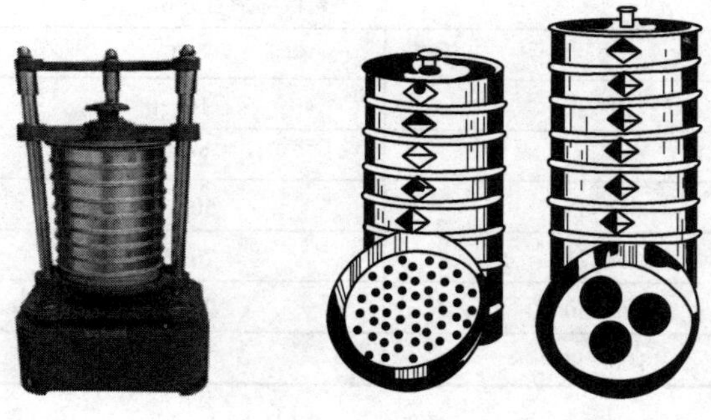

(a) 摇筛机　　(b) 标准筛(砂、石)

图 4-2-1　摇筛机及标准筛

（2）操作步骤

① 用天平准确称取烘干试样 500g，精确至 1g，置于按筛孔大小（大孔在上，小孔在下）顺序排列的套筛的最上层筛（即 4.75mm 筛孔筛）上；将套筛装入摇筛机内固紧，筛分时间为 10min 左右；然后取出套筛，再按筛孔大小顺序，在清洁的浅盘上逐个进行手筛，直至每分钟的筛出量不超过试样总量的 0.1%时为止，通过的颗粒并入下一个筛，并和下一个筛中试样一起过筛，按这样顺序进行，直至每个筛全部筛完为止。

② 若砂样特细或含泥量大于 5%时，应进行特殊处理：特细砂在筛分时应增加 0.075mm 的方孔筛一只；含泥量大时，应先水洗，在烘箱内烘干后再筛分。

③ 称取各筛筛余试样的质量（精确至 1g），所有各筛的分计筛余量和底盘中剩余量的总和与筛分前的试样总量相比，相差不得超过 1%，否则应重新实验。

5）数据处理记录

首先计算分计筛余百分率（各筛上的筛余量除以试样总量的百分率），精确至 0.1%；

然后根据分计筛余百分率计算累计筛余百分率（该筛上的分计筛余百分率与大于该筛的各筛上的分计筛余百分率的总和），精确至 0.1%；

最后按下式计算砂的细度模数 μ_f（精确至 0.01）：

$$\mu_f = \frac{(\beta_2 + \beta_3 + \beta_4 + \beta_5 + \beta_6) - 5\beta_1}{100 - \beta_1} \tag{4-2-1}$$

式中，β_1、β_2、β_3、β_4、β_5、β_6 分别为 4.75mm、2.36mm、1.18mm、0.60mm、0.30mm、0.15mm 各筛上的累计筛余百分率。筛分试验应采用两个试样平行试验。细度模数以两次试验结果的算术平均值为测定值（精确至 0.1）。如两次试验所得的细度模数之差大于 0.20 时，应重新取试样进行试验。

实验结果应符合表 4-2-1 中任一级配区，允许 4.75mm 和 0.60mm 筛的累计筛余百分率稍有超出，但各级累计筛余百分率超出总和不应大于 5%（最好在坐标纸上绘制标准曲线和筛分曲线，可一目了然），否则砂的级配为不合格。并根据细度模数确定砂的种类：粗砂为3.7～3.1；中砂为3.0～2.3；细砂为2.2～1.6；特细砂为1.5～0.7。

表 4-2-1　天然砂的颗粒级配区

筛孔尺寸/mm	级配区		
	1区	2区	3区
	累计筛余百分率/%		
9.50	0	0	0
4.75	10～0	10～0	10～0
2.36	35～5	25～0	15～0
1.18	65～35	50～10	25～0
0.60	85～71	70～41	40～16
0.30	95～80	92～70	85～55
0.15	100～90	100～90	100～90

2. 表观密度试验

1）目的意义

测定砂的单位体积（包括内部封闭孔隙）的质量，为计算砂的孔隙率和混凝土配合比设计提供依据。

本实验的目的：

① 掌握砂的表观密度试验方法。

② 掌握砂的质量评定方法。

2）基本原理

利用"阿基米德原理"。将待测砂浸入冷开水中，求出待测试样从已知容量的容器中排出已知密度的水，就可得出所测砂的表观密度。

3）实验器材

① 烘箱：能使温度控制在（105±5）℃；

② 天平：量程不小于1000g，分度值不大于0.1g；

③ 容量瓶：500mL；

④ 干燥器；

⑤ 滴管。

4）测试步骤

（1）试样制备

将缩分至660g左右的试样在温度为（105±5）℃的烘箱中烘干至恒重，并在干燥器内冷却至室温。

（2）操作步骤

① 用天平称取烘干的试样300g（m_0），精确至0.1g，装入容量瓶中，注水至接近500mL的刻度处。

② 摇动容量瓶，使试样在水中充分搅动以排除气泡，塞紧瓶塞，静置24h左右。然后用滴管加水，使水面与瓶颈刻度线平齐，再塞紧瓶塞，擦干瓶外水分，称其质量（m_1），精确至0.1g。

③ 倒出瓶中的水和试样，将瓶的内外表面洗净，再向瓶内注水至瓶颈刻度线。塞紧瓶塞，擦干瓶外水分，称其质量（m_2），精确至 0.1g。

注意：在整个试验过程中，应严格控制水的温度，允许在 15～25℃的温度范围内进行试验，从试样加水静置的最后 2h 起至试验结束，其温度相差不应超过 2℃。

5）数据处理记录

表观密度 ρ 按下式计算（精确至 $10kg/m^3$）：

$$\rho = \left(\frac{m_0}{m_0 + m_2 - m_1} - \alpha_t \right) \times 1000 \tag{4-2-2}$$

式中 m_0——试样烘干时的质量，g；

m_1——试样、水及容量瓶的总质量，g；

m_2——水及容量瓶总质量，g；

α_t——考虑称量时的水温对水相对密度影响的修正系数，见表 4-2-2。

以两次试验结果的算术平均值作为测定值，如果两次结果之差大于 $20kg/m^3$ 时，应重新取样进行试验。

表 4-2-2 不同水温下砂的表观密度温度修正系数

水温/℃	15	16	17	18	19	20	21	22	23	24	25
α_t	0.002	0.003	0.003	0.004	0.004	0.005	0.005	0.006	0.006	0.007	0.008

3．堆积密度和紧密密度试验

1）目的意义

测定砂的堆积密度和紧密密度，为计算砂的孔隙率和混凝土配合比设计提供依据。

本实验的目的：

① 掌握砂的堆积密度和紧密密度的试验方法。

② 掌握砂的质量评定方法。

2）基本原理

根据密度的定义，采用定容积法测定砂的堆积密度和紧密密度。

3）实验器材

① 烘箱：能使温度控制在(105±5)℃；

② 天平：量程不小于 10kg，分度值不大于 1g；

③ 容量筒：金属制、圆柱形，内径 108mm，净高 109mm，筒壁厚 2mm，容积约为 1L，筒底厚为 5mm；

④ 方孔筛 1 只，孔径为 4.75mm；

⑤ 垫棒：直径 10mm、长 500mm 的圆钢；

⑥ 直尺、标准漏斗（图 4-2-2）或料勺、浅盘等。

图 4-2-2 标准漏斗

4）测试步骤

（1）试样制备

用浅盘装试样约 3L，在温度为(105±5)℃烘箱中烘干至恒重，取出并冷却至室温，再用 4.75mm 孔径的方孔筛过筛，分成大致相等的两份备用。

（2）操作步骤

① 堆积密度：称量空的容量筒质量（m_1），取试样一份，用料勺将试样从容量筒中心上方50mm处缓慢倒入，直至试样装满并超出容量筒筒口，然后用直尺将多余的试样沿筒口中心线向两个相反方向刮平，用天平称其质量（m_2）。

② 紧密密度：取试样一份，分两层装入容量筒。装完一层后，在筒底垫放一根直径为10mm的圆钢，将筒按住，左右交替颠击地面各25下，然后再装入第二层；第二层装满后用同样方法颠实（筒底所垫圆钢的方向与第一层放置方向垂直）；两层装完并颠实后，加料直至试样超出容量筒筒口，然后用直尺将多余的试样沿筒口中心线向两个相反方向刮平，用天平称其质量（m_2）。

5）数据处理记录

① 堆积密度（ρ_1）及紧密密度（ρ_c）按下式计算（精确至10kg/cm^3）：

$$\rho_1\left(\rho_c\right)=\frac{m_2-m_1}{V}\times 1000 \tag{4-2-3}$$

式中 m_1——容量筒的质量，kg；

m_2——容量筒和砂的总质量，kg；

V——容量筒容积，L。

以两次试验结果的算术平均值作为测定值。

② 容量筒容积的校正方法：以温度为（20±2）℃的饮用水装满容量筒，用玻璃板沿筒口滑移，使其紧贴水面。擦干筒外壁水分，然后称重。根据下式计算筒的容积 ：

$$V=m_2'-m_1' \tag{4-2-4}$$

式中 m_2'——容量筒、玻璃板和水的总质量，kg；

m_1'——容量筒和玻璃板的质量，kg。

③ 空隙率按下式计算（精确至1%）：

$$\upsilon_1=\left(1-\frac{\rho_1}{\rho}\right)\times 100\%$$

$$\upsilon_c=\left(1-\frac{\rho_c}{\rho}\right)\times 100\% \tag{4-2-5}$$

式中 υ_1——堆积密度的空隙率；

υ_c——紧密密度的空隙率；

ρ_1——砂的堆积密度，kg/m^3；

ρ_c——砂的紧密密度，kg/m^3；

ρ——砂的表观密度，kg/m^3。

4．含水率试验

1）目的意义

测定砂的含水率，为计算混凝土施工配合比用。

本实验的目的：

① 掌握砂的含水率试验方法。

② 掌握砂的质量评定方法。

2）基本原理

将湿砂干燥，测量其在干燥前后的质量，即可求出含水率。

3）实验器材

① 烘箱：能使温度控制在(105±5)℃；

② 天平：量程不小于 1000g，分度值不大于 0.1g；

③ 干燥容器。

4）测试步骤

从样品中取各重约 500g 的试样两份，分别放入已知质量的干燥容器（m_1）中称重，记下每盘试样与容器的总重(m_2)。将容器连同试样放入温度为(105±5)℃的烘箱中烘干至恒重，待冷却至室温后，再用天平称量烘干后的试样与容器的总重（m_3）。

5）数据处理记录

砂的含水率 ω_{wc} 按下式计算（精确至 0.1%）：

$$\omega_{wc} = \frac{m_2 - m_3}{m_3 - m_1} \times 100\% \qquad (4\text{-}2\text{-}6)$$

式中 m_1——容器的质量，g；

m_2——未烘干的试样与容器的质量，g；

m_3——烘干后的试样与容器的质量，g。

以两次试验结果的算术平均值作为测定值。两次试验结果之差大于 0.2%时，应重新试验。

5．含泥量试验

1）目的意义

测定砂的含泥量，为计算混凝土施工配合比用。

本实验的目的：

① 掌握砂的含泥量的试验方法。

② 掌握砂的质量评定方法。

2）基本原理

通过淘洗、干燥，测量待测砂在干燥前后的质量，即可求出含泥量。

3）仪器设备

① 烘箱：能使温度控制在（105±5）℃；

② 天平：量程不小于 1000g，分度值不大于 0.1g；

③ 筛子：孔径为 0.075mm 及 1.18mm 的方孔筛；

④ 容器：深度大于 250mm，淘洗试样时保持试样不溅出；

⑤ 浅盘。

4）测试步骤

（1）试样制备

将样品在潮湿状态下用四分法缩分至约 1100g,置于温度为（105±5）℃的烘箱中烘干至恒重，冷却至室温后，称取各为 500g(m_0)的试样两份备用。

（2）操作步骤

① 取烘干的试样一份置于容器中，并注入清水，使水面高出砂面约150mm,充分拌混均匀，浸泡2h。然后用手在水中淘洗试样，使尘屑、淤泥和黏土与砂粒分离，缓慢地将浑浊液倒入1.18mm及0.075mm的套筛（1.18mm方孔筛放置在上面）上滤去小于0.075mm的颗粒。试验前筛子的两面应先用水润湿，在整个试验过程中应注意避免砂粒丢失。

② 再次加水于容器中，重复上述过程，直到洗出的水清澈为止。

③ 用水冲洗剩余在筛上的细粒，并将0.075mm筛放在水中（使水面略高出筛中砂粒的上表面）来回摇动，以充分洗除小于0.075mm的颗粒。然后将两只筛上的筛余颗粒及容器中已经洗净的试样一并装入浅盘，置于温度为（105±5）℃的烘箱中烘干至恒重。取出来冷却至室温后，用天平称试样的质量（m_1），精确至0.1g。

5）数据处理记录

砂的含泥量ω_c应按下式计算（精确至0.1%）：

$$\omega_c = \frac{m_0 - m_1}{m_0} \times 100\% \tag{4-2-7}$$

式中 m_0——试验前烘干试样的质量，g；

m_1——试验后烘干试样的质量，g。

以两个试样试验结果的算术平均值作为测定值。如两次结果的差值超过0.2%时，应重新取样进行试验。

砂的有关试验还有很多，如：有机物含量试验、云母含量试验、轻物质含量试验、硫化物及硫酸盐含量试验、氯化物含量试验、坚固性试验等，由于篇幅所限，不再列举，课余可查看学习GB/T 14684—2022《建设用砂》。

（二）石的质量测试

与砂类似，石子的质量同样对混凝土的质量有很大的影响。通过测试，掌握石子的颗粒级配、最大粒径、表观密度、堆积密度和紧密度、含水率、碎石或卵石中针状和片状颗粒的总含量、压碎指标等数据，可分析其对混凝土拌和物的和易性及硬化后混凝土的物理力学性质的影响，并确定其在混凝土中的最佳用量。

1．颗粒级配试验

1）目的意义

掌握石子的颗粒级配、最大粒径、表观特征、含泥量、坚固性等性质对混凝土拌和物的和易性及硬化后的混凝土物理力学性质的影响。

本实验的目的：

① 掌握石子的表观密度、堆积密度、紧密度、含水率的测定方法。

② 掌握石子质量的评定方法。

2）基本原理

与砂的筛分析方法相同。

3）实验器材

① 试验筛：孔径为2.36mm、4.75mm、9.5mm、16.0mm、19.0mm、26.5mm、31.5mm、37.5mm、53.0mm、63.0mm、75.0mm和90mm的方孔筛，以及筛的底盘和盖各一只，筛框

内径为 300mm。

② 天平：分度值不大于最少试样质量的 0.1%。

③ 烘箱：能使温度控制在(105±5)℃。

④ 摇筛机。

4）测试步骤

（1）试样制备

用四分法将样品缩分至不小于表 4-2-3 所规定的试样所需量，用烘箱烘干或风干后备用。

表 4-2-3 筛分析所需试样的最小质量

最大公称粒径/mm	9.5	16.0	19.0	26.5	31.5	37.5	63.0	≥75.0
试样质量不少于/kg	1.9	3.2	3.8	5.0	6.3	7.5	12.6	16.0

（2）操作步骤

① 根据石子的最大粒径，按表 4-2-3 中称取试样，将试样倒入按筛孔大小顺序组合的套筛（附筛底）上，然后进行筛分。

② 将套筛置于摇筛机上，摇筛 10min，取下套筛，按照筛孔大小顺序再逐个用手筛，筛至每分钟的通过量不超过试样总量的 0.1%。当筛余颗粒的粒径大于 19.0mm 时，在筛分过程中，允许用手指拨动颗粒。

③ 用天平称出各号筛的筛余量，精确至试样总质量的 0.1%。在筛上的所有分计筛余量和筛底剩余量的总和与筛分前测定的试样质量之差不得超过 1%，否则应重新试验。

5）数据处理记录

根据各号筛的累计筛余百分率，评定该试样的颗粒级配。以两次筛分平均值在坐标纸上以筛孔尺寸为横坐标，以累计筛余百分率为纵坐标，绘制标准级配曲线(以表 4-2-4 级配为准)和测试筛分曲线，若测试筛分曲线完全落在标准曲线内，则该批石子级配合格，否则不合格。对不合格者，提出改进意见。

表 4-2-4 碎石或卵石的颗粒级配范围

级配	公称粒级/mm	筛孔尺寸(圆孔筛)/mm											
		2.36	4.75	9.5	16	19	26.5	31.5	37.5	53	63	75	90
		累计筛余百分率/%											
连续级配	5～10	95～100	80～100	0～15	0								
	5～16	95～100	90～100	30～60	0～10	0							
	5～20	95～100	90～100	40～70			0						
	5～25	95～100	90～100		30～70	0～10	0～5	0					
	5～31.5	95～100	90～100	70～90		15～45		0～5	0				
	5～40		95～100	75～90		30～60			0～5	0			
单粒级	10～20		95～100	85～100		0～15	0						
	16～31.5		95～100		85～100			0～10	0				
	20～40			95～100		80～100			0～10	0			
	31.5～63				95～100			75～100	45～75		0～10	0	
	40～80					95～100			70～100		30～60	0～10	0

2. 表观密度试验

1）目的意义

测定碎石或卵石的单位体积（包括内部封闭孔隙）的烘干质量，为混凝土配合比设计提供依据。

本实验的目的：

① 掌握碎石或卵石的表观密度试验方法。

② 掌握碎石或卵石的质量评定方法。

2）基本原理

与砂的表观密度试验方法相同。

3）实验器材

① 天平：量程不小于 10kg，分度值不大于 5g，其型号及尺寸应允许在臂上挂盛试样的吊篮，并能将吊篮在水中称重，如图 4-2-3 所示；

② 吊篮：直径和高度均为 150mm，由孔径为 1～2mm 的筛网或钻有 2～3mm 孔洞的耐锈蚀金属板制成；

③ 盛水容器：有溢流孔；

④ 烘箱：能使温度控制在(105±5)℃；

⑤ 试验筛：孔径为 4.75mm 的方孔筛；

⑥ 温度计、浅盘等。

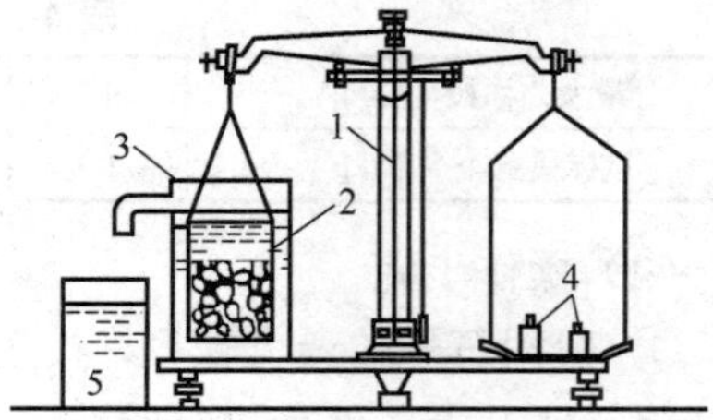

图 4-2-3 液体天平

1—5kg 天平；2—吊篮；3—带有溢流孔的金属容器；4—砝码；5—容器

4）测试步骤

（1）试样制备

将试样缩分至不小于表 4-2-5 所规定的质量，风干后用方孔筛筛去 4.75mm 以下的颗粒，并刷洗干净后分成两份备用。

表 4-2-5 表观密度试验所需的试样最少质量

最大粒径/mm	<26.5	31.5	37.5	63.0	75.0
试样最少质量/kg	2.0	3.0	4.0	6.0	6.0

（2）操作步骤

① 取试样一份装入吊篮，并浸入盛水的容器中，水面至少高出试样 50mm。

② 浸水（24±1）h 后，移放到称量用的盛水容器中，并用上下升降吊篮的方法排除气泡（试验时不得露出水面）。吊篮每升降一次约为 1s，升降高度为 30～50mm。

③ 温度计测定水温后（此时吊篮应全浸在水中），用天平称取吊篮及试样在水中的质量（m_2）。称量时盛水容器中水面的高度由容器的溢流孔控制。

④ 提起吊篮，将试样置于浅盘中，放入（105±5）℃的烘箱中烘干至恒重，冷却至室温后，称其质量（m_0）。

⑤ 称取吊篮在同样温度水中的质量（m_1），称量时盛水容器的水面高度仍应由溢流口控制。试验的各项称量可以在 15～25℃的温度范围内进行，但从试样加水静置的最后 2h 起直至试验结束，其温度相差不应超过 2℃。

5）数据处理记录

表观密度应按式（4-2-8）计算（精确至 10kg/m^3）：

$$\rho=\left(\frac{m_0}{m_0+m_1-m_2}-\alpha_t\right)\times 1000 \tag{4-2-8}$$

式中　m_0——试样烘干的质量，g；

m_1——吊篮在水中的质量，g；

m_2——吊篮及试样在水中的质量，g；

α_t——考虑称量时的水温对表观密度影响的修正系数，参见表 4-2-2。

以两次试验结果的算术平均值作为测定值。如两次结果之差值大于 $20kg/m^3$ 时，应重新试验。对颗粒材质不均匀的试样，如两次试验结果之差超过规定时，可取四次测定结果的算术平均值作为测定值。

对于碎石或卵石的最大粒径不超过 37.5mm 的试样，可采用广口瓶简易方法测试。

3．含水率试验

1）目的意义

测定碎石或卵石的含水率，为计算混凝土施工配合比提供依据。

本实验的目的：

① 掌握碎石或卵石的含水率试验方法。

② 掌握碎石或卵石的质量评定方法。

2）基本原理

与砂的含水率试验方法相同。

3）实验器材

① 烘箱：能使温度控制在(105±5)℃；

② 天平：量程不小于 10kg，分度值不大于 1g；

③ 小铲、浅盘、毛巾、刷子等。

4）测试步骤

（1）试样制备

将样品用缩分方法缩分至约 4.0kg，拌匀后平均分成两份备用。称取试样一份（m_1），将试样倒入浅盘中，放在烘箱中于(105±5)℃下烘干至恒重，待冷却至室温后，称出其质量（m_2）。

（2）操作步骤

5）数据处理记录

含水率 ω 应按下式计算（精确至 0.1%）：

$$\omega = \frac{m_1 - m_2}{m_2} \times 100\% \tag{4-2-9}$$

式中　m_1——烘干前试样的质量，g；

m_2——烘干后试样的质量，g。

以两次试验结果的算术平均值作为测定值。

4．堆积密度和紧密密度试验

1）目的意义

测定碎石或卵石的堆积密度和紧密密度，为混凝土配合比设计提供依据。

本实验的目的：

① 掌握碎石或卵石的堆积密度和紧密密度的试验方法。

② 掌握碎石或卵石的质量评定方法。

2）基本原理

与砂的堆积密度和紧密密度试验方法相同。

3）实验器材

① 天平：分度值不大于试样质量的 0.1%；

② 容量筒：金属制，其规格见表 4-2-6；

③ 垫棒：直径 16mm、长 600mm 的圆钢；

④ 直尺、小铲、烘箱等。

4）测试步骤

（1）试样制备

用缩分法将试样缩分至不小于表 4-2-7 规定的质量，在（105±5）℃的烘箱中烘干或风干，拌匀后平均分成两份备用。

表 4-2-6　金属容量筒的规格

碎石或卵石的最大粒径/mm	容量筒容积/L	容量筒规格/mm		筒壁厚度/mm
		内径	净高	
9.5、16.0、19.0、26.5	10	208	294	2
31.5、37.5	20	294	294	3
53.0、63.0、75.0	30	360	294	4

表 4-2-7　堆积密度和紧密密度试验所需碎石或卵石的最少取样量

最大粒径/mm	9.5	16.0	19.0	26.5	31.5	37.5	63.0	≥75.0
试样最少质量/kg	40	40	40	40	80	80	120	120

（2）操作步骤

① 堆积密度：称量空的容量筒质量（m_1），取试样一份，置于平整干净的地板（或铁板）上，用小铲将试样从容量筒口中心上方 50mm 处缓慢倒入，使石子自由落入容量筒内，当容量筒上部试样呈锥体且四周溢满时即停止加料，除去凸出筒口表面的颗粒，并以合适的颗粒填入凹陷空隙，使表面稍凸起部分和凹陷部分的体积大致相等，用天平称取试样和容量筒总质量（m_2）。

② 紧密密度：取试样一份，分三层装入容量筒。装完一层后，在筒底垫放一根直径为 16mm 的圆钢，将筒按住并左右交替颠击地面各 25 下，然后装入第二层；第二层装满后，用同样方法颠实（但筒底所垫圆钢的方向应与第一层放置方向垂直）；然后再装入第三层，同样方法颠实（但筒底所垫圆钢的方向应与第一层放置方向平行）。待三层试样装填完毕后，再加料直到试样超出容量筒筒口，用直尺沿筒口边缘滚转，刮下高出筒口的颗粒，用合适的颗粒填平凹处，使表面稍凸起部分和凹陷部分的体积大致相等。用天平称取试样和容量筒共重（m_2）。

5）数据处理记录

① 堆积密度（ρ_1）或紧密密度（ρ_c）按下式计算（精确至于 $10kg/m^3$）：

$$\rho_1(\rho_c)=\frac{m_2-m_1}{V}\times 1000 \tag{4-2-10}$$

式中　m_1——容量筒的质量，kg；

m_2——容量筒和试样的质量，kg；

V——容量筒的容积，L。

以两次试验结果的算术平均值作为测定值。

② 空隙率（υ_l、υ_c）按下式计算（精确至1%）：

$$\upsilon_l = \left(1 - \frac{\rho_l}{\rho}\right) \times 100\%$$

$$\upsilon_c = \left(1 - \frac{\rho_c}{\rho}\right) \times 100\% \qquad (4\text{-}2\text{-}11)$$

式中 ρ_l——碎石或卵石的堆积密度，kg/m^3；

ρ_c——碎石或卵石的紧密密度，kg/m^3；

ρ——碎石或卵石的表观密度，kg/m^3。

容量筒容积的校正应以（20±5）℃的饮用水装满容量筒，用玻璃板沿筒口滑移，使其紧贴水面，擦干筒外壁水分后称重，用下式计算筒的容积（V）：

$$V = m_2' - m_1'$$

式中 m_1'——容量筒和玻璃板质量，kg；

m_2'——容量筒、玻璃板和水的总质量，kg。

5．针、片状颗粒含量试验

1）目的意义

测定碎石或卵石中针状和片状颗粒的总含量，为计算混凝土施工配合比提供依据。

本实验的目的：

① 掌握碎石或卵石针状和片状颗粒的总含量的试验方法。

② 掌握碎石或卵石的质量评定方法。

2）基本原理

用标准工具对待测试样进行鉴定，挑出针状和片状颗粒，测其质量，就可求出其总含量。

3）实验器材

① 针、片状规准仪（图4-2-4、图4-2-5）；

② 烘箱：能使温度控制在(105±5)℃；

③ 天平：量程不小于10kg，分度值不大于1g；

④ 容器：浅盘、刷子等。

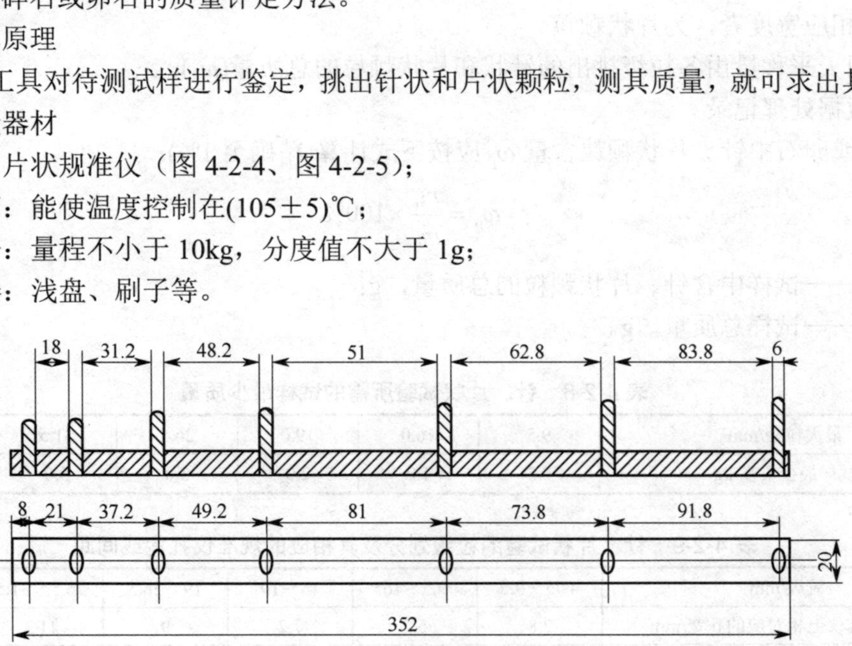

图4-2-4 针状规准仪

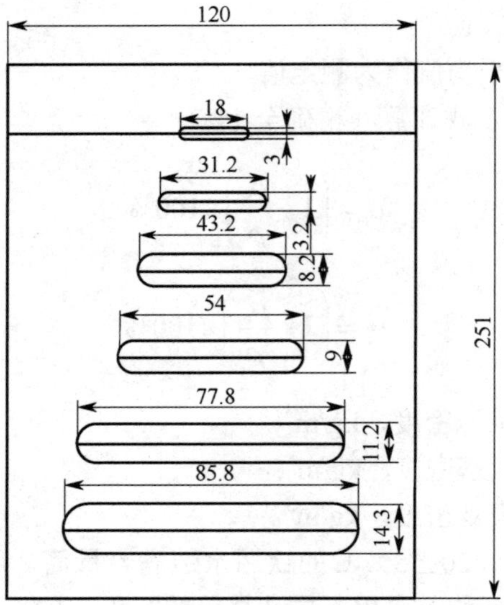

图 4-2-5　片状规准仪

4）试验步骤

① 将样品用缩分方法缩分至略重于表 4-2-8 规定的质量，拌匀后平均分成 2 份备用。

② 将试样置于干净的容器中，用天平准确称取试样和带盖容器的共重（m_1），并在(105±5)℃烘干至恒重。

③ 取出试样，冷却后准确称量试样与容器的共重（m_2）。

④ 按表 4-2-9 所规定的粒级用规准仪逐粒对试样进行检验，最大一维尺寸大于针状规准仪上相应间距者，为针状颗粒。最小一维尺寸小于片状规准仪上相应孔宽者，为片状颗粒。

⑤ 对粒径大于 37.5mm 的石子可用游标卡尺逐粒检验，卡尺卡口的设定宽度应符合表 4-2-10 的规定。最大一维尺寸大于针状卡口相应宽度者，为针状颗粒。最小一维尺寸小于片状卡口相应宽度者，为片状颗粒。

⑥ 用天平称量由各粒级挑出的针状和片状颗粒的总质量(m_1)。

5）数据处理记录

碎石或卵石中针、片状颗粒含量 ω_p 应按下式计算(精确至 1%)：

$$\omega_p = \frac{m_1}{m_0} \times 100\% \qquad (4\text{-}2\text{-}12)$$

式中　m_1——试样中含针、片状颗粒的总质量，g；

m_0——试样总质量，g。

表 4-2-8　针、片状试验所需的试样最少质量

最大粒径/mm	9.5	16.0	19.0	26.5	31.5	≥37.5
试样最少质量/kg	0.3	1.0	2.0	3.0	5.0	10.0

表 4-2-9　针、片状试验的粒级划分及其相应的规准仪孔宽或间距

粒级/mm	4.75～9.5	9.5～16	16～19	19～26.5	26.5～31.5	31.5～37.5
片状规准仪上相对应的孔宽/mm	2.8	5.2	7.2	9	11.3	14.3
针状规准仪上相对应的间距/mm	17.1	30.6	42.0	54.6	69.6	82.8

表 4-2-10 大于 37.5mm 粒级颗粒卡口的设定宽度

粒级/mm	37.5～63.0	53.0～63.0	63.0～75.0	75.0～90.0
鉴定片状颗粒的卡口宽度/mm	18.1	23.2	27.6	33.0
鉴定针状颗粒的卡口宽度/mm	108.6	139.2	165.6	198.0

6. 压碎指标试验

1）目的意义

测定碎石或卵石的压碎指标，为计算混凝土施工配合比提供依据。

本实验的目的：

① 掌握碎石或卵石的压碎指标的试验方法。

② 掌握碎石或卵石的质量评定方法。

2）基本原理

用加压力法测定其被压碎的比率。

3）实验器材

① 压力试验机：量程不小于 300kN，精度不大于 1%，如图 4-2-6 所示。

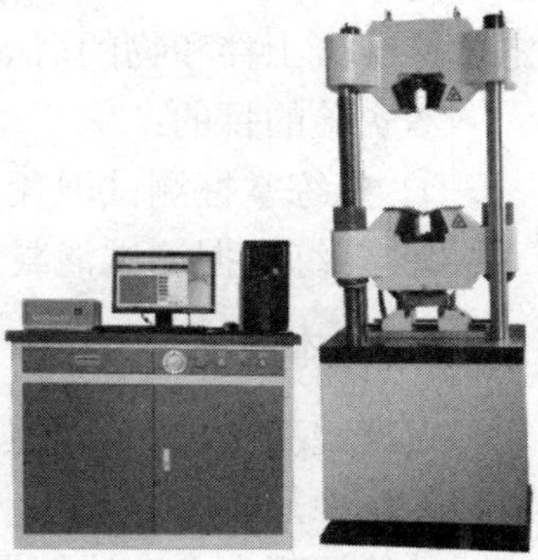

图 4-2-6 压力试验机

② 垫棒：直径 10mm、长 500mm 的圆钢。

③ 试验筛：孔径为 2.36mm、9.50mm 及 19.0mm 的方孔筛。

④ 圆模、底盘、针状和片状规准仪。

4）测试步骤

（1）试样制备

先将试样筛除 9.50mm 以下及 19.0mm 以上的颗粒，再用针状和片状规准仪剔除其针状和片状颗粒，然后称取三份试样备用，每份约 3000g。

（2）操作步骤

① 圆模置于底盘上，取试样一份，分二层装入圆模内，每装完一层试样后，在底盘下面放置垫棒，将筒按住，左右交替颠击地面各 25 下。两层颠实后，整平模内试样表面，盖上压头。当圆模装不下 3000g 试样时，以装至距圆模上口 10mm 为准。

② 把装有试样的圆模置于压力试验机上以 1kN/s 的速度均匀地加荷至 200kN，稳定 5s，然后卸荷，取出加压头，倒出筒中的试样并称其质量（m_0），用孔径为 2.36mm 的筛筛除被压碎的细粒，称量剩留在筛上的试样的质量（m_1）。

5）数据处理记录

碎石或卵石的压碎指标按下式计算（精确至 1%）：

$$\delta = \frac{m_0 - m_1}{m_0} \times 100\% \qquad (4\text{-}2\text{-}13)$$

式中 m_0——试样的质量，g；

m_1——压碎试验后筛余的试样质量，g。

以三次试验结果的算术平均值作为压碎指标测定值。

实验内容 2：普通混凝土拌和物性能测试

经搅拌后尚未凝结硬化的混凝土称为混凝土拌和物。普通混凝土拌和物的性能包括坍落度、维勃稠度、黏聚性和保水性、容重等。通过对试拌混凝土拌和物工作性的测试，可以了解该混凝土拌和物的工作性是否满足需要，为改进混凝土的配合比设计提供依据。

（一）坍落度测定

1．目的意义

混凝土拌和物因自重而向下坍落，所坍落的尺寸（mm）称为坍落度。根据坍落度值的不同，可将混凝土分为：干性混凝土（坍落度值 s<10mm）、低流动性混凝土（s = 10～30mm）、塑性混凝土(s = 30～80mm)、流动性混凝土(s = 80～150mm)和流态混凝土（s>150mm）。测定试拌混凝土拌和物的坍落度，即检验其稠度，可评定其工作性是否符合要求。

本实验的目的：

① 熟练掌握测试混凝土拌和物工作性的坍落度方法。

② 熟练掌握测试混凝土拌和黏聚性和保水性的判断标准。

2．基本原理

根据混凝土拌和物在自重作用下的沉陷、坍落情况，并观察其黏聚性、保水性，综合评定其工作性是否符合要求。该方法适用于坍落度值不小于 10mm、集料最大公称粒径不大于 40mm 的混凝土。该法的最大优点是简便易行，指标明确；缺点是受操作技术影响大，观察黏聚性、保水性受主观影响。

3．实验器材

① 坍落筒：如图 4-2-7（a）所示。底部直径为（200±2）mm，顶部直径为（100±2）mm，高为（300±2）mm，筒壁厚度不应小于 1.5mm。

② 应配备两把钢尺，钢尺的量程不应小于 300mm，分度值不应大于 1mm。

③ 底板应采用厚度不小于 3mm、平面尺寸不小于 1500mm×1500mm 的钢板，其最大挠度不应大于 3mm。

④ 捣棒，如图 4-2-7（b）所示。

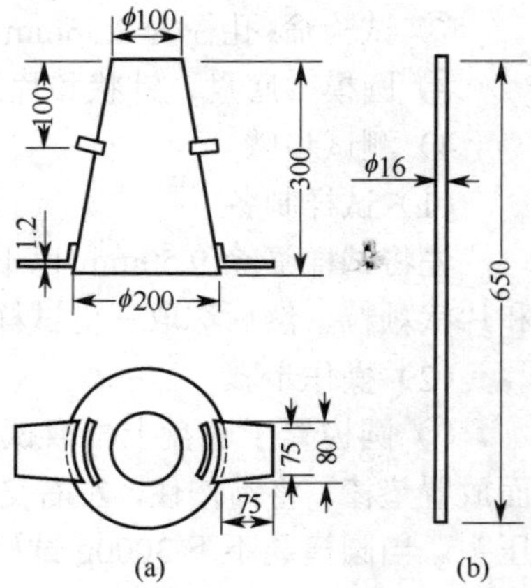

图 4-2-7 坍落筒（a）和捣棒（b）（单位：mm）

4．测试步骤

（1）混凝土拌和物的拌制

① 人工拌制　先用湿布将铁板铁铲润湿，再将称好的砂和水泥在铁板上拌匀，加入石子，再一起拌和均匀。然后将此拌和物堆成长堆，中心扒成长槽，将称好的水倒入约一半，将其与拌和物仔细拌匀，再将材料堆成长堆，扒成长槽，倒入剩余的水，继续进行拌和，来回翻拌至少 6 遍。从加水完毕时起，拌和时间不超过表 4-2-11 中的规定。

表 4-2-11　拌和时间表

混凝土拌和物体积/L	拌和时间/min
少于 30	4～5
31～50	5～9
51～75	9～12

② 机械拌制　在使用搅拌机前，应先用少量砂浆进行涮膛，再刮出涮膛砂浆，以避免正式拌和混凝土时水泥砂浆黏附筒壁的损失。涮膛砂浆的水灰比及砂灰比与正式的混凝土配合比相同。然后，根据混凝土配合比设计的计算，称好各种原料，往搅拌机内顺序加入石子、砂、水泥。开动搅拌机，将材料拌和均匀，在拌和过程中将水徐徐加入，全部加料时间不宜超过 2min。水全部加入后，继续拌和约 2min，而后将拌和物倾出在铁板上，再经人工翻拌 1～2min，务必使拌和物均匀一致。

（2）操作步骤

① 湿润坍落筒，并放在一块刚性的、平坦的、湿润且不吸水的底板中心，然后用脚踩两个脚踏板，使坍落筒在装料时固定位置。

② 混凝土拌和物试样分三层装入筒内，每装一层混凝土拌和物，应用捣棒由边缘向中心按螺旋形均匀插捣 25 次，捣实后每层混凝土拌和物试样的高度大致为坍落筒高的三分之一。插捣底层时，捣棒需贯穿整个深度。插捣第二层和顶层时捣棒应插透本层至下面一层的表面。

插捣顶层前，应将混凝土灌满到高出坍落筒，如果插捣使混凝土沉落到低于筒口，则应随时添加混凝土，使它自始至终都保持高出坍落筒顶。顶层插捣完后，用捣棒把混凝土表面搓平。

③ 刮清底板，应垂直平稳地提起坍落筒，并轻放于试样边上，如图 4-2-8 所示。当试样不再坍落或坍落时间达 30s 时，用钢尺测量筒高与坍落后混凝土试体最高点之间的高度差，以得到其坍落度值。

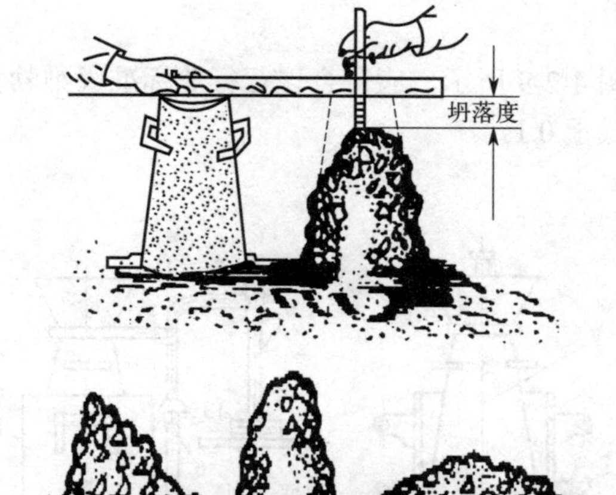

图 4-2-8　坍落度试验合格与不合格示意图

④ 坍落筒的提离过程应在 3～7s 内完成，试验时从开始装料到提起坍落筒的整个过程应连续进行，并应在 150s 内完成。

（3）黏聚性及保水性的检查方法

① 黏聚性的检查方法。用捣棒在已坍落的混凝土锥体一侧轻打，如果轻打后锥体渐渐下沉，表示黏聚性良好，如图 4-2-8（b）所示。如果锥体突然倒塌，如图 4-2-8（c），部分崩裂或发生石子离析现象，如图 4-2-8（a），即表示黏聚性不好。

② 保水性的检查方法。坍落筒提起后，如有较多稀浆从底部析出，而混凝土试体则因

失浆而骨料外露，则表示此类混凝土拌和物的保水性能不好。如坍落筒提起后无稀浆或仅有少量稀浆自底部析出，而锥体部分混凝土试体含浆饱满，则表示此混凝土拌和物保水性良好。

5．数据处理记录

混凝土拌和物坍落度值测量应精确至 1mm，结果应修约至 5mm。在记录坍落度值的同时，应记录混凝土拌和物的黏聚性和保水性情况。

如果所测的混凝土拌和物坍落度值小于 10mm，则该拌和物的稠度过干，宜改用维勃稠度测定。

（二）维勃稠度测定

1．目的意义

检验坍落度值小于 10mm 的试拌混凝土拌和物稠度，评定其工作性是否符合要求。

本实验的目的：

① 熟练掌握测试混凝土拌和物工作性的维勃稠度方法。

② 熟练掌握测试混凝土拌和黏聚性和保水性的判断标准。

2．基本原理

对于稠硬性混凝土拌和物而言，由于自重作用，沉陷坍落较小或坍落度为 0。将混凝土拌和物在减振器上振动后，利用拌和物分泌出水泥浆布满整个透明圆盘的时间长短来判断拌和物的稠度。该方法适用于集料最大公称粒径不大于 40mm，维勃稠度在 5～30s 之间的混凝土拌和物。

3．实验器材

① 维勃稠度仪：如图 4-2-9 所示，应符合现行行业标准《维勃稠度仪》的规定；

② 秒表，精度不应低于 0.1s；

③ 湿布。

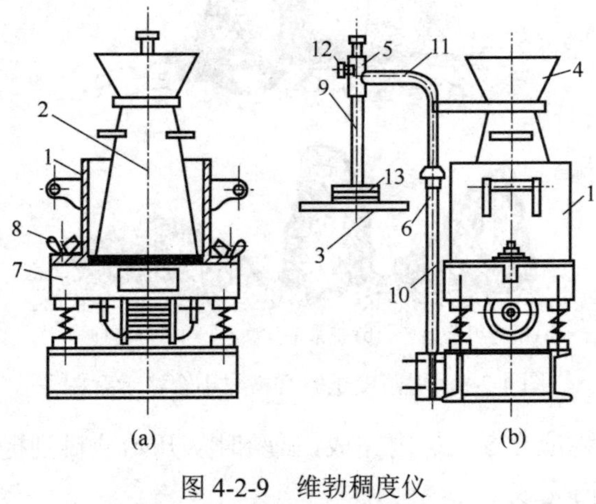

图 4-2-9　维勃稠度仪

1—容器；2—坍落度筒；3—透明圆盘；4—喂料斗；5—套管；6—定位螺钉；7—振动台；8—固定螺钉；9—测杆；10—支柱；11—旋转架；12—荷重块；13—测杆螺丝

4．测试步骤

（1）混凝土拌和物的拌制

与坍落度实验相同。

（2）操作步骤

① 把维勃稠度仪水平放置在坚实的基面上。

② 用湿布把容器、坍落筒及喂料斗内壁湿润。

③ 将喂料斗转到坍落筒上方扣紧，校正容器位置，使其中心与喂料斗中心重合，然后拧紧螺丝。

④ 装料及插捣方法与坍落度测试相同。

⑤ 使圆盘、喂料斗都转离坍落筒，小心并垂直地提起坍落筒，并注意不使混凝土试体受到碰撞或震动。

⑥ 把透明圆盘转到混凝土锥体顶面，放松螺丝，使圆盘轻轻落到混凝土顶面，此时应防止坍落的混凝土倒下与容器内壁相碰。

⑦ 开动振动台，当透明圆盘的底面被水泥浆所布满的瞬间，关闭振动台，这时显示器上就显示出一定的时间，读数精确到 1s。

5．数据处理记录

时间显示器上所显示的时间即为试验混凝土拌和物的维勃稠度值。如果维勃稠度值小于 5s 或大于 30s，则此种混凝土所具有的稠度已超出本仪器的适用范围。

（三）容重测定

1．目的意义

测定混凝土拌和物捣实后的单位体积的质量，计算每立方米混凝土的实际用料量。

本实验的目的：

① 熟练掌握测试混凝土拌和物容重的方法。

② 掌握混凝土的实际用料量。

2．基本原理

用固定体积的容重筒盛装混凝土拌和物，用磅秤称量混凝土拌和物的重量，即可计算混凝土拌和物的容重。

3．实验器材

① 磅秤：称量 100kg，感量 50g；

② 容重筒：由金属制成的圆筒，两旁装有把手，当骨料最大粒径不大于 40mm 时，采用 5L 容重筒，其内径与高均为（180±2）mm；

③ 捣棒：与坍落度测试要求相同；

④ 振动台：频率（3000±200）次/min，负载振幅为 0.35mm；

⑤ 湿布、刮刀。

4．测试步骤

（1）混凝土拌和物的拌制

可用测坍落度或维勃稠度多余的拌和物。

（2）操作步骤

① 称容重筒重：用湿布擦干净后磅秤称重（G_1），精确 50g。

② 装料视拌和物的稠度而定：当坍落度大于 70mm 时，宜用捣棒捣实，用 5L 容重

筒，分二层装料，每层捣 25 下，然后把捣棒垫付在筒底下，按住筒左右交替颠击地面各 15 次。

当坍落度不大于 70mm 时，宜采用振动台振实，此时应一次将拌和物灌到高出容重筒口，放在振动台上振实。振动过程中应随时添加料，振动至表面出浆为止。

③ 称重：用刮刀对齐筒口刮去多余拌和物，抹平，擦净筒外壁，用磅秤称量筒及拌和物共重（G_h）。

5. 数据处理记录

用下式计算混凝土拌和物容重，计算精确至 10kg/m^3：

$$\gamma_h = \frac{G_h - G_1}{V} \times 1000 \tag{4-2-14}$$

式中 G_h——容重筒与混凝土拌和物共重，kg；

G_1——容量筒的重量，kg；

V——空容量筒的容积，L。

实验内容 3：材料抗渗性试验

材料抵抗水的压力与水的渗透作用的性能叫抗渗性，亦称不透水性。水泥净浆与砂浆及混凝土抵抗水的压力与水的渗透作用是水工用水泥的一个重要性能。该性能与水泥净浆与砂浆及混凝土的耐久性有密切关系，因此水泥砂浆与混凝土用于经受水压作用的构筑物时，进行水泥抗渗性试验是十分必要的。

测定水泥抗渗性，可以采用砂浆试件、净浆试件和混凝土试件进行试验。测试水泥胶砂或混凝土抗渗性的方法有多种，但表示抗渗性的方法通常有两种：一种是以试件开始透水时的压力来表示；另一种是以一定压力和一定时间内透过试件的水量来表示。我国目前习惯的逐级加压抗渗性试验法属于第一种。

（一）砂浆试件法

1. 目的意义

为了选择水泥和比较水泥的抗渗性，采用混凝土试件作抗渗性试验，往往影响混凝土抗渗性的因素较多而不易得到正确的结果。因此，为了减少这些影响因素，在相同条件下用水泥净浆和水泥砂浆试件进行抗渗性试验较为合适。

本实验的目的：

① 了解水泥胶砂抗渗性的测定原理和方法。

② 用测定结果来评定水泥的质量。

2. 基本原理

水泥抗渗性是指水泥硬化体抵抗渗透作用的性能，一般以试件在一定水压作用下经过一定时间后是否透水来表示，亦可用在一定压力和一定时间内透过试件的水量或一定压力下试件开始透水的时间来表示。

3. 实验器材与实验条件

① 砂浆渗透仪：以国产 SS-15 型砂浆渗透仪为例，见图 4-2-10。

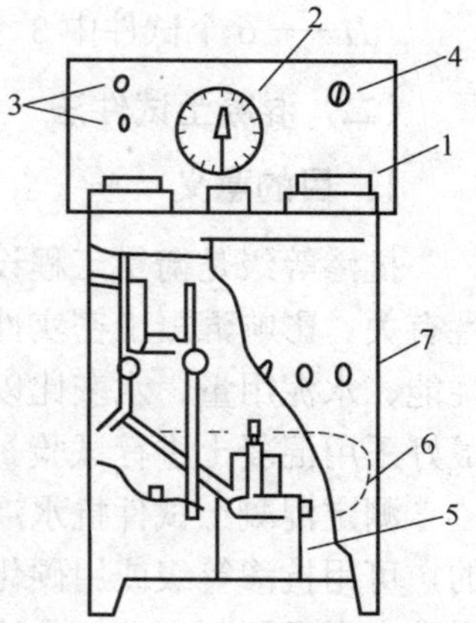

图 4-2-10 SS-15 型砂浆渗透仪

1—试模底盘和托盘；2—压力表；3—指示灯；4—开关；5—水泵；6—蓄水罐；7—截门与分离器部分

② 金属试模：上口直径 70mm，下口直径 80mm，高 30mm 的圆锥试模；

③ 搅拌机、抹灰刀；

④ 密封材料；

⑤ 机油、黄干油。

⑥ 在试验室制备砂浆试样时，所用材料应提前 24h 运入室内。拌和时，试验室的温度应保持在(20±5)℃。当需要模拟施工条件下所用砂浆时，所用原材料的温度宜与施工现场保持一致。试验所用原材料应与现场使用材料一致，砂应通过 4.75mm 方孔筛，水泥应充分拌匀，用 0.9mm 方孔筛过筛，筛余团块不得使用。试验用水为洁净淡水。

⑦ 试验室温度(20±5)℃。标准养护室温度为(20±3)℃，相对湿度为 90%以上。

4．测试步骤

（1）试体的成型养护

① 在试验室拌制备砂浆时，按设计配合比计算材料用量。水泥、外加剂、掺合料等的称量精度应为±0.5%,细骨料的称量精度应为±1%。砂浆采用机械搅拌，搅拌机为试验用砂浆搅拌机，搅拌的用量宜为搅拌机容量的 30%～70%，搅拌时间不应少于 120s。掺有掺合料和外加剂的砂浆，其搅拌时间不应小于 180s。

② 将拌和好的砂浆一次分装于 6 个预先擦净并装配好的试模内(模底稍涂机油，模底螺纹部位涂以黄干油)，并用抹灰刀均匀插捣 15 次，再颠实 5 次，当填充砂浆略高于试模边缘时，应用抹灰刀以 45° 角一次性将试模表面多余的砂浆刮去，然后再用抹灰刀以较平的角度在试模表面反方向将砂浆刮平。应一次性成型 6 个试件。

③ 试件成型后，应在室温（20±5）℃的环境下，静置（24±2）h 后脱模。试件脱模后放入温度（20±2）℃、湿度 90%以上的养护室养护至规定龄期，试件取出待表面干燥后，采用密封材料密封装入砂浆渗透仪中进行抗渗试验。

（2）抗渗性试验

① 抗渗试验前检查仪器是否松动，待一切正常后，拧下注水嘴上的螺帽，同时开放所有截门向蓄水罐内注水至满为止，再密封妥当。

② 开动抗渗仪使试模底盘充满水后，将金属试模旋紧在试模底盘上。

③ 抗渗试验时，应从 0.2MPa 开始加压，恒压 2h 后增至 0.3MPa，以后每隔 1h 增加 0.1MPa。当 6 个试件中有 3 个试件表面出现渗水现象时，应停止试验，记下当时水压。在试验过程中，当发现水从试件周边渗出时，应停止试验，重新密封后再继续试验。

5．数据处理记录

砂浆抗渗压力值应以每组 6 个试件中 3 个试件未出现渗水时的最大压力计，并应按式（4-2-15）计算，精确至 0.1MPa：

$$P = H - 0.1 \tag{4-2-15}$$

式中 P——砂浆抗渗压力值，MPa；

H——6 个试件中 3 个试件出现渗水时的水压力，MPa。

（二）混凝土试件法

1. 目的意义

抗渗等级是衡量工程设计混凝土抗渗性能的重要指标。混凝土的抗渗性主要与它的密实性有关。影响混凝土密实性的因素很多，如所用集料的致密程度、集料的级配、混合材料的性能、水泥用量、水灰比以及混凝土浇筑的捣实方法等。为了结合实际使用条件，抗渗试验最好采用混凝土进行试验。

测定混凝土试件抗水渗透试验是根据《混凝土长期性能和耐久性能试验方法标准》进行的，可用抗渗等级或用硬化后混凝土在恒定水压力和恒定时间下的平均渗水高度和相对渗透系数来表示混凝土的抗水渗透性能。因而有两种评价混凝土抗水渗透性能的方法：逐级加压法和渗水高度法。

本实验的目的：

① 了解检测水泥混凝土硬化后的防水性能的测定原理和方法。

② 用测定结果来划分混凝土的抗渗等级。

2. 基本原理

混凝土的抗水渗透试验，是指混凝土抵抗水在压力作用下渗透的能力。混凝土试件经受一定压力的水作用一定时间后，将发生渗水现象。据此，测出在一定条件下混凝土试件所能承受的最大抗渗压力，并以它来划分混凝土的抗渗等级。抗渗等级越高，抗渗性越好。

3. 实验器材与实验条件

① 混凝土抗渗仪：如图 4-2-11 所示。水压式，应符合行业标准《混凝土抗渗仪》规定，能使水压按规定制度稳定地作用在试件上。

② 圆台体试模：由金属制成，顶面内直径 175mm，底面内直径 185mm，高 150mm。

③ 密封材料：石蜡加松香或水泥加黄油等材料。

④ 梯形板：应采用尺寸约为 200mm×200mm 的透明材料制成，画有十条等间距垂直于梯形底线的直线。

⑤ 钢尺，分度值应为 1mm。

⑥ 钟表，分度值为 1min。

⑦ 螺旋式加压器、烘箱、电炉、机油、盛具、搅拌机、铁板（或铁铲、抹刀）、拌板、振动台或捣棒、湿布、三角刀、压力机、钢垫条、防水笔和钢丝刷等。

⑧ 安装试件的加压设备可为螺旋加压或其他加压形式，其压力应能保证将试件压入试件套内。

⑨ 试验用的水泥、砂、石等材料应符合技术要求，并与施工实际用料相同。在拌和前，材料的温度应与室温相同。

⑩ 拌制混凝土的材料用量以质量分数计算，称量精度：集料为±1%，水泥、水和外加剂均为±0.5%。

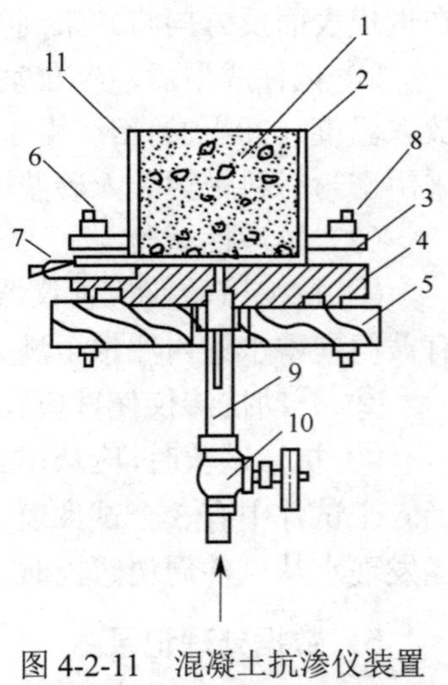

图 4-2-11 混凝土抗渗仪装置

1—试件；2—套模；3—上法兰；4—固定法兰；5—底板；6—固定螺栓；7—排气阀；8—橡皮垫圈；9—分压水管；10—进水阀门；11—密封膏

⑪ 砂、石集料用量以干燥状态为基准。干燥状态指含水率小于 0.5%的细集料和含水率

小于 0.2%的粗集料。计算用水量时应扣除粗、细集料的含水量。

⑫ 需备有石蜡等密封材料。

⑬ 试验室温度（20±5）℃，标准养护室温度为（20±3）℃，相对湿度为 90%以上。

4．测试步骤

1）试件制作

① 抗渗试件以 6 个圆台试件为一组。试验前将圆台体试模擦净、装好，在圆台体试模内表面涂上一薄层机油。

② 按配比称取水泥、砂、石试样，分别装于盛具中。

③ 在正式拌和前预拌一次，先用少量砂浆在搅拌机中涮膛，倒出并刮去多余砂浆，使一薄层砂浆黏附于搅拌机筒壁，以免正式拌和时影响混合物的配合比。涮膛砂浆的水灰比及砂灰比应与正式的混凝土配合比相同。拌制混凝土所用各种用具，如铁板、铁铲、抹刀，应预先用水润湿，使用完后清洗干净。

④ 开动搅拌机，向搅拌机内依次加入石子、砂和水泥，干拌均匀，再将水徐徐加入，全部加料时间不超过 2min（整个试验用钟表计时），水全部加入后，继续拌和 2min。

⑤ 将混合物自搅拌机卸出，倾倒在拌板上，再经人工拌和 1～2min，即可作坍落度测定或试件成型。

⑥ 根据混凝土坍落度选择成型方法。一般来说，坍落度不大于 70mm 的混凝土，用振动台振实；坍落度大于 70mm 时，用捣棒人工捣实。

采用振动台成型时，将混凝土拌和物一次装入试模，装料时应用抹刀沿试模内壁略加插捣，并使拌和物略有富余。将试模用固定装置固定在振动台上。开动振动台，持续振动至拌和物表面呈现水泥浆为止。振动结束后，用抹刀沿试模边缘将多余的拌和物刮去，并随即用抹刀将表面抹平。

采用捣棒人工捣实时，将混凝土拌和物分两层装入试模，每层装料厚度大致相等。插捣按螺旋方向从边缘向中心均匀进行。插捣底层时，捣棒应到达试模底面。插捣上层时，捣棒应穿入下层深度约 20～30mm 深处。插捣时捣棒保持垂直不得倾斜，并用抹刀沿模壁插入数次，以防止试件产生麻面。每层的插捣次数视试件截面而定，一般每 $100cm^2$ 应不少于 12 下。上层插捣完毕，刮去多余的拌和物，并用抹刀抹平。

2）试件养护

试件成型完毕，用湿布覆盖表面，以防水分蒸发。在室温为（20±5）℃情况下至少静置 1 昼夜(但不得超过 2 昼夜)，然后编号、拆模。用钢丝刷刷去试件两端面上的水泥浆膜。试件侧面若有空洞，则用水泥浆填补找平。然后送入温度（20±3）℃、相对湿度大于 90%的标准养护室内养护。试件应置于试件架上，彼此间隔 10～20mm，并避免用水直接冲淋试件。在缺乏标准养护室时，混凝土试件允许在温度（20±3）℃的不流动水中养护。试块养护龄期不少于 28d，不超过 90d。

3）抗渗试验

（1）渗水高度法

① 在到达试验龄期（一般为 28d）前一天，从养护室取出试件，擦拭干净，用钢丝刷刷净两端面水泥浆膜。待表面晾干后，进行试件密封。用石蜡密封时，在试件侧面滚涂一层熔化的石蜡（内加少量松香）。然后用螺旋加压器将试件压入经过烘箱或电炉预热过的试模中，使试件与试模底平齐，试模变冷后才可解除压力。试模预热温度，以石蜡接触试模，即缓慢

熔化，但不流淌为宜。用水泥加黄油密封时，其质量比为（2.5～3）：1。试件表面晾干后，用三角刀将密封材料均匀地刮涂在试件侧面上，厚约 1～2mm。套上试模压入，使试件与试模底齐平。也可以采用其他更可靠的密封方式。

② 启动混凝土抗渗仪，开通 6 个试位下的阀门，使水从 6 个孔中渗出，充满试位坑。然后关闭混凝土抗渗仪，将密封好的试件安装在混凝土抗渗仪上。

③ 试验时，水压恒定控制应为（1.2±0.05）MPa / d。加压过程不应大于 5min，以达到稳定压力的时间作为试验记录起始时间（精确至 1min）。稳压过程中应随时注意观察试件端面的渗水情况，当有某一个试件端面出现渗水时，则停止该试件的试验并记录时间，并以试件高度作为该试件的渗水高度。对于试件端面未出现渗水情况，则应在试验 24h 后停止试验，并及时取出试件。在试验过程中，如发现水从试件周边渗出，表明密封不好，则拆出该件及套模，重新密封，然后继续试验。

④ 将试件放在压力机上，在试件上下两端面中心处沿直径方向各放一根直径为 6mm 的钢垫条，并保证它们在同一竖直平面内，然后开动压力机，将试件沿纵断面劈裂为两半。试件劈开后，应用防水笔描出水痕。

⑤ 将梯形板放在试件劈裂面上，用钢尺沿水痕等间距量测 10 个测点的渗水高度值，读数精确至 1mm。

（2）逐级加压法

① 按前述渗水高度法的①、②步骤进行试件的密封和安装操作。

② 试验时，水压从 0.1MPa 开始，以后每隔 8h 增加 0.1MPa 水压，并随时注意观察试件端面情况。当 6 个试件中有 3 个试件表面出现渗水时，或加至规定压力（设计抗渗等级）在 8h 内 6 个试件中表面渗水试件少于 3 个时，即可停止试验，并记下此时的水压力。

5．数据处理记录

（1）渗水高度法

以 10 个测点处渗水高度的算术平均值作为该试件的渗水高度。然后计算 6 个试件的渗水高度的算术平均值，作为该组试件的平均渗水高度。平均渗水高度应按照式（4-2-16）进行计算。

$$\overline{h_{ij}} = \frac{\sum_{i=1}^{6}\left[\left(\sum_{j=1}^{10} h_{ij}\right)/10\right]}{6} \tag{4-2-16}$$

式中 $\overline{h_{ij}}$——6 个试件的平均渗水高度，mm；

h_{ij}——第 i 个试件第 j 个测点的渗水高度，mm。

（2）逐级加压法

混凝土的抗渗等级，以每组 6 个试件中 2 个出现渗水时的最大水压力表示。抗渗等级应按式（4-2-17）计算：

$$S = 10H-1 \tag{4-2-17}$$

式中 S——混凝土抗渗等级；

H——6 个试件中有 3 个试件渗水时的水压力，MPa。

若水压力加至规定数值或者设计指标，在 8h 内 6 个试件中表面渗水的试件少于 2 个，则试件的抗渗等级大于规定值或者满足设计要求。

6．实验过程中的注意事项

① 混凝土的密实度直接影响抗渗性。在配合比、水灰比等条件相对固定时，混凝土密实度与试件成型操作有关，成型时应按规定精心操作，减少人为误差。

② 试件脱模后，要用钢丝刷将试件端面的水泥浆膜刷去；密封试件与套模之间的间隙时，切忌将石蜡等密封材料涂到试件端面上。这是因为试件端面是受水压作用的受压面，在端面上存在水泥浆膜或涂上密封材料，无异于在试件上面加上防护层，阻止水的渗透，使测得结果偏高。

③ 当试件端面出现水珠或大面积潮印时，则可认为已出现渗水现象。若端面仅出现小面积潮印，此时还不算渗水。

实验内容 4：钢筋锈蚀快速试验法

硬化后的混凝土的主要性质是应具有足够的强度和耐久性。混凝土耐久性能包括抗冻、收缩、碳化、钢筋锈蚀、抗渗、抗风化、徐变强度、疲劳强度、碱-集料反应等九项性能。由于混凝土耐久性能涉及范围较广，因此，本实验只做钢筋锈蚀的测试，其他实验则见拓展资源 30～拓展资源 32。

1．目的意义

钢筋锈蚀对钢筋混凝土结构及预应力钢筋混凝土结构的耐久性有极大的影响。据日本有关资料介绍，大约有 21.4%的钢筋混凝土结构损坏实例是因钢筋锈蚀引起的，若加上混凝土碳化引起的损坏，则所占的比例更高。钢筋锈蚀常引起一些建（构）筑物的倒塌事故，其维修费用已超过原造价，因此研究解决钢筋锈蚀与防锈问题是非常重要的。

影响混凝土中钢筋锈蚀的原因很多，有内在因素，也有外在因素。测量各种条件下钢筋的锈蚀情况，对于建（构）筑物的设计与施工、提出耐久性措施是很有实际意义的。

混凝土对钢筋锈蚀性能的影响可用“新拌砂浆法”和“硬化砂浆法”等进行快速测定。本实验用第二种方法（适用于终凝时间在 48h 以内的砂浆）。

本实验目的：

① 了解钢筋锈蚀的概念。

② 了解 PS-6 型钢筋腐蚀仪的工作原理和实验方法。

③ 通过测量钢筋在水泥净浆或硬化砂浆中的阳极极化过程，研究外加剂、混合材、水泥品种对混凝土中钢筋锈蚀阳极过程的影响。

2．基本原理

混凝土中的钢筋锈蚀是一种电化学腐蚀。它起因于钢筋中不同金属元素的存在或钢筋本身的不均匀性，以及混凝土内部的结构状态、混凝土的液相组成（pH 值及 Cl^-含量等）、周围介质的腐蚀性、周期性的冷热交替作用及冻融循环作用等。换言之，钢筋锈蚀是由其周围混凝土所形成的物理或化学环境的不均匀而引起的，这些不均匀性在某种特定的条件下能产生显著的电位差而导致锈蚀。但传统的看法认为在正常情况下，当水汽、氧和水泥石液相中为高碱性时，这种腐蚀作用会被钢筋表面上迅速形成的氧化铁膜（钝化膜）所阻止。在有水和氧的情况下，当混凝土碱性物质被水浸出或混凝土被碳化使碱度降低时会引起钢筋锈蚀，产生铁锈的那部分成为阴极，而产生畸变的那部分成为阳极。结果，发生了以下电化学腐蚀循环：

在阳极部分，电子留在极上，而铁离子则进入溶液；此时电子将从钢筋的阳极区流向阴极区：

$$Fe \longrightarrow Fe^{2+} + 2e^- \tag{4-2-18}$$

在阴极上，水的氢离子得到来自阳极上的电子变成氢分子，和溶解在水中的氧化合成水，结果在阴极上生成 OH^-：

$$2OH^- + 2H^+ + 2e^- + 1/2\ O_2 \longrightarrow 2OH^- + H_2O \tag{4-2-19}$$

当 OH^- 离子移向阳极时，便与溶液中的 Fe^{2+} 结合成氢氧化亚铁：

$$Fe^{2+} + 2OH^- \longrightarrow Fe(OH)_2 \tag{4-2-20}$$

氢氧化亚铁又和水中的氧作用生成氢氧化铁。

$$4Fe(OH)_2 + O_2 + 2H_2O \longrightarrow 4Fe(OH)_3(\text{红锈}) \tag{4-2-21}$$

与此同时

$$3Fe^{2+} + 8OH^- \longrightarrow Fe_3O_4(\text{黑锈}) + 8e^- + 4H_2O \tag{4-2-22}$$

这些反应将循环进行，导致钢筋上生成红锈和黑锈而被腐蚀。钢筋表面一旦生成了 $Fe(OH)_3$，它对下面的铁就成为阴极，进一步助长了锈蚀。

若水泥混凝土孔隙的液相中呈强碱性，H^+的浓度很小，上述式（4-2-19）的反应不易发生，同时，$Fe(OH)_2$ 在强碱性溶液中不溶解，在钢筋表面形成稳定的保护层，钢筋就不致锈蚀。

若混凝土被碳化，则其碱度将下降。同时 CO_2 溶解在水中增加了 H^+数量：

$$CO_2 + H_2O \rightleftharpoons H_2CO_3 \rightleftharpoons H^+ + HCO_3^- \tag{4-2-23}$$

这也使钢筋锈蚀。

“新拌砂浆法”和“硬化砂浆法”是电化学试验法，都是模拟钢筋锈蚀的阳极过程。当将埋在砂浆中的钢筋施以外加电压时，接直流电源正极的钢筋表面就发生锈蚀的阳极过程。通过测量通电后阳极钢筋的电位变化就可定性地判断钢筋在砂浆中钝化膜的好坏，从而比较不同外加剂、混合材和水泥对钢筋受锈蚀的阳极过程的影响。

3．实验器材

① PS-6 型钢筋腐蚀测量仪，仪器的前面板如图 4-2-12 所示。

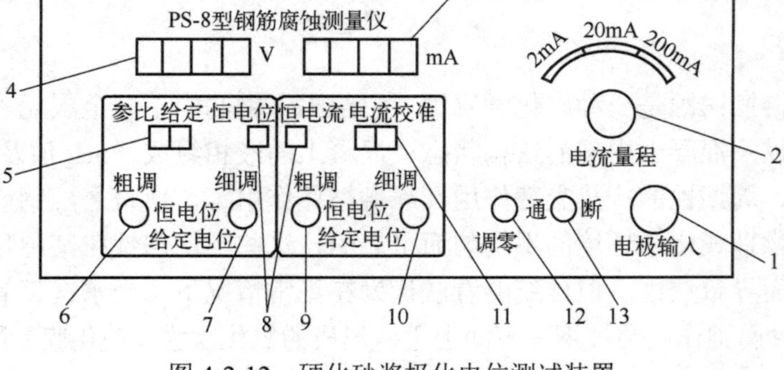

图 4-2-12　硬化砂浆极化电位测试装置

1—电极输入；2—电流量程；3—电流测量显示；4—电位测量显示；5—参比/给定；6—给定电位粗调；7—给定电位细调；8—工作选择；9—给定电流粗调；10—给定电流细调；11—电流/校准；12—调零；13—通/断开关

② 试模：30mm×30mm×95mm，模板两端中心带有固定钢筋的凹孔，孔径为7.5mm，深2～3mm。

③ 绝缘涂料（石蜡∶松香＝9∶1）。

④ 不锈钢片电极（辅助电极），长150mm。

⑤ 甘汞电极（232型或222型）。

⑥ 搅拌锅、搅拌铲。

⑦ 电线（铜芯塑料线）。

⑧ 饱和氢氧化钙溶液、汽油乙醇、丙酮等。

⑨ 钢丝刷、干燥器、软练砂浆振动台、标准养护室等。

4．测试步骤

（1）制备砂浆电极

① 制备钢筋

采用Ⅰ级钢筋，加工成直径7mm、长100mm、光洁度△6的试件，使用汽油乙醇、丙酮依次浸擦除去油脂（或用1∶1盐酸溶液酸洗去脂，用钢丝刷刷光），经检查无锈痕后，放入干燥器中备用，每组3根。

② 成型埋有钢筋的砂浆电极

将钢筋插入试模两端的预留凹孔中，位于正中，按配比拌制砂浆，灰砂比为1∶2.5，采用基准水泥、软练标准砂、蒸馏水（用水量按砂浆稠度5～7cm时的加水量而定），外加剂采用推荐参量，将称好的材料放入搅拌锅内用搅拌铲干拌1min，湿拌3min，拌匀的砂浆灌入预先安放好钢筋的试模内，置于软练砂浆振动台上振动5～10s，然后抹平。

③ 砂浆电极的养护及处理

试件成型之后盖上玻璃盖板，移入标准养护室内养护，24h后脱模，用水泥净浆将外露的钢筋两头覆盖，继续标准养护两天，取出试件，除去端部的封闭水泥净浆，仔细擦净外露钢筋头的锈斑，在钢筋的一端焊上长130～150mm的导线，用乙醇擦去焊油，并在试件两端浸涂石蜡松香绝缘涂料，使试件中间暴露长度为80mm，如图4-2-13所示。

（2）测试前的准备工作

① 将处理好的硬化砂浆电极置于饱和氢氧化钙溶液中，浸泡2～4h（浸泡时间以浸透试件所需的时间为准，并注意不同类型或不同掺量外加剂的试件不得放置在同一容器内浸泡，以防互相干扰）。

② 接通仪器电源，预热15min，并校准。

③ 将“恒电流”键按下，“参比”键按下，“电流”键按下，电流量程置于2mA档，以上各键位检查无误后，将辅助电极与研究电极短接，调节电流，使电流值调至计算值（此处为+880μA），然后将辅助电极与研究电极断开。

④ 将PS-6型钢筋腐蚀测量仪的三个电极用电线连线按图4-2-14分别接入电解池中的对应电极。

（3）测试

① 把一个浸泡后的砂浆电极移入盛有饱和氢氧化钙溶液的烧杯中，使砂浆电极浸入溶液的深度为8cm，以它作为阳极，以不锈钢片作为阴极（即辅助电极），以甘汞电极做参比电极，按图4-2-15接好试验线路。

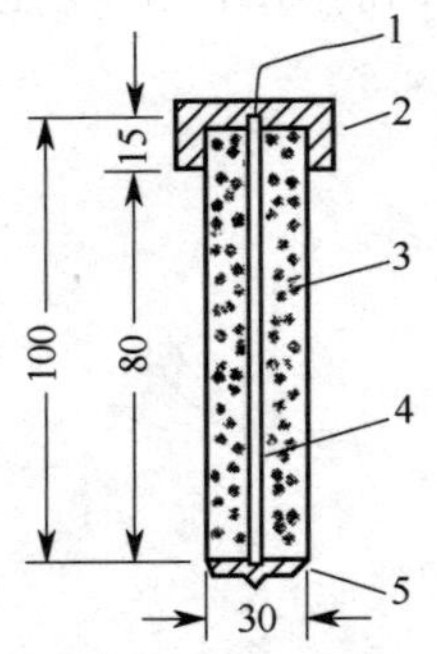

图 4-2-13　钢筋砂浆电极（单位：mm）

1—导线；2—石蜡；3—砂浆；4—钢筋；5—石蜡

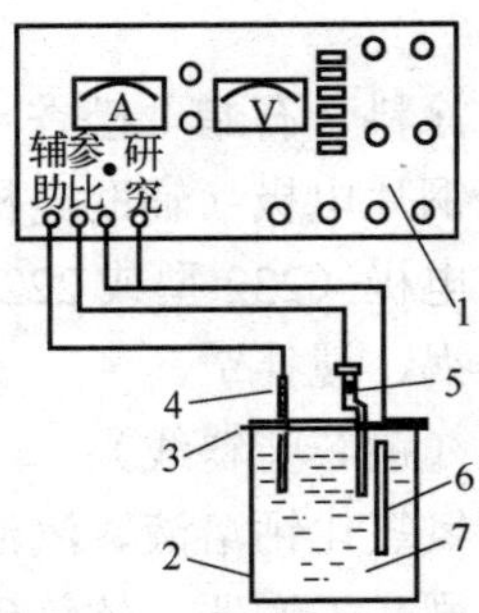

图 4-2-14　硬化砂浆极化电位测试装置

1—恒电位仪；2—烧杯（1000mL）；3—有机玻璃盖；4—不锈钢片；5—甘汞电极；6—硬化砂浆电极（阳极）；7—饱和氢氧化钙溶液

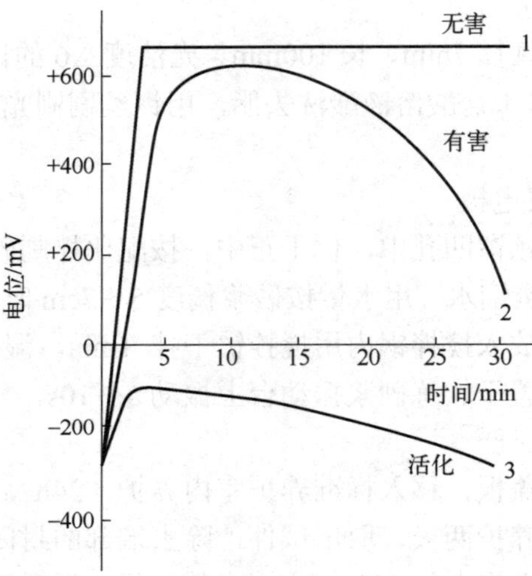

图 4-2-15　阳极极化电位-时间曲线

② 未接通外加电流前，先读出阳极（埋有钢筋的砂浆电极）的自然电位 V。

③ 接通外加电流，并按电流密度 $50\mu A \cdot cm^{-1}$ 调整 μA 表至需要值。同时，开始计算时间，依次按 2min、4min、6min、8min、10min、15min、20min、25min、30min，分别记录埋有钢筋的砂浆电极阳极化电位值。

5. 数据处理记录

（1）实验记录

按表 4-2-12 的形式，将实验结果记入表中。

表 4-2-12　实验数据记录

时间/min		0	2	4	6	8	10	15	20	25	30
电位/mV	实测值										
	作图值（反号）										

（2）实验结果处理

① 取一组（3 个）砂浆电极极化电位的测量结果的平均值作为测定值，以极化电位为纵

坐标，时间为横坐标，绘制阳极极化“电位-时间”曲线。如图4-2-15所示。

② 根据电位-时间曲线判断砂浆中的水泥、外加剂或混合材对钢筋的影响。

③ 若电极通电之后，阳极钢筋电位迅速向正方向上升，并在1～5min内达到析氧电位值，经30min测试，电位无明显下降（不超过50mV），如图4-2-15中的曲线1所示，则该曲线属钝化曲线，表明钢筋表面的钝化膜完好无损，可判定试验砂浆中的水泥、外加剂或混合材本身对钢筋锈蚀无害。

④ 若电极通电之后，阳极钢筋电位先向正方向上升，随后又逐渐下降，15min后电位V_{15}下降超过50mV，如图4-2-15中的曲线2所示，则认为此电极在钝化和活化之间，其钢筋的钝化膜已被损坏，损坏程度可用V_2～V_{15}段曲线斜率来表示，即电位向负方向移动的斜率越大，钝化膜损坏越厉害。

⑤ 若电极通电之后，阳极电位不能向正方向移动，或虽能向正方向移动但又很快有大幅度下降，如图4-2-15中的曲线3所示，则此种电极为活化电极，说明钢筋表面的钝化膜已严重破坏。

⑥ 无论是活化或间于活化与钝化之间的电极，均可认为此砂浆中所用的水泥、外加剂或混合材对钢筋锈蚀的阳极过程是有害的，其有害作用的大小，可从钢筋钝化膜的破坏程度定性地相对比较。

三、实验结果的处理与分析讨论

1．对每项测试数据进行处理，得到正确的结果。

2．通过对每项测试结果的综合分析，整理混凝土的设计资料及设计方案。

3．通过实验数据和设计要求，分析材料组成结构与性能之间的关系。

4．通过对实验过程的总结，提出实验的改进和完善措施。

四、实验过程中的注意事项

1．实验方案的制定通过查阅资料，结合实验室现有的原料、实验条件等情况独立完成。

2．实验过程中，提前熟悉设备的操作，严格按照操作规程进行操作，认真观察实验现象，如实记录实验现象和实验数据。所有数据需要整理到实验报告上，老师签字后确认后方可离开实验室。

3．实验过程中所产生的废弃药品、原料和样品放到指定回收容器，不得随意倒入水池和生活垃圾桶。

4．实验完成后所有设备和物品归还原位，并打扫实验室的卫生，老师检查合格后，方可离开实验室。

思考题

1．砂子的颗粒级配与粗细程度有何区别？如何评定？有何实际意义？

2．在进行砂的表观密度试验时，某同学改用容量瓶为1000mL进行试验，试样的量是否也要加倍？若称取的试样仍为300g，对试验结果有何影响？

3．在进行碎石或卵石压碎指标试验时，压力机加荷速度过大或过小对测试结果有何影响？

4．测定石子的最大粒径有何意义？在配制混凝土时，根据什么原则选定石子的最大粒径？

5．在配制混凝土时，为什么要选取最佳砂率？它对混凝土的性能有何影响？

6．影响混凝土和易性的因素有哪些？在施工中可采取哪些措施来改善混凝土和易性？

7．影响混凝土耐久性的因素有哪些？采取哪些措施可提高混凝土的耐久性？

8．混凝土抗渗标号如何确定？

9．影响混凝土抗渗实验结果的影响因素有哪些？

10．硬化砂浆阳极极化法适用于何种钢筋混凝土的钢筋锈蚀情况测定？

11．如何利用 PS-6 型钢筋腐蚀测量仪测量的钢筋混凝土的“阳极化电位-时间曲线”图来分析钢筋锈蚀情况？

拓展资源 30　实验 4-2 混凝土收缩性能测试

拓展资源 31　实验 4-2 混凝土碳化性能测试

拓展资源 32　实验 4-2 混凝土抗冻性能测试

主要参考文献

[1] 林宗寿．无机非金属材料工学[M]．5 版．武汉：武汉理工大学出版社，2019.

[2] 张君，阎培渝，覃维祖．建筑材料[M]．北京：清华大学出版社，2008.

[3] 颜碧兰，江丽珍，肖忠明．水泥性能及其检验[M]．北京：化学工业出版社，2010.

[4] GB/T 14684—2022．建设用砂.

[5] GB/T 14685—2022．建设用卵石、碎石.

[6] JGJ 55—2011．普通混凝土配合比设计规程.

[7] GB/T 50010—2010．混凝土结构设计标准（2024 年版）.

[8] GB/T 50080—2016．普通混凝土拌合物性能试验方法标准.

[9] JGJ/T 70—2009．建筑砂浆基本性能试验方法标准.

[10] JTG 3420—2020．公路工程水泥及水泥混凝土试验规程.

[11] GB/T 50082—2024．普通混凝土长期性能和耐久性能试验方法标准.

实验 4-3　玻璃的设计与制备实验

玻璃是无机非金属材料中的重要一族，它结构具有长程无序、短程有序的特点。玻璃中的基本结构单元在三维空间作连续无规则排列，在微小局部也可能存在晶格极度形变的有序区域。通过进行玻璃制备实验，学生可以深入了解玻璃的物理化学性质和工艺性能，以及如何选择能形成玻璃的氧化物系统，确定决定玻璃主要性质的氧化物和各氧化物的含量。此外，实验还有助于理解如何通过相图和玻璃形成区域图来确定玻璃成分，以及如何通过加入适量的促进熔制的氧化物和调整料性的氧化物来改善玻璃的某些性能。这些知识和技能对于理解和掌握玻璃的制备工艺至关重要，为将来在玻璃研究和生产领域的工作打下坚实的基础。

一、教学目标

① 掌握文献资料查阅的方法。

② 熟悉玻璃制备的工艺，系统掌握玻璃材料的制备方法、性能测试方法与研究手段。

③ 掌握运用理论知识综合分析问题的能力。

④ 培养动手实践能力和团队协作能力。

二、教学内容

实验内容 1：玻璃组分设计与制备

许多玻璃材料的成分是由多种氧化物组成，在进行组分设计时需要同时考虑其制备性能与使用性能，因此，成分设计在生产、研究中具有重要意义。

1．基本原理

（1）玻璃组成设计原则

玻璃的科学研究，特别是性质和组成依从关系的研究，为玻璃组成的设计提供了重要的理论基础。实际设计玻璃组成应遵循如下原则：

① 根据玻璃组成-结构-性质的依从关系，设计的玻璃组成需满足预定性能要求；

② 根据相图和形成图设计的玻璃组成成玻倾向大，析晶倾向小，同时满足不同成型工艺的要求；

③ 需对初步设计的基础玻璃组成进行必要的性能调整；

④ 经反复实验、性能测试后确定合理的玻璃组成。

（2）玻璃原料

玻璃原料通常可分为主要原料和辅助原料两类。主要原料是指引入各种组成氧化物的原料，它们决定了玻璃的物理及化学性质。包括引入玻璃形成体、玻璃调整体和玻璃中间体成分的原料，例如引入 SiO_2、B_2O_3、P_2O_5、Al_2O_3、Na_2O、K_2O、CaO、MgO、PbO、BaO 等的原料。辅助原料是使玻璃获得某些必要性质和加速熔制过程的原料，根据作用的不同，分为澄清剂、助熔剂（加速剂）、着色剂、脱色剂、乳浊剂等。

（3）配合料计算

根据所设计玻璃成分和所用原料的化学成分可以进行配合料的计算。进行配合料计算时，应认为原料中的气体物质在加热过程中全部分解逸出，而且分解后的氧化物全部转入玻璃成分中。随着对制品质量要求的不断提高，必须考虑各种因素对玻璃成分的影响。

（4）玻璃的熔化

玻璃熔化是利用燃料燃烧或电热效应产生的热量。玻璃的熔制是一个非常复杂的过程，它包括一系列物理的、化学的、物理化学的现象和反应。这些反应的结果使各种原料由机械混合物变成了复杂的熔融物，最后转变为玻璃液。整个玻璃的熔制过程大致可分为五个阶段：硅酸盐形成、玻璃形成、澄清、均化和冷却。玻璃熔制的各个阶段有其作用特点，同时又彼此联系、互相影响，在时间和空间上也有很大重叠。

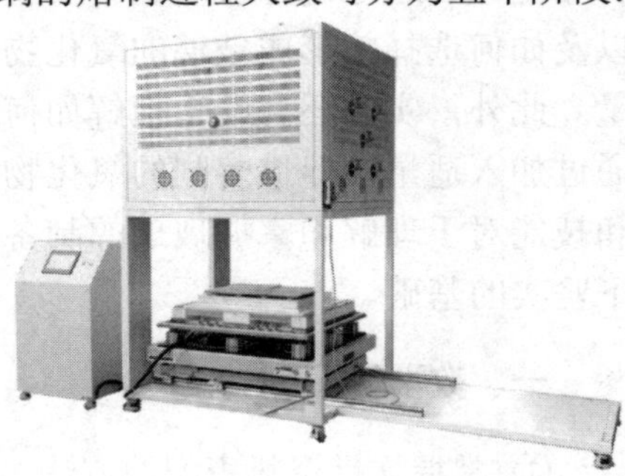

图 4-3-1　高温升降炉

2．实验器材

① 电子天平、球磨机、坩埚、高温升降炉（图 4-3-1）、马弗炉、匣钵、坩埚钳、墨镜、成型模具、玻璃水淬器具、硅钼炉。

② 根据微晶玻璃的氧化物成分，使用相对应的氧化物、碳酸盐、硫酸盐等（分析纯、化学纯）。

3．测试步骤

① 根据资料、相图等设计出建筑微晶玻璃的氧化物成分，表 4-3-1 是建筑微晶玻璃的成分。根据氧化物成分选择相应的原料。

表 4-3-1　建筑微晶玻璃的氧化物成分

氧化物	SiO_2	Al_2O_3	CaO	ZnO	BaO	MgO	B_2O_3	Na_2O	着色剂
含量/%	55～65	5～9	14～22	2～6	2～6	0～1	1～2	4～6	0.05～2
原料	石英砂	氧化铝	$CaCO_3$	氧化锌	$BaCO_3$	$MgCO_3$	H_3BO_3	Na_2CO_3	Co、Ni
纯度	99%	98.5%	98%	99.5%	99%	99.5%	99.5%	98.5%	—

② 根据所设计建筑微晶玻璃的氧化物成分与原料的化学式关系，进行配料计算。本实验中所选取的原料为化学纯的原料，例如以 100g 玻璃氧化物为计算基础。

二氧化硅的用量计算如下（62.00 为设计的 SiO_2 含量，5 为 Na_2O 的含量，99.00、98.5 为纯度，106、62 为分子量）：

$$m(\mathrm{SiO_2})=\frac{62.00}{99.00}\times100\%=62.63(\mathrm{g})$$

碳酸钠（纯碱）的用量：

$$m(\mathrm{Na_2CO_3})=\frac{106}{62}\times m(\mathrm{Na_2O})\times\frac{100}{98.5}=\frac{106}{62}\times5\times\frac{100}{98.5}=8.68(\mathrm{g})$$

由此得到配料单（表 4-3-2）。

表 4-3-2　配料单　　单位：g

石英砂	氧化铝	$CaCO_3$	氧化锌	$BaCO_3$	$MgCO_3$	H_3BO_3	Na_2CO_3	着色剂
60.61	7.11	31.89	4.02	5.20	1.06	2.67	8.68	0.50

③ 根据配料单，利用电子天平称量所用的每一种原料，放入球磨机，在球磨机中进行研磨与混合。将研磨混合好的配合料分别放入一大两小三只坩埚中。

④ 将匣钵底铺上氧化铝粉，坩埚放入匣钵中，一起放入硅钼炉中，关闭炉门；启动电源，升温加热。当温度升至 1000℃，保温 1h 后，用坩埚钳取出一只小坩埚，观察硅酸盐形成；当温度升至 1300℃，保温 1h 后，取出另一只小坩埚，观察玻璃形成；当温度升至设计的温度，保温 1h 后，取出大坩埚，将玻璃液倒入成型模具中成型(条状、块状、片状……)，随后放入马弗炉中退火，或将玻璃液直接倒入玻璃水淬器具中进行水淬。操作过程戴好墨镜保护眼睛。

⑤ 针对后续研究与测试的需要，试样加工成片、条、丝、颗粒等。

4．数据处理记录

以表 4-3-3 方式记录实验数据、设计的配方与熔制温度。

表 4-3-3　实验数据记录

成分					
含量/%					
熔制温度/℃					
退火温度/℃					
1000℃样品					
1300℃样品					

实验内容 2：玻璃析晶温度的测定

玻璃态物质转变为结晶物质的过程称为结晶过程，在玻璃工业中称之为析晶或失透。析晶性能是玻璃的重要性质之一，它与玻璃的成分、生产过程（熔制、成型、热处理等）有着极为密切的关系，对玻璃的产量和质量有较大的影响。在透明玻璃生产中，玻璃的析晶是决不允许的，因为析晶会造成玻璃制品外观和内部的缺陷，在晶体周围会产生用退火方法无法消除的应力而降低玻璃的机械性质和热稳定性。透明玻璃制品中有晶体存在时会引起光散射，降低玻璃的透光度和光学均匀性。在乳浊玻璃和微晶玻璃等的生产中，却要使玻璃体内部结晶，而且要控制晶体的生成，使晶体数量和晶体颗粒的大小达到一定的要求才能满足制品质量的要求。此外，在陶瓷的生产中，若在陶瓷制品的表面覆盖结晶釉，会产生富丽堂皇、光彩夺目的效果。

因此，对于所生产的玻璃，都必须了解其析晶性能，并根据析晶性能制定合理的生产工艺制度。测定玻璃的析晶性能，对研究满足新用途的玻璃或陶瓷新产品也具有重要的意义。

1．基本原理

一般玻璃态中出现析晶，是在黏度为 $10\sim10^5$Pa·s（$10^2\sim10^6$Pa）的温度范围（该玻璃系统液相线温度以下）内进行的。根据塔曼（Tammann）理论，析晶主要决定于晶核形成速率（K_v）、晶体成长速度（K_g）以及熔体的黏度（η），同时与玻璃液在该温度下的保温时间有关。晶核形成速率是指在一定温度下单位时间内单位容积中所形成的晶核数目（个/min）。晶体成长速度是指在单位时间内晶体增长的直线长度（μm/min）。晶核形成的最大速率（$K_{v,\max}$）和晶体长大的最大速度（$K_{g,max}$）分别在两个不同的温度范围内出现，只有在两者都较大的温度下最易析晶，如图 4-3-2 所示。应当指出，塔曼是用有机玻璃研究得出这种曲线的。对于高黏度的无机玻璃，测定晶核形成速率（K_v）、晶体成长速度（K_g）是很困难的。但是，生产上测定析晶性能的目的，常常只需要知道玻璃的析晶温度区域和在不同温度下玻璃的析晶强度（程度）就可以了。因此，可以用简便的方法来测定玻璃的析晶性能。测定玻璃析晶的方法除梯温法外还有几种，如淬冷法、热分析法等。

本实验利用梯温炉来测定玻璃的析晶温度。在梯温炉中，由于炉中心部分的温度最高，两边的温度有规律地降低，因此总有一个温度范围是玻璃的结晶化温度。当试样在炉内恒温一定时间后，晶相和玻璃相之间就可能建立热平衡而出现析晶，这时将试样取出并迅速冷却。用眼睛或在显微镜下观察析晶程度，就可确定玻璃表面出现结晶化合物的临界温度，即析晶上、下限温度。根据所测玻璃析晶温度范围，可制定合理的成型与热加工制度，就可以避免产生析晶，得到透明理想的玻璃。或者通过控制结晶，得到符合要求的微晶玻璃。

2．实验器材

玻璃析晶温度测定仪（如图 4-3-3 所示）、瓷舟（或白金舟）若干。

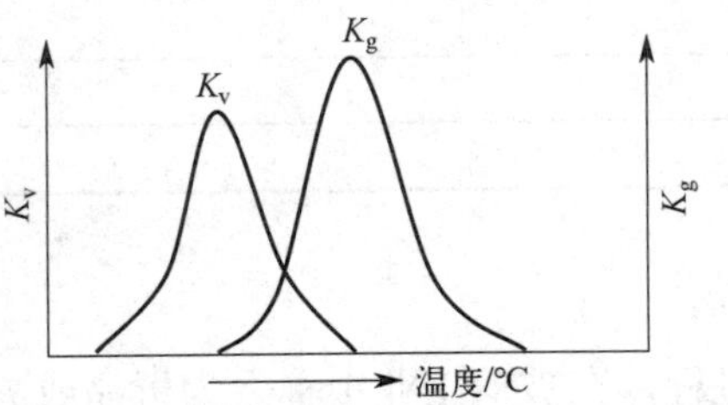

图 4-3-2　玻璃的晶核形成速率和晶体生长速度曲线

图 4-3-3　玻璃析晶温度测定仪

3．测试步骤

（1）试样处理

① 玻璃应无缺陷（如气泡、砂子等）。

② 对于板状的待测玻璃，可把试样切成长 190mm、宽 5mm 的条。对于直径约 5mm 的棒状待测玻璃，则截成需要的长度。若试样为球状，可淬火后敲成小块。若为无规则的块状样品，可选约 70g 重的玻璃块，捣碎、除铁、洗净、烘干，放进带盖的玻璃瓶中待用。

③ 把瓷舟（或白金舟）内表面刷净、烘干。将试样均匀地放在瓷舟（或白金舟）中。试样不能装太多，大约为瓷舟（或白金舟）容积的 3/4 即可。

（2）操作步骤

① 玻璃析晶温度测定仪开机，根据实际情况，按照一定的温度梯度间隔，设置每个控温点的温度，开始加热，直到每个控温点的温度保持恒定。

② 把装有试样的瓷舟（或白金舟）慢慢地从炉口推入炉膛，保温 2h。

③ 同时在炉管中心放入长度为 50cm 的铂铑-铂热电偶，使热端放在炉膛最高温度处，等温度稳定时，先测出炉管最高点的温度，然后将热电偶向外移动 1cm，停留一定时间等温度稳定后读数，再每隔 1cm 测温一次。测得炉管各点的温度后，将测得的各点温度值在直角坐标纸上（比例为 1∶1）画出“温度-炉长”曲线，即梯温曲线，如图 4-3-4 所示。

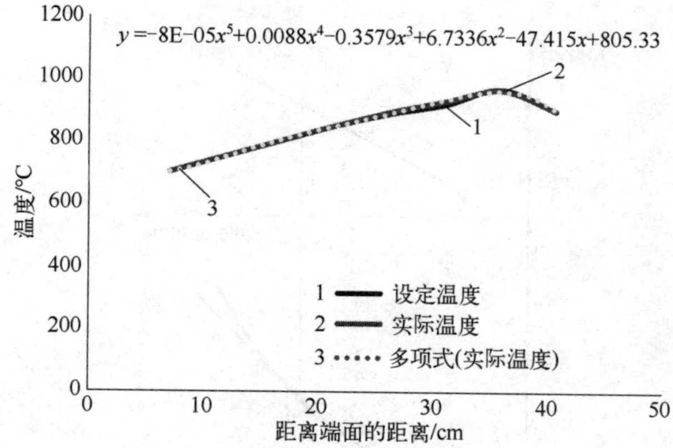

拓展资源 33　实验 4-3 玻璃析晶温度测定　操作教学视频

图 4-3-4 "温度-炉长"曲线及确定玻璃析晶上、下限的方法

4．数据处理记录

① 根据梯温炉的各段控制温度以及对应的距离，利用 Excel 表格等工具绘制梯温曲线。

② 选择合适的方程进行梯温曲线进行拟合，得到拟合方程。

③ 将析晶位置代入方程，计算出析晶温度。

实验内容 3：材料化学稳定性的测定

详细内容见第 3 章　实验 3-6 材料化学稳定性的测定。

实验内容 4：玻璃软化温度的测定

许多材料在使用时要考虑它的软化温度。在无机非金属材料中，耐火材料的高温荷重变形温度（荷重软化点）是其重要的质量指标。在有机材料中，塑料与玻璃相似，无明显的熔点，只有范围较宽的软化温度；沥青的软化点温度是决定沥青牌号的主要依据之一。

在无机非金属材料的研究与生产中，测定玻璃的软化点温度在生产工艺上有重要意义。对于玻璃制品的退火和增强处理等，热温度都不应达到、更不能超过软化点温度，否则制品将变形成为废品。因此，本实验以玻璃为测试对象。其他材料的软化点测定方法不再赘述，感兴趣的同学可查阅有关专著。

1．基本原理

本实验所要测定的软化点温度，是指规定尺寸[长(235±1)mm，平均直径(0.65±0.10)mm]的玻璃丝，悬挂在特定的炉中，以每分钟(5±1）℃的速度升温加热时，玻璃丝在自身重力作用下每分钟伸长 1mm 时的温度。为了避免误解，这个软化点温度通常称为 Littleton 点。对于许多玻璃，这一温度所对应的黏度大约是 $10^{6.6}$Pa·s。

根据以上定义，可用图解法确定玻璃的软化点温度。由于要求均匀升温，因此"温度-时间"曲线在直角坐标系中是一条直线。而随着加热过程的进行，玻璃丝的"伸长-时间"关系却是非线性关系，如图 4-3-5 所示。图中横坐标轴表示时间（min），纵坐标轴表示温度和玻璃的伸长数。在曲线上划出与横坐标轴 45° 角的切线 PQ，然后由切点 R 引垂直线与温度-时间直线相交于 S 点，S 点对应纵坐标上的温度，即为所测的"软化点"温度 T_s。

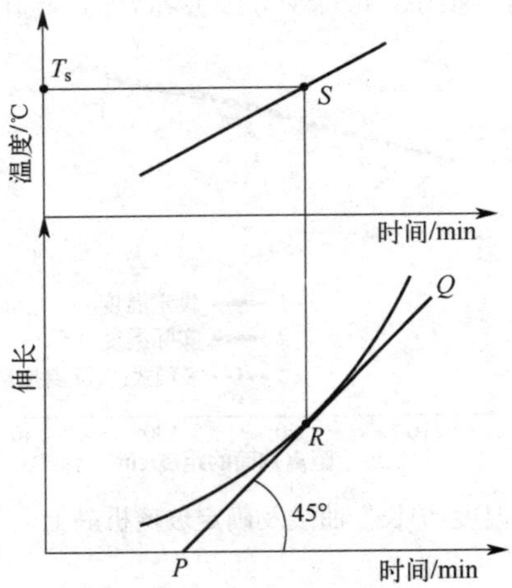

图 4-3-5 “温度-时间”曲线 与“伸长-时间”曲线

2. 实验器材

BLR 型玻璃软化点测定仪 1 台，DNY 型吊丝法玻璃黏度测定仪 1 台，读数显微镜 1 台，测微器 1 个，秒表 1 个，酒精灯 1 个，小镜子 1 个。

软化点测定仪结构如图 4-3-6 所示。玻璃丝的伸长数通过读数显微镜读得。炉温是用一支插在炉心里的镍铬-镍铝热电偶测定，用电位差计读出毫伏数后查表即得温度值。多数设备有温度显示器，可以直接读出温度值。

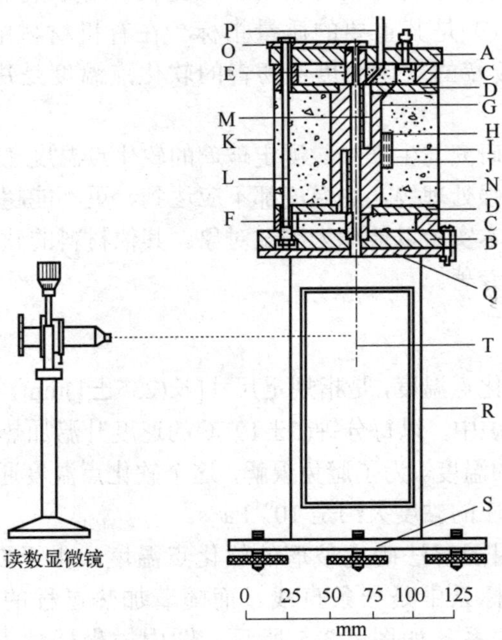

图 4-3-6 测定玻璃软化点的装置图

A—炉顶；B—炉底；C—间隔圈；D—复板；E—圆柱体；F—圆柱体；G—炉芯；H—炉芯包装材料；I—线圈；J—高铝水泥面层；K—炉壳；L—拉杆；M—双内经瓷管；N—绝热层；O—纤维支架；P—热电偶；Q—垫板；R—下腔；S—底板；T—玻璃试样

3. 测试步骤

(1)“BLR 型玻璃软化点测定仪”测定方法

① 样品制备，用来测定软化点的玻璃丝要求直而不弯，粗细均匀，平均直径应为（0.65±0.10mm），在玻璃丝的全长上，最大直径与最小直径的差不得大于 0.02mm。玻璃丝表面光滑，丝内无气泡、砂粒、结石及其他杂质。将玻璃丝的一端在酒精灯上烧一个小球，取小球以下（235±1）mm 长的玻璃丝作为待测试样。把上述制作好的玻璃丝穿在一块有一小孔的云母片上，玻璃丝应在悬挂时不往下掉。按同样方法制备 3 个试样。

② 接好设备的连接线路，再检查一遍接好的线路，通电升温，实验开始的电流可调到 3A，预热 10min（秒表计时，下同）。

③ 将电流调到 3.5A 左右，使电炉升温。当电炉温度升到超越被测试样软化点温度约 30℃时，把电流降到 3A 以下，使电炉炉体冷却。当温度降到低于被测试样软化点温度约 20℃时，打开炉盖，把试样放入炉中。

④ 用小镜子从炉子底部看炉子中悬挂的玻璃丝是否粘在电炉壁上。

⑤ 调节读数显微镜的焦距，并使玻璃丝下端位于目镜的十字线的交点上。同时记下显微镜上的读数和热电偶所示的温度。

⑥ 将电流调到 3A 以上，调节升温速度（要严格控制在 5℃/min），边加热边观察玻璃丝是否伸长。

⑦ 当玻璃丝开始以约 0.1mm/min 的速度伸长时，开始用测微器记录玻璃丝的长度，精确到 0.02mm。每分钟末记录一次长度读数，每半分钟记录一次温度读数，直至伸长速度达 1.2mm/min 以上时即可停止实验。

⑧ 重复以上③～⑦的步骤，做其他试样的测试。

⑨ 在需要进行较精确测量时，该仪器应用美国国家标准局制造的标准玻璃（见表 4-3-4）进行校正。校准时，应选择软化点接近待测玻璃软化点的标准玻璃做标样。

表 4-3-4 标准玻璃的软化点

玻璃	709	710	711	712	713	714	715	716	717
软化点/℃	384	725	602	528	738	908	961	794	720

若用该仪器测定标准玻璃所得的软化点温度与表 4-3-4 所示的软化点温度之间的差值大于 1℃以上，则应把该差值作为校正系数从待测玻璃测定所得软化点温度中加上或减去。

(2)“DNY 型吊丝法玻璃黏度测定仪”测定方法

此仪器是轻工业部玻璃搪瓷工业科学研究所（现为东华大学玻璃搪瓷研究所）设计、无锡光学仪器制造厂制造的测试仪器，可以测定玻璃的退火点、应变点和软化点的温度。测定软化点时的操作方法如下：

① 检查仪器各部件状态和线路连接情况；

② 接通控制器电源前应使电炉电源开关处于“关”；

③ 预热 10min 后进行“调零”和“校准”；

④ 将转换开关置于“自动”“软化”，电流调节开关逆时针方向旋至最小；

⑤ 打开电炉电源开关调节加热电流，使电流在 3A 以内；

⑥ 低于软化点约 50℃时，升温速度控制在（5±1）℃/min，待温度升到约高软化点 30℃左右，关闭加热电源开关；

⑦ 待炉温自然冷却至约低于软化点20℃时，把被测玻璃丝（长度235mm，直径0.65mm）插入电炉内；

⑧ 打开灯源开关调节亮度，找到玻璃丝在标尺上的投影，调节至最清楚；

⑨ 打开电炉电源开关，以（5±1）℃/min 升温；每隔15s 记录温度值和投影格值，直至两次读数格差值超过25为止；

⑩ 关闭电炉电源开关，切断控制器电源。

拓展资源34　实验4-3 玻璃软化温度的测定　操作教学视频

4. 数据处理记录

将数据记录于表4-3-5中。

表4-3-5　实验数据记录

时间/s	温度/℃	玻璃丝伸长数/mm
30		
60		
90		
120		
150		
……	……	……

实验内容5：玻璃内应力和退火温度的测定

玻璃是脆性材料。在玻璃生产过程中，如果工艺参数控制不好，玻璃在生产线上就会炸裂，严重影响产量和质量。如果质量不够好的产品投放市场，在用户使用过程中也可能产生炸裂，造成财产损失或人身安全事故。因此，在生产中要测定玻璃的退火温度范围，以便控制玻璃的退火过程，避免玻璃炸裂，提高产量和质量。在玻璃出厂前的质量检验时测定玻璃的内应力，可控制应力超标的玻璃流入市场。

本实验包括“玻璃内应力测定”和“玻璃退火上、下限温度的测定”两个测试项目。

（一）玻璃内应力的测定

由于生产工艺的特殊性，在制作完成后的玻璃制品中还或多或少地存在内应力。在玻璃成型过程中，由于外部机械力的作用或冷却时热不均匀所产生的应力称为热应力或宏观应力。在玻璃内部由于成分不均匀而形成的微不均匀区所造成的应力称为结构应力或微观应力。在玻璃内相当于晶胞大小的体积范围内所存在的应力称为超微观应力。由于玻璃的结构特性，其中的微观与超微观应力极小，对玻璃的机械强度影响不大。影响最大的是玻璃中的热应力，因为这种应力通常是极不均匀的，严重时会降低玻璃制品的机械强度和热稳定性，影响制品的安全使用，甚至会发生自裂现象。因此，为了保证使用时的安全，对各种玻璃制品都规定其残余的内应力不能超过某一规定值。对于光学玻璃，较大应力的存在将严重影响光透过和成像质量。因此，测量玻璃的内应力是控制质量的一种手段，特别是质量要求较高的贵重或精密的产品尤其重要。

1. 基本原理

（1）玻璃中的内应力与光程差

包括玻璃与塑料在内的许多透明材料通常是一种均质体，具有各向同性的性质，当单色光通过其中时，光速与其传播方向和光波的偏振面无关，不会发生双折射现象。但是，由于外部的机械作用或玻璃成型后从软化点以上的不均匀冷却，或者玻璃与玻璃封接处由于膨胀失配而使玻璃具有残余应力时，各向同性的玻璃在光学上就成为各向异性体，单色光通过玻璃时就会分离为两束光，如图 4-3-7 所示。O 光在玻璃内的光速及其传播方向、光波的偏振面都不变，所以仍沿原来的入射方向前进，到达第二个表面时所需的时间较少，所经过的路程较短；E 光在玻璃内的光速及其传播方向、光波的偏振面都发生变化，因此偏离原来的入射方向，到达第二个表面时所需的时间较多，所经过的路程较长。O 光和 E 光的这种路程之差称为光程差。测出这种光程差的大小，就可计算玻璃的内应力。

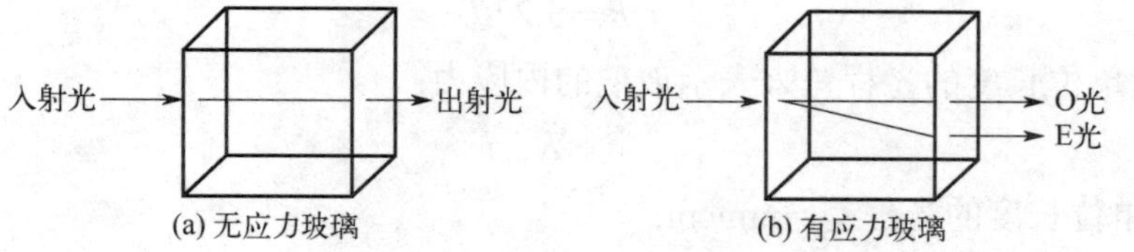

图 4-3-7　光线通过有应力玻璃时的双折射现象

布儒斯特（Brewster）等研究得出，玻璃的双折射程度与玻璃内应力强度成正比，即

$$R = B\sigma d \tag{4-3-1}$$

式中　R——光程差，nm；

B——布儒斯特常数（应力光学常数），布（1 布 = $10^{-12}Pa^{-1}$）；

σ——单向应力，Pa；

d——光在玻璃中的行程长度，cm。

（2）光程差的测量原理

光程差的测量方法有偏光仪观测法、干涉色法和补偿器测定法等几种。第一种方法可以粗略地估计光程差的大小，不便于定量测定。第二种能进行定量测定，但精度不高。只有第三种能进行比较精密的测量，本实验采用这种方法。

补偿器测定法的基本原理如图 4-3-8 所示。由光源 1 发出的光经起偏镜 2 后，变成平面偏振光（假设其振动方向为垂直方向），当旋转检偏镜 5 与之正交时，偏振光不能通过，用眼睛 6 观察时视场呈黑色。若在光路中放入有应力的玻璃试样 3 时，该偏振光通过玻璃后被分解为具有光程差的水平偏振光和垂直偏振光。当两束偏振光通过 1/4 波片 4 后，被合成为平面偏振光，但此时的平面偏振光的偏振面对起偏镜产生的平面偏振光的振动方向有一个 θ 角的旋转。因此，在视场中就可看到两条黑色条纹隔开的明亮区。旋转检偏镜，重新使玻璃中心变黑，根据检偏镜的角度差 θ，就可计算玻璃的光程差。

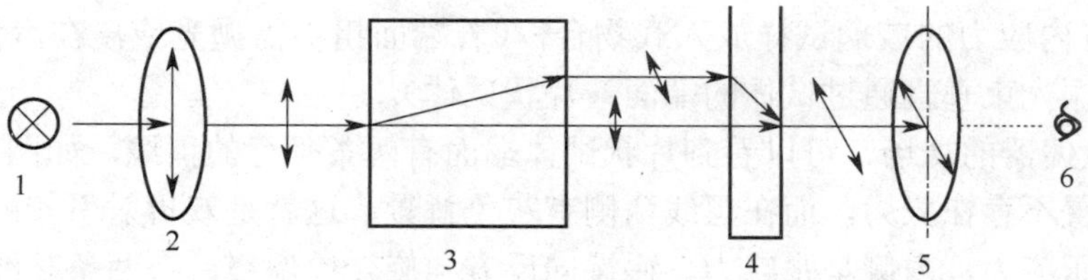

图 4-3-8　补偿器测定法原理

1—光源；2—起偏镜；3—有应力的玻璃试样；4—1/4 波片；5—检偏镜；6—眼睛

由理论推导可知，玻璃试样的光程差与偏转角成正比，即：

$$R = \lambda\theta / \pi \tag{4-3-2}$$

式中 R——玻璃的光程差，nm/cm；

λ——照射光源的波长，nm；

π——弧度，$\pi = 180°$。

当以白光灯为光源时，$\lambda = 540$nm，则：

$$R = 3\theta \tag{4-3-3}$$

在精密测定时，以钠光灯为光源，$\lambda = 589.3$nm，则：

$$R = 3.27\theta \tag{4-3-4}$$

通常，用单位长度的光程差来表示玻璃的内应力：

$$\delta = R / d \tag{4-3-5}$$

式中 δ——单位长度的光程差，nm/cm；

d——光在玻璃中的行程长度，cm。

将以上结果代入式（4-3-1），就可得玻璃内应力计算公式，即：

$$\sigma = \delta / B \tag{4-3-6}$$

对于普通工业玻璃，$B = 2.55 \times 10^{-12} Pa^{-1}$。这样，就可计算出玻璃的内应力值。

2．实验器材

双折射仪 1 台（结构如图 4-3-9 所示），玻璃样品若干[(10～20)mm×(100～120)mm]

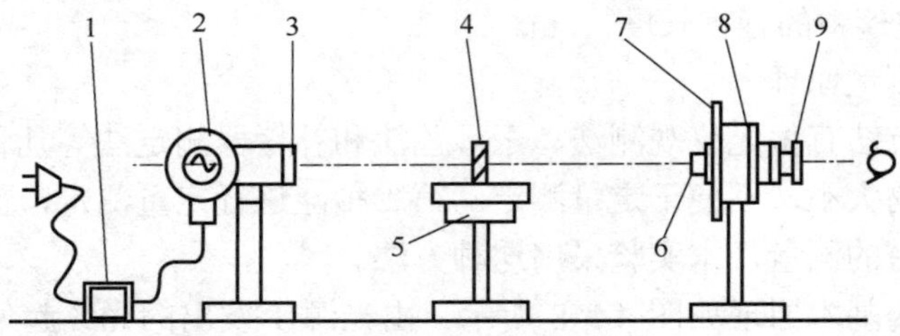

图 4-3-9 偏光计测定玻璃内应力的装置

1—镇流器箱；2—光源；3—起偏振片；4—试样；5—载物台；6—1/4 波长片；7—1/4 波片长度盘；8—检偏振片度盘；9—检偏振片

3．测试步骤

① 测定前将仪器检查一遍，接通电源，调节检偏振片与起偏振片成正交消光位置，使视野为黑暗，此时检偏镜指针应当在刻度盘的“O”位，若有偏离记应记下偏离角度 ϕ_0，1/4 波长片也放在“O”位。

② 将具有内应力的玻璃试样放入载物台，（若端面粗糙需抛光或浸在汽油或煤油里），其定位应使偏振光束垂直通过试体的端面（片状试体）。

③ 观察检偏器的视场，可以看到片状试体端面有两条平行的黑线，如图 4-3-10（a）所示，说明此位置不存在应力，而在黑线两侧有灰色背景，这就是双折射引起的干涉色，沿两条线的外侧是压应力，内侧是张应力。慢慢向反方向旋转检偏镜，在两条暗线之间就会形成一小小间隙，然后接触，使两条黑线集合成一条棕褐色的线［见图 4-3-10（b）］，即由应力产生的双折射已被检偏镜补偿。记下旋转的角度 ϕ。

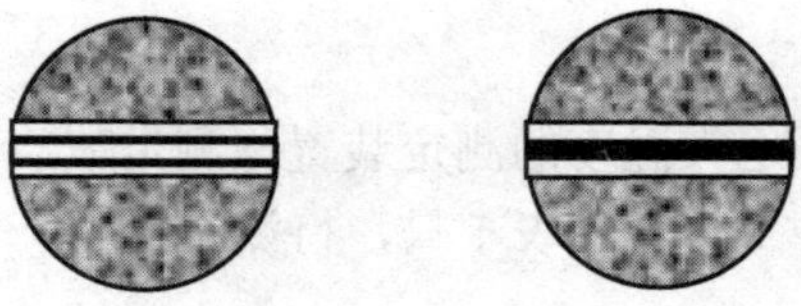

(a) 分离应力线　　(b) 集合应力线

图 4-3-10　有残余应力的玻璃片

拓展资源 35　实验 4-3 玻璃内应力的测定　操作教学视频

4．数据处理记录

应力测定的原始数据可按表 4-3-6 的方式进行记录。单位长度的光程差可按下式计算：

$$\delta = 3(\phi - \phi_0)/d \tag{4-3-7}$$

式中　$(\phi - \phi_0)$——在引入玻璃试样前后检偏镜的旋转角度之差，nm；

d——光通过试体内的行程长度（即试体的宽度，一般测其三点，取平均值），cm。

根据光程差，计算试体中心的最大残余应力值。

表 4-3-6　实验数据记录

试样编号	试样尺寸/cm		检偏镜刻度盘读数/（°）		单位光程差 /（nm/cm）	应力值/Pa
	厚度	宽度（光垂直通过的距离）	无试样	有试样	$\delta = \frac{3(\phi - \phi_0)}{d}$	$\sigma = \frac{\delta}{B} \times 0^{-7}$
	h	d	ϕ_0	ϕ		
1						
2						
3						
测试结果						

（二）玻璃退火温度的测定

为了消除热不均匀所产生的内应力，在生产中绝大多数玻璃制品都需做退火处理（少数薄壁的小件制品，有时省去退火工序），以期减少或消除玻璃中的内应力，提高制品的机械强度和热稳定性，减小生产过程中的破损，提高产品的产量。测定玻璃的退火温度上、下限，可以合理地确定退火工艺制度，对生产控制有很大的作用。

1．基本原理

玻璃中内应力的消除与玻璃黏度有关，黏度越小，应力松弛越快，应力消除也越快。退火处理的安全温度，常称为最高退火温度或退火点，它是指在此温度下维持 3min 能使玻璃内的应力消除 95%，相当于玻璃黏度为 10^{12}Pa·s 时的温度。最低退火温度是指在此温度下维持 3min 仅能使应力消除 5%，即相当于玻璃黏度为 10^{15}Pa·s 时的温度。玻璃退火温度与化学组成有关，普通工业玻璃的最高退火温度约为 400～600℃，一般采用的最低退火温度比这个温度低 50～150℃。

理论和实践都证明，在玻璃的退火温度范围内，玻璃试样退火时的剩余应力 δ_i 与初始应力 δ_0 的比值 δ_i/δ_0，与温度呈线性关系，因此根据上述定义就可以求出玻璃的最高退火温度和最低退火温度，如图 4-3-11 所示。

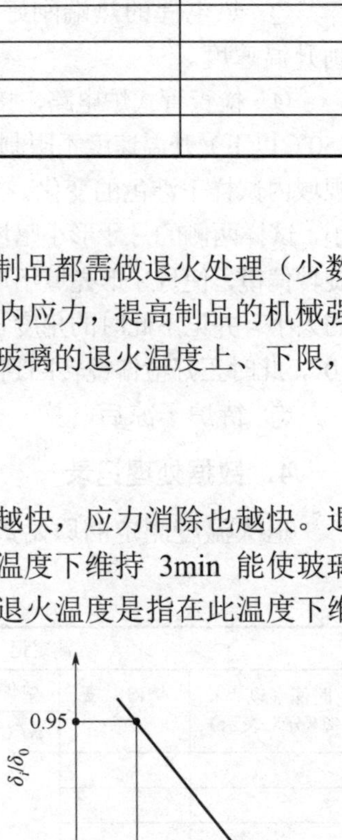

图 4-3-11　玻璃退火温度的图解

2．实验器材

玻璃最高退火温度和最低退火温度的测定装置与测定玻璃内应力的装置相同。所用设备如下：双折射仪 1 台，管式炉 1 台，秒表 1 只，待测试样。

3．测试步骤

① 在双折射仪中，将管式退火炉替代载物台，并进行调整，使炉管的中轴与光学系统的轴一致。

② 在试样支架上装上玻璃试体（即被测试样），推入炉管中央，边调整支架的位置，边观察试样，直至试样的四周边缘出现四个月牙形的亮域（如图 4-3-12 所示）为止，此时检偏镜旋转角度为 ϕ_0。按照上述测定内应力的方法测出相应于内应力最大时的光程差，即旋转检偏镜使试体左右两侧边缘出现月牙形小暗域（上、下无月牙形），定出应力值最大时的初始角度 ϕ_{max}。

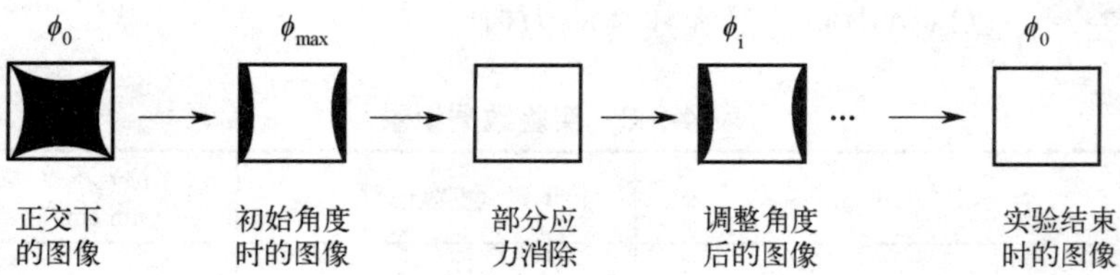

图 4-3-12　试样在仪器视域中的图像

③ 热电偶的热端刚好置于试样的顶上，尽量靠近试样，但不要接触试样，用调压器控制升温速度。

④ 检查管式炉电路，接通电源，从室温至退火温度以下 150℃左右（对工业玻璃来说，约在 350℃以下）升温速度不限制，当达 300℃以后，开始用调压器控制升温速度为 3℃/min，注意观察视域内试样干涉色的变化。当试体进入最低退火温度时，光程差（即干涉色）开始显著平稳地减小，试样两侧的月牙形小暗域往边部移动。此时，每 3min（秒表计时）慢慢旋转偏镜，使月牙形亮域出现于试体边部两侧，以保持原始 ϕ_{max} 时月牙亮域的大小。并记下此时的角度 ϕ_i 和温度 T_i；如此下去，直到试体内的光程差为“0”，此时正好检偏镜转回到 ϕ_0 的位置上，视域全为灰暗，即应力完全消除。

拓展资源 36　实验 4-3 玻璃退火温度的测定　操作教学视频

⑤ 待炉子凉后，换一个试样，重复实验一次。

4．数据处理记录

退火温度测定的原始数据可按表 4-3-7 的形式记录。

表 4-3-7　实验数据记录

测定记录					结果计算		
时间（以“×时×分”表示）	炉内温度/℃	检偏镜刻度盘读数		检偏镜转角	加热前光程差	加热后光程差	$\frac{\delta_i}{\delta_0}$
		ϕ_0/（°）	ϕ_{max}/（°）	ϕ_i/（°）	δ_0/（nm/cm）	δ_i/（nm/cm）	

在直角坐标纸上以温度为横坐标，δ_i/δ_0为纵坐标作图。在“δ_i/δ_0-T”直线上取δ_i/δ_0在0.95和0.05的点所对应的温度值即分别为该玻璃的最低退火温度和最高退火温度。

三、实验结果的处理与分析讨论

1．根据梯温炉的梯温曲线，定出析晶上、下限温度。

2．得出玻璃的耐水性、软化温度、内应力及退火温度。

3．结合相关玻璃理论，探讨玻璃组分-结构-性能之间的关系。

4．得到有关规律的内容。

四、实验过程中的注意事项

1．在操作高温设备时，需做好相关安全防护，防止烫伤。

2．在实验操作中必须严格遵守规定的实验条件，以保证实验结果的可靠性。

思考题

1．玻璃体为什么会析晶？

2．梯温炉法测定玻璃析晶温度的原理是什么？

3．影响玻璃析晶温度测定结果的因素是什么？如何防止？

4．如何制造微晶玻璃？

5．影响玻璃化学稳定性的因素有哪些？在做本实验时，如何才能获得比较准确的结果？

6．用盐酸进行滴定时，盐酸用量可能有偏高的现象，为什么？

7．玻璃的化学组成对软化点温度有何影响？

8．影响软化温度测定精确度的因素是什么？如何防止？

9．什么叫应力？什么叫内应力？什么叫主应力？

10．退火的目的和实质是什么？

主要参考文献

[1] 谢峻林，何峰，顾少轩，等．无机非金属材料工学[M]．北京：化学工业出版社，2011.

[2] 田英良，孙诗兵．新编形变玻璃工艺学[M]．北京：化学工业出版社，2009.

[3] 西北轻工业学院．玻璃工艺学[M]．北京：轻工业出版社，2004.

[4] 王承遇，陶瑛．玻璃成分设计与调整[M]．北京：化学工业出版社，2006.

[5] 邱关明，黄良钊．玻璃形成学[M]．北京：兵器工业出版社，1987.

[6] 伍洪标，谢峻林，冯小平，等．无机非金属材料实验[M]．2版．北京：轻工业出版社，2011.

[7] ASTM C829—81(2015)．用梯度炉法测量玻璃的液化温度的标准实施规程.

[8] JC/T 750—2014．透明石英玻璃抗析晶性试验方法.

[9] 南京玻璃纤维研究设计院．玻璃测试技术[M]．北京：中国建筑工业出版社，1987.

[10] GB/T 28195—2011．玻璃软化点测试方法.

[11] JC/T 751—1984(1996)．石英玻璃软化点测试方法（拉丝法）.

[12] JC/T 655—2012．石英玻璃制品内应力检验方法.

[13] GB/T 4545—2007．玻璃瓶罐内应力试验方法.

实验 4-4　陶瓷的设计与制备实验

课前测试

陶瓷（ceramic）是我们日常生活接触较多，在国民经济中有许多重要应用的无机非金属材料之一，不仅包含日用陶瓷、建筑卫生陶瓷等普通陶瓷（ordinary ceramics），也包含具有某类特殊性能，在电子、航空、生物医学等领域有着广泛用途的特种陶瓷（spcial ceramics）。掌握陶瓷材料的设计和制备方法，对于陶瓷研究和产品开发具有重要的作用。

一、教学目标

① 学生能独立查阅科技文献，选择一种陶瓷材料进行实验方案设计。
② 分析黏土的可塑性能和泥浆的流动性能。
③ 掌握黏土坯料干燥性能的测定方法。
④ 掌握陶瓷坯体体积密度、吸水率及气孔率的测定表示。
⑤ 综合分析材料组成-结构-性能之间的关系。

二、教学内容

实验内容 1：黏土或坯料可塑性的测定

可塑性是陶瓷泥料的重要工艺性能，其测定方法有间接法和直接法两种，但到目前为止仍无一种方法能完全符合生产实际，因此，国内外正在积极研究适宜的定量测定方法。目前各研究单位或工厂仍广泛沿用直接法，即用可塑性指标和可塑性指数对黏土或坯料的可塑性进行初步评价。

（一）可塑性指标的测定

1．基本原理

可塑性是指含工作水分的泥团，在一定外力作用下产生形变，除去外力仍保持其形变性能的能力。即将具有一定细度和分散度的黏土或配合料，加适量水调和均匀，成为含水率一定的塑性泥料，在外力作用下能获得任意形状而不产生裂缝或破坏，并在外力作用停止后仍能保持该形状的能力。

可塑性指标以一定大小的泥球在受力情况下所产生的应变与应力的乘积来表示：

$$S = (D - h)P \tag{4-4-1}$$

式中　S——可塑性指标，cm·kg；

D——泥球在实验前的直径，cm；

h——泥球受压后产生裂缝时的高度，cm；

P——泥球出现裂纹时的负荷，kg。

可塑性与调和水量，亦与颗粒周围形成的水化膜厚度有一定的关系。一定厚度的水化膜会使颗粒相互联系，形成连续结构，加大附着力；水膜又能降低颗粒间的内摩擦力，使质点能相互沿着表面滑动而易于塑造成各种形状，从而增加了可塑性。但加入水量过多又会产生流动，失去塑性；加入水量过少，则连续水膜破裂，内摩擦力增加，塑性变坏，甚至在不大的压力下就呈松散状态。

高可塑性黏土的可塑性指标大于 3.6，中可塑性黏土可塑性指标为 2.5～3.6，低可塑性黏土的可塑性指标小于 2.5。

2．实验器材

① 可塑性指标仪（如图 4-4-1 所示）；

② 天平、卡尺、割泥器（直径 45mm 的铁环）、保湿器、0.063mm 标准筛、密闭容器、玻璃板、称量瓶、烘箱、干燥器等。

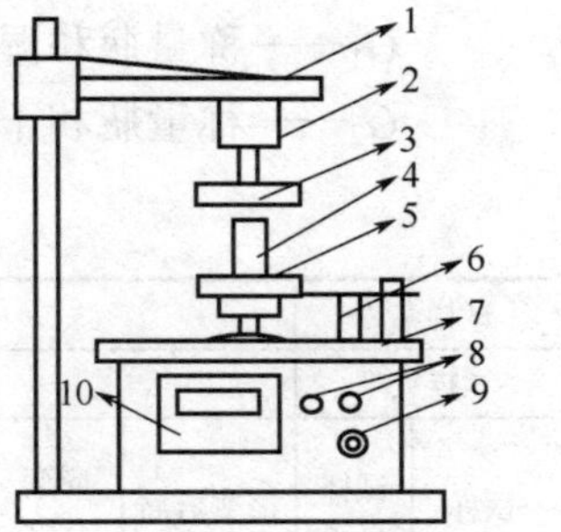

图 4-4-1　可塑性指标仪

1—横梁；2—压力传感器；3—上压板；4—试样；5—下压板；6—位移校正杆；7—限位杆；8—指示灯；9—电源开关；10—显示面板

3．测试步骤

① 经真空练泥、陈腐后的泥料，在工作水分下，可直接进行可塑性指数测定。

② 未经处理的样品可按下列方法制备：

a．按送样单位要求进行试样制备；

b．送样单位无制样要求的样品，按陶瓷工艺一般要求处理样品，获取通过 0.063mm 标准筛、筛余量小于 1.5%泥料约 0.5kg，将这些泥料充分揉捏均匀后制成泥段，装入密闭容器中，在室温下陈腐 4 天左右，获取组织均匀、结构致密、内部无残余气孔的泥料。

③ 将泥料铺于玻璃板上，制成厚 30mm 的泥饼，用直径 45mm 的铁环割取 5 段，保存在保湿器中，随时取用。

④ 将泥团用手搓成泥球，球面要求光滑无裂纹，球的直径（45±1）mm（卡尺测量），为了使手掌不致吸去泥段表面水分和沾污泥球表面，实验前应先用湿毛巾擦手。

⑤ 启动仪器开关、预热仪器约 5min 后，调整可塑性指标仪两压板间的距离大于球形试样的直径，把泥球放在可塑性指标仪的下压板中央，上升试验台，同时仔细观察球形试样，当看到裂纹时，立即停止。

⑥ 读取并记录泥球的可塑性指标、直径和压裂时的厚度、压力等数据。

⑦ 下降试验台，在中心部分取适量泥样，置于预先称量恒重的编好号的称量瓶中，迅速用天平称重，然后放入烘箱中，在 105～110℃温度下烘干至恒重，在干燥器中冷却后称重。

拓展资源 37　实验 4-4 黏土或坯料可塑性的测定　操作教学视频

4．数据处理记录

（1）测定记录

如表 4-4-1 所示。

（2）计算方法

① 可塑性指标计算　将测定数据代入式（4-4-1）进行计算。

② 水分计算：

$$干基水分=\frac{G_1-G_2}{G_2-G_0}\times 100\% \quad (\%) \tag{4-4-2}$$

$$湿基水分=\frac{G_1-G_2}{G_1-G_0}\times 100\% \quad (\%) \tag{4-4-3}$$

式中　G_0——称量瓶的质量，g；

G_1——称量瓶和湿样的质量，g；

G_2——称量瓶和干样的质量，g。

表 4-4-1　可塑性指标测定记录表

试样名称												
试样处理												
试样编号	试样直径 D/cm	形变后高度 h/cm	应变 $D-h$ /cm	破坏负荷 P/kg	可塑性指标 $S=(D-h)p$ /cm·kg	黏土或坯泥可塑水分的测定						备注
						称量瓶编号	称量瓶重 G_0/g	称量瓶及湿样重 G_1/g	称量瓶及干样重 G_2/g	干基含水率/%	湿基含水率/%	
1												
2												
3												
4												
5												

③ 全面表征可塑性指标的数据，应包括指标、压力、相应含水率，数据应精确到小数点后一位。

④ 每种试样需平行测定 5 个用于计算可塑性指标的数据，其相对误差不应大于±0.5%。

5．实验过程中的注意事项

① 试样加水调和应均匀一致，水分必须是正常操作水分，搓球前必须经过充分捏练。

② 搓球必须用润湿的掌心，搓球时间差不多，球表面必须光滑，滚圆无疵，球的尺寸须控制在 $\phi(4.5\pm0.1)$cm 范围内。

③ 实验操作必须正确，顺序不得颠倒，掌握开裂标准应该一致。

④ 如需详细研究可塑性指标与含水量的关系时，可作不同含水率的可塑性指标测定，并绘制出指标-含水率曲线图。

（二）可塑性指数的测定

1．基本原理

可塑性指数法是通过研究试样在受力过程中应力与应变之间的关系来确定泥料的可塑性。即一定规格含工作水分的泥柱，在外力作用下，形变 10%与 50%相对应的应力之比。

2．实验器材

① 可塑性指标仪；

② 天平、割泥器、0.063mm 标准筛、密闭容器、模具、刷笔、刮泥刀；

③ 煤油。

3．测试步骤

① 经真空练泥、陈腐后的泥料，在工作水分下，可直接进行可塑性指数测定。

② 未经处理的样品可按下列方法制备：

a．按送样单位要求进行试样制备；

b．送样单位无制样要求的样品，按陶瓷工艺一般要求处理样品，获取通过 0.063mm 标准筛、筛余量小于 1.5%泥料约 0.5kg（天平称取），将这些泥料充分揉捏均匀后制成泥段，装入密闭容器中，在室温下陈腐 4 天左右，获取组织均匀、结构致密、内部无残余气孔的泥料。

③ 从处理好的泥段的同一方向割取略大于试样模具所需的一段泥块，并将其制成圆柱形泥条。

④ 在模具内壁用刷笔刷匀煤油后，将圆柱形泥条放入模具内，利用割泥器、刮泥刀等工具制作标准试样。

⑤ 启动仪器开关、预热仪器约 5min 后，以模具为标准，定位可塑性指标仪两压板间的实际距离；调整零点，关闭仪器开关。

⑥ 在可塑性指标仪上下压板上刷上煤油(使其具有良好的润滑性能)，将制作完成的试样从玻璃板上小心地移至下压板中央，试样移动过程中避免发生形变。

⑦ 重启仪器开关，测定试样并分别记录试样压缩 10%与试样压缩 50%时相对应的应力值，即为 R_{10}、R_{50}。

⑧ 第一个试样测试完毕后，关闭仪器开关，清除仪器上的泥屑，揩净油水迹。

⑨ 重复⑤～⑧程序，测试同一个样品的另外 5 个试样（一个样品需做 6 个试样）。

⑩ 测定陶瓷泥料可塑性指数的同一泥段上试样的含水率。

4．数据处理记录

（1）测定记录

将有关数据记入表 4-4-2 中。

表 4-4-2 可塑性指数测定记录表

实验编号	R_{10}/N	R_{50}/N	可塑性指数 P	液限含水率/%
1				
2				
3				
4				
5				
可塑性指数平均值				

（2）计算方法

$$P=\frac{1.8R_{10}}{R_{50}} \tag{4-4-4}$$

式中 P——可塑性指数；

1.8——常数，试样压缩 50%和压缩 10%的截面积之比；

R_{10}——试样压缩 10%时的应力，N；

R_{50}——试样压缩 50%时的应力，N。

（3）数据处理

① 当同一样品的 6 个可塑性指数的相对偏差均小于 15%时，取 6 个试样的平均值。

② 若有 1 个测定值的相对偏差大于 15%，则此值删除，测试结果取 5 个试样的平均值，若有 2 个以上(含两个)的测定值的相对偏差大于 15%，则重测。

③ 计算结果保留两位小数。

实验内容 2：泥浆流动性能的测试

泥浆是陶瓷原料在水中的一种悬浮体。为了保证产品的质量，要求泥浆应具备一定的渗透性、流动性等方面的性质，需要对泥浆的黏度、触变性、厚化度、容重、细度、水分、pH值等工艺指标进行测定。本实验仅测定泥浆的“相对黏度和触变性”。

1. 基本原理

泥浆在流动时，其内部存在着摩擦力。内摩擦力的大小一般可通过其“黏度”的大小来反映，纯液体和真溶液可根据泊肃叶定律（Poiseuille 定律）测定其绝对黏度。对于泥浆这种具有一定结构特点的悬浮体和胶体系统，一般只测定其相对黏度。相对黏度的倒数称为相对流动性。黏度越大，流动性就越小。

泥浆的流动性与触变性，取决于泥料的配方组成，即所用黏土原料的矿物组成与性质，泥浆的颗粒分散和配制方法、水分含量和温度、使用电解质的种类。

实践证明，电解质对泥浆流动性等性能的影响是很大的，即使在含水量较少的泥浆内加入适量电解质后，也能得到像含水量多时一样或更大的流动性。因此，调节和控制泥浆流动性和触变性的常用方法是选择适宜的电解质，并确定其加入量。

在黏土-水系统中，黏土粒子带负电，因而黏土粒子在水中能吸附阳离子形成胶团。一般天然黏土粒子上吸附着各种盐的 Ca^{2+}、Mg^{2+}、Fe^{3+}、Al^{3+}阳离子，其中以 Ca^{2+}为最多。在黏土系统中，黏土粒子还大量吸附 H^+。在未加电解质时，H^+半径小，电荷密度大，与带负电的黏土粒子作用力大，易进入胶团吸附层，中和黏土粒子的大部分电荷，使相邻粒子间的同性电荷减少，斥力减小，以至于黏土粒子易于黏附凝聚，而使流动性变差。Ca^{2+}以及其他高价离子等，由于电价高（与一价阳离子相比）与黏土粒子间的静电引力大，易进入胶团吸附层，因而产生与上述一样的结果，使流动性变差。如果加入电解质，这种电解质的阳离子离解程度大，且所带的水膜较厚，而与黏土粒子间的作用不是很大，大部分仅进入胶团的扩散层，使扩散层加厚，电动电位增大，黏土粒子间排斥力增大，故会增加泥浆的流动性。

泥浆的最大稀释度（最低黏度）与其电动电位的最大值相适应。若加入过量的电解质，泥浆中这种电解质的阳离子浓度过高，含有较多的阳离子会进入胶团的吸附层，中和黏土胶团的负电荷，从而使扩散层变薄，电动电位下降，黏土胶粒不易移动，使泥浆黏度增加，流动性下降，所以电解质的加入量应有一定的范围。

（1）用于稀释泥浆的电解质必须具备三个条件

① 具有水化能力强的一价阳离子，如 Na^+等。

② 能直接离解或水解而提供足够的 OH^-，使分散系统呈碱性。

③ 能与黏土中有害离子发生交换反应，生成难溶的盐类或稳定的络合物。

（2）生产中常用的稀释剂可分为三类

① 无机电解质，如水玻璃、碳酸钠、六偏磷酸钠$(NaPO_4)_6$、焦磷酸钠$(Na_4P_2O_7\cdot 10H_2O)$等，电解质的用量一般为干坯料重量的 0.3%～0.5%（质量分数）。

② 能生成保护胶体的有机酸盐类，如腐植酸钠、单宁酸钠、柠檬酸钠，松香皂等，用量一般为 0.2%～0.6%（质量分数）。

③ 聚合电解质，如聚丙烯酸盐，羧甲基纤维素，木质素磺酸盐，阿拉伯树胶。

稀释泥浆的电解质，可单独使用或几种混合使用，其加入量必须适当，若过少则稀释作用不完全，过多反而引起凝聚。适当的电解质加入量与合适的电解质种类，对于不同黏土必须通过实验来确定。一般电解质加入量控制在质量分数不大于 0.5%（对于干料而言）的范围内。采用复合电解质时，还需注意加入顺序对稀释效果的影响，当采用 Na_2CO_3 与水玻璃或 Na_2CO_3 与丹宁酸钠复合时，都应先加入 Na_2CO_3，再加水玻璃或丹宁酸钠。

在选择电解质，并确定各电解质的最适宜用量时，一般是将电解质加入黏土泥浆中，并测该泥浆的相对流动性。

对泥浆浆体，相对流动性用相对黏度来表示，即测定泥浆与水在同一温度下，流出同一体积所需流出的时间之比来表示。

2．实验器材

① 涂-4 黏度计：涂-4 黏度计被广泛用于测定泥浆相对黏度，其结构如图 4-4-2 所示，该仪器有一个圆筒形容器，容器底部中心开有一个圆锥形流出孔（下部出口孔径为 4mm），供泥浆流出用，此孔下有一开关将孔挡住。

圆筒形容器被固定在铁架台上的环形托架托住。在铁架台的底板上放置一搪瓷杯，用来承接从圆筒形容器流出的泥浆。

温度对泥浆黏度的影响很大。在测定不同的泥浆黏度时，最好能保持温度一致。

② 天平、电动搅拌机、滴定管、秒表、量筒、玻璃棒、泥浆杯等。

图 4-4-2　涂-4 黏度计

3．测试步骤

1）试样制备

（1）电解质标准溶液的制备

配制浓度为 5%或 10%的 Na_2CO_3、水玻璃（或两者混合）等不同电解质的标准溶液。

电解质应在使用时配制，尤其是水玻璃，极易吸收空气中 CO_2 而降低稀释效果。Na_2CO_3 也必须保存在干燥的地方，以免在空气中变成 $NaHCO_3$,而使泥浆凝聚。

（2）黏土试样的制备

① 取 2kg 左右的黏土，磨细、风干，全部通过 100 目筛。

② 若为已制备好的坯泥（釉）浆，可直接取样 3～4kg，并测定含水率。其含水率最好低于实验时的含水率。

2）操作步骤

（1）泥浆需水量的测定

用天平称 200.0g 黏土试样（准确至 0.1g），用滴定管加入蒸馏水，充分拌和至泥浆开始呈流动性为止；或将泥浆注入黏度计，测定流出 100mL 所需时间是否为 40～50min 来判断。记下加水量 V_0（准确至 0.1mL）。不同黏土需水量的变动范围一般为 50%～80%(质量分数)。

（2）初步实验

在呈微动的泥浆中，以滴定管仔细将配好的电解质溶液滴入，不断拌和。记下泥浆呈明显稀释时电解质的加入量。

（3）电解质含量对相对黏度的影响

在 5 只编号的泥浆杯中，各称取泥样 200.0～250.0g（准确至 0.1g）。各加一定水量调至微微流动。根据初步实验所加电解质的量，选择电解质加入量的范围，其间隔为一定（可由大至小，0.5～0.1mL）。5 只泥浆杯中加入的电解质溶液量不同，但杯中总液体体积相等。调和后，用小型电动搅拌机搅动 5min，待用。

把涂-4 黏度计内外容器洗净、擦干，置于不受振动的平台上，调节水平。

在黏度计环形托架上有一个水平器，当调节到水平时，液泡即在水平器的圆圈内。

把搪瓷杯放在黏度计正下方，黏度计的流出口对准杯的中心。转动开关，把黏度计的流出口堵住，将制备好的试样充分搅拌均匀（可用小型搅拌机搅拌 5min），借助玻璃棒慢慢地将泥浆倒入黏度计的圆柱形容器中，至恰好装满容器（稍有溢出）为止，用玻璃棒仔细搅拌一下，静置 30s，立即打开开关，同时启动秒表，眼睛平视容器的出口，待泥浆流断流时，立即关秒表，记下时间。这一试样重复测定三次，取平均值。

按上述步骤测定相同条件下，流出 100mL 蒸馏水（量筒称量）所需要的时间。

（4）确定最适宜电解质

用上述方法测定其他电解质对该黏土的稀释作用，比较泥浆获得最大稀释时的相对黏度、电解质的用量及泥浆获得一定流动度的最低含水量。

（5）触变性的测定

在机械外力影响下，流动性增加，外力除去后，变得稠厚，这种性能称为泥浆的触变性能。

搅拌后静止 30min 的泥浆从黏度计中流出 100mL 所用的时间与搅拌后静止 30s 的泥浆流出同体积所用的时间比称为该泥浆的触变性。

测定方法与相对黏度的测定相同。

4. 数据处理记录

（1）测定记录

记录泥浆与水在同一温度下流出同一体积所需时间，如表 4-4-3 所示。

表 4-4-3 相对黏度及厚化度测定记录表

<table>
<tr><td colspan="2">试样名称</td><td colspan="3"></td><td colspan="3">测定日期</td><td colspan="2"></td></tr>
<tr><td colspan="2">试样处理</td><td colspan="3"></td><td>流出 100mL 蒸馏水的时间/s</td><td colspan="2"></td><td>水浴温度/℃</td><td></td></tr>
<tr><td rowspan="2">编号</td><td rowspan="2">试样加蒸馏水的体积/mL</td><td colspan="3">电解质</td><td rowspan="2">黏度实验泥浆干基含水量/%</td><td colspan="2">流出 100mL 泥浆所需的时间/s</td><td rowspan="2">相对黏度</td><td rowspan="2">触变性</td></tr>
<tr><td>名称</td><td>加入电解质的量/mL</td><td>电解质等于干样百分数/%</td><td>静止 30s</td><td>静止 30min</td></tr>
<tr><td>1</td><td></td><td></td><td></td><td></td><td></td><td></td><td></td><td></td><td></td></tr>
<tr><td>2</td><td></td><td></td><td></td><td></td><td></td><td></td><td></td><td></td><td></td></tr>
<tr><td>3</td><td></td><td></td><td></td><td></td><td></td><td></td><td></td><td></td><td></td></tr>
<tr><td>4</td><td></td><td></td><td></td><td></td><td></td><td></td><td></td><td></td><td></td></tr>
<tr><td>5</td><td></td><td></td><td></td><td></td><td></td><td></td><td></td><td></td><td></td></tr>
</table>

（2）结果计算

① 按下列公式计算泥浆的相对黏度：

$$V_s = \frac{t_{30s}}{t_{水}} \tag{4-4-5}$$

式中　t_{30s}——泥浆静止 30s 后，从黏度计中流出 100mL 所需的时间，s；

$t_{水}$——水从黏度计中流出 100mL 所需要的时间，s。

取三次测定的平均时间进行计算。三次测定的绝对误差，流出时间在 40s 以内的不能大于 0.5s，40s 以上的不能大于 1s。计算精确到小数点后一位。

② 泥浆相对流动性（F_s）：泥浆相对黏度的倒数称为泥浆的相对流动性。

$$F_s = \frac{t_{水}}{t_{30s}} \tag{4-4-6}$$

③ 根据泥浆相对黏度与电解质加入量(以毫克当量数/100g 的干黏土为单位)的关系绘成曲线，再根据转折点判断最适宜电解质加入量。

④ 比较不同电解质的稀释曲线及不同电解质的作用，从而确定稀释作用良好的电解质及其最适宜的加入量(相对某一种黏土而言)。

⑤ 泥浆的触变性能（T_s）：

$$T_s = \frac{t_{30min}}{t_{30s}} \tag{4-4-7}$$

式中 t_{30min}——泥浆在黏度计内静置 30min 后从黏度计中流出 100mL 所需要的时间，s；

t_{30s}——泥浆在黏度计内静置 30s 后从黏度计中流出 100mL 所需要的时间，s。

（3）实验结果的处理

① 通过现象对比，定性分析电解质对泥浆能动性能的改善作用。

② 对于同一浓度的泥浆，加入同一种电解质不同含量后，测定泥浆的相对黏度，通过曲线描述泥浆相对黏度与电解质含量之间的关系，并用数学的方法获得该电解质最佳的含量。

③ 如果实验方案采用的是同一泥浆系统，探究不同种类电解质对泥浆流动性能的影响规律，可以通过柱状图的方式表达泥浆相对黏度与电解质种类之间的关系，并比较不同电解质对泥浆流动性能改善作用的大小。

④ 计算电解质含量时，应该以黏土干基为基准。

5. 实验过程中的注意事项

① 用电动搅拌机搅拌泥浆时，电动机转速和运转时间要保持一定。在启动搅拌机前，先将搅拌叶片埋入泥浆中，以免泥浆飞溅。

② 泥浆从流出口流出时，勿触及泥浆杯颈壁，否则需重做。

③ 在静置 30min 和泥浆(或釉浆)温度超过 30℃以上的实验时，每做一次，应洗一次黏度计流出口。

④ 每测定一次黏度，应将量瓶洗净，烘干，或用无水乙醇除掉泥浆杯中剩余水分。

⑤ Na_2CO_3 易在潮湿空气中变质为 $NaHCO_3$。后者使黏土发生凝聚作用，应注意防潮和检查。

⑥ 实验所用的泥浆应该进行回收处理，可以用于陶瓷材料的设计与制备实验的原料，切勿直接倒入下水道。

拓展资源 38 实验 4-4 泥浆绝对黏度测量

实验内容 3：坯体收缩性能的测定

在陶瓷或耐火材料的生产中，成型后的坯体中都含有较高的水分，坯体在干燥和高温烧结的过程中，水分的排出以及化学反应引起气体的排出，使得坯体会发生收缩而变形，这会影响坯体的造型和尺寸的准确性，甚至使陶瓷坯体开裂。了解坯料的收缩性能，可有效地防止坯体开裂和变形现象的发生。本实验主要是测量坯体的“线收缩”。

1．基本原理

影响坯体收缩性能的因素很多，如含水率、颗粒大小、矿物组成、成型方式等。一般黏土细度愈高的可塑性愈大，收缩也大。

收缩有线收缩和体积收缩两种表示法，前者测定较简单。对某些在干燥过程易于发生变形、歪扭的试样，必须测定体积收缩。本实验主要是测量线收缩。陶瓷的烧结过程主要包括坯体的干燥和坯体的烧成，需要分别对这两个阶段坯体的收缩进行测量。

干燥线收缩率是指陶瓷坯体干燥前后尺寸的变化与试样干燥前原长度的百分比。

烧成线收缩率是指陶瓷坯体高温煅烧前后尺寸的变化与试样高温煅烧前长度的百分比。

$$\text{干燥线收缩率}\quad I_1=\frac{L_0-L_1}{L_0}\times 100 \tag{4-4-8}$$

$$\text{烧成线收缩率}\quad I_2=\frac{L_1-L_2}{L_1}\times 100 \tag{4-4-9}$$

式中 L_0——试样干燥前原始尺寸，cm；

L_1——试样干燥后的尺寸，cm；

L_2——试样烧成后的尺寸，cm。

2．实验器材

① 干燥箱：工作温度110℃，温差在±5℃以内。

② 游标卡尺：精度0.02mm。

③ 不易锈蚀的金属模具：圆片（ϕ60mm×8mm）。

④ 压力机。

⑤ 高温电炉。

⑥ 0.5mm 孔径筛、调泥皿、湿布、玻璃板、湿绸布、碾棒、薄纸、印模、垫板、石英砂或氧化铝粉。

3．测试步骤

（1）试样制备

① 黏土试样的制备　称取已通过0.5mm孔径筛的原料，置于调泥皿中，逐渐加水拌和至正常工作水分，充分捏练后，盖好陈腐24h备用。

② 坯料试样的制备　一般直接取用经真空练泥机练的泥料，如用干坯料，其制备方法与黏土同。

（2）操作步骤

① 取经充分捏练（或真空练泥）后的泥料一团，放在铺有湿布的玻璃板上，上面再放一层湿绸布，用专用碾棒，有规律地进行碾。碾滚时注意换方向，使各面受力均匀，最后把泥块表面轻轻滚平，用金属模具制成ϕ60mm×8mm试样5块，然后，小心地脱出置于垫有薄纸的玻璃板上放平，立即用印模压印两条相互垂直的标线，记作L_0。

② 如果是干粉试样，用压力机进行压制成型，如果是浆体，采用注浆成型，成型后用印模压印两条相互垂直的标线，取平均值，记作 L_0。

③ 制备好的试样在室温中阴干 1～2d。阴干过程中，注意翻动，以不使紧贴玻璃阻碍收缩引起变形，待至试样发白后放入干燥箱中，在温度 105～110℃下烘干（相隔 1h 的两次测量相差不大于 1g），用游标卡尺分别测量干燥后试样两标线长度（精确至 0.02mm），取平均值，记作 L_1。

④ 将测量过干燥收缩的试样装高温电炉（或试验窑、生产窑）中焙烧（装烧时应选择平整的垫板，垫上石英砂或氧化铝粉），试样冷却到室温后，用游标卡尺测量两标线长度（精确至 0.02mm），取平均值，记作 L_2。

⑤ 试样含水率的测定，与黏土可塑性实验的方法和步骤相同。

4. 数据处理记录

（1）测定记录

将有关数据记入表 4-4-4 中。

表 4-4-4 线收缩率测定记录表

	试样名称											
试样编号	温度	湿试样尺寸 L_0/mm	干试样尺寸 L_1/mm	烧成试样尺寸 L_2/mm	干燥线收缩率/%	烧成线收缩率/%	坯泥水分测定					
							称量瓶编号	称量瓶重 G_0/g	称量瓶及试样重 G_1/g	称量瓶及干样重 G_2/g	干基含水率/%	湿基含水率/%
1												
2												
3												

（2）数据处理

分别计算干燥线收缩率、烧成线收缩率以及试样的含水率。

实验内容 4：坯体强度的测定

陶瓷坯体强度主要包括坯体的干燥强度和陶瓷制品的强度。其测量方法见实验 3-2。

实验内容 5：陶瓷的高温烧成

1. 基本原理

陶瓷的高温烧成是通过加热粉料，使其水分蒸发、有机物燃烧、盐类分解以及发生固相反应，形成由晶体和玻璃组成的陶瓷制品的过程。通过实验能了解陶瓷的形成过程，以及确定所设计配方陶瓷的烧结温度和陶瓷基本性能。将陶瓷坯体在不同温度下进行烧结，再测量坯体的收缩和体积密度，通过绘制伸缩性能-温度曲线，获得陶瓷的烧成温度范围和性能。

2. 实验器材

高温炉、垫砖、坩埚钳、大头针、马弗炉、干燥器、氧化铝粉等。

3. 测试步骤

① 按照所设计的配方，选择适当的成型方式，将做了干燥收缩的试样，在垫砖表面抹

上薄薄一层氧化铝粉，将干燥后的坯体，按照一定顺序摆放到垫砖上（图 4-4-3）。

② 将垫砖连同试样一起放入高温炉炉膛中，关好炉门。

③ 在温控仪表上设置烧成温度曲线（图 4-4-4），开启电炉进行升温。

④ 当到达第一个保温点，保温后，用坩埚钳取出试样，立即放到马弗炉中进行退火。

⑤ 继续升温，直到达到最高烧成温度点，最后一个试样可以不取出，随炉冷却即可。

⑥ 当试样冷却至室温时放在干燥器中待用。

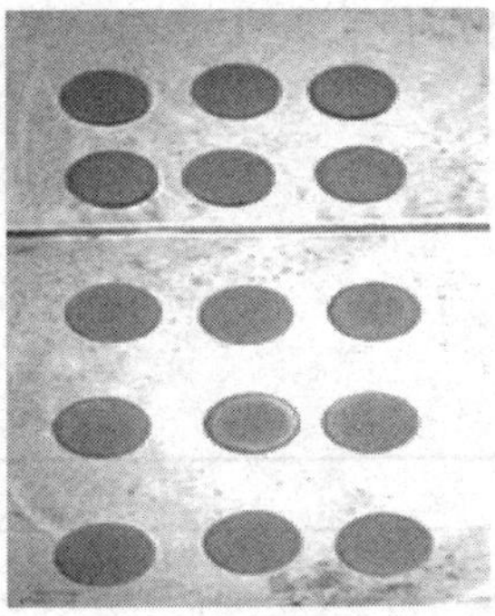

图 4-4-3　样品摆放

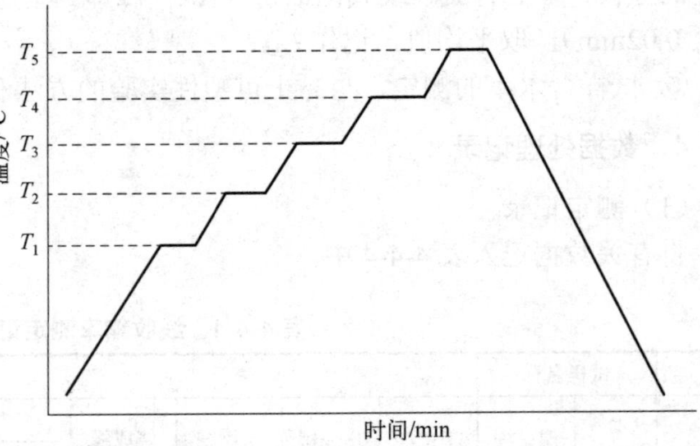

图 4-4-4　陶瓷烧成温度曲线

T_1～T_5 为保温温度，T_5 不高于最高烧成温度

实验内容 6：材料体积密度、吸水率及气孔率的测定

1．基本原理

材料吸水率、气孔率的测定都是基于密度的测定，而密度的测定则基于阿基米德原理。由阿基米德定律可知，浸在液体中的任何物体都要受到浮力（即液体的静压力）的作用，浮力的大小等于该物体排开液体的重量。重量是一种重力的值，但在使用根据杠杆原理设计制造的天平进行衡量时，对物体重量的测定已归结为对其质量的测定。因此，阿基米定律可用下式表示：

$$m_1 - m_2 = VD_\mathrm{L} \qquad (4\text{-}4\text{-}10)$$

式中　m_1——在空气中称量物体时所得物体的质量，g；

m_2——在液体中称量物体时所得物体的质量，g；

V——物体的体积，mL；

D_L——液体的密度，g/cm^3。

物体的体积可以通过将物体浸于已知密度的液体中，测定其质量的方法来求得。由于浸于浸液中的物体受到液体静压力的作用，所以这种方法称之为“液体静力衡量法”。

在工程测量中，往往忽略空气浮力的影响，在此前提下进一步推导可得用称量法测定物体密度时的原理公式：

$$D = \frac{m_1 D_\mathrm{L}}{m_1 - m_2} \qquad (4\text{-}4\text{-}11)$$

这样，只要测出有关量并代入上式，就可计算出待测物体在温度 t℃时的密度。

材料的密度，可以分为真密度、体积密度等。体积密度指不含游离水材料的质量与材料的总体积（包括材料的实体积和全部孔隙所占的体积）之比。当材料的体积是实体积（材料内无气孔）时，则称真密度。

气孔率指材料中气孔体积与材料总体积之比。材料中的气孔有封闭气孔和开口气孔（与大气相通的气孔）两种，因此气孔率有封闭气孔率、开口气孔率和真气孔率之分。封闭气孔率指材料中的所有封闭气孔体积与材料总体积之比。开口气孔率（也称显气孔率）指材料中的所有开口气孔体积与材料总体积之比。真气孔率（也称总气孔率）则指材料中的封闭气孔体积和开口气孔体积与材料总体积之比。

吸水率指材料试样放在蒸馏水中，在规定的温度和时间内吸水质量和试样原质量之比。在科研和生产实际中往往采用吸水率来反映材料的显气孔率。

无机非金属材料难免含有各种类型的气孔。对于如水泥制品、陶瓷制品等块体材料，其内部含有部分大小不同、形状各异的气孔。这些气孔中的一部分浸渍时能被液体填充。

将材料试样浸入可润湿粉体的液体中，抽真空排除气泡，计算材料试样排除液体的体积，便可计算出材料的密度。当材料的闭气孔全部被破坏时，所测密度即为材料的真密度。

为此，对体积密度、吸水率和气孔率的测定所使用液体的要求是：体积密度要小于被测的物体，对物体或材料的润湿性好，不与试样发生反应，也不使试样溶解或溶胀。最常用的浸液有水、乙醇和煤油等。

2. 实验器材

① 液体比重天平，如图 4-4-5 所示。

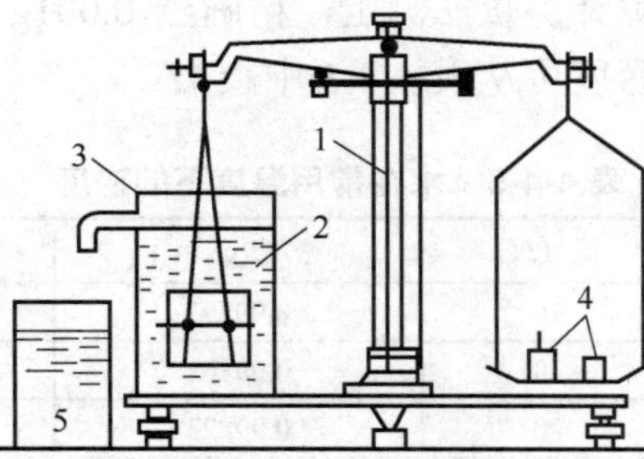

图 4-4-5　液体比重天平

1—天平；2—试样；3—有溢流孔的金属（玻璃）容器；4—砝码；5—接溢流出液体的容器

② 抽真空装置，如图 4-4-6 所示。

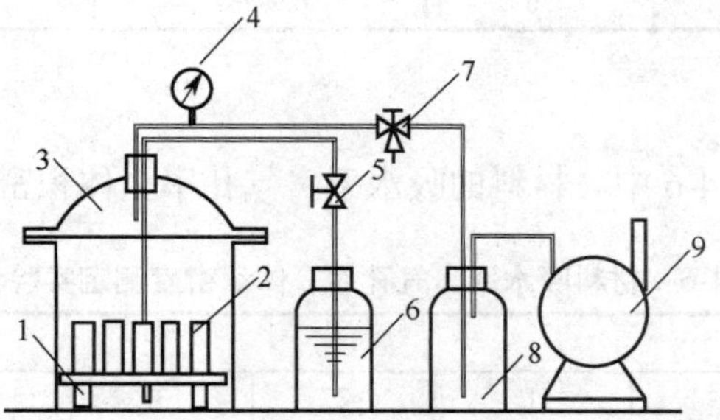

图 4-4-6　材料密度和气孔率测试的抽真空装置

1—载物架；2—块状试样；3—真空干燥器；4—真空计；5—旋塞阀；6—冲液瓶；7—三通旋塞阀；8—缓冲瓶；9—真空泵

③ 烘箱、烧杯、镊子、毛巾、超声波清洗机、干燥箱、蒸馏水等。

3. 测试步骤

（1）试样制备

① 从待测试样中切取试块，每种试样取 5 块，每块试样 30～60g。

② 用超声波清洗机清洗块状材料表面，用镊子取出在 110℃（或在可允许的更高温度）下在烘箱中烘干至恒重。置于干燥器中冷却至室温。称取试样质量 M_1。试样干燥至最后两次称量之差小于前一次的 0.1% 即为恒重。

③ 将试样置于烧杯或其他清洁容器内，并放于真空干燥器内抽真空至＜20Torr(1Torr = 0.133kPa)，保压 5min，然后在 5min 内缓慢注入浸液（本实验用蒸馏水），直至浸没试样。再保持＜20Torr 压力 5min。将试样连同容器取出后，在空气中静置 30min。

（2）饱和试样表观质量的测定

表观质量为饱和浸液的试样在浸液中称得的质量。将饱和试样吊在液体比重天平的吊钩上，并浸入有溢流孔的金属容器的浸液（本实验用蒸馏水）中，称取饱和试样的表观质量 M_2。

拓展资源 39　实验 4-4 材料体积密度、吸水率及气孔率的测定　操作教学视频

（3）饱和试样质量的测定

将饱和了浸液的毛巾，小心地拭去饱和试样表面流挂的液珠（注意不可将大孔中的浸液吸出），立即称取饱和试样的质量 M_3。

（4）渍用液体积密度的测定

浸渍液体在测试温度下的体积密度，可以采用定体积液体称重法、液体比重天平称重法或液体比重计测量法测定，精确至 0.001g/cm^3。本实验用蒸馏水为浸渍液体，其密度可从表 4-4-5 中查出。

表 4-4-5　水在常用温度下的密度

温度/℃	密度/(g/cm^3)	温度/℃	密度/(g/cm^3)	温度/℃	密度/(g/cm^3)
0	0.99987	16	0.99897	32	0.99505
2	0.99997	18	0.99862	34	0.99440
4	1.00000	20	0.99823	36	0.99371
6	0.99997	22	0.99780	38	0.99299
8	0.99988	24	0.99732	40	0.99224
10	0.99973	26	0.99681	42	0.99147
12	0.99952	28	0.99626	44	0.99066
14	0.99927	30	0.99567	46	0.98982

4. 数据处理记录

将测试结果填入表 4-4-6 中。材料的吸水率、气孔率、体积密度由下列公式计算：

表 4-4-6　材料吸水率、气孔率、体积密度测定实验记录表

试样名称						
试样号	1	2	3	4	5	
干试样质量 M_1						
饱和试样的表观质量 M_2						

续表

试样名称							
饱和试样在空气中质量 M_3							
吸水率/%							
显气孔率/%							
真气孔率/%							
闭口气孔率/%							
体积密度/(kg/m³)							

① 吸水率 W_a：

$$W_a = \frac{M_3 - M_1}{M_1} \times 100\% \tag{4-4-12}$$

② 显气孔率 P_a：

$$P_a = \frac{M_3 - M_1}{M_3 - M_2} \times 100\% \tag{4-4-13}$$

③ 体积密度 D_b：

$$D_b = \frac{M_1 \times D_L}{M_3 - M_2} \tag{4-4-14}$$

④ 真气孔率 P_t：

$$P_t = \frac{D_t - D_b}{D_t} \times 100\% \tag{4-4-15}$$

⑤ 闭气孔率 P_c：

$$P_c = P_t - P_a \tag{4-4-16}$$

式中 D_L——测试温度下，浸液的密度，g/cm^3；

D_t——试样的真密度，g/cm^3。

三、实验结果的处理与分析讨论

1．对每项测试数据进行处理，得到正确的结果。

2．通过对每项测试结果的综合分析，分析所选择的黏土或者坯料的成型性能、陶瓷的基本性能、所设计的陶瓷的烧成温度范围。

3．通过实验数据，分析材料组成结构与性能之间的关系。

4．通过对实验过程的总结，提出实验的改进和完善措施。

四、实验过程中的注意事项

1．实验方案的制定通过查阅资料，结合实验室现有的原料、实验条件等情况独立完成。

2．提前熟悉设备的操作，实验过程中严格按照操作规程进行操作，认真观察实验现象，如实记录实验现象和实验数据。所有数据需要整理到实验报告上，老师签字确认后方可离开实验室。

3．实验过程中所产生的废弃药品、原料和样品放到指定回收容器中，不得随意倒入水池和生活垃圾桶。

4．实验完成后所有设备和物品归还原位，并打扫实验室的卫生，老师检查合格后，方可离开实验室。

思考题

1．什么是可塑性？测定黏土可塑性指标和可塑性指数的原理是什么？

2．测定黏土可塑性有哪几种方法？代表的意义如何？在生产中有何指导作用？

3．影响黏土可塑性的主要因素有哪些？

4．可塑性指数如何测定？其注意事项有哪些？

5．可塑性对生产配方的选择，可塑泥料的制备，坯体的成型、干燥、烧成有何重要意义？

6．可塑性指标如何测定？其计算方法如何？

7．电解质稀释泥浆的机理是什么？

8．电解质应具备哪些条件？

9．对 H-黏土而言应加入哪种电解质为宜？为什么？

10．泥浆性能的测定实验对生产有何指导作用？

11．相对黏度测定实验中，如何能获得准确的数据？

12．为什么作电解质不用固体 Na_2SiO_3 而用水玻璃？

13．评价泥浆性能应从哪几个方面考虑？

14．黏土或陶瓷坯料的干燥性能对制坯工艺有何重要意义？

15．简述黏土的干燥收缩与其可塑性程度的相互关系。

16．简述影响黏土原料收缩的一些因素及其原因分析。

17．测定材料真密度的意义是什么？

18．影响真密度测试准确性的因素是什么？

19．材料真气孔率、开口气孔率、闭口气孔率、吸水率和体积密度的意义与相互关系是什么？

20．对于含有未知矿物（或混合物比例）的烧结物，怎样利用本实验的方法评价材料的烧结质量？

主要参考文献

[1] 焦宝祥．陶瓷工艺学[M]．北京：化学工业出版社，2019.

[2] 杨海波，朱建锋，王通．陶瓷工艺综合实验[M]．北京：中国轻工业出版社，2013.

[3] 徐德龙，谢峻林．材料工程基础[M]．武汉：武汉理工大学出版社，2008.

[4] QB/T 1545—2015．陶瓷泥浆相对黏度、相对流动性及触变性测定方法.

[5] QB/T 1322—2010．陶瓷泥料可塑性指数测定方法.

[6] QB/T 1548—2015．陶瓷坯泥料线收缩率测定方法.

[7] GB/T 3810—2016．陶瓷砖试验方法.

[8] GB/T 9966.3—2020．天然石材试验方法 第 3 部分：吸水率、体积密度、真密度、真气孔率试验.

实验 4-5　溶胶-凝胶法制备薄膜实验

课前测试

溶胶-凝胶（sol-gel）法是制备薄膜材料的一种常用方法。溶胶配比、pH值、反应时间和温度等因素直接影响溶胶的胶粒结构，并最终决定薄膜材料的性质。因此，掌握溶胶凝胶法制备溶胶并进行镀膜的工艺，理解溶胶的形成原理，对传统和新型无机非金属材料的生产有重要的意义。

一、教学目标

① 使学生通过溶胶和凝胶的制备、基片的镀膜，深刻认识 sol-gel 这一常用的材料制备方法的原理。

② 掌握浸渍提拉法这一镀膜方法，巩固专业理论课程所学相关知识。

③ 通过不同催化剂-酸和碱的选择，理解催化剂对水解-缩合过程的影响，进而对薄膜结构和性能的影响。

二、基本原理

1. 溶胶-凝胶法原理

溶胶-凝胶过程分为两步，第一步是金属醇盐等水解成为羟基化合物；第二步是羟基化合物之间的缩聚过程。经过水解-缩聚反应后，通过磁力搅拌形成透明溶胶，溶胶经过一定时间的陈化过程，黏度不断增大，成为凝胶。

溶胶凝胶法制备 SiO_2 薄膜已有几十年的历史，目前被广泛地用于减反射涂层、保护涂层等领域。SiO_2 溶胶制备中发生的化学反应是：

$$\mathrm{Si(OR)_4} + x\mathrm{H_2O} \longrightarrow \mathrm{Si(OR)_{4-x}(OH)_x} + x\mathrm{ROH}\,(x=1\sim4) \qquad (4\text{-}5\text{-}1)$$

$$\equiv\mathrm{Si{-}OR} + \mathrm{RO{-}Si}\equiv \longrightarrow \equiv\mathrm{Si{-}O{-}Si}\equiv + \mathrm{R{-}OR} \qquad (4\text{-}5\text{-}2)$$

$$\equiv\mathrm{Si{-}OR} + \mathrm{HO{-}Si}\equiv \longrightarrow \equiv\mathrm{Si{-}O{-}Si}\equiv + \mathrm{R{-}OH} \qquad (4\text{-}5\text{-}3)$$

$$\equiv\mathrm{Si{-}OH} + \mathrm{HO{-}Si}\equiv \longrightarrow \equiv\mathrm{Si{-}O{-}Si}\equiv + \mathrm{H_2O} \qquad (4\text{-}5\text{-}4)$$

其中式（4-5-1）为水解过程，式（4-5-2）、式（4-5-3）、式（4-5-4）为缩合过程。式（4-5-4）的反应速率较快，而式（4-5-2）、式（4-5-3）在常温下反应速率较慢，温度较高时反应速率加快。因此当前驱体的量确定后，催化剂、H_2O 溶剂等的含量以及温度、陈化时间等成为影响水解-缩合过程的重要影响因素，并决定了薄膜的性能。

制备 SiO_2 薄膜最常见的前驱体是正硅酸乙酯[$Si(OC_2H_5)_4$, TEOS]，如图 4-5-1 所示。在酸催化和碱催化过程中，催化剂的选择直接影响 TEOS 的水解和缩聚速率，最终影响薄膜的形貌及性能。

随着缩聚反应进行，溶胶中的粒子在互相碰撞中形成粒子簇，粒子簇再互相连接，使整个溶胶体系形成三维网络，这时溶胶失去流动性而变为有弹性的固体——凝胶，再进行加热处理（400～600℃），烧结成致密透明的涂层。

溶胶凝胶的过程分为两步：胶粒的生长、向凝胶的转化。

① 胶粒的生长。胶粒的结构如图 4-5-2 所示。

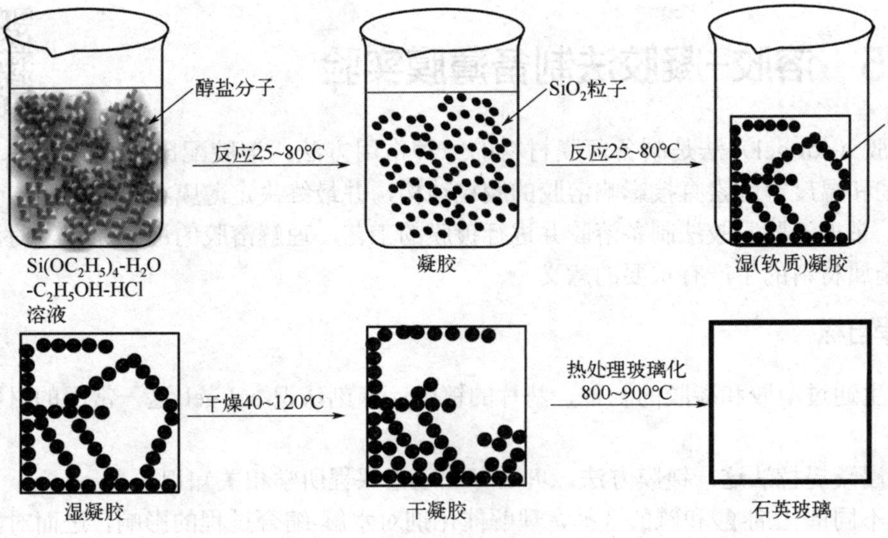

图 4-5-1　由正硅酸乙酯合成石英玻璃的过程

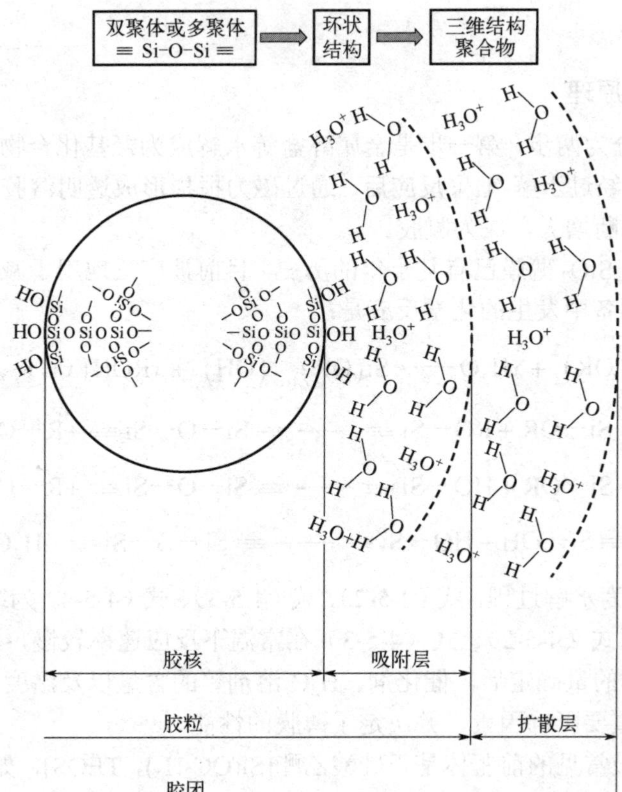

图 4-5-2　溶胶中胶粒的结构

② 向凝胶的转化（图 4-5-3）。升高温度，蒸发作用下胶粒间液体量降低，胶粒碰撞增多；或加入电解质，调整 pH 值，减小胶粒间电斥力，诱发碰撞，可促使溶胶向凝胶转化。

2. 提拉法原理

如图 4-5-4 所示，玻璃板浸渍在配制好的镀膜液中，待玻璃板表面黏附一层溶液后，再

以恒定的速度 V_0 将玻璃板从溶液中提升出来，从而在其表面形成膜。膜层厚度与镀膜液黏度、密度以及提升速度有关。

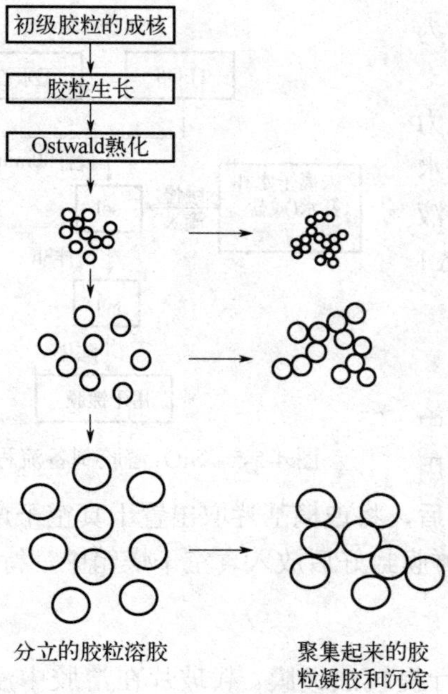

图 4-5-3　溶胶向凝胶的转化

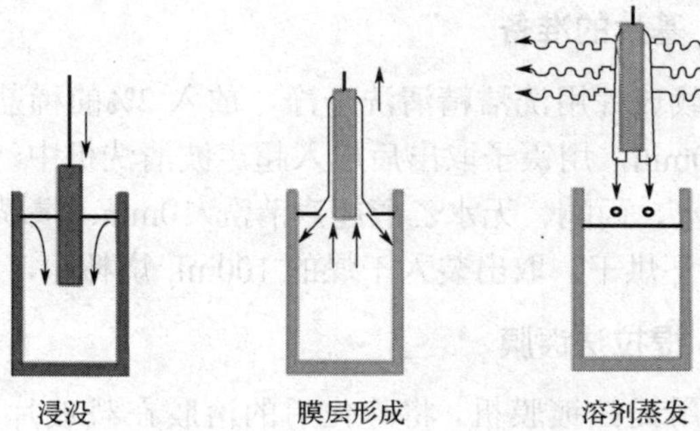

图 4-5-4　提拉浸渍法

- 当溶液的黏度和提升速度比较大时，膜厚 h 可用下式表示：

$$h = C_1(\eta V_0 / \rho g)^{1/2}$$

式中　C_1——系数，对牛顿型液体 $C_1 = 0.8$；

η——溶液黏度，Pa·s；

V_0——提升速度，m/s；

ρ——溶液密度，kg/m^3；

g——重力加速度，m/s^2。

- 当溶液的黏度和提升速度比较小时，膜厚 h 可用下式表示：

$$h = 0.94(\eta V_0)^{2/3} / [\gamma_{LV}^{1/6}(\rho g)^{1/2}]$$

式中　γ_{LV}——溶液和大气之间的表面张力。

随着提升速度 V_0 加快，溶液黏度 η 增大，膜厚 h 增大，所以可以通过提升速度来控制膜厚。黏度不宜过大，黏度过大得不到厚薄均匀的膜。η 范围为$(1.5 \sim 2) \times 10^{-3}$Pa·s。

三、实验器材

① 磁力搅拌器、提拉镀膜机、真空干燥箱、马弗炉、超声波清洗机、硬度计、透光率测定仪。

② 试剂：正硅酸乙酯、去离子水、无水乙醇、盐酸、氨水、丙酮；

③ 劳保：橡胶手套、护目镜；

④ 耗材：载玻片、镊子、洗洁精、保鲜膜、烧杯（50mL、100mL）、滴管、标签纸。

四、测试步骤

1．SiO_2溶胶的制备

以正硅酸乙酯（TEOS）为水解前驱体，无水乙醇为溶剂，氨水和盐酸分别作催化剂。按照一定的摩尔配比（1∶10～1∶1.5）将 TEOS 与无水乙醇在 50mL 烧杯中于磁力搅拌器上混合 30min，再将均匀混合了 30min 的去离子水和氨水 13%（或盐酸 2%）溶液用滴管缓慢滴入上述溶液中，继续搅拌 2h。用保鲜膜覆盖容器放置在室温下陈化 1 天。制备流程如图 4-5-5 所示。

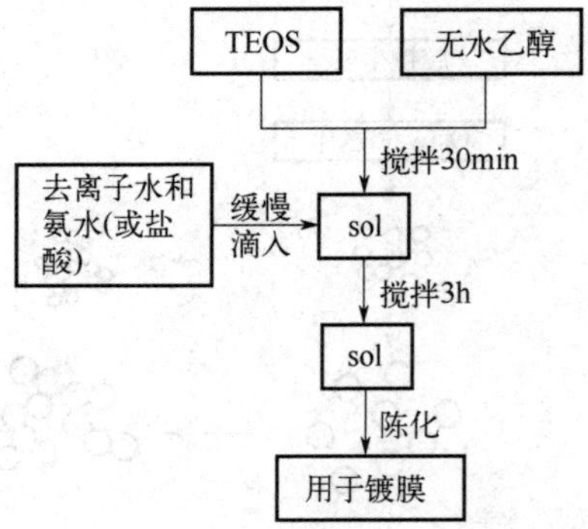

图 4-5-5　SiO_2溶胶制备流程

2．基片的准备

将载玻片用洗洁精清洗干净，放入 2%的稀盐溶液中浸泡 10min，用镊子取出后放入超声波清洗机中，先后用去离子水、丙酮、无水乙醇超声清洗 10min。清洗结束后，将玻璃基片取出置于真空干燥箱于 80℃下烘干。取出装入干燥的 100mL 烧杯中，用保鲜膜封好后放入真空干燥箱中，待用。

3．提拉法镀膜

使用提拉镀膜机，将陈化后的溶胶在载玻片上进行提拉法镀膜。载玻片在溶胶中浸渍 1min 后，以 10～40mm/min 的速度匀速拉出。在空气中静置 20min 左右，让基片表面的溶剂挥发，使薄膜成型固定，也可进行多层镀膜。提拉镀膜完成后，再放入 80℃真空干燥箱中干燥 30min，以除去薄膜中剩余的溶剂及水分。最后将镀膜后的载玻片用标签纸做好标记放入马弗炉，以 5℃/min 的速度升温至 400～500℃并保温 30min 后，逐渐降温至室温。

4．样品测试

① 透光率测试：对比镀膜前后载玻片的透光率，分析膜层的透光率变化及影响规律（参照第 3 章实验 3-4 中“Ⅲ材料透光性能的测定”）。

② 膜层的形貌及膜层硬度：对比镀膜前后载玻片的硬度，分析膜层的硬度变化及影响规律（参照第 3 章实验 3-1“材料显微硬度的测定”）。

5．整理实验现场

实验完成后，及时回收处理 SiO_2 溶胶凝胶废液，清洗玻璃器皿，将实验工作台物品复原。

五、数据处理记录

将数据记录在表 4-5-1～表 4-5-3 中。

表 4-5-1　溶胶前驱体摩尔配比记录

溶胶编号	TEOS /mol	无水乙醇 /mol	水 /mol	盐酸 /mol	氨水 /mol

表 4-5-2 溶胶前驱体体积配比记录

溶胶编号	TEOS /mL	无水乙醇 /mL	水 /mL	盐酸 /mL	氨水 /mL	制得样品外观

表 4-5-3 镀膜数据记录

膜层编号	提拉速度 /（mm/min）	镀膜层数 /层	膜层外观描述	硬度 /（kg/mm^2）	透光率/%	膜层微观形貌

六、实验结果的处理与分析讨论

1．设计前驱体组成，对比酸催化和碱催化条件下溶胶的状态，分析原因。

2．比较在不同提拉速度、镀膜层数条件下制得薄膜的膜层透过率和硬度。并与空白试样对比，分析膜层性能变化的内在原因。

七、实验过程中的注意事项

1．做好劳动保护，实验过程中佩戴护目镜及橡胶手套。

2．废液倒入指定容器中回收。

3．形成良好的实验习惯，做完实验清理试验台，保持实验室卫生。

思考题

1．酸、碱催化对于溶胶凝胶法制备的膜层性能的影响分别是什么？请查阅相关资料解释原因。

2．本实验中，镀膜后玻璃的硬度和透过率有何变化？请给予解释。

3．薄膜性能和溶胶制备过程中哪些因素有关？

主要参考文献

[1] 黄剑锋，冯亮亮，曹丽云．溶胶-凝胶工艺及应用[M]．北京：高等教育出版社，2021.

[2] 黄剑锋．溶胶-凝胶原理与技术[M]．北京：化学工业出版社，2005.

实验 4-6　水泥综合性能实验

课前测试

水泥是重要的无机非金属材料，水泥质量对于水泥的使用和施工，以及建筑物的安全都具有重要的意义。本实验主要是通过对水泥的技术指标的测试，综合评价水泥的质量。

一、教学目标

① 掌握水泥的主要技术指标，如细度、标准稠度、标准稠度用水量、水泥初凝、终凝、凝结时间、安定性、强度等的含义和测定方法。

② 熟练掌握水泥净浆搅拌机、沸煮箱等常用实验仪器设备的操作方法。

③ 独立完成水泥标准稠度用水量的测定、凝结时间的测定、三氧化硫的测定、安定性的检验，以及水泥胶砂试件的成型、养护和抗压强度、抗折强度的测定等实验操作。

④ 对实验数据进行综合分析，对水泥质量进行综合评价。

二、教学内容

实验内容 1：水泥标准稠度用水量的测定

水泥净浆标准稠度是为使水泥凝结时间、体积安定性等的测定具有统一的基准而规定的。在一定测试方法下达到规定的稠度时的用水量为标准稠度用水量，并将其作为水泥的凝结时间、安定性试验用水量的标准。

1．基本原理

水泥标准稠度净浆对标准试杆（或试锥）的沉入具有一定阻力。通过实验得出不同含水量水泥净浆的穿透性，以确定水泥标准稠度净浆中所需加入的水量。水泥标准稠度用水量的测定有标准法和代用法两种方法，目前通用方法为标准法。

2．实验器材

① 水泥标准稠度与凝结时间测定仪　采用标准法时，测定水泥标准稠度和凝结时间用的维卡仪如图 4-6-1 所示。其中的试杆和试针如图 4-6-2 所示。标准稠度的试杆有效长度为（50±1）mm，直径为（10±0.05）mm［见图 4-6-2（a）］。测定凝结时间时取下试杆，用试针代替试杆。试针由钢制成，如图 4-6-2（b）和（c）所示，其有效长度初凝针为（50±1）mm，终凝针为（30±1）mm，直径均为（1.13±0.05）mm。滑动部分的总质量为（300±1）g。与试杆、试针联结的滑动杆表面应光滑，能靠重力自由下落，不得有紧涩和旷动现象。采用代用法时，维卡仪则应符合 JC/T 727—2005 要求。

盛水泥净浆的截顶圆锥试模的底内径为（75±0.5）mm，顶内径为（65±0.5）mm，高（40±0.2）mm。每只试模应配备一个边长或直径约 100mm，厚度 4～5mm 的平板玻璃或金属底板。

② 水泥净浆搅拌机。采用的净浆搅拌机如图 4-6-3 所示。它主要由搅拌锅及搅拌叶片（如图 4-6-4 所示）、传动机构和控制系统组成。搅拌叶片在搅拌锅内作旋转方向相反的公转和自转，并可在竖直方向调节。搅拌锅可以升降，传动结构保证搅拌叶片按规定的方向和速度运转，

控制系统具有按程序自动控制与手动控制两种功能[自动控制程序为：慢速（120±3）s，停拌（15±1）s，快速（120±3）s]。搅拌叶片转速见表 4-6-1。搅拌时叶片与锅底、锅壁的最小间隙为（2±1）mm。

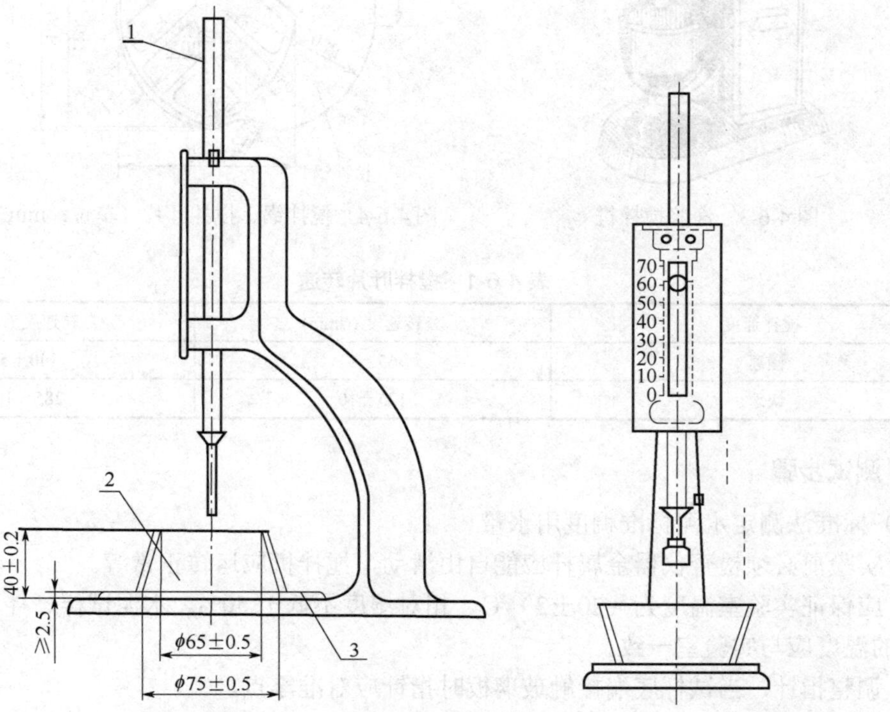

(a) 初凝时间测定用立式试模的侧试图　　(b) 终凝时间测定用反转试模的前试图

图 4-6-1　测定水泥标准稠度与凝结时间用维卡仪（单位：mm）

1—滑动杆；2—玻璃板；3—圆模

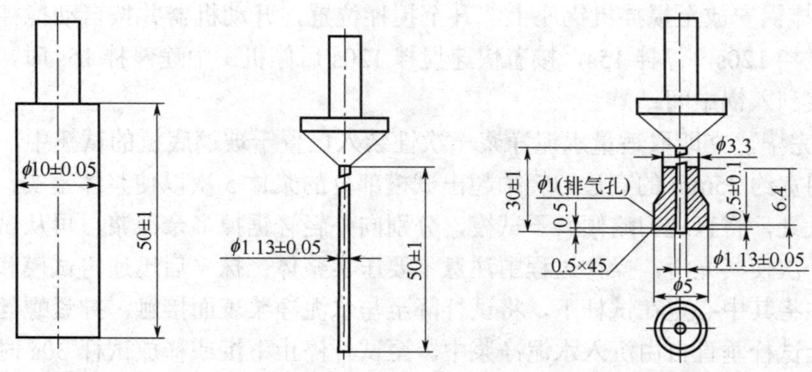

(a) 标准稠度试杆　　(b) 初凝用试针　　(c) 终凝用试针

图 4-6-2　测定水泥标准稠度与凝结时间用试杆与试针（单位：mm）

③ 直边刀、刮刀。

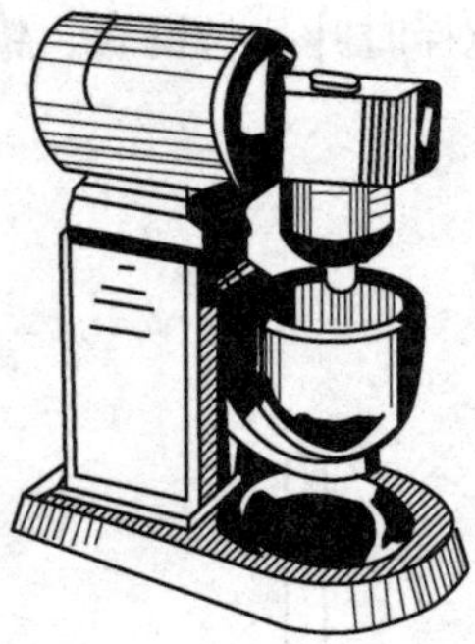

图 4-6-3　净浆搅拌机

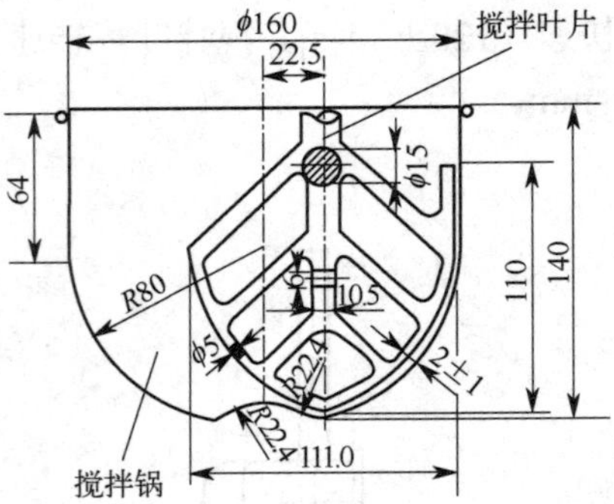

图 4-6-4　搅拌锅、搅拌叶片（单位：mm）

表 4-6-1　搅拌叶片转速

搅拌速度	公转速度/(r/min)	自转速度/(r/min)
慢速	65±5	140±5
快速	125±10	285±10

3．测试步骤

（1）标准法测定水泥标准稠度用水量

① 实验前必须检查仪器金属杆应能自由滑动，搅拌机应运转正常等。

② 应保证实验室温度为（20±2）℃，相对湿度不低于 50%。水泥试样、拌和水、仪器和用具的温度应与实验室一致。

③ 调整指针，当试杆底端接触玻璃板时指针应对准零点。

④ 将试模和玻璃底板用湿布擦拭，将试模放在底板上。

⑤ 称量 500g 水泥和一定量拌和水（洁净的饮用水）。

⑥ 将搅拌锅和搅拌叶片用湿布擦过后，先将拌和水倒入搅拌锅内，然后再将称好的水泥试样小心加入水中。

⑦ 将搅拌锅安放至搅拌机锅座上，升至搅拌位置，开动机器并按自动搅拌程序进行搅拌，即慢速搅拌 120s，停拌 15s，接着快速搅拌 120s 后停机；中途停拌 15s 时，将叶片和锅壁上的水泥浆刮入锅中间。

⑧ 拌和完毕，立即取适量水泥净浆一次性装入已置于玻璃底板的试模中，浆体略超过试模上端，用宽约 25mm 的直边刀轻拍超出试模部分的浆体 5 次以使浆体密实，然后在浆体上表面约 1/3 处，将直边刀略倾斜于试模，分别向外轻轻锯掉多余净浆，再从试模边沿轻抹浆体上表面一次使其光滑，操作过程中注意不要压实浆体；抹平后迅速将试模和底板移动到维卡仪上，并将其中心定在试杆下，将试杆降至与水泥净浆表面接触，拧紧螺丝 1～2s 后，突然放松，让试杆垂直自由沉入水泥净浆中。至试杆停止下沉或释放试杆 30s 时，记录试杆距底板之间的距离，升起试杆后，立即擦净。整个操作应在搅拌后 1.5min 内完成。以试杆沉入净浆并距底板（6±1）mm 时的水泥净浆为标准稠度净浆。其拌和水量即为该水泥的标准稠度用水量（P），按水泥质量分数计。

如下沉深度超出范围，需另称试样，调整水量，重做实验，直至达到标准试杆沉入净浆距底板（6±1）mm 时为止。

（2）代用法测定水泥标准稠度用水量

① 实验前必须检查仪器金属棒应能自由滑动，调整试锥接触试模顶面时指针应对准标尺零点，搅拌机应运转正常等。

② 水泥净浆制备同标准法。

③ 采用代用法测定水泥标准稠度用水量时有调整水量和固定水量两种方法，如有争议时以调整水量法为准。采用调整水量法时拌和水量按经验找水，采用固定水量法时拌和水量为 142.5mL。

④ 拌和完毕，立即将拌制好的水泥净浆一次性装入试模中，用直边刀轻轻插捣 5 次，再轻振动 5 次，用刮刀刮去多余净浆，抹平后，迅速将试模放到试锥下固定位置上。将试锥降至与水泥净浆表面接触，拧紧螺丝 1～2s 后，突然放松，让试锥垂直自由沉入水泥净浆中。到试锥停止下沉或释放试锥 30s 时，记录试锥下沉的深度。整个操作应在搅拌后 1.5min 内完成。

拓展资源 40 实验 4-6 水泥标准稠度用水量的测定 操作教学视频

4．数据处理记录

（1）标准法

以标准试杆沉入净浆并距底板（6±1）mm 时的净浆为标准稠度净浆，其拌和水量为该水泥的标准稠度用水量（P），以水泥质量分数计。

$$P=\frac{\text{拌和用水量}}{\text{水泥质量}}\times 100\% \tag{4-6-1}$$

（2）代用法

采用调整水量测定方法时，当试锥下沉深度达到规定值 $S=$（30±1）mm 时，净浆的稠度即为标准稠度，其拌和水量为该水泥的标准稠度用水量（P），以水泥质量分数计。如下沉深度超出范围，需另称试样，调整水量，重做实验，直至达到（30±1）mm 时为止。

采用固定水量方法测定时，根据测得的试锥下沉深度 S（mm），可按式（4-6-2）计算标准稠度用水量 P（%）。

$$P=33.4-0.185S \tag{4-6-2}$$

当试杆下沉深度 S 小于 13mm 时，应改用调整水量法测定。当采用两种方法所测得的标准稠度用水量发生争议时，以调整水量法为准。

5．实验结果的处理分析讨论

分析实验结果是否在合理范围内，若实验结果出现异常，应从原料品种，实验时的环境因素（温度、相对湿度等）、操作过程等方面进行深入讨论，对实验现象进行解释。

6．实验过程中的注意事项

① 实验时应注意安全、卫生。

② 搅拌机启动后应有专人看管，防止搅拌锅松动，并注意观察搅拌叶片运行情况，出现晃动、异响等情况时应及时切断电源，中断实验；搅拌过程中途停止 15s 期间，如需将叶片和锅壁上的水泥浆刮入锅中间，应注意在停止时间截止前将刮刀和手从锅中移出以保

证安全。

③ 实验废弃的水泥浆体应置于专用的垃圾桶中并妥善处置，严禁直接倒入清洁水槽中以防堵塞；实验完成后将仪器、用具等清洁擦拭干净，并整齐摆放至指定位置。

实验内容 2：水泥净浆凝结时间的测定

水泥从加水到开始失去流动性所需的时间称为凝结时间。水泥凝结时间的快慢直接影响到混凝土的浇筑和施工进度。测定水泥达到初凝和终凝所需的时间可以评定水泥的可施工性，为现场施工提供参考。

1. 基本原理

水泥凝结时间用净浆标准稠度与凝结时间测定仪测定。当试针在不同凝结程度的净浆中自由沉落时，试针下沉的深度随凝结程度的提高而减小。根据试针下沉的深度就可判断水泥的初凝和终凝状态，从而确定初凝时间和终凝时间。

2. 实验器材

① 标准稠度与凝结时间测定仪（同上，见图 4-6-1）。

② 试模：采用的试模如图 4-6-5 所示。

③ 试针：如图 4-6-2（b）和（c）所示。

④ 湿气养护箱：应能使温度控制在（20±1）℃，相对湿度不低于 90%。

⑤ 油、湿布、直边刀、玻璃板、环形附件。

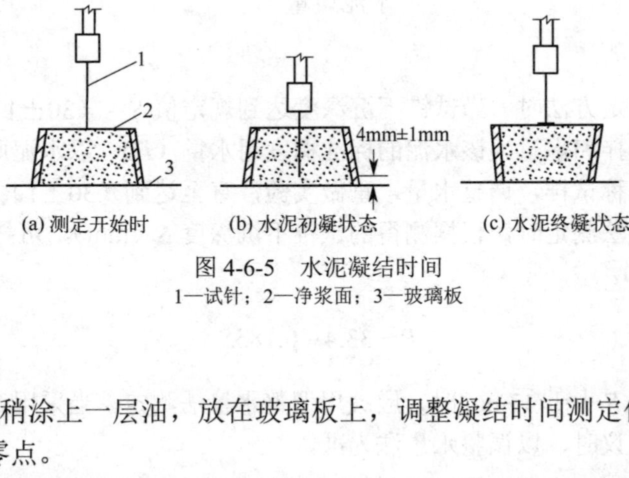

图 4-6-5　水泥凝结时间

1—试针；2—净浆面；3—玻璃板

3. 测试步骤

① 将试模内侧稍涂上一层油，放在玻璃板上，调整凝结时间测定仪的试针接触玻璃板时指针应对准标尺零点。

② 水泥净浆的拌制。搅拌锅和搅拌叶片先用湿布擦过，首先将按标准稠度用水量量取的水倒入搅拌锅内，然后将称好的 500g 水泥试样加入搅拌锅内。当水泥全部加入水中的同时记下时间，该时间作为凝结时间的起始时间。然后进行拌和制成标准稠度净浆（慢速搅拌 120s，停拌 15s，再快速搅拌 120s 后停机）。之后，将标准稠度净浆立即一次装入试模，用直边刀拍打数次并刮平后，立即放入湿气养护箱内。

③ 对通用水泥，试件在湿气养护箱中养护至加水后 30min 时进行第一次测定。对特种水泥，则应根据经验确定第一次测定时间。

④ 测定时，从养护箱中取出试模放到试针下，降低试针与净浆面接触[如图 4-6-5（a）]，拧紧螺丝 1～2s 后突然放松，使试针垂直自由地沉入净浆，观察试针停止下沉或释放试针 30s

时指针的读数。当试针沉入净浆中距底板（4±1）mm 时，水泥达到初凝状态。

最初测定时应轻轻扶持金属杆，使试针徐徐下降，以防撞弯，但结果以自由下落为准；在整个测试过程中试针贯入的位置至少要距试模内壁 10mm。临近初凝时，每隔 5min 或更短时间测定一次。

⑤ 在完成初凝时间测定后，立即将试模连同浆体以平移的方式从玻璃板上取下，翻转 180°，直径大端向上，小端向下放在玻璃板上，再放入湿气养护箱中继续养护。临近终凝时，每隔 15min 或更短时间测定一次。为了准确观测试针沉入状况，在终凝针上安装一个环形附件。当试针沉入 0.5mm 时，即环形附件开始不能在试体上留下痕迹时，水泥达到终凝状态。

到达初凝状态时应立即重复测一次，当两次结论相同时才能定为达到初凝状态。到达终凝时，需要在试体另外两个不同点测试，确认结论相同才能确定到达终凝状态。

4. 数据处理记录

① 由水泥全部加入水中至试针沉入净浆中距底板（4±1）mm 时，所需时间为水泥的初凝时间［如图 4-6-5（b）所示］，用“min”表示。

② 由水泥全部加入水中至终凝状态时所需的时间为水泥的终凝时间［如图 4-6-5（c）所示］，用“min”表示。

5. 实验结果的处理分析讨论

判定水泥凝结时间是否符合相关国家标准要求，若实验结果不在合格范围内，应从水泥品质、实验时的环境因素（温度、相对湿度等）、操作过程等方面进行深入讨论，对实验结果进行解释。

6. 实验过程中的注意事项

① 水泥净浆搅拌过程中的安全注意事项见“水泥标准稠度用水量测定”实验部分。

② 水泥凝结时间计时的起始点是将水泥全部加入拌和水中时，注意记录时间。

③ 每次测定不能让试针落入原针孔，每次测试完毕应将试针擦净并将试模放回湿气养护箱内，测定全过程中要防止试模受到振动。

④ 可以使用能得出与上述标准方法相同结果的凝结时间自动测定仪，实验结果有矛盾时以标准规定方法为准。

实验内容 3：水泥安定性的测定

水泥（体积）安定性是反映水泥硬化后体积变化均匀性的指标。水泥浆体中含有过量的过烧游离氧化钙等物质时，硬化后在适当条件下有可能继续发生水化等反应，出现体积膨胀而导致开裂等现象。

安定性的测定有雷氏夹法（标准法）和试饼法（代用法）两种方法。雷氏夹法是通过测定水泥净浆在雷氏夹中沸煮后的膨胀值来检验水泥的体积安定性。试饼法是通过观察水泥净浆试饼沸煮后的外形变化来检验水泥的体积安定性。如有争议时以雷氏夹法为准。

1. 基本原理

不论是试饼法还是雷氏夹法，其实质都是通过观察水泥净浆试体沸煮后的外形变化来检验水泥的体积安定性，基本原理是一样的。

水泥中过烧的游离氧化钙等在常温下水化速度缓慢，随着温度的升高，水化速度加快。预养后的水泥净浆试件经 3h 煮沸后，绝大部分过烧的游离氧化钙已经水化并产生体积膨胀，因此根据煮沸后试件膨胀值或试饼变形情况即可判断水泥安定性是否合格。

2．实验器材

① 雷氏夹膨胀值测量仪，雷氏夹膨胀值测量仪由标尺、底座等零件组成，如图 4-6-6 所示。

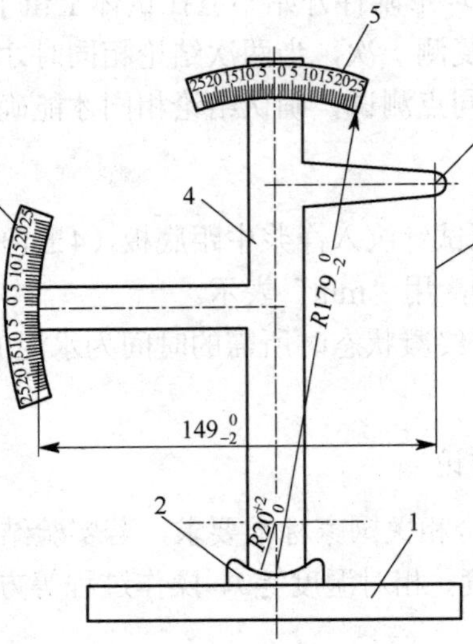

图 4-6-6　雷氏夹膨胀值测量仪

1—底座；2—模子座；3—测量弹性标尺；4—立柱；5—测量膨胀值标尺；6—悬臂；7—悬丝

雷氏夹由铜质材料制成，其结构如图 4-6-7 所示。

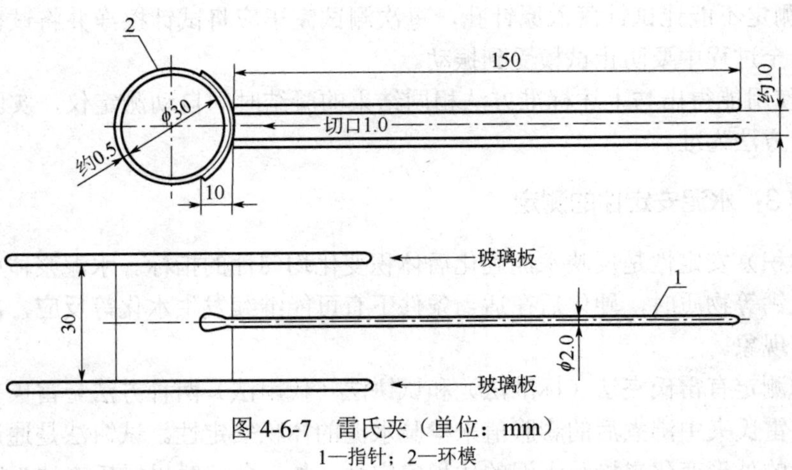

图 4-6-7　雷氏夹（单位：mm）

1—指针；2—环模

② 煮沸箱，主要由箱盖、内外箱体、篦板、保温层、管状加热器、管接头、铜热水嘴、水封槽、罩壳、电器箱等组成。FZ-31 型煮沸箱如图 4-6-8 所示。

③ 油、金属丝或尼龙丝、砝码、玻璃板、试模、直边刀、湿气养护箱、刀具、小刀、直尺。

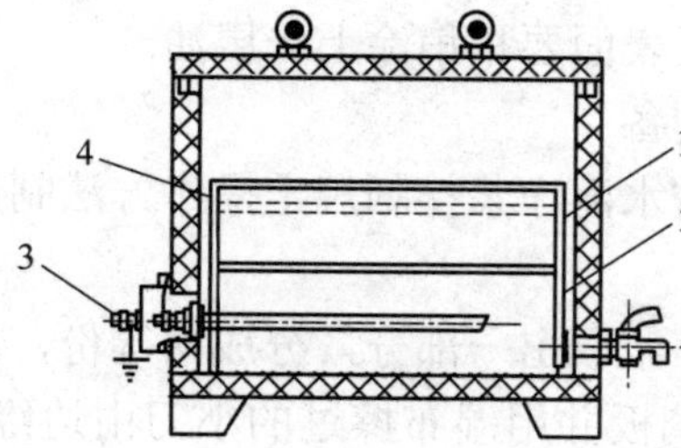

图 4-6-8　沸煮箱的构造

1—试件架；2—箱体；3—电热管；4—加水线

3．测试步骤

安定性的测定有试饼法和雷氏夹法两种方法。其实验步骤分述如下：

1）雷氏夹法（标准法）

（1）测定前的准备工作

测试前需对雷氏夹进行检验。将其一根指针的根部先悬挂在一根金属丝或尼龙丝上，另一根指针的根部再挂上 300g 质量的砝码，两根指针针尖的距离增加应在（17.5±2.5）mm 范围内，且当去掉砝码后针尖的距离能恢复至挂砝码前的状态。否则雷氏夹不合格，不可用于安定性测试。每个雷氏夹需配备两个边长或直径约 80mm、厚度 4～5mm 的玻璃板，每个试样需成型两个试件。凡与水泥净浆接触的玻璃板和雷氏夹表面都要稍稍涂上一层油。

（2）水泥标准稠度净浆的制备

用标准稠度用水量加水，按水泥净浆拌制规定操作方法制成标准稠度净浆。

（3）试件的准备方法

将预先准备好的雷氏夹放在已稍稍涂上一层油的玻璃板上，并立即将已制备好的标准稠度净浆装满试模。装模时一支手轻轻扶持试模，另一支手用宽约 25mm 的直边刀在浆体表面轻轻插捣 3 次，然后抹平。盖上稍稍涂油的玻璃板，接着立即将试模移至湿气养护箱内，养护（24±2h）。

（4）沸煮

① 沸煮前，事先调整好沸煮箱内的水位，保证在整个沸煮过程中都没过试件，不要中途添补实验用水，同时保证能在（30±5）min 内升温至沸腾。

② 脱去玻璃板，取下试件。先测量试件雷氏夹的指针尖端间的距离（*A*），将带试件的雷氏夹放在膨胀值测量仪的垫块上，指针朝上。放平后记录指针尖端标尺读数，精确到 0.5mm。

③ 接着将试件放入水中篦板上，雷氏夹的指针朝上，试件之间互不交叉，然后在（30±5）min 内升温至沸开，并恒沸（180±5）min。

（5）结果判别

沸煮结束，即放掉沸煮箱中的水，打开水箱盖，待箱体冷却到室温，取出试样，测量雷氏夹指针尖端间的距离（*C*），然后计算膨胀值。当两个试样的（*C*–*A*）平均值不大于 5.0mm 时，即认为该水泥安定性合格。当同组两个试件的（*C*–*A*）值相差超过 5.0mm 时，应用同一样品立即重做一次实验，以复检结果为准。

2）试饼法（代用法）

（1）测定前的准备工作

每个试样需准备两块尺寸（长×宽）为 100mm×100mm 的玻璃板。每个试样需成型两个试件。与水泥净浆接触的玻璃板表面要稍稍涂上一层油。

（2）水泥标准稠度净浆的制备

按标准稠度用水量加水，按水泥净浆拌制规定操作方法制成标准稠度净浆。

（3）试件的准备方法

即将已制备好的标准稠度净浆取出一部分，分成两等份，用刀具抹成球形，放在预先准备好的玻璃板上，轻轻振动玻璃板并用湿布擦过的小刀由边缘向中央抹动，做成直径 70～80mm，中心厚约 10mm，边缘渐薄，表面光滑的试样，接着将试样饼放入湿气养护箱内，养护（24±2）h。

（4）沸煮

① 沸煮前，事先调整好沸煮箱内的水位，保证在整个沸煮过程中都没过试件，不要中途添补实验用水，同时保证能在（30±5）min 内升温至沸腾。

② 脱去玻璃板，取下试样，检查试饼是否完整，如试饼有弯曲、崩溃、裂纹（开裂、翘曲）现象时，要查明原因，如确证无其他原因，该试饼已属于不合格，则不必沸煮。在经检查过的试饼没发现任何缺陷的情况下，方可将试饼放在沸煮箱的水中篦板上，然后在（30±5）min 内升温至沸开，并恒沸（180±5）min。

（5）结果判别

沸煮结束，即放掉沸煮箱中的水，打开水箱盖，待箱体冷却到室温，取出试样，如目测未发现裂纹，用直尺检查也没有弯曲，则此试饼为安定性合格。反之为不合格。当两个试饼判别有矛盾时，则该水泥的安定性为不合格。

4．数据处理记录

（1）雷氏夹法

记录雷氏夹指针尖端间的距离（C）（至小数点后一位），再计算（$C-A$）值，然后取两个试样（$C-A$）平均值进行判断。

（2）试饼法

记录目测到的试饼外观形状，以及用直尺检测的弯曲情况。

5．实验结果的处理分析讨论

根据实验结果，对照相关国家标准，对水泥的安定性进行合格性判定。如不合格，应结合水泥矿物组成、实验操作过程、实验仪器准确性等进行深入讨论，对实验结果进行解释。

拓展资源 41　实验 4-6 水泥安定性的测定　操作教学视频

6．实验过程中的注意事项

采用雷氏夹法进行水泥的安定性试验时，在测试之前须按规定检查使用的雷氏夹的合格性。试验中，沸煮结束后不可采用掺入冷水等方法对试件进行冷却。

实验内容 4：水泥中硫酸盐三氧化硫含量的测定

熟料中的三氧化硫（SO_3）以 $CaSO_4$ 形态存在，它主要由煤带入。而水泥中 SO_3 除熟料带入外，主要由作为缓凝剂的石膏带入。适量的三氧化硫可调节水泥的凝结时间，并可增加水泥的强度。但石膏量过多，却会导致水泥安定性不良。因此，水泥中三氧化硫含量是水泥重要的质量指标，在生产过程中必须予以严格控制。

由于水泥中石膏的存在形态及其性质不同，测定水泥中硫酸盐三氧化硫的方法有很多种，如经典的硫酸钡重量法及其改进方法、离子交换法、磷酸溶样-氯化亚锡还原-碘量滴定法、燃烧法（与全硫的测定相同）、分光光度法、离子交换分离- EDTA（乙二胺四乙酸）配位滴定法等。此处主要介绍离子交换法。

离子交换法是采用强酸性阳离子交换的树脂与硫酸钙进行离子交换生成硫酸，用氢氧化钠标准溶液滴定生成的硫酸，从而推算出三氧化硫的含量的方法。

1．基本原理

水泥中的三氧化硫主要来自石膏，在强酸性阳离子交换树脂 R—SO_3H 的作用下，石膏在水中迅速溶解，离解成 Ca^{2+} 和 SO_4^{2-}。Ca^{2+}迅速与树脂酸性基团的 H^+进行交换，析出 H^+，它与石膏中 SO_4^{2-}作用生成 H_2SO_4（硫酸），直至石膏全部溶解，其离子交换反应式为：.

$$\begin{array}{c} CaSO_4(\text{固体}) \rightleftharpoons Ca^{2+} + SO_4^{2-} \\ + \\ 2(R—SO_3H) \\ \Big\Updownarrow \\ (R—SO_3)_2Ca + 2H^+ \end{array} \qquad (4\text{-}6\text{-}3)$$

或 $$CaSO_4+2(R—SO_3H) \rightleftharpoons (R—SO_3)_2Ca+H_2SO_4$$

在石膏与树脂发生离子交换的同时，水泥中的 C_3S 等矿物将水解，生成氢氧化钙与硅酸：

$$3CaO \cdot SiO_2 + n\,H_2O \longrightarrow Ca(OH)_2 + SiO_2 \cdot m\,H_2O \qquad (4\text{-}6\text{-}4)$$

所得 $Ca(OH)_2$，一部分与树脂发生离子交换，另一部分与 H_2SO_4 作用生成 $CaSO_4$，再与树脂交换，反应式为：

$$Ca(OH)_2 + 2(R—SO_3H) \rightleftharpoons (R—SO_3)_2Ca + 2H_2O \qquad (4\text{-}6\text{-}5)$$

$$Ca(OH)_2 + H_2SO_4 \rightleftharpoons CaSO_4 + 2\,H_2O \qquad (4\text{-}6\text{-}6)$$

$$CaSO_4 + 2(R—SO_3H) \rightleftharpoons (R—SO_3)_2Ca + H_2SO_4 \qquad (4\text{-}6\text{-}7)$$

熟料矿物水解后的水解产物参与离子交换达到平衡时，并不影响石膏与树脂进行交换生成的 H_2SO_4 量，但使树脂消耗量增加，同时溶液中硅酸含量的增多，使溶液 pH 值减小，用 NaOH 滴定滤液时，所用指示剂必须与进入溶液的硅酸量相适应。

当石膏全部溶解后，将树脂及残渣滤除所得滤液，由于 C_3S 等水解的影响，其中尚含 $Ca(OH)_2$ 和 $CaSO_4$。为使存在于滤液中的 $Ca(OH)_2$ 中和，并使滤液中尚未转化的 $CaSO_4$ 全部转化成等当量的 H_2SO_4，必须在滤除树脂和残渣后的滤液中再加入树脂进行第二次交换，其反应按式（4-6-6）、式（4-6-7）进行。然后滤除树脂，用已知浓度的氢氧化钠标准溶液滴定生成的硫酸，根据消耗氢氧化钠标准溶液的毫升数，计算试样中三氧化硫含量：

$$2\,NaOH + H_2SO_4 = Na_2SO_4 + 2H_2O \qquad (4\text{-}6\text{-}8)$$

在强酸性阳离子交换树脂中，若含钠型树脂，它提供交换的阳离子为 Na^+，与石膏交换

的结果将生成 Na_2SO_4，使交换产物 H_2SO_4 量减少，由 NaOH 溶液滴定算得 SO_3 含量偏低。强酸性阳离子交换树脂出厂时一般为钠型，所以在使用时须预先用酸处理成氢型。用过的树脂（主要是钙型），也须用酸进行再生，使其重新转变成氢型以便继续使用。

2．实验器材

① 分析天平，不低于四级。

② 磁力搅拌器，200～300r/min。

③ 离子交换柱，长约 700mm，直径 50mm。

④ 烧杯、快速定性滤纸、布氏漏斗、抽气泵或抽气管、广口瓶、塑料瓶或硬质玻璃瓶、磁力搅拌子等。

⑤ 氢氧化钠标准溶液（0.06mol/L）。

⑥ 酚酞指示剂溶液（10g/L）。

⑦ 氢型 732 苯乙烯强酸性阳离子交换树脂（1×12）或类似性能的树脂。

⑧ 硝酸银溶液（5g/L）。

⑨ 待测水泥样品。

⑩ 乙醇（95%、95.5%）。

⑪ （1+3）盐酸溶液、稀盐酸。

⑫ 苯二甲酸氢钾。

⑬ 蒸馏水。

3．测试步骤

（1）试样和试剂的制备

① 水泥试样的制备　制备方法详见“拓展资源 43　实验 4-6 水泥中三氧化硫的测定（硫酸钡重量法）”中的相同部分。

② 树脂的处理　将 250g 732 苯乙烯强酸性阳离子交换树脂（1×12）用 250mL95%乙醇浸泡过夜，然后倾出乙醇，再用水浸泡 6～8h。将树脂装入离子交换柱（直径约 5cm，长约 70cm）中，用 1500mL（1+3）盐酸溶液（1 体积浓盐酸与 3 体积水混合）以 5mL/min 的流速进行淋洗，然后用蒸馏水逆洗交换柱中的树脂，直至流出液中的氯根反应消失为止（用 5g/L 硝酸银溶液校验）。树脂倒出，用布氏漏斗以抽气泵或抽气管抽滤，然后储存于广口瓶中备用。树脂在放置过程中将析出游离酸，会使测定结果偏高。故使用时应再用水清洗数次。

树脂的再生处理：将用过的带有水泥残渣的树脂放入烧杯中，用水倾泻数次以除去水泥残渣。将树脂浸泡在稀盐酸中。当积至一定数量后，倾出其中夹带的残渣，再按钠型树脂转变为氢型树脂的方法进行再生。

5g/L 硝酸银溶液的配制及 Cl^- 检验：将 5g 硝酸银（$AgNO_3$）溶于水中，加 10mL 硝酸（HNO_3），用水稀释至 1L。将配制好的硝酸银溶液往溶液中加入，观察容器中溶液是否浑浊。如果浑浊，继续洗涤并定期检查，直至用硝酸银检验不再浑浊为止。

③ 氢氧化钠标准溶液（0.06mol/L）的配制　将 12g 氢氧化钠溶于 5L 水中，充分摇匀后，贮存于塑料瓶或带胶塞(装有钠石灰干燥管)的硬质玻璃瓶内。

标定方法：准确称取约 0.3g（精确至 0.0001g）苯二甲酸氢钾置于 300mL 烧杯中，加入约 200mL 新煮沸过并冷却后用氢氧化钠溶液中和至酚酞呈微红色的冷水，搅拌使其溶解，加入 6～7 滴 1%酚酞指示剂溶液，用配好的氢氧化钠标准滴定溶液滴定至微红色。

氢氧化钠标准溶液对三氧化硫的滴定度按下式计算：

$$T'_{SO_3}=\frac{G\times 40.03\times 1000}{V\times 204.2} \tag{4-6-9}$$

式中 T'_{SO_3}——氢氧化钠标准滴定溶液对三氧化硫的滴定度，mg/mL；

G——苯二甲酸氢钾的质量，g；

V——滴定时消耗氢氧化钠标准滴定溶液的体积，mL；

204.2——苯二甲酸氢钾的摩尔质量，g/mol；

40.03——($1/2SO_3$)的摩尔质量，g/mol。

④ 酚酞指示剂溶液（10g/L）的配制　将 1g 酚酞溶于 100mL 95.5%乙醇中。

（2）操作步骤

① 用分析天平称取约 0.2g 试样，精确至 0.0001g，置于 150mL 烧杯中（预先放入 5g 树脂、10mL 热水及一根封闭的磁力搅拌子）。摇动烧杯使试样分散，加入 40mL 沸水，立即置于磁力搅拌器上搅拌 10min。取下，以快速定性滤纸过滤。用热水洗涤烧杯和滤纸上的树脂 4～5 次（每次洗涤用水不超过 15mL）。滤液及洗液收集于预先放置 2g 树脂及一根封闭的磁力搅拌子的 150mL 烧杯中。

② 将烧杯再置于磁力搅拌器上搅拌 3min，取下，以快速定性滤纸将溶液过滤于 300mL 烧杯中，用热水洗涤烧杯和滤纸上的树脂 5～6 次（尽量不把树脂倾出）。保存树脂，供回收处理后再生使用。

③ 向溶液中加入 5～6 滴 1%酚酞指示剂溶液，用 0.6mol/L 氢氧化钠标准溶液滴定至微红色。

拓展资源 42　实验 4-6 水泥中硫酸盐三氧化硫含量的测定操作教学视频

4．数据处理记录

三氧化硫的含量按下式计算：

$$w_{SO_3}=\frac{T'_{SO_3}\times(V_{30}-V_{030})}{m_{44}\times 1000}\times 100=\frac{T'_{SO_3}\times(V_{30}-V_{030})\times 0.1}{m_{44}} \tag{4-6-10}$$

式中 w_{SO_3}——三氧化硫的质量分数，%；

T'_{SO_3}——氢氧化钠标准滴定溶液对三氧化硫的滴定度，mg/mL；

V——滴定时消耗氢氧化钠标准溶液的体积，mL；

m_{44}——试样的质量，g。

5．实验结果的处理分析讨论

测定水泥试样中硫酸盐三氧化硫含量后，将其与相关标准规定值进行比较，判定其合格性。若测定值不合格，应结合水泥组成、操作过程等方面原因进行分析讨论。

6．实验过程中的注意事项

① 应注意所用氢型树脂一定要确保其中不含有其他的盐型树脂（如钠型），否则在交换过程中产生下述交换反应：

$$CaSO_4+2R—SO_3Na \rightleftharpoons (R—SO_3)_2Ca+Na_2SO_4 \tag{4-6-11}$$

生成的硫酸钠为中性盐，滴定时不与氢氧化钠反应，从而导致结果偏低。为此，在处理树脂时，不应使用静态交换法，而必须使用动态交换法，这样才能确保获得纯的氢型树脂。

② 已处理好的氢型树脂在放置的过程中，往往会逐渐析出游离酸。因此，在使用之前应将所用的树脂以水洗净，不然会由此而给分析结果造成可观的偏高误差。

③ 用离子交换法测定水泥中的三氧化硫，重要的前提是必须把试样中的硫酸钙完全提取到溶液中。当水泥中的石膏是硬石膏或混合石膏（二水石膏和硬石膏）时，由于硬石膏溶解速度相对较慢，用本方法测定时离子交换时间较短，在此期间石膏往往不能完全提取到溶液中去，因此测定结果偏低。遇此情况，可将试样再磨细一些，并将试样的质量由 0.5g 减为 0.2g，必要时也可将树脂是由原来的 2g 增至 5g。第二次交换的条件仍不变。这样上述问题得以解决，但进入溶液中的硅酸量也相应增大。

④ 由于试样中磷、氟、氯等酸性物质将与 NaOH 反应，使滴定结果偏高，故含有 F^-、Cl^-、PO_4^{3-}等的工业副产石膏及氟铝酸盐的水泥是不适用本方法的。但离子交换后的溶液可以用硫酸钡重量法测定三氧化硫，也可用静态离子交换-返滴定法测定三氧化硫。

拓展资源 43　实验 4-6 水泥中三氧化硫的测定-硫酸钡重量法

拓展资源 44　实验 4-6 水泥水化热的测定

思考题

1．水泥熟料矿物的种类、比例对水泥凝结时间有何影响？从熟料矿物组成的角度出发谈谈如何调控水泥凝结时间？

2．水泥净浆流动性的影响因素有哪些？如何提高水泥净浆的流动性能？

3．为什么要做水泥压蒸安定性？

4．在压蒸试验过程中，为什么要求将温度计和压力表同时使用？

5．用重量法测定水泥中的 SO_3 含量时，为什么要加热和陈化处理？

6．用静态离子交换法测定水泥中的 SO_3 含量时，为什么要在滤除残渣所得的滤液中第二次加入树脂进行交换？

7．为什么二次静态离子交换法不适于含 F^-、Cl^-、PO_4^{3-}等工业副产品石膏及氟铝酸盐矿物的水泥中的 SO_3 含量的测定？

8．用溶解法测定水泥水化热时，有哪些因素影响测试的准确性？

9．试比较溶解法与直接法的优越性。

主要参考文献

[1] GB 175—2023．通用硅酸盐水泥.

[2] GB/T 1346—2011．水泥标准稠度用水量、凝结时间、安定性检验方法.

[3] JC/T 1083—2008．水泥与减水剂相容性试验方法.

[4] JC/T 727—2005．水泥净浆标准稠度与凝结时间测定仪.
[5] GB/T 17671—2021．水泥胶砂强度检验方法(ISO 法).
[6] JC/T 955—2005．水泥安定性试验用沸煮箱.
[7] GB/T 750—2024．水泥压蒸安定性试验方法.
[8] GB/T 176—2017．水泥化学分析方法.
[9] GB/T 12959—2024．水泥水化热测定方法.
[10] 中国建筑材料科学研究院水泥所．水泥及其原材料化学分析[M]．北京：中国建材工业出版社，1994.
[11] 姜玉英．水泥工艺实验[M]．武汉：武汉工业大学出版社，1992.
[12] 中国建筑材料科学研究总院，水泥科学与新型建筑材料研究所．水泥化学分析手册[M]．北京：中国建筑工业出版社，2007.

附　录

附录1　七种矿物的标准差热曲线

1. 勃姆石　γ-AlO(OH)

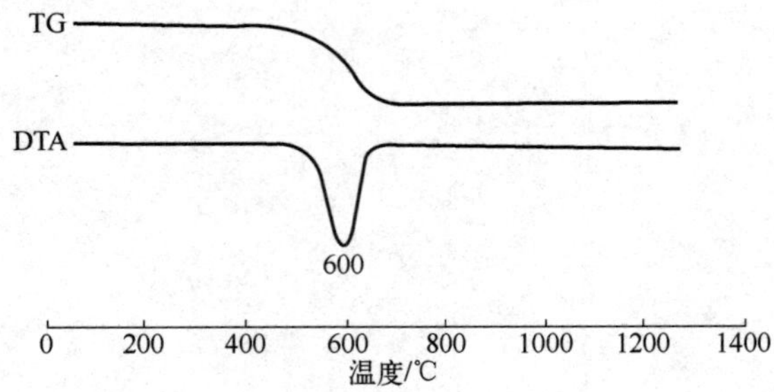

600℃左右：吸热伴失重，勃姆石中 OH 逸出，转化为 Al_2O_3。

2. 钾明矾　$KAl(SO_4)_2 \cdot 12H_2O$

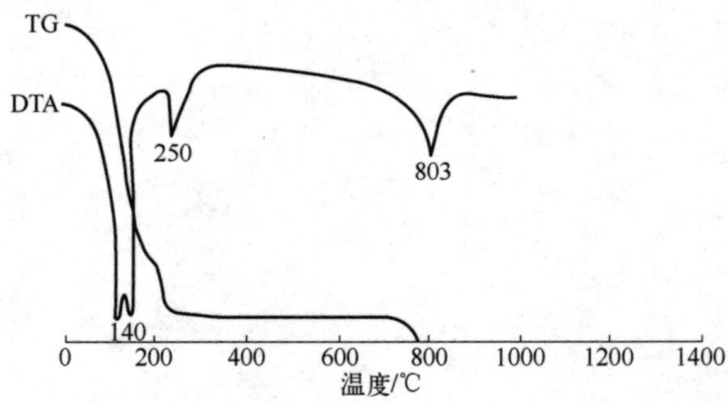

140℃、250℃：吸热伴失重，钾明矾分阶段脱失结晶水变成 $KAl(SO_4)_2$；
803℃：吸热，$KAl(SO_4)_2$ 分解，部分析出 SO_3，并形成 Al_2O_3。

3. 蒙脱石　$Na_{0.33}(Al_{1.67}Mg_{0.33})Si_4O_{10}(OH)_2 \cdot nH_2O$

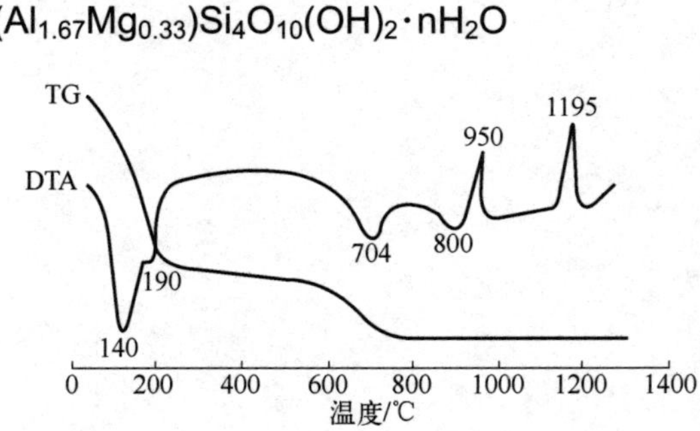

100～200℃：吸热伴失重，分阶段脱失层间吸附水；
700℃左右：吸热伴失重，大部分羟基脱失；
900℃：吸热，剩余羟基脱失，转变成非晶态；
900～1200℃：放热峰表明非晶态结晶成石英、堇青石和顽辉石。

4．烧石膏　$CaSO_4·0.5H_2O$

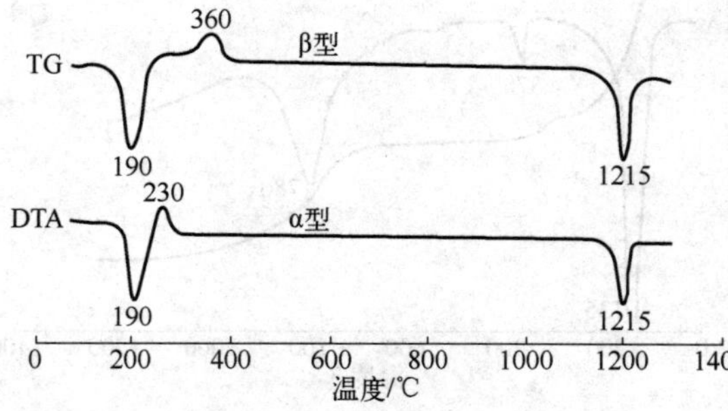

190℃：吸热，半水石膏脱水变成脱水半水石膏；
230℃：放热，α型半水脱水石膏转变成α型可溶性硬石膏；
360℃：放热，β型半水脱水石膏转变成β型可溶性硬石膏；
1215℃：斜方硬石膏转变成单斜硬石膏。

5．石膏　$CaSO_4·2H_2O$

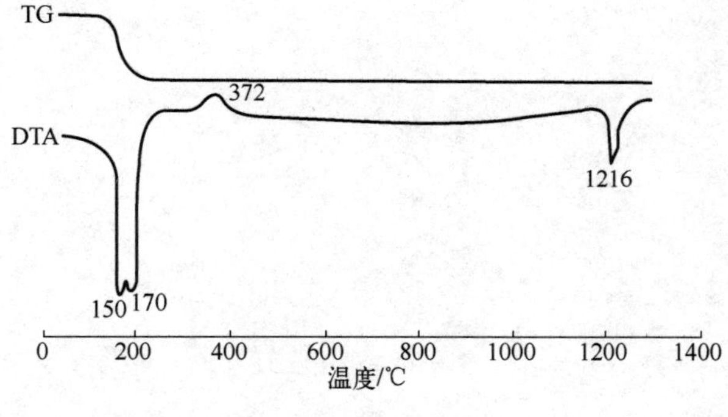

150℃左右：吸热伴失重，石膏脱水变成半水石膏；
170℃：半水石膏脱水变成无水石膏；
372℃：放热，无水石膏转变成可溶性石膏；
1216℃：吸热，无水石膏晶型转变。

6．水铝石　$Al(OH)_3$

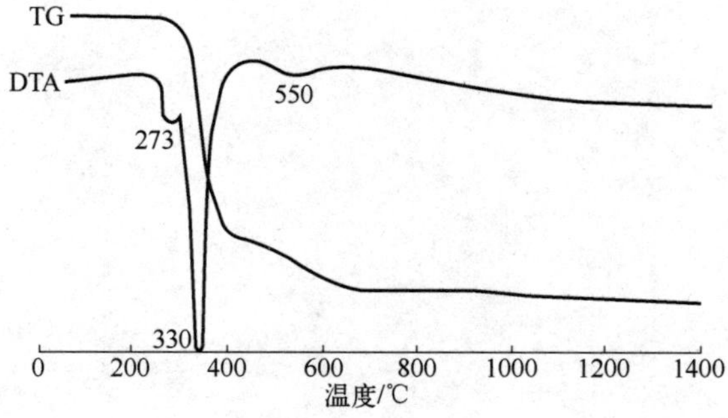

270℃左右：吸热，三水铝矿部分脱失 OH；

330℃左右：吸热伴失重，三水铝矿脱失大部分 OH，转化成硬水铝石；

550℃左右：吸热，硬水铝石 OH 脱失，转化成 Al_2O_3。

7. 铁铝矾　$FeAl_2(SO_4)_4 \cdot 22H_2O$

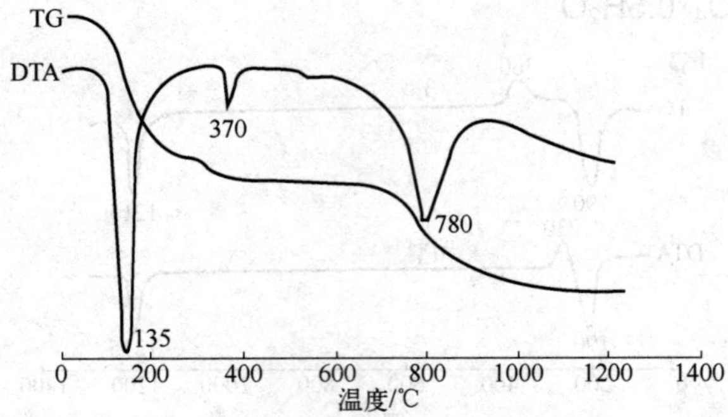

100～200℃间的吸热峰伴失重与 370℃的吸热峰为铁铝矾分阶段脱失结晶水，并转变成 $FeAl_2(SO_4)_4$；

800℃左右：吸热伴失重，$FeAl_2(SO_4)_4$ 分解析出 SO_3，并形成铁尖晶石。

附录 2 法定计量单位制的单位

单位类别	物理量单位	单位名称	单位符号		SI 单位表示式
			中文	国际	
	长度	米	米	m	
	质量	千克(公斤)	千克(公斤)	kg	
	时间	秒	秒	s	
基本单位	电流	安培	安	A	
	热力学温标	开尔文	开	K	
	物质的量	摩尔	摩	mol	
	光强度	坎德拉	坎	cd	
辅助单位	平面角	弧度	弧度	rad	
	立体角	球面度	球面度	sr	
	面积	平方米	米^{2}	m^{2}	
	比面积	平方米每千克	米^{2}·千克$^{-1}$	m^{2}/kg	
	体积	立方米	米^{3}	m^{3}	
	比体积	立方米每千克	米^{3}·千克$^{-1}$	m^{3}/kg	
	速度	米每秒	米·秒$^{-1}$	m/s	
	加速度	米每秒平方	米·秒$^{-2}$	m/s	
	密度	千克每立方米	千克·米$^{-3}$	kg/m	
	频率	赫兹	赫	Hz	s^{-1}
	力	牛顿	牛	N	m·kg/s
	力矩	牛顿米	牛·米	N·m	kg/(m·s^{2})
	压力、压强、应力	帕斯卡	帕	Pa	N/m^{2}
	功、能量、热量	焦耳	焦	J	N·m
	功率、辐射通量	瓦特	瓦	W	J/s
	电量、电荷	库伦	库	C	A·s
	电位、电压、电动势	伏特	伏	V	W/A
导出单位	电容	法拉	法	F	C/V
	电阻	欧姆	欧	Ω	V/A
	电导	西门子	西	S	A/V
	电感	亨利	亨	H	Wb/A
	电场强度	伏特每米	伏·米$^{-1}$	V·m^{-1}	
	电容率(介电常数)	法拉每米	法·米$^{-1}$	F·m^{-1}	
	磁通量	韦伯	韦	Wb	V·s
	磁感应强度	特斯拉	特	T	Wb/m^{2}
	磁场强度	安培每米	安·米$^{-1}$	A·m^{-1}	
	磁导率	亨利每米	亨·米$^{-1}$	H·m^{-1}	
	光通量	流明	流	lm	cd·sr
	光照度	勒克司	勒	lx	lm/m^{2}
	[动力]黏度	帕斯卡秒	帕·秒	Pa·s	
	表面张力	牛顿每米	牛·米$^{-1}$	N·m^{-1}	kg/s^{2}
	比热容	焦耳每千克开尔文	焦·千克$^{-1}$·开$^{-1}$	J·kg^{-1}·K^{-1}	M^{2}/(s^{2}·K)
	热导率(导热系数)	瓦特每米开尔文	瓦·米$^{-1}$·开$^{-1}$	W·m^{-1}·K^{-1}	

附录 3　基本物理量

物理量	数值
真空中的光速	C=2.99792458×10^{8}m/s
电子的电荷	e=1.6021892×10^{-19}C
普朗克常量	h=6.626176×10^{-34}J·s
阿伏伽德罗常量	N_A=6.022045×10^{23}mol^{-1}
原子质量单位	u=1.6605655×10^{-27}kg
电子静止质量	m_e=9.109534×10^{-31}kg
玻尔磁子	μ_B=9.274078×10^{-24}J/T
电子磁矩	μ_e=9.2848832×10^{-24}J/T
法拉第常量	F=9.648456×10^{-4}C/mol
摩尔气体常量	R=8.31441J/(mol·K)
玻尔兹曼常量	K=1.380662×10^{-23}J/K
万有引力常量	G=6.6720×10^{-11}N·m^{2}/kg
标准大气压	p_0=101325Pa
冰点的绝对温度（标准温标零度）	T_0=273.15K
标准状态下声音在空气中的速度	v=331.46m/s
干燥空气的密度（标准状况下）	$\rho_{空气}$=1.293kg/m
理想气体的摩尔体积（标准状况下）	V_m=22.41383×10^{-3}m^{3}/mol
水银的密度（标准状况下）	$\rho_{水银}$=13595.0kg/m
真空中介电常数（电容率）	ε_0=8.854188×10^{-12}F/m
真空中的磁导率	μ_0=12.566371×10^{-7}H/m
钠光谱中的黄线的波长	D=589.3×10^{-9}m